複雑さの数理

レモ・バディイ
アントニオ・ポリティ

相澤洋二 監訳

龍野正実
時田恵一郎　訳
橋本　敬
秦　浩起

産業図書

Complexity
Hierarchical structures and scaling in physics

by Remo Badii and Antonio Politi
Copyright © 1997 by Cambridge University Press
Japanese translation published by arrangement with
Cambridge University Press through
The English Agency (Japan) Ltd.

まえがき

　複雑さの概念を直感的に捉えるには、普通の辞書に出ている次のような定義，"複雑な対象とは、各部分の構成が非常に込み入っているために理解または取り扱いが難しい対象のことをいう"(Webster, 1986)，を考えてみるとよい。一般に、科学者が複雑な問題に取り組むときに理由のはっきりしない不安に襲われることがあるが、この不安は、系の構成要素を明確に分離できなかったり相互作用を簡潔に記述できないことに原因があることが多い。また、複雑な対象の振る舞いは極めて込み入っているので、いかなる有限モデルも対象の時間的／空間的な発展を観察することから出発することになる。この捕え所の無さこそが、複雑な現象が一般的であるにもかかわらず、"複雑系理論"の構築を妨げている主な理由である。

　複雑さを定量的に特徴づける試みは、多くの分野で急速に発展している。しかし、様々な方法がそれぞれの分野で提案されているにもかかわらず、包括的な議論は未だなされていない。複雑さに関してこれまでに最も多くの研究がなされた分野は、オートマトン、情報理論、コンピュータ・サイエンスである。また最近では、物理学においても特に相転移やカオス理論との関連から大きな関心を集めており、さらに、進化生物学や神経科学における"ガラス的"振る舞いの発見や数学モデルの構築がその関心を一層大きなものにしている。

　本書の目標は、複雑さが自然界の中でどのように出現するのかを記述し、その分類のための数学的手法を紹介することである。複雑さをはかる測度を系統的かつ批判的に紹介し、それらを既に確立されている統計力学やエルゴード理論などの物理学理論、さらに保測変換や離散オートマトンなどの数学モデルと比較する。その際、対象となる現象（多くの場合、未知の規則から生成される

パターン）は時間無限大または観測精度無限大の極限、もしくはその両方の極限の下で扱い、そのスケーリング特性を記述することの難しさや再構成の困難さを複雑さの証拠と解釈する。

　各章の概略は次のとおりである。第1章では、複雑さという概念が立ち現れる科学的背景を説明し、様々な物理系やモデルを第2章、第3章で紹介する。この概論部分では、複雑さの概念が重要な役割を演じる現象を明確にすることが目標である。第4章では、シンボリック・ダイナミクスの基本を概観する。シンボリック・ダイナミクスは、性質の異なる多くの系に対して共通な取り扱いを可能とする最も便利なフレームワークである。第5章～第7章では、確率論、エルゴード理論、情報理論、熱力学、オートマトン理論を取り扱う。これらの理論は複雑さを議論する際の基本であり、理論に登場する概念や特性量の一部は最先端のものではないかもしれないが、これらの方法により、広い意味で複雑さを分類することが可能となるのである。ここでは、複雑系を特徴づける際の異なる特性量（パワー・スペクトラム、混合性の強さ、エントロピー、熱力学的関数、言語のオートマトン表現）の相補的な関係を強調する。そして、これらの分析を、本書全体を通して用いられるいくつかの代表的な例に適用して、各々の複雑系の測度の物理学的及び数学的側面を比較する。第5章から第7章までは第8章を理解するために非常に重要な部分であり、第8章では複雑さの最も有名な"古典的"定義と最近の進展を紹介する。そして、これらの測度の一部だけが、複雑さの特徴づけに実際に有効であることを示す。また、これらの測度の定義は初等包含関係で整理できないため、複雑系に対しては、最も"リベラル"な測度による対象の単純さが最も厳密な測度による対象の単純さを意味しているかもしれず、その逆もまたあり得る。なお多くの場合、結果は数値や関数ではなく，あるかないかだけを述べるに留められる。

　第9章では、未知の系が生成するシンボリック・パターンから、その背後に存在する動的ルールの階層的構造をうかがい知るための方法について議論する。ここでは、複雑さは階層的アプローチの非収束性という非常に強い条件に関係付けられる。最後に第10章では、本書の主な結果を要約し将来の研究の方向性を展望する。

　複雑性の研究は新しい分野であり、異なる多くの分野に波及し始めたところである。したがって、本書で取り上げることのできなかった話題も多く、また単

なる紹介に留まった箇所も多い（これらについては、参考文献を参照されたい）。

本書では、明解さと読みやすさを犠牲にすることなく、可能な限り厳密な記述を与えるよう努力した。また簡潔な記述によって、複雑系という新しくかつ重要な研究分野の確かなガイドとなるよう心がけた。さらに専門用語の統一をはかったことと、数学的な詳細を付録に収めたことにより、読者は議論の道筋を教科書や原著論文にあたることなく追うことができるであろう。

我々の最大の目標は、読者が豊かで美しい複雑さの世界を探検し、様々な例について学び、そして自分自身で複雑さの新しい測度を見つけ出す手助けをすることである。

本書には、単純なミスや不明確な説明、あるいは実験や数学的道具の重要性の評価に偏りがあるかも知れないが、そのような場合は是非御指摘して戴きたい。

本書は Cambridge University Press の Simon Capelin の取り計らいにより書くことができた。彼の忍耐と励ましに特に感謝を表したい。また多くの同僚から様々な形での援助を受けた。原稿への助言は、F. T. Arecchi, S. Ciliberto, P. Grassberger, P. Liò, R. Livi, S. Ruffo, P. Talkner らから受けた。本書での議論に関係のある論文の提供は、A. Arneodo, H. Atlan, M. Casartelli, G. Chaitin, A. De Luca, B. Derrida, J. D. Farmer, H. Fujisaka, J. P. Gollub, B. Goodwin, C. Grebogi, S. Groβmann, H. A. Gutowitz, B. A. Huberman, R. Landauer, P. Mealin, S. C. Müller, A. S. Pikovsky, D. Ruelle, K. R. Sreenivasan, V. Steinberg, H. L. Swinney, T. Tél, D. A. Weitz らから受けた。G. Broggi, J. P. Gollub, S. C. Müller, E. Pampaloni, S. Residori, K. R. Sreenivasan, D. A. Weitz らからは写真の提供を受けた。その他の方からも興味深い写真の提供を受けたが、限られたスペースなので割愛させて頂く。F. T. Arecchi (R. B., A. P.) と E. Brun (R. B.) の両氏からは長い共同研究を通じて多くを学ばせて頂いた。また、D. Auerbach, C. Beck, G. Broggi, J. P. Crutchfield, P. Cvitanović, M. Droz, G. Eilenberger, M. J. Feigenbaum, M. Finardi, Z. Kovacs, G. Mantica, G. Parisi, C. Perez-Garcia, A. S. Pikovsky, I. Procaccia, G. P. Puccioni, M. Rasetti, P. Talkner, C. Tresser らからは議論を通じて多くのことを学ばせて頂いた。原稿の作成中には、我々の所属する Paul Scherrer Institute (Villigen), Istituto Nazionale di Ottica (Florence) から全面的な援助を受けた。また M. Rasetti から招待された折、Institute for Scientific Interchange (Turin) において原稿の一部を執筆した。最後に著者の一人 A. P. は Prato の PIN Center (Engineering Department) における機器の使用に関して I. Becchi に感謝する。また、もう一人の著者 R. B. は Florence 滞在中の A. Pardi, G. Pardi 両氏の暖かいもてなしと、Laboratorio FORUM-INFM における非線形物理学研究プログラムからの援助に感謝する。

目 次

まえがき i

第 I 部 現象学とモデル

第 1 章 序   **3**
  1.1 問題の定式化 3
  1.2 歴史的な概観 8
  1.3 自己生成的な複雑さ 10

第 2 章 複雑な振る舞いの具体例   **13**
  2.1 流体の不安定性 14
      2.1.1 時間的に"複雑な"ダイナミクス 14
      2.1.2 時空間的複雑さ 16
  2.2 乱流 19
  2.3 生物学的反応と化学反応 22
  2.4 光学的不安定性 24
  2.5 成長現象 27
  2.6 DNA 31
      2.6.1 遺伝コード 32
      2.6.2 構造と機能 34

第 3 章 数学モデル   **39**
  3.1 偏微分方程式に対する縮約法 40

3.2	常微分方程式	45
3.3	写像	47
	3.3.1　ストレンジ・アトラクター	51
3.4	セル・オートマトン（Cellular automata） . .	59
	3.4.1　規則的なルール	63
	3.4.2　カオス的なルール	63
	3.4.3　"複雑な（complex）"ルール	65
3.5	統計力学的な系	70
	3.5.1　スピングラス	74
	3.5.2　最適化と人工的な神経回路網	78

第 II 部　数学的道具

第 4 章　物理系の記号表示　　　　　　　　　　　　85

4.1	非線形力学系における符号化	86
4.2	シフトと不変集合	93
	4.2.1　シフト力学系	94
4.3	言語	96
	4.3.1　位相的エントロピー	100
	4.3.2　置換	101

第 5 章　確率、エルゴード理論そして情報　　　　　105

5.1	保測変換	106
5.2	確率過程	110
5.3	時間発展演算子	115
5.4	相関関数	118
5.5	エルゴード理論	124
	5.5.1　スペクトル理論と同形写像	128
	5.5.2　シフト力学系	130
	5.5.3　何が"典型的"振る舞いなのか？	132
	5.5.4　近似理論	133

5.6 情報、エントロピー、次元 135

第 6 章 熱力学的定式化　　147
6.1 相互作用 147
6.2 統計アンサンブル 152
 6.2.1 一般化エントロピー 152
 6.2.2 一般化次元 158
6.3 相転移 164
 6.3.1 臨界指数、ユニバーサリティ、繰り込み ... 167
 6.3.2 無秩序系 175
6.4 応用 183
 6.4.1 パワースペクトル測度と相関関数の減衰 .. 183
 6.4.2 シフト力学系の熱力学 187

第 III 部　複雑さの様相

第 7 章 記号列の物理的、および、計算論的な分析　　201
7.1 形式言語、文法、オートマトン 202
 7.1.1 正規言語 203
7.2 形式言語の物理的性質 224
 7.2.1 正規言語 225
 7.2.2 文脈自由言語 228
 7.2.3 D0L 言語 232
 7.2.4 文脈依存言語と帰納的可算言語 240
7.3 物理系と数学モデルの計算論的性質 242
 7.3.1 カオスとの境界におけるダイナミクス .. 242
 7.3.2 準結晶 243
 7.3.3 カオス写像 246
 7.3.4 セル・オートマトン 247
 7.3.5 チューリング・マシンと力学系の関係 .. 251
 7.3.6 ヌクレオチドの 1 次元配列 254

　　　　7.3.7　議論 256

第8章　アルゴリズム的複雑さと文法的複雑さ　　　　259
8.1　符号化とデータ圧縮 260
8.2　モデル推論 266
8.3　アルゴリズム的情報 275
8.3.1　P-NP問題 280
8.4　Lempel-Zivの複雑さ 284
8.5　論理の深さ 287
8.6　洗練度 290
8.7　正規言語による複雑さの測度とグラフ・エントロピー . . 293
8.8　文法的複雑さ 297

第9章　階層的スケーリング則の複雑さ　　　　303
9.1　ツリーの多様性 304
9.1.1　Horton-Strahlerのインデックス 308
9.2　有効測度と予測の複雑さ 309
9.3　トポロジカルな指数 312
9.4　モデルによる予想の収束性 318
9.4.1　大局的な予想 319
9.4.2　詳細な予想 321
9.5　スケーリング関数 331

第10章　まとめと展望　　　　341

付録A　ローレンツモデル　　　　345

付録B　馬蹄型写像　　　　347

付録C　数学的定義　　　　349

付録D　リヤプノフ指数、エントロピーおよび次元　　　　351

付録E　正規言語における禁止語　　　　354

参考文献	**357**
監訳者あとがき	**375**
索引	**377**

第I部　現象学とモデル

第1章　序

　初めに、複雑さに関する議論の科学的基盤について一般的に論じ、特に研究の物理学的動機について詳しく述べる。次に、初期のコンピュータ・サイエンスの文脈から生まれた"古典的な"複雑さの概念について物理学の視点から概観する。最後に、複雑さをはかる有効な指標の実現という観点から、いくつかの方法論的問題について議論する。

1.1　問題の定式化

　現代科学の成功は実験技術の成功にある。非常によく制御された条件下で観測を行なうことができるようになった現在、特にある特定の分野では、実験はきわめて正確かつ再現性が高くなった。それに伴い、発見された物理法則も明確な予測ができるように定式化されてきた。理論と実験に大きな食い違いが見つかると、いつもその原因は未知の力が存在するためか、または系の状態を正確に知らないためだと考えられた。ここで、2番目の原因は要素還元的な方法に対応していて、系の"究極"の構成要素の探求を促し、さらに観測の精度を上げることとなった。物質は分子、原子、核子、クォークのように細分化され、現実世界は膨大な数の構成要素の集合へと還元された。そこで構成要素の相互作用を媒介するのは三つの基本的な力（核力、電磁気力、重力）である。
　全ての現象を非常に少数の基本粒子と力の法則に還元できるという発見は、明らかに素晴らしいものである。しかし、そうだからと言って、我々は例えば地震の原因、天候の変化、樹木の成長、生命体の進化などを理解したと言えるで

あろうか？　原理的には、答えはイエスである。全ての基本粒子の初期条件を適切に決め、運動方程式を解けば全ての挙動が理解できるのである[1]。しかしながら、現実的な数値を求める必要がないならば、絶望的に見える問題の大きさを考えるだけでも、このような試みは全く無益であることがわかるだろう。さらに、要素還元論的アプローチに対するより根本的な反論もある。つまり、真の理解とは、現象の"十分な"記述に不必要な変数を削除し、観測データからの総合を達成することを意味する、というのである。例えば、気体の平衡状態はわずか三つの巨視的観測量（圧力、体積、温度）の閉じた関係により正確に記述することができる。気体は、その「内部」自由度を無視することができ、それとは本質的に独立な部分からなると考えられる。要するに、微視的レベルから巨視的レベルに記述の階層を変えることにより、その系が本来持っている単純さを明らかにすることができる。

　このような極端な手法は、しかしながら、不純物が重要な役割を担う場合のように、メソスコピック・レベルでの運動を見る必要がある場合にはもはや不可能となる。事実、流体中のブラウン粒子（例えば花粉粒子など）の軌道は、周囲から働く外力の知識のみによって正確に説明することが可能である。この問題の場合にもその詳細を全て知ることはできないが、部分的な解決は、個々の要素の記述をそのアンサンブルの記述に変えることで可能となる。すなわち、個々の軌道を追うかわりに、ある初期条件のブラウン粒子の確率を評価するのである。これは同じ初期条件から出発し、流体の異なる微視的状態を経た軌道の束を評価することに等しい。この新しい記述レベルは、微視的記述ほど詳細ではないけれども、それでも原理的には非常に多くの情報を取り扱わなければならない。すなわち、初期条件の連続集合の時間発展を追う必要がある。この困難は、微視的状態の等確率分布を仮定することにより、平衡統計力学の枠組の中で克服することができる。この方法によれば、巨視的変数の知識だけで簡潔なブラウン粒子モデルを構成することが可能となる。流体が平衡状態にあっても、ブラウン粒子はランダムなゆらぎと摩擦による減衰の影響を受けながら、不規則に時間発展する部分開放系となっている。また、決定論的な流れの効果も存在しうる。

　これらの例は、物理学的モデリングについての二つの根本的な問題を提示し

---

[1] 未知の力が存在する可能性は除外する。

ている。一つは、力学法則が与えられた時に、予測が実際的に実行可能かどうかという問題であり、もう一つは系の特徴を詳細に寄せ集めることが適切かどうかという問題である。前者の問題点は、莫大な数の粒子の運動を追跡しなければならないというとほうもない努力と、全ての誤差を制御することができないという二つの困難を必然的に伴っている。実際、非線形系の研究が明らかにしたように、決定論的カオスが存在する系 (例えば流体乱流のような系) では初期条件における任意の小さな誤差は系の時間発展と共に指数関数的に増大してしまう。この現象はわずか3個の変数の系でも存在しうることが既に知られている。結果的に生じる予測の限界は、観測者の能力の問題ではなく系が本来的に持っている性質によっているのである。次に2番目の問題点は、粒子を記述する変数の数を減らして少数の巨視的変数で記述することが、多くの場合、注目している特性量に対する予測能力を減少させるとは限らないことを示している。例えば、統計力学による比熱、電気伝導率、磁化率などの説明の成功は、このアプローチの重要性を物語っている。またカオス的な振舞いが、それほど重要ではない自由度にのみ影響を及ぼしているときには、カオスは本来のダイナミクスの粗視化を妨げることはなくむしろその収束を加速することにさえなるかも知れない。

　自然界には、コヒーレントな巨視的構造としてのパターンが様々なスケールで多数存在するが、そこに単純な相互関係は存在しない。ここでパターンの例としては、よく引用される生物の組織や、もっと単純に大気の渦や地学的な構造物 (砂漠の風紋や火山性の岩など) を考えるとよい。これらの例を見ると、小さな内部構造にとらわれるのではなく、より巨視的な構成要素間の関係に基礎をおいた、時空間構造の簡略な記述を探すべきであることがわかる。すなわち、情報を圧縮することが可能かつ有用なのである。これは多くの無関係なパターンを取り扱うための単に技術的戦略ではない。それどころか、我々が理解しようとしている多様な系の発展の陰に類似の構造が全く異なる文脈の中で発生しており、そこに普遍的な規則が隠れていることを示唆している。六角形のパターンは、レーザー源の電場の空間プロファイルにも、流体力学にも見つかっている。渦は乱流や化学反応系、さらにはセル・オートマトンのようなおもちゃモデルにおいてさえ自然に発生する。

　いくつかのレベルに発生するコヒーレントな構造を有する系は、もちろん

興味深くまた十分研究の対象となりうるが、広いスケールにわたって階層構造 (hierarchy) を持つ系に比べるとはるかに単純である。階層現象の最も驚くべき側面はフラクタル (Mandelbrot, 1982) の偏在性にある。フラクタル性を有する対象は、スケールに依存しない幾何学的特徴を有し、おそらくいたるところで微分不可能である。フラクタルの絵画的表現は、例えば入り組んだ海岸線を拡大することによって得ることができる。すなわち、拡大率をあげると大まかな特徴は徐々に不鮮明になり、より小さな湾や半島が現れてくる。それにもかかわらず、この拡大作業の間ほとんど変化しない類似構造が観察されるのである。Mandelbrot (1982) の著書の中で議論されているいくつかの例の中で、ここではカリフラワー、雲、泡、銀河、肺、軽石、スポンジ、樹木を挙げておこう。もし粗視化を記述レベルの変更と解釈するならば、スケール普遍性が正確に保たれるということは系が単純であるということを証言していることになる。このような自己相似的 (self-similar) な対象は並進に対して不変な単純パターンと同一視されるかもしれないが、並進と拡大の操作を入れ替えることによりそこには根本的な違いがある。あるパターンを作り出す力学法則は、一般にある対称群（例えば並進）の下で不変である。したがって、パターンが同様の対称性（例えば、結晶中の周期構造）を示したとしても驚くには当たらない。しかし、このことはフラクタルの場合には当てはまらない。なぜなら、フラクタルの"対称性"はその発生メカニズムの中に埋め込まれてはいないからである。ここで我々を悩ませる問題は、日常経験する非常に多様な形だけでなく、自己相似パターンや並進に対して不変なパターンも同じ物理法則で説明できるのかどうかということである。

　入れ子になったサブドメインにおける階層構造は、例えば磁性や超伝導に見られるように (2次) 相転移の近傍で特に顕著である。粗視化の操作 (Kadanoff, 1966) は繰り込み群の理論として定式化 (Wilson, 1971) され、その理論は概念的な単純さにもかかわらず、観察される相転移現象を高い精度で説明することに成功した。しかし、相転移はある特別なパラメターの値（例えば融点など）で起こるのに対して、階層構造は自然界における非常に一般的な性質である。例えば、$1/f$ ノイズは時間軸上のスケール変換に伴う自己相似性の結果である。この現象は、自然界で最も一般的な現象であるにもかかわらず、一般的な理論で説明することができていない。その他の多くの系も様々なレベルにおいて、結

晶のように厳密すぎることもなく、気体のようにあいまいすぎることもなく、これまでに知られている理論的なモデルに従うわけでもない構造を示す。簡潔な記述を困難にしている理由はおそらく、スケールの明確な分離を妨げているサブシステムの"曖昧さ"か、異なるレベルのモデルにおける相互作用の大きさの違いによっているのであろう。

最後にこの節のまとめとして、複雑さの意味は理解（understanding）の概念と密接に関係していることを注意しておこう。理解とは、系についての圧縮した情報による系のモデル（model）的記述の正確さに基づいている。したがって、"複雑さの理論"とはモデルの理論であり、様々な還元操作（変数の削減、弱い相互作用と強い相互作用の分離、サブシステム全体にわたる平均操作）を取り込むこと、そしてそれらの効率を見極めること、自然現象の新しい記述方法を提案すること、であると考えることができる。そして同時に、複雑さの理論は複雑さの定義とそれを解析するための数学的道具を提供する必要がある。すなわち、複雑さとは何か抽象的な基準を意味するのではなく、どのような数学的道具を用いても生じる、モデル化の本質的な困難さを意味している。複雑さを定義する際に、注意すべき三つの本質的な点は以下の通りである（Baddi, 1992）：

1. 理解するとは、モデルによって対象（object）を記述しようとする主体（subject）の存在を暗示している。従って、複雑さとは主体と対象の双方に関わる"関数"である。
2. 対象またはその記述に適した表現は、階層性を生みだす下部構造に分割されなければならない。階層性は対象そのものに存在する必要はなく、モデルを構成することで明らかになるかもしれない。したがって、実際に階層性が存在することが必ずしも複雑性の指標になるとは限らない。
3. 対象を階層的な構造に分離した後は、主体は下部構造間の相互作用（interaction）を調べ、それらを統合してモデル化する問題に取り組まねばならない。そして、異なる解像度における相互作用を調べることは、スケーリング（scaling）の概念に結び付く。解像度を上げることで安定した記述が可能になるのであろうか、それともどのような認識的方法をも逃れてしまうのであろうか。もしそうであるならば、異なるモデルは背後にあるより単純なしくみを解明することができるのであろうか。

1.2 歴史的な概観

　簡単なモデルを追求することは全ての科学の主要な目標であるが、複雑性に関連してこの問題への最初の定式化は離散数学の分野で行なわれた。そこでの研究対象は整数列で、研究者はその数列の内部ルールを探りそれをモデル化することで、与えられた整数列を正確に再現しようと試みた。もしモデルのサイズの方が与えられた数列の長さよりも小さければ、このモデル化は成功したことになる。例えば、011011011... のような周期的な整数列は、"単位セル (unit cell)"（この例では 011）とその繰り返し回数を指定すれば簡単にモデル化できる。

　このアプローチは二つの研究分野、すなわちコンピュータ・サイエンスと数理論理学を生み出した。前者の場合、コンピュータ・プログラムがモデルであり、コンピュータの出力が対象である。後者の場合には、形式的体系のルールの集合がモデルであり（例えば平方根を計算する手続き）、体系内の任意の妥当な命題が対象である（例えば $\sqrt{4}=2$ など）。情報の圧縮とは、（外部からの情報無しに）形式的体系全体の知識のみによって全ての定理を自動的に演繹することを意味する。この意味で、記号列の複雑さはアルゴリズム的 (algorithmic)と呼ばれ、入力列を再現できる最小のプログラムのサイズでアルゴリズム的複雑さを定義する (Solomonoff, 1964, Kolmogorov 1965, Chaitin 1966)。その結果、完全にランダムな対象は情報の圧縮が不可能なので、最大の複雑さを持つことになる。しかし、物理学的に考えると、構造を持たないパターンに対するこの特徴づけはあまり適切であるとは言えない。アルゴリズム的複雑さは多くの場合エントロピーと一致し、乱雑さの一つの指標となっている。

　モデルの能力に関しては詳しい研究がなされ、モデルの記号的対象に対する定性的及び定量的操作能力の違いによって、それらは異なる計算クラスに分類されている。チョムスキー (Chomsky, 1956, 1959) にちなんで名付けられた主要な四つのクラスは、チューリング・マシン (Turing, 1936) を頂点に階層構造をなしており、チューリング・マシンは万能計算機の原型である。ここで万能計算機とは、もし適切にプログラムされれば他のどのオートマトンをもまねることのできるオートマトンのことである。チョムスキーの階層では、対象

となる整数列を再現するのに必要な最小の計算能力によって、整数列を分類する。したがって、入力列の複雑さではなく、マシン（オートマトン）の複雑さを説明していることになる。

しかしながら、実際に最小のプログラムや最小の計算クラスを見つけることができるのはわずかの特別な場合に限られている。事実、任意の入力列に対して、そのような問題を解く一般的なアルゴリズムは存在しないことが証明されている。同様に、ある定理（整数列に対応している）がある形式的体系（チューリング・マシンに対応している）に属するかどうかを、一般には判定できないことが知られている。この不可能性（専門的には"決定不可能性（undecidability）"と言う）は、チューリング・マシンが停止するのを妨げる無限に長い計算が存在することと関係している。このことは数学的には、「無矛盾で妥当な算術理論が与えられた時、その理論の定理には含まれない自然数についての真なる命題が存在する」ということと等価である（Gödel, 1931）。すなわち、数学を含む無矛盾のいかなる形式論理学 $\mathcal{L}$ に対しても、$\mathcal{L}$ の任意の式がその形式論理学 $\mathcal{L}$ の定理であるのかそうでないのかを決定できるチューリング・マシンは存在しないのである。

物理学や生物学において意味のあるプロセスの全ての側面は万能計算機で書き表せる、という強い仮定の下で、例えばコントロールとコミュニケーション理論（Wiener, 1948）、理論生物学（von Neumann, 1966）、人工知能（Minsky, 1988）をはじめとする多くの分野で、オートマトンが構成されてきた。研究者が達成しようとしている多くの目標の中で、ここでは、単純な地形上でのロボットの運動、パターン認識、試行錯誤による学習、パズルの解法、ゲーム（チェスなど）、生物の進化のモデル（セル・オートマトン）、心理プロセスのシミュレーション（人工ニューラル・ネットワーク）を挙げておこう。もちろん、実際の状況では近似的な解を探すことになるが、これはスペースと時間を節約し、決定不可能な状況に陥らないようにするためである。

このような機械論的な仮定は、矛盾する証拠が見つからないうちは、少なくとも便利な道具として暗黙のうちに大部分の研究者に受け入れられてきた。しかし、この仮定を動物の脳の機能の解明という極限にまで押し進めると、その是非は科学者の間でも意見は大きく分かれている（Penrose, 1989）。

最近では、複雑さは系に多数の要素が存在することと関係づけられ、そのこ

とが例えば、生態系、経済システム、免疫系の特徴であるといわれることがある。これらの分野にまず共通する特徴は、モデルの結果と観測を一致させることが非常に難しいということである（必ずしもカオス的な振舞いが原因であるというわけではない）。そして、これらの系の類似性はあまりに漠然としており、多数の構成要素からなる系の統一的な理論を構築することは非常に困難である。系の振舞いが似ているからといって、それらの系全てを支配する一般的な原理が存在するとは限らないのである。したがって、普遍的な理論を探し求めるより、まず複雑な振舞いの典型的な特徴を明らかにした上で、それらの特徴を有する厳密に定義された系を研究するべきであろう。そしてこれらの特徴の中にはもちろん、秩序と無秩序の共存、ある程度の予測不可能性、系の分割の仕方に依存して変化する下部システム間の相互作用（異なる解像度では異なる相互作用が現れる）などが含まれる。

　本書の初めの部分では、まず上で述べたような複雑な振る舞いの特徴について説明する。その後で研究対象を定式化するが、それは主に1次元の定常記号列である。事実、生物システムの複雑さの原形である四つの基本要素が連結されたDNAをはじめ、連続的な時空構造を持つ一般的な物理系もそのような符号化の方法で分析できる。このように見かけ上厳しい制限を加えることで、数学的内容を明確に定義し、複雑さに関する深い議論を展開できるという長所がある。また、それによってもともと科学と哲学の間には明確な境界線などないのであるから、科学的な道筋からそれて哲学的考察にまで行きつくことができるかもしれない。

　共通の言葉を導入することによって異なる系を統一的に扱うことができるが、研究の目標を明確にすることと複雑さの原因を分離することはやはり必要である。次の節では、このことについてさらに詳しく検討しよう。

1.3　自己生成的な複雑さ

　原因のはっきりしない記号パターンの複雑さの起源については、二つの大きく異なるアプローチが考えられる。一つは、ほとんど独立な多数の刺激（内部からの場合も外部からの場合も含む）の結果現れるという見方である。これは、

例えば熱浴との相互作用を考慮する場合の一般的な枠組みである。もう一つは、単純な力学法則の下でパターンが、一般的で構造を持たない初期条件から発生するという考え方である。我々がここで探求しようとしているのは、"自己生成的 (self-generated)" といわれるこの 2 番目の原因である。より正確には、少数の基本ルールの（無限の）相互作用により、ルール自体には埋め込まれていない構造が創発するときはいつも、この自然発生的な複雑さに注目する。このシナリオの簡単な例には、様々な種類の対称性の破れ（超伝導、熱対流）や長距離相関（相転移、セル・オートマトン）がある。そして、これらの現象と統計力学によって発見された普遍的な性質を考え合わせると、複雑さの研究にとって、自己生成の観点が最も有望で意味のある見方であると思われる。しかしながら、その概念はあまりに多様かつあいまいに定義されてきたために、具体的な研究や分類の道具には使えないという点にも注意しなければならない。事実、この概念はカオス力学系、セル・オートマトン、組み合わせ問題の最適化アルゴリズムなどの、幅広い分野を含んでいる。

　背後にある未知の力学系がどのようなものであろうと、我々は適切なクラスから選ばれたモデルによって観察されたパターンを再現しなければならない。ここでどのようなモデルを選択するかは、いくつかの根本的な問題に依存している。実際、実験によって得られるパターンは、いつも正確に再現される唯一のパターンか、多くの可能なパターンの中の一つか、そのどちらかであると解釈されるであろう。後者の場合には、モデルは原因そのものを対象とし、その原因から生成される全てのパターンに共通の規則の集合を記述するべきである。前者の "唯一のパターン (single-item)" と見る方法はコンピュータ・サイエンスや符号理論で多く用いられ、後者の "アンサンブル (ensemble)" の方法は物理学や統計学の見方である。

　いずれの場合にも、二つの両極端の状況が起こりうる。すなわち、モデルが沢山のパラメターを持つ大きなオートマトンからなっている場合と、小さなオートマトンからなっている場合である。前者は短時間で計算を終えることができ、後者は長時間の計算が必要である。したがって、パターンの複雑さは前者のオートマトンのサイズ、または後者のオートマトンが必要とする計算時間で表現されることが多い。また、これらの二つの過程は、生物学的進化の基礎になっていると考えられている。今日の DNA 分子は、（自己生成的な複雑さに対応する）

基本的な集合過程の繰り返しとランダムな突然変異の後に、環境への適応度によって選別された結果生じたと考えられている。この選別の過程は、記号パターン（DNA）がある非常に複雑なオートマトン（環境）によって認識されるかどうかを調べることに対応している。ただし、精巧なマシンが常に複雑な出力を出すとは限らないことに注意する必要がある。ランダムに設計されたチューリング・マシンが、単調なパターンを発生するかも知れないのである。

一般に、パターンの複雑さとモデルの複雑さを、安易に同一視しないよう注意しなければならない。なぜならば、それらは通常同じではないし、最適なモデルを発見していない場合は特にそうである。したがって、ここに複雑さの問題の新たな側面が浮かび上がってくる。すなわち、複雑さはモデルのサイズよりも、モデルと対象の不一致に関係しているということである。そうすると、主体（観測者）が適切なモデルを作る能力を通して、複雑さを決定する際の主体の役割が重要となってくる。もちろん、正確な記述を与えることができない限り、系は複雑に見える。例えば、予測不可能性と不思議な幾何学構造を持つ決定論的カオスのモデル化は、線形確率過程の枠組の中で取り扱っている限り全くうまくいかない。

これまでの議論や、既存の複雑さの指標が限定された領域でしか有効でないことを考えると、例えば乱雑さの指標としてのエントロピーに対応するような複雑さの唯一の指標はなく、多くの分野（確率論、情報理論、コンピュータサイエンス、統計力学）の道具をうまく組み合わせる必要があることがわかる。そして、複雑さは無限に続くモデルの系列によって記述され、うまくいけば数値か関数で表現できるのかも知れない。しかし、もしこれほど多くの対象を記述できる "複雑さの関数" 自身がそれほど複雑でないならば、それは大きな矛盾であろう。

参考文献

Anderson (1972), Anderson & Stein (1987), Atlan (1979), Caianiello (1987), Casti (1986), Davis (1993), Goodwin (1990), Kadanoff (1991), Klir (1985), Landauer (1987), Löfgren (1977), Ruelle (1991), Simon (1962), Weaver (1968), Zurek (1990)

第2章　複雑な振る舞いの具体例

　この章では、自然界で観察される"複雑な"振る舞いのうち、最も有名な例をいくつか紹介する。残念ながら、これらの非常に異なる系を統一された理論的枠組みから説明することは困難であるが、複雑さの発生の仕方に共通の性質を議論する。

　自然界の巨視的な系は、一般に示強性のパラメーター（温度 T や圧力 p など）と示量性のパラメーター（体積 V や粒子数 N など）によって特徴づけられ、それらはエネルギー E やエントロピー S などの適当な熱力学的関数の中に取りこまれている。もし系と外界との相互作用が熱浴との熱のやり取りだけに限られるならば、**平衡状態**（equilibrium state）が出現する。平衡状態ではゆらぎが指数関数的に緩和するため、巨視的変数は時間に依存しない。平衡状態は自由エネルギー $F = E - TS$ の極小値に対応し、相互作用による秩序生成（E に対応）と、多数の状態から生じる乱雑さの生成（S に対応）との競合で決まる。

　しかしながら、複雑な振舞いの最も一般的な例は外界との相互作用を持つ**開放系**（open system）において観察され、それらは一般にエネルギーの**わきだし**（source）とその**すいこみ**（sink）を持つ。このような非平衡状態下では、系は外界から作用する力の大きさに依存して、定常的な状態を回復するか、時空間的に周期的または非周期的な振る舞いを見せることになる。秩序的で一様な相から構造を持つパターンへの転移は、一般に熱、圧力、構成要素の濃度などの勾配により引き起こされるが、コントロール・パラメーターを変えることにより系は安定性を失ったいくつもの状態を経ることがある。ここで大切な特徴は、十分大きな摂動の下での系の非線形反応特性である。また、この過程における様々な状態はその非周期性やその自由度の多さために、複雑な振舞いを見せる。

2.1 流体の不安定性

流体は、秩序相から無秩序相（乱流）への転移を示す典型例としてよく引用される。その中でも、最もよく理解されている現象は小さな**アスペクト比**（aspect ratio）$\gamma = w/h$ の Rayleigh-Bénard **対流** (Rayleigh-Bénard thermal convection) である（Chandrasekar, 1961; Busse, 1978）。ただし、w と h はそれぞれ容器の幅と高さである。アスペクト比が小さいという条件によって、時間的な振る舞いの不規則性と比べて空間的な不均一さが無視できることが保証される。

流体の流れは、通常次の偏微分方程式で表される。

$$\frac{\partial \mathbf{v}}{\partial t} + \mathbf{v} \cdot \nabla \mathbf{v} = -\frac{\nabla p}{\rho_0} + \nu \nabla^2 \mathbf{v} + \mathbf{q}$$
$$\nabla \cdot \mathbf{v} = 0 \qquad (2.1)$$
$$\frac{\partial T}{\partial t} + \mathbf{v} \cdot \nabla T = \kappa \nabla^2 T$$

ここで、$\mathbf{v}(\mathbf{x}, t)$ と $T(\mathbf{x}, t)$ はそれぞれ位置 $\mathbf{x}$ と時間 t における速度と温度である。第1式は Boussinesq 近似における Navier-Stokes **方程式**（Navier-Stokes equation）（Chandrasekar, 1961; Behringer, 1985）、第2式は非圧縮性条件、第3式は熱伝導方程式である。$p, \rho_0, \nu, \mathbf{q}, \kappa$ はそれぞれ、圧力、（一定の）濃度、動粘性率、単位質量あたりにかかる力、熱拡散率、を表している。

2.1.1 時間的に"複雑な"ダイナミクス

Rayleigh-Bénard (RB) の実験では、容器の下面 (0) と上面 (1) の間に正の温度勾配 $\beta = (T_0 - T_1)/h$ が保たれている。温度は $T(\mathbf{x}) = T_0 - \beta \hat{\mathbf{z}} \cdot \mathbf{x} + \theta(\mathbf{x})$ と表される。$\hat{\mathbf{z}}$ は z 軸方向の単位ベクトル、$\theta(\mathbf{x})$ は**完全伝導** (pure conduction) 状態を基準にとったときの、それからのゆらぎを表している。しかし、この伝導状態は、暖かい水塊（$\theta > 0$）がまわりより小さな密度を持つために浮力によって上昇することから、潜在的に不安定である。この運動により水塊は密度がさ

らに大きいより冷たい領域に運ばれるため水塊は上昇し続ける.すなわち,初期のゆらぎが増幅されるのである.伝導状態ではこの不安定化の効果は,まわりの環境への粘性的散逸と熱拡散によって抑えられ,均衡が保たれている.しかし,温度勾配 β が閾値 β_c よりも大きくなると,**対流**(convection)状態が伝導状態にとってかわる.この新しい対流状態では,流れが平行なロールパターンを成長させ,それによって暖かい流体部分が上のプレート部分に運ばれ,そこで熱を失うことによって再び下のプレート部分に戻ってくる(図 2.1 を参照).ロールはある一定の空間的な波長 $\lambda_c \approx 2h$ を持つため(ただ一つのフーリエ・モードが "アクティブ" になる),$z = h/2$ における温度場の振幅 $A(t)$ を用いて運動を次のように記述することが可能である,

$$\theta(x,t;z=h/2) \approx A(t)cos(x/\lambda_c).$$

閾値 β_c を越えて β が大きくなるにしたがって振幅 A も増大するが,非線形効果によって徐々に抑制されるようになる.アスペクト比が小さいときは(すなわち,ロールの数が少ないときは),β の値の上昇に依存して系が周期的または概周期的な変動(二つ以上の無理数比の周波数を持つ)から非周期的な変動(その不規則な様子から "カオス的" とも呼ばれる)へと変化する.その間,対流は空間的なコヒーレンスを保っている(Bergé et al., 1986; Libchaber et al., 1983).この領域では,(通常は少数の)異なる空間周波数を持つフーリエ・モードが現れ,それらが互いに相互作用することがある.**カオス**(chaos)にいたる最も一般的なルート(第 3 章で厳密に定義する)は,コントロール・パラメータ β を大きくするに従って,振動の**周期倍分岐**(period-doubling)が集積してゆくことである(Feigenbaum, 1978).概周期状態からカオスへの転移(Ruelle & Takens, 1971; Feigenbaum et al., 1982)と同様に,周期倍分岐も普遍的な性質を持っており(Feigenbaum, 1979a),それらはレーザー,電気回路,流体,弦の振動など多くの系で見られる.

同様の解析は,異なる速度で回転する同軸の 2 本のシリンダーの間に流体を挿入したときに起こる Couette-Taylor 不安定性(Brandstater & Swinney, 1987),温度ゆらぎや化学物質の変化によって大きなスケールの表面張力の不均一さが引き起こされる Bénard-Marangoni 対流,回転しているシリンダーの間の RB 対流(Steinberg et al., 1985; Zhong et al., 1991),電気流体力学

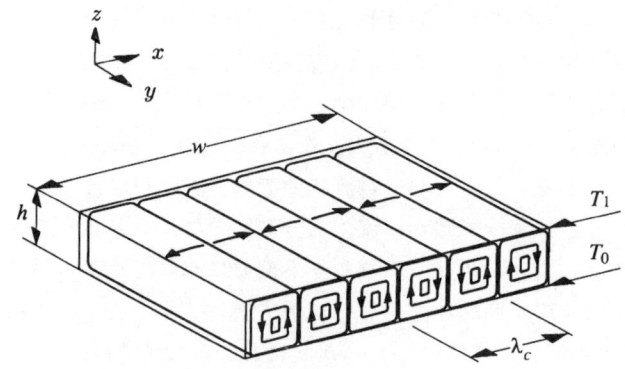

図 2.1 Rayleigh-Bénard 対流の概略図。矢印は対流の方向を表す。T_0 と T_1 はそれぞれ上下のプレート面の温度である。

的な不安定性が起こるネマチック液晶（長軸方向が一定にそろっている液晶）(Manneville, 1990; Cross & Hohenberg, 1993) などの系にも応用されている。

空間的な構造が単純な場合には、少数の重要な変数（例えば、温度や速度など）に対応するフーリエ・モードの時間発展を記述する適切なモデルが、常微分方程式で与えられる。このような場合の複雑さは、異なる漸近 "状態" の共存（**多重安定性**（multistability））や軌道の予測不可能性（第 3 章を参照）と関連付けられることが多い。

2.1.2 時空間的複雑さ

常微分方程式による直接的なモデル化がうまくいかない領域、すなわち十分大きなアスペクト比 ($\gamma > 10$) の場合、系は通常**弱く閉じ込められている**（weakly confined）、または**広がっている**（extended）状態に分類される。これらの系は、コントロール・パラメター β の値が比較的小さい時、すなわち閉じ込められた系ではロールがまだ安定である時に、時空間的に不規則な運動を発生させやすい。このダイナミクスは、空間的に共存する異なる基本パターン間の競合によるのかも知れない。また、その形は Rayleigh 数、Prandtl 数、Nusselt 数などの、流体や容器の性質に関係したコントロール・パラメターに依存している (Manneville, 1990)。こうして、様々な相への逐次転移が起こる。例えば、六角形セル構造を持つ定常対流 (Busse, 1967)、垂直なロール・パターンの交差、

波長の収縮と膨張 (Eckhaus **不安定性** (Eckhaus instability))、ドリフト、ジグザグ・パターン、スキュド・ヴァリコース・パターン、などへの転移が起こりうる。さらに、異なるパターン同士が競合し、"ドメイン壁 (domain wall)" や "不整合欠陥 (defect)" が生成されることもある (Ciliberto et al., 1991b)。前者は異なる秩序領域の境界を形成し、後者は波動パターンの中に粒子のような性質を持つ特異点を形成する。また、これらは拡散したり消滅したりする場合もある (Goren et al., 1989; Rehberg et al., 1989; Rubio et al., 1991; Joets & Ribotta, 1991)。

これらの現象は、ドメイン壁や不整合欠陥の運動に注目することにより、その記述を更に簡略化することができる。しかし、非平衡性を強める外力が更に大きくなると、系は時空的に完全にカオス的な振舞いを示し、上記のような簡略化は不可能となる。この種の秩序–無秩序転移 (order-disorder transition) は、周期的な外力下にある流体において、Tufillaro ら (1989) が報告している。外力の振幅 ϵ を安定な微小波動パターンの出現点よりも大きくすると、長波長領域の変動が引き起こされる。その境界において波動の振幅は減少し、構造的な欠陥が形成され始める。そして欠陥の密度が高い場合には、パターンの方向性が見出せなくなる (図 2.2 を参照)。さらに ϵ を大きくすると系は完全な無秩序状態となる。時間的にも空間的にも不規則なバースト (burst) 相となめらかな (laminar) 相が交互に現れる現象は、時空カオスの出現の前兆である。この時空的間欠性 (spatio-temporal intermittency) (Manneville, 1990) と呼ばれる相転移のシナリオは、大きなアスペクト比の 1 次元系の流体で実験的に観測されている (Ciliberto & Bigazzi, 1988; Rabaud et al., 1990)。現在のところ、時空カオスや "弱い乱流" の一般的な定義は存在しないが、その定量的な記述には明らかに統計的分析が必要である。例えば図 2.2 の例では、それ自体はカオス的ではない多くの部分領域間の**相関** (correlation) (第 5 章を参照) の欠如により、乱れを定量化することができる。また、この現象を表す別の側面は、連続的な低周波数成分をともなう時間発展と (Ciliberto et al., 1991a)、ほぼ正規分布で近似できる空間フーリエ振幅のゆらぎである (Gollub, 1991)。これらの観測結果は大まかに以下のように整理できる (Hohenberg & Shraiman, 1988)。すなわち、空間的相関距離 λ (例えばロールのサイズや波長などが代表的なものであるが、詳しい定義は第 5 章を参照) が系のサイズ L よりも大きい時に時間

図 2.2 垂直方向に振動させている流体表面に現れた微小波動パターン (Sreenivasan, 1991 より転載)。

的カオスが発生し、λ が L よりも圧倒的に小さい時には空間的にコヒーレントでないゆらぎとともに時空カオス（弱い乱流）が発生する。その場合には、フーリエ・モードの振幅は波数 k で指数関数的に減衰する。

　流体力学的不安定性の複雑さを論じるとき、現象の"原因 (cause)"を説明する適切な運動方程式を導くことが困難であるというだけではなく、統計的な記述を与えることすら非常に困難であり、そこに問題の深さがある。パターンは周期的でも概周期的でもなく、また相関が減衰しても完全には無秩序になるわけではない。それでも、"正しい"運動方程式では対象を簡単に説明することができないので、より簡潔な記述を見つけなけらばならないのである。ただし、統計的解析が必要であるからといって現象も複雑であるとは限らないことに注意して欲しい。例えば、ポアソン過程やランダム・ウォークはともに単純な過程であるが、統計的解析が必要である。

2.2 乱流

流体に注入するエネルギー量を増加させるにつれて、流体は一様な速度場で特徴づけられる秩序相（静止状態または層流状態）から、**乱流**（turbulent）と呼ばれる無秩序相（空間的及び時間的無秩序な状態）へ転移する。この転移の中間には、ゆらぎが大きな周波数スケールや空間スケールに及ばない弱い乱流状態が存在する。それに対し**発達した乱流**（developed turbulence）では、小さな空間スケールへのエネルギーの輸送によって、ゆらぎが本質的に重要な役割を演じるようになる。広い周波数帯に渡る流体力学的なモードは、モード間の相互作用を通して、乱れた環境の中でのコヒーレントな渦の生成に重要な寄与をしている（Monin & Yaglom, 1971, 1975）。秩序相と無秩序相の相互作用は、スケールを明確に分離できないためにいっそう複雑である。コヒーレントな巨視的構造の出現は、流体の境界近くのダイナミクスに強く依存しており、ここでは小さな空間スケールのプロセスが大きな空間スケールにエネルギーを注入している。そしてこのエネルギーは、粘性によって熱力学的に散逸してしまうまで、流体内で再び小さな空間スケールに戻されることになる。この結果、様々な大きさの渦とともに生じる**エネルギー・カスケード**（energy cascade）は、流体の種類によらず"普遍的な"性質を示す。

流体の運動がどの程度不規則かは、移動流を表す非線形項 $\mathbf{v}\cdot\nabla\mathbf{v}$ と散逸項 $\nu\nabla^2\mathbf{v}$ の相対的な大きさに依存している（(2.1)式を参照）。流体の速度が大きいほど、粘性力が系を静止状態に引き戻そうとする効果は小さくなる。上記の二つの項の比は**レイノルズ数**（Reynolds number）$R(l)$ と呼ばれ、通常 $R(l) = v(l)l/\nu$ と表される。ただし、$v(l)$ は空間スケール l で観測される特徴的な速度差である。

流体運動のスケールを明確に分離することはできないが、その運動は $l_d = (\nu^3/\bar{\epsilon})^{1/4}$ を最小サイズに持つ多くの渦（eddies）の同時的な出現と見ることができる。ここで l_d は**コルモゴルフ長**（Kolmogorov length）と呼ばれ、$\bar{\epsilon}$ は平均エネルギー散逸率である。$l = l_d$ の場合には、レイノルズ数は非常に小さいので乱流は抑制されている。乱流パターンの典型例を図2.3に示したが、これはレイノルズ数 R が約4000の時に水流をノズルから噴出させた場合である

(Sreenivasan, 1991)。アクティブな自由度の数 N_d は、流体に存在する最小の渦の数にほぼ等しいと考えられ、単位体積当たり $R^{9/4}$ のオーダーであると見積もられている。空気の場合には R は 10^{18} を越える非常に大きな値になるため、N_d も非常に大きく流体の振舞いは予測不可能となる。しかし、このような流体の捉え難さにもかかわらず、流体の流れは渦の**階層性**（hierarchy）として捉えることができる。大きな渦ほど予測しやすい傾向があり、サイズ l の渦が不安定化した後にサイズ $l/2$ の渦となり、さらにサイズ $l/4$ の渦に分かれていく。そして、この**自己相似的**（self-similar）な過程は渦が l_d のスケールに到達するまで繰り返される。**均質な自己相似的対象**（homogeneous self-similar object）は、ある基本的な空間的（または時間的）スケール・ファクター r の非常に広い領域で同じべき的構造をみせる（Mandelbrot, 1982）。不完全ではあるがこのシナリオの簡単な説明は、空間と時間をそれぞれ r, $r^{1-\alpha}$ の割合で同時にスケールした時に、粘性ゼロのナビエ・ストークス方程式（2.1）の形が変わらないことによって確かめられる。ここで r は任意の値、指数 α は物理学的考察からある値に決めることができる。大きなスケールから小さなスケールへある一定のエネルギーの流れ（$\propto v^3(l)/l$）があるとすると（エネルギー均衡が成立しているとき）、指数 α は $1/3$ となることが知られている（Kolmogorov, 1941）。

速度場のスケール依存性は、通常、**構造関数**（structure function）

$$\langle |\mathbf{v}(\mathbf{x}+\mathbf{l})-\mathbf{v}(\mathbf{x})|^m \rangle \propto |\mathbf{l}|^{\zeta_m} \tag{2.2}$$

を用いて研究されている。ここで、角括弧は無意味なゆらぎを取り除くための時間平均である。スケール不変性の仮説によると、$\zeta_m = m/3$ となることが予想されており、いわゆる**慣性小領域**（inertial range）$l_d \ll l \ll l_s$ においてこのことがほぼ確かめられている。l_s は系のサイズである。ただし、予想された ζ_m の線形な振舞いから大きなずれがあるとの報告もあることを指摘しておこう（Anselmet et al., 1984）。これらの結果を踏まえて、スケーリング指数 α が場所に陽に依存するような新しい現象論的モデルがいくつか提案されている（Meneveau & Sreenivasan, 1991）。それによると、上記のスケール不変性は統計的な意味でのみ成立すると予想されている。より正確には、速度場は**乗法的ランダム・プロセス**（random multiplicative process）の結果であると解釈されるのである。すなわち、スケール r^i における速度差は $\Pi_{j=1}^{i} r^{\alpha_j}$ のオーダー

図 2.3 レーザーによる蛍光を用いて撮影した水流の 2 次元写真。水流は、なめらかに作られたノズルから水のタンクに噴射されている。レイノルズ数は約 4000 （Sreenivasan, 1991 より転載）。

であり、ここで α_j は平均値が 1/3 に等しいランダム変数である（Kolmogorov, 1962; Novikov, 1971; Mandelbrot, 1974; Frisch *et al.*, 1978; Benzi *et al.*, 1984）。しかしながら、ζ_m を評価するためには膨大な数の実験データが必要であるために、構造関数のスケーリング的振舞いに関してまだ確固たる結論に達していないことも指摘しておかねばならない（Frishch & Orszag,1990）。一方、理論および数値的解析からは、レイノルズ数に依存するあるスケール l^* より上の乱流では、等温度または等密度面が**フラクタル**（fractal）（第 5 章を参照）になることが予想されている（Constantin & Procaccia, 1991）。図 2.3 のジェットの境界では $l^* \approx 10 l_d$ である。

　素朴に考えれば、乱流の複雑さはそのダイナミクスが無限に多くの自由度を持つことにあると言える。しかしながら、より注意深くこの問題を探求すれば、乱流の複雑さは全てのスケールに存在する明白な構造によって生じていることがわかる。従って、ここで問われるべき問題は、"容易に解析可能かつ直観的に理解可能、しかも基本的ダイナミクスとして十分に強力な閉じた記述が存在するだろうか" ということである（Kraichnan & Chen, 1989）。

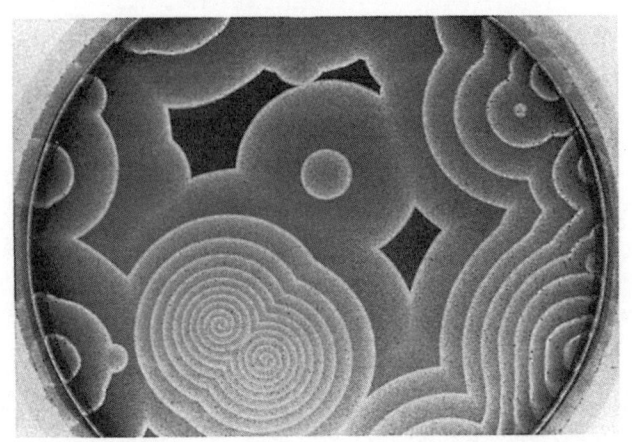

図 2.4 薄層溶媒中に広がるベルーゾフ・ジャボチンスキー反応による 2 次元波動パターン (Müller & Hess, 1989 より転載)。

2.3 生物学的反応と化学反応

　空間的にコヒーレントな構造の生成、伝播、相互作用の印象的な例は、溶液中で起こる生物学的反応や化学反応に見ることができる (Ross et al.,1988)。これらの系で現れるパターンは化学物質や生物種の密度の変化であり、それらは分光器や顕微鏡を用いることで可視化できる。適切なデータ処理を施すことにより、パターンは空間的な**前線** (front) や**波** (wave) の時間発展として捉えることができる。

　最も良く研究されている化学反応は**ベルーゾフ・ジャボチンスキー反応**(Belousov-Zhabotinsky reaction) である。これは、セリウムまたはフェロインにより触媒された臭素酸塩によるマロン酸の酸化反応で、化学反応式は次のように書くことができる。

$$2BrO_3^- + 3CH_2(COOH)_2 + 2H^+ \rightarrow 2BrCH(COOH)_2 + 3CO_2 + 4H_2O.$$

実験の条件によって、平面波、円形波、らせん波 (spirals)、複数の腕を持つ渦 (vortices)、渦巻 (scrolls) などの様々なパターンが現れる (図 2.4 を参照)。

これまでの研究（そのほとんどは2次元の波動パターンの研究である）の焦点は、分散関係、波の（速度、振幅、全体の形などの）時間発展、波の（反発や消滅などの）相互作用に向けられてきた。パターンは周期的に振動することもあり、その場合化学物質の濃度は5オーダー程度にわたって変化することもある。また、（らせんの先端が円形の軌道を描きながら）らせんの中心が長時間にわたって安定なこともある。しかし、条件を変えると不安定性が発生し、らせんの先端は概周期的 (Jahnke et al.,1989; Skinner & Swinney, 1991)、またはカオス的 (Tam & Swinney,1990; Vastano et al., 1990; Kreisberg et al., 1991) な軌道を描くこともある。流体力学的な系で既に見たように、これらの系における複雑さは、秩序（らせんや円など）と無秩序（中心の運動や前線など）の共存によっているのである。

反応容器中で化学物質の濃度勾配を伴う安定なパターン（**チューリング・パターン** (Turing Patterns), Turing, 1952) には、コヒーレントな流体力学的構造との類似性がある (White, 1988)。しかしながら、BZ反応のパターンの場合には流体力学的な効果は含まれていないことに注意しなければならない。すなわち、流体力学的効果は通常ゲルによって抑制されており (Skinner & Swinney, 1991)、(反応を加速するために対流を利用する場合もあるが) 純粋に**反応拡散** (reaction-diffusion) 的なメカニズムがこれらの現象を支配している。巨視的なパターンは化学反応と分子拡散（輸送）の相互作用から現れる。これらの現象のモデルは通常次のような偏微分方程式として書き表すことができる。

$$\frac{\partial \Psi}{\partial t} = \mathbf{D} \cdot \nabla^2 \Psi + \mathbf{F}(\Psi). \tag{2.3}$$

ここで、$\Psi(\mathbf{x}, t)$ は種の密度や温度の分布を表すベクトル、$\mathbf{D}$ は拡散係数行列、$\mathbf{F}$ は反応の効果を表す非線形関数である (Kuramoto, 1984)。

化学反応における反応拡散プロセスと生体内における自己触媒的な反応の間には、機能的な類似性がある (Martiel & Goldbeter, 1987)。同様のダイナミクスは、胚の成長過程、バクテリオファージ系、心臓組織の生理などにも見られ、これらは外界からの刺激に対して応答する**興奮性システム** (excitable systems) の例である (Goldbeter, 1989)。しかし、パターンがどのようにでき始めるのか、どのように融合するのか、そしてどのように時間発展するのかなどの問題は、まだほとんど解明されていない。また、これら生物におけるプロセスは、ま

だ解明されていない細胞システムのゲノムによって支配されている。化学反応系では、転送される体積要素の典型的な大きさは数マイクロリットルであるのに対し、生物系のそれはまだ明らかになっていない（もしかすると、その大きさは細胞一つ程度か、あるいは組織を形成している細胞集団の大きさ程であるかもしれない）。

このように微視的な相互作用がとても複雑であるにもかかわらず、巨視的特徴についての普遍的な記述が可能であるように思われる。さらに、観測が系の境界に強く影響されたり十分なデータがない場合もあるが、流体力学との類似性を考えると、普遍的な（すなわち系に依存しない）理解が可能かも知れない。

2.4 光学的不安定性

非線形光学系においては、様々な時間的不安定性、無秩序パターン、セル構造、渦の自発的発生などの複雑な現象が観測されている (Harrison & Uppal, 1993)。このような振舞いの背後にあるメカニズムは、二つの線形システム間の非線形相互作用である。すなわち、(Maxwell 方程式で記述される) 電磁波と（微視的には Schrödinger 方程式で記述される）原子系の媒質の間の相互作用である。

光学不安定性の顕著な例は**レーザー**で見ることができる。媒質が共振空洞内に束縛されているところにエネルギー J が絶えず流入すると、原子は励起状態となる。J が小さい間は、エネルギーはコヒーレントではない光子の放出、原子の衝突、光学空洞への散逸などで失われる。しかし、J が大きくなるとより効率的なエネルギーの散逸が起こる。すなわち、**コヒーレント**（coherent）な光子の放出によるレーザー発光である。

レーザーの不安定性は、概念的には Rayleigh-Bénard 対流の場合と同じである。すなわち、外部から流入するエネルギーが内部の散逸の効果よりも大きい場合、時間的に周期的な運動が自発的に発生する。このような類似性に着目して、この不安定性の出現の背後に潜むメカニズムが、複雑で乱れた構造の出現を説明するある種のパラダイムを与えるのではないかと考えた研究者もいたが、最近ではこの現象は**ホップ分岐**（Hopf bifurcation）（平衡から遠くはなれた系に起こる多くの定性的変化の一つ）であると考えられている。

2.4 光学的不安定性

　光学空洞は、流体力学における容器と同じ役割を演じる。"短い"空洞は小さいアスペクト比の流体容器に対応し、ただ一つの空洞モード（平面波の場合の一つのフーリエ・モード）のみが励起されてダイナミクスに寄与するが、残りは全て減衰する。このように短い空洞を用いると取り得る空間的構造を強く制限することになるが、例えば周期的な空洞損失のある CO_2 レーザーの実験に見られるように、様々な時間発展が起こり得る（Arecchi et al., 1982）。

　興味深い非線形光学デバイスはレーザーだけではない。しかし、レーザーは強力な電磁場を形成できるためその他の実験のエネルギー供給源として利用できる。このことは、例えば多くのモードが同時に励起し空間的な構造が出現するために非常に重要である。パターンの自発的形成は、光のビームが媒質の光学特性を変化させ、同時にその変化の影響を受けるような時に観測することができる。D'Alessndro & Firth (1991) は、鏡によるフィードバックが存在するような単純な系においても六角形のパターンが現れ得ることを理論的に予言した。また、空間構造の形成には強い非線形性が必要であり、Akhmanov (1988) らは、液晶光弁（liquid-crystal light valve, LCLV）を構成するデバイスが、この予測の検証に適していることを示した。すなわち、入射した光のビームが液晶の屈折率を変化させ、それによって入射光の位相自体が変化するのである。また、入射ビームを LCLV の反対側に再入射する実験も非常に興味深い。Pampaloni (1995) らは、光の経路を横向きに変えることによって（図 2.5 を参照）本来の回転対称性を破り、図 2.6 に示されるような概周期的なパターンを発生させた。このパターンは、同一のセルの単なる周期的繰り返しではない無秩序性と、フーリエ変換が鋭いピークを持つ（長距離相関の存在を示す）という秩序性を合わせ持っている。このことは、原子スケールで見られる 3 次元の準結晶の性質（X線回折スペクトルのピークの概周期性が結晶学的対称性を持つ通常の格子からでは再現できないという性質。7.3 節を参照のこと（Shechtman et al., 1984））と類似しており、次のような簡単な例を考えることで理解できる。同じ空間周期 L をもち、お互いに全て異なる方向 $\mathbf{k}_k, \mathbf{k}_2, ..., \mathbf{k}_N$ の N 個の波の重ね合わせでできる 2 次元のパターンを考えてみよう。原点 $\mathbf{x} = 0$ の近傍のパターンは、全ての内積 $\mathbf{k}_i \cdot \mathbf{x}$ $(i = 1, 2, \cdots, N)$ が同時に 2π の整数倍になるような場所に現れる。実際にこのようになるためには、未知数の数（$\mathbf{x}$ の要素の数）が制約条件の数 N と等しくなければならず、その時、周期的な構造が形成される。これ

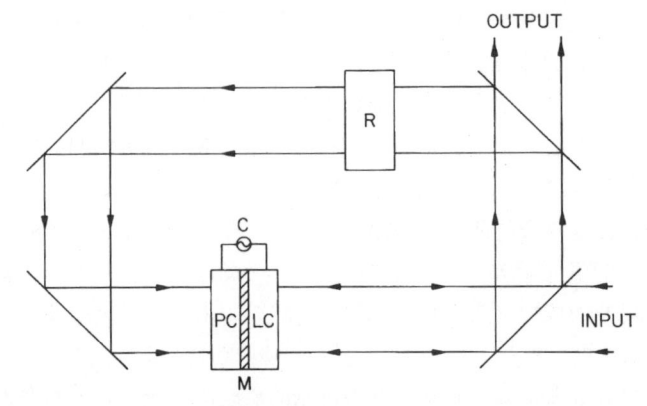

図 2.5 LCLV を用いた実験の概略図。光ビームは (R) で回転して元に戻される。ここで記号 M、PC、C はそれぞれ誘電ミラー、光伝導体、電流発生器を示している。

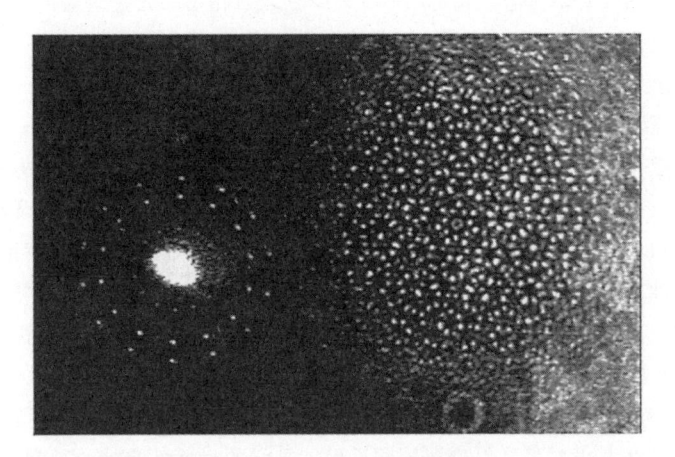

図 2.6 LCLV を用いた実験でで観察される回転角 $2\pi/7$ の場合の光パターン。左側の光パターンはフーリエ変換の七つのピークのうちの二つを表し、右側の光パターンは概周期的な格子の様子である。

は、$N=2$ の時は（単位セルを単位ベクトル $\mathbf{k}_1, \mathbf{k}_2$ と考えれば）常に可能である。$N>2$ の場合には、例えば六角形のパターンがお互いに $2\pi/3$ の角をなす三つのベクトルから得られるように、$(N-2)$ 個のベクトルが残りの二つのベクトルの有理数比の線形和で表される時のみ可能である。図 2.6 のような概周期的なパターンはこの条件を満たしておらず、これは $2k\pi/7, (k=0,1,\cdots,6)$

ずつずれたベクトルを重ね合わせたものになっている。

2.5 成長現象

ぼんやりとした背景から浮かび出る、多様な部分からなるパターンはしばしば複雑であるとみなされる。このような現象の典型例は、球や水滴などの単純な物体が空間的に等方的な力によって塊を作る場合で（Family & Landau, 1984）、構成要素や力学法則の単純さにもかかわらず、粒子間の相互差用の対称性とは関係のないおおまかな対称性を持つ樹状構造を形成する（Arneodo et al., 1992a, 1992b）。さらに、これらの塊は特徴的な空間スケールを持たないにもかかわらず、自己相似的な様相を持っている。ここで、このような例としては、金属コロイド、凝集エアゾール、ヴィスコス・フィンガーリング（viscous fingering）（焼き石膏の層に水を注入すると観察できる）、小孔のある媒体を通過する流れ、気体–液体の相分離（スピノダル分解）、絶縁破壊、電着、などを考えるとよいだろう（Stanley & Ostrowsky, 1986; Jullien & Botet, 1987; Aharony & Feder, 1989; Meakin, 1991）。これらの系全てにおいて、パターンの**成長**（growth）はそのきっかけとなる小さな塊（粒子または水滴）に他の粒子が付着することから始まる。成長したクラスターの融合は、その確率は異なるであろうが境界のどの点でも起こり、最もよく観察される形は、珊瑚礁、木、稲妻に非常によく似ている。図2.7は典型的な金コロイド凝集体である（Weitz & Oliveira, 1984）。この写真は透過型電子顕微鏡で撮影されたものであるが、実際のクラスターの2次元平面への投影になっている。一般に、クラスターに含まれる粒子数 N は R^D でスケールすることができ、ここで R は両端間の距離または旋回半径を表し、D は次元に相当する量で幾何学的な拘束条件と実際の空間の次元 d に依存している。図2.7の場合には $D \approx 1.7$ と評価されている。

これらのパターンが奇妙な形をしているということと特徴的なスケールが存在しないということは、これらがフラクタル的であることを示唆している。それにもかかわらず、自己相似性は厳密には成立していない（例えば、中心部分と先端の形は異なっている）。したがって、指数 D だけでは様々な系で観察されるいろいろな形を説明することはできない。これらのパターンをより正確に

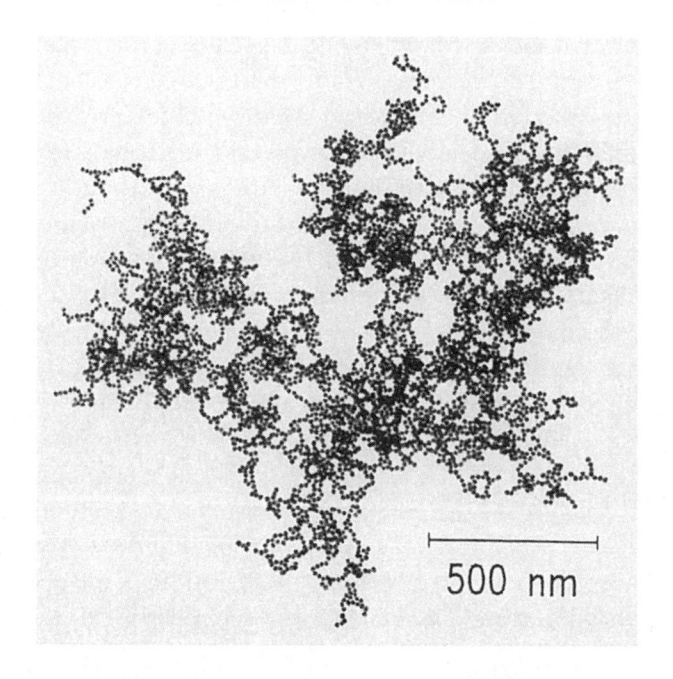

図 2.7 懸濁液中で、4739 個の球状金粒子から構成されたクラスターの電子顕微鏡写真（Weitz & Oliveira より転載）。

分類し普遍的な特徴を捉えるためには、成長現象の動力学も同時に研究する必要がある。

　凝集は、流体中でランダム・ウォークをしている粒子が引力によって吸着して生じる、不可逆過程である。このようにして成長したクラスターはさらに大きなクラスターへと成長することもある。凝集体には 2 種類の特徴的な時間スケールが存在する。すなわち、二つの粒子が接触するまでの時間を表す拡散時間 t_d と、結合を形成するのに必要な時間を表す反応時間 t_r である。もしこれら二つのタイムスケールが大きくことなる場合には、記述を単純化することができる。$t_d \gg t_r$ の場合を**拡散律速凝集** (diffusion-limited aggregation, DLA) と呼び、$t_d \ll t_r$ の場合を**反応律速凝集** (reaction-limited aggregation, RLA) (reaction-limited aggregation) と呼ぶ。どちらの場合でも、ゆっくりとしたタイムスケールのク

ラスター形成は Smoluchowski 方程式（Smoluchowski equation）、

$$\dot{c}_k = \frac{1}{2} \sum_{i+j=k} K_{ij} c_i c_j - c_k \sum_{j=1}^{\infty} K_{ij} c_j$$

で記述することができる（Friedlander, 1977）。ただし、c_k は k 個の粒子からなるクラスターの密度、K_{ij} はクラスターサイズが i と j の二つのクラスター間の反応 $[i] + [j] \to [i+j]$ の反応速度であり、右辺の最初の総和は粒子数の合計が k 個のクラスターペア全てについてとる。この方程式の導出の際には、i 個の粒子からなるクラスターと j 個の粒子からなるクラスターを同時に見出す確率は、それぞれを発見する確率の積であると仮定している（統計的独立性。詳しくは第 5 章を参照）。さらにこの方程式は、粒子の位置を無視する平均場近似と同等であり、物理的な性質は反応速度 K_{ij} によって説明される。これらのレビューについては、Ernst (1986) を参照するとよい。なお、通常初期条件は $c_i(0) = \delta_{k1}$ ととり、これは粒子が単離した状態を表している（単調分散の場合に対応する）。

この方程式の解を求めることができれば、全ての時間におけるクラスターの分布を知ることができ、ゲル化（無限の大きさを持つクラスター形成）が起こるかどうかを見極めることができる。しかしながら、厳密解や近似解が求められているのはわずかの反応速度 K_{ij} の場合に対してのみである。したがって、より一般的な系をシミュレートするために特別なモデルが考案されている。それらの中でも特に単純でいろいろな拡張が試みられているモデルに、Witten & Sander (1981) によって提案されたモデルがある。彼らのモデルでは、ある特定の粒子が半径 R_0 の円の中心に固定され、円周上のランダムな点からランダムな方向に別の粒子が発射される。発射された粒子はランダム・ウォーク（random walk）（ブラウン運動）を行ない、円周に再び接して消滅するか、クラスターの粒子に接して融合するかどちらかの運命を辿る（すなわち、反応確率 p は 1 である）。発射された粒子がどちらの運命を辿ったとしても、すぐ次の粒子が発射されプロセスが継続される。ある程度時間が経過すると、クラスターは非常に複雑に分岐した形態となり、新しく投入された粒子がクラスターの端に接触することなくクラスターの谷"フィヨルド"に到達することは非常に困難となる。事実、粒子の融合はクラスターの先端で最も起こりやすくなる。これらのクラ

スターの次元 D は、2次元空間の場合は1.7、3次元空間の場合は2.5、4次元空間の場合は3.3と見積もられている（Jullian & Botet, 1987）。しかし、これらの指数はシミュレーションを格子の上で行なうと変化し、また格子の種類にも依存している。したがって、Witten-Sanderモデルは普遍的なモデルではない。

これらの結果を実際の実験と比較するためには、クラスターもランダム・ウォークする必要がある。このようなクラスターとクラスターが融合するモデル（Kolb et al., 1983; Meakin, 1983）では、3次元におけるクラスターの次元は $D \approx 1.75$ となり、図2.7の実験（Weltz & Oliveira, 1984）の場合と良く一致する。

DLAモデルでは、ランダム・ウォークしている全ての粒子のアンサンブルがラプラス方程式、

$$\nabla^2 \phi = 0 \qquad (2.4)$$

に従うスカラー場 ϕ の役割をしている。事実、正方格子上を移動するランダム・ウォーク粒子が位置 (i,j) に存在する確率 $P(i,j)$ は

$$P(i,j) = \frac{1}{4}\left[P(i-1,j) + P(i+1,j) + P(i,j-1) + P(i,j+1)\right]$$

で与えられ、これは（2.4）式を離散化したものに対応している。粒子は不可逆的にクラスターと接着するのでこれが吸いこみに対応し、境界上では $\phi = 0$ となっている。逆に $R_0 \gg 1$ においては、粒子は等方的に供給され、$\phi = \phi_0$ と一定になっている。DLAモデルの重要な拡張として、境界線上で粒子が存在しないサイトを確率 $P \propto \phi^\eta$ または $P \propto (\nabla\phi - a)^\eta$ で選び出すモデルがある。ただし、ϕ はそのサイトにおけるスカラー場、a は定数、η はコントロール・パラメターである（Meakin, 1990, 1991）。様々な物理的現象が同様のアルゴリズムでシミュレート可能であり、指数の多様性、分布、スケーリング関係などが得られている。したがって、複雑さの理解にはパターンのフラクタル性だけでは不十分であり、例えば塊がどの程度"孔"を有しているのか、自己相似性の程度はどのぐらいか、見かけ上の対称性はどの程度か、平均分岐率はいくつか、どのように時間発展するのか、などを考慮する必要がある。そして、これらに対する解答の一部は第9章で与えられる。

2.6 DNA

　生命は、その驚くべき多様性とともに、複雑な構造物の最高の例である。事実、個々の生物の体自身が、膨大な数の相互作用する部分から構成される非常に複雑な構造物である。そして、さらに驚くべき生物特有の性質は自分自身を複製できることであり、複製の際に世代間に小さな変更が許されるために、**生物学的進化**（biological evolution）が実現される。これまでのところ、生物の圧倒的な複雑さの前に、生物の適切な数理モデルを探す試みは全て失敗に終っている。ある特定の生物種の進化の記述というような問題でさえまだ満足な答えは得られていない（Eigen, 1986）。

　複製プロセスにおいては、個体は自分のコピーをそのまま複製するのではなく、新しい個体を構築するのに必要な情報を含む**遺伝材料**（genetic material）を子孫に受け渡すという方法をとっている。遺伝情報は、4種類（アデニン（adenine, (A)）、シトシン（cytosine, (C)）、グアニン（guanine, (G)）、チミン（thymine, (T)））の**ヌクレオチド**（nucleotides）（**塩基**（bases）ともよぶ）からなるポリマーである DNA（deoxyribonucleic acid、デオキシリボ核酸）分子に格納され、これらは糖-リン酸塩の骨格によって結合している。なおアデニンとグアニンは**プリン**（purines）、シトシンとチミンは**ピリミジン**（pyrimidines）に分類されているが、これら2種類の区別はその化学構造の違いによっている（Lewin, 1994）。全ての生物と多くのウィルスの遺伝材料は DNA であるが、ある種のウィルスは別の種類のヌクレオチド、すなわち RNA（ribonucleic acid、リボ核酸）を利用している。RNA では、チミンがウラシル（uracil, U と略記しピリミジンに分類される）に変更されている。さらに、様々な種類の RNA が DNA の情報を転写、伝達するプロセスで利用され、個体の構築が進められていく。DNA も RNA も共に4文字のアルファベットで書かれたメッセージで、生物種の複雑さの研究に対してともに重要である。

　DNA の空間構造は通常二重らせんであり、二つの相補的な鎖からなっている。すなわち、一方の鎖のアデニンは他方の鎖のチミンとペアになり、同様にシトシンとグアニンがペアになっている。したがって、両方の鎖は同等であり

片方の配列を分析すれば十分である。塩基の配列が DNA の機能を決めている（DNA の塩基配列をどちらの方向に読むのかは、化学結合の非対称性から自然に決まっている）。DNA の総量は塩基ペア（base pairs（bp））を単位に測られ、C パラメターと呼ばれている。人間の細胞の場合には、46 本の染色体の中におよそ 6×10^9 bp の DNA が含まれている。しかし、これまでのところその約 0.1 ％の配列しかわかっていない（Bell,1990）[1]。ゲノムの中の DNA の総量は、生物種の複雑さの定性的な指標を与えるに過ぎない。実際、バクテリアの DNA は原始的な真核生物（原生生物や菌類など）より少なく高等な真核生物（哺乳類や植物）よりは遥かに少ないが、このような常識に矛盾する例も多くある。例えば、アメーバ、タマネギ、鶏の DNA の総量はそれぞれ 6×10^{11}、2×10^{10}、10^9 で、これらがいわゆる C 値の逆説（C-value paradox）である。しかし、それぞれの門（類似の生物種からなる進化論的グループ）の最小のゲノムサイズを比較すると、個体が複雑になるのに比例してそのサイズも大きくなっている（Lewin, 1994）。

2.6.1　遺伝コード

　DNA の塩基配列に格納されている全ての情報に意味があるわけではないことに気付くと、C 値の逆説は解決される。事実、**遺伝子**（genes）と呼ばれる DNA の一部分だけが、個体の"構成要素"（building block）である**タンパク質**（proteins）を合成できることが知られている。タンパク質は**アミノ酸**（amino acids）と呼ばれる 20 種類のモノマーからなるポリマーである。そして、DNA の三つの塩基の配列（**コドン**（codon））が一つのアミノ酸を指定する**遺伝コード**（genetic code）である。表 2.1 は 64 種類のコドンをその出現確率とともに示したもので、1,794,792 個の塩基からなる 1,952 個の人間の遺伝子から作成されている。それぞれのコドンの左側の記号は対応するアミノ酸を示しており、例えば F はフェニルアラニン（phenylalanine）、L はロイシン（leucine）である。アミノ酸の記号のかわりに星印が書かれている三つのコドンは、タンパク質合

---

[1]（訳者注）米企業セレーラ・ジェノミクス社は 2000 年 6 月に全ての DNA 配列の解明に成功した。また、日米欧政府による国際ヒトゲノム計画においても、2003 年には全 DNA 配列の高精度解読が完了する予定である、と発表した。

成の終りを意味するターミネーターである。ここで、遺伝コードの重複に注意されたい。すなわち、一つのアミノ酸をコードするコドンが複数存在するのである。この性質により、外界からの影響による鎖の配列の変化、すなわち**突然変異**（mutations）の影響が最小限におさえられている。突然変異には、塩基の置換（substitution）、欠失（deletion）、挿入（insertion）、重複（duplication）、転位（transposition）など多くの種類があり、最初に書いたものほど起こりやすい（Fitch, 1986）。一般に受け入れられている分子進化の理論（Kimura, 1983）によると、多くの突然変異は中立である。それらのうちのあるものは個体にとって有害で、個体が存続する能力である**適応度**（fitness）を低下させ子孫が生き残れないことになるかもしれない。すなわち、自然選択によって個体群から取り除かれるのである。それに対し、致死突然変異はまれである。中立または有益な突然変異は、それらがゆっくりと蓄積されることで種の多様性に寄与している。共通の祖先DNAから系統樹を作ることにより進化の歴史を再構成すること（系統発生論（phylogeny））は生物学の最も基本的な問題の一つである。このために、異なる生物種間の類似のDNA配列を比較し、進化の過程で起きた突然変異を分類することが必要である（Tavaré, 1986）。

生物学的な情報は**転写**（transcription）と**翻訳**（translation）の二つのプロセスで処理される。転写とは、チミンからウラシルへの変換を除き、DNA鎖と同じ配列をもつ1本鎖のRNA（メッセンジャー（messenger）RNAまたはmRNA）を構成することで、翻訳とはRNA配列をタンパク質を構成するアミノ酸配列に変換することである。mRNAの配列が逐時的に取り込まれ、重複のない言葉として、コドンが読み込まれる（Lwein, 1994）。原理的には、鎖の最初の3文字のどこから読み始めるかにより、3種類の読み方が存在する。統計的な分析によると、最初の2文字のどちらかから読み始める場合は意味のある（すなわち機能的な）アミノ酸配列を生じるが、3文字目から始めると意味をなさないことが知られている（Staden, 1990）。最も単純な特徴量は、コドン c の出現確率 $f(c)$ である。$f(c)$ は $n(c)/n$ で定義され、ここで $n(c)$ は配列の中にコドン c が現れた回数であり、n は配列中の全コドン数である。出現確率は明らかにどこから読み始めるかに依存する。したがって、コドンの出現確率がほとんど同じであれば（結果的にターミネーターの出現確率が高くなることとあわせて）それは無秩序性を示しているのに対して、出現確率が大きく異なるこ

表 2.1 遺伝コード。64 個のコドンのうち 61 個がアミノ酸をコードしており、残りの 3 個（星印で示してある）はターミネーターである。また、トリプトファン（W）とメチオニン（M）を除く全てのアミノ酸は複数のコドンに対応している。コドンの右側の数字は、人間の 1,952 個の遺伝子から計算したそれぞれのコドンの出現確率である。

				出現確率のコドン表							
F	TTT	1.5	S	TCT	1.4	Y	TAT	1.2	C	TGT	1.0
F	TTC	2.1	S	TCC	1.7	Y	TAC	1.6	C	TGC	1.4
L	TTA	0.6	S	TCA	1.1	*	TAA	0.1	*	TGA	0.3
L	TTG	1.1	S	TCG	0.4	*	TAG	0.1	W	TGG	1.5
L	CTT	1.1	P	CCT	1.8	H	CAT	0.9	R	CGT	0.5
L	CTC	1.9	P	CCC	2.1	H	CAC	1.4	R	CGC	1.1
L	CTA	0.6	P	CCA	1.7	Q	CAA	1.2	R	CGA	0.6
L	CTG	4.0	P	CCG	0.7	Q	CAG	3.3	R	CGG	1.0
I	ATT	1.5	T	ACT	1.3	N	AAT	1.6	S	AGT	1.0
I	ATC	2.2	T	ACC	2.2	N	AAC	2.1	S	AGC	1.9
I	ATA	0.6	T	ACA	1.5	K	AAA	2.2	R	AGA	1.2
M	ATG	2.2	T	ACG	0.7	K	AAG	3.4	R	ACG	1.2
V	GTT	1.0	A	GCT	2.0	D	GAT	2.1	G	GGT	1.4
V	GTC	1.5	A	GCC	2.8	D	GAC	2.7	G	GGC	2.5
V	GTA	0.6	A	GCA	1.6	E	GAA	2.8	G	GGA	1.9
V	GTG	2.9	A	GCG	0.7	E	GAG	3.9	G	GGG	1.7

とは実際に読み始める場所に依存してタンパク質がコードされていることを示している。また、4 種類の塩基 A, C, G, T がコドン内のどの位置に現れるかを示す出現確率も重要な情報である (Staden, 1990)。そして、コドン内の 3 番目の場所が、アミノ酸の決定（すなわち、生物学的機能）にはあまり重要ではないことも容易にわかる。しかしながら、3 番目の場所の塩基の働きは全く中立というわけではなく、この場所の塩基の種類によって局所的な生物化学的文脈の中で転位のプロセスが影響を受けている（**コドン文法**（codon usage））。一方、コドンの 1 番目と 2 番目の場所は同程度に影響力がある。例えば、最初の場所に C が入ると五つのアミノ酸の可能性があり、2 番目に C が入ると四つのアミノ酸の可能性がある。

2.6.2 構造と機能

研究者は、メッセージの**構造**（structure）、すなわち "単語" の出現を支配す

るルールを理解するだけでは十分ではなく、その"意味"、すなわち DNA 鎖の各部分が環境と相互作用する際に持つ**機能**（function）を理解する必要がある。したがって、配列の研究は生物化学的な解析とともに進めなければならない (Doolittle, 1990; Miura, 1986)。DNA の研究を進める上で一つの困難な点は、構造と DNA 配列の機能が、関連はしていても完全に等価ではないことである（異なる構造が同じ機能を果たすかも知れない）。したがって、情報を伝達するメッセージとして配列を研究するだけでは効率的ではなく、DNA には機能の知られていない配列が存在することもこのことを裏付けている。事実、遺伝子は DNA 配列のほんの一部でしかないのである。さらに驚くべきことに、遺伝子自身が何もコードしていない部分（**イントロン**（introns））によって分断されていることがある。mRNA を合成する際には、イントロンは複雑なスプライシング・メカニズムによって取り除かれ、mRNA と翻訳されるタンパク質とが同一順序に並ぶように変更される (Lewin, 1994)。すなわち、DNA 配列で情報をコードしている部分（**エクソン**（exons））が mRNA 上で連続的に並ぶのである。進化が進むにしたがってイントロンの数も増えている。原核生物（核と細胞質を隔てる膜が存在しない単細胞生物）においてイントロンは存在しないが、真核生物では DNA 配列のおよそ 90 % がイントロンである。そして人間に至ってはその量は DNA 配列の 97 % に達すると見積もられている。

RNA による転写の開始点は、ある配列（**プロモーター**（promoter））によって印が付けられていることが知られている。このプロモーターは遺伝子の"上流"約 100 塩基離れた場所に位置している。全てのプロモーターに共通の特徴は、情報をコードしている最初の塩基から約 10 塩基先と 80 塩基先に、TATA と CAAT の"ボックス"を持つことである (Lewin, 1994)。TATA ボックスは RNA ポリメラーゼによって認識されるが、この転写を開始するタンパク質、RNA ポリメラーゼの文脈依存性はまだ解明されていない。プロモーターを認識する際のさらなる困難は、TATA 配列全体がめったに現れないことである。実際、T はボックスの四つの場所の 1 番目と 3 番目に、A は 2 番目と 4 番目の場所で最も頻繁に観測されているというに過ぎない。現在のところ RNA ポリメラーゼが 10^6 塩基以上の長さを持つゲノム内で、どのようにして（あれほど素早く）プロモーターの位置を見つけることができるのかはわかっていない。しかし、正しい場所に取り付くまでは、鎖にそっていくつかの反応と拡散が起こっ

ているようである。

　転写は、情報をコードしている場所の直後または内部で**ターミネーター**（terminator）が現れると停止する。ターミネーターはそれ自身パリンドローム（palindrome）配列[2]として存在しているかも知れない。このような配列の存在は、それが完全な塩基ペアを構成するため、情報をコードする DNA 配列の局所的な折れたたみをひき起こす可能性が高い。そして、この折れたたみが障害となって RNA ポリメラーゼの転写が停止する。DNA の転写で最後の重要なプロセスは、イントロンの認識である。イントロンの先端には GU と AG のペアの印が付けられていることが多いが、それだけで十分とはいえず、イントロンの内部深くに別の"印"も発見されている。

　このように、配列の特徴に基づいた認識方法は研究に大きな進歩をもたらし、自動サーチを可能にしたのみならず DNA 理解のヒントを与えている。DNA 配列のうち情報をコードしている部分は個体の維持に不可欠であるから、情報をコードしていない部分より秩序があり、より"複雑"であると予想される。しかしながら、ゲノムの非一様性などの多くの要因によって定量的な分析は困難である。実験によると、DNA の異なる部分は異なる生物学的プロセスに寄与していることが示唆されている。このことから**非定常**（nonstationary）パターン（第 5 章を参照）が生じ、標準的な統計処理が適用できないかも知れない。また、DNA のほんの一部分が翻訳されているだけであるが、だからといって残りの部分が"ゴミ"であるというわけではない。例えば、プロモーターとターミネーターの他に、タンパク質と結合することのできるターゲットサイトや、生物化学的プロセスのレギュレーターとして働いている可能性のある繰り返し配列などが発見されている（Zuckerkandl, 1992）。

　最後に、生物個体の階層的性質について指摘しておきたい。それぞれの個体において、低次の構造物（例えばアミノ酸）が高次の構造物（例えばタンパク質）を作り、それがさらに高次の複雑な構造を作り出していく。比較的小数の安定な分子のみが進化の加速に貢献し、その他のほとんどの塩基配列は選択によって葬り去られるが、これは環境からの情報のフィードバックになっている

---

　[2] DNA の配列の読みとり方向を逆転する操作と（A↔T と C↔G）の変換を同時に行なった時に DNA 配列が不変であれば、その配列はパリンドロームであるという。例えば GACCTAGGTC がその例である。

(Simon, 1962)。このようなメカニズムの結果として、DNA の配列には単語、文、段落、章といった階層性を持つ自然界の言語で書かれた文章が含まれていると考えることができる。ある特定の目的（例えば、機能的情報の記述やスプライシング・サイトの予測など）に対する厳密な理論の構成はいくつか試みられたが、一般的な理論はまだ構築されていない（Gelfand, 1993）。

参考文献

Arecchi (1994), Batchelor (1982, 1991), Cross & Hohenberg (1993), Falconer (1989), Field & Burger (1985), Müller & Plesser (1992), Stryer (1988), Tennekes & Lumley (1990)

第3章　数学モデル

前章で説明した物理過程のほとんどは、ベクトル場 $\Psi(\mathbf{x}, t)$ に対する一組の偏微分方程式（partial differential equation: PDE）によってうまく表されていた。Ψ の成分は、相空間 X における位置 $\mathbf{x}$、時刻 t での系の状態を表す物理量たちである：これに対する場の理論は、無限自由度を扱い、一般には非線形である。

保存（conservative）系と**散逸**（dissipative）系を根本的に区別しなければならない。前者においては、相空間中の体積は流れに対して不変であり、後者においては、より低い次元の集合へと縮小する。それゆえ、より少ない変数で漸近的状態を記述できることを示唆している。それは実際よくあることだが、決して散逸系が低次元空間中で保存系に帰着されうるということではない。というのも、漸近的な軌道は全相空間を埋め尽くすことなく大域的にさまようかもしれないからである（例えば、第5章におけるフラクタル測度の定義を参照）。

もしも、系の時間発展を独立な振動の重ね合わせに帰着できるならば、単純な概念で理解できる。これは**可積分**（integrable）な場合であり、適切な非線形の座標変換により、それぞれ固有の周波数を持つ振動子の集まりからなる系として運動方程式を表現することができる。散逸のないソリトンの伝搬はこのクラスに属する。その現象の特異性は、無限次元相空間中でのそのような座標変換に完全に起因する。

非可積分な保存系が簡潔な形式で記述されることもある。それは、統計力学的手法が使えるときには常に可能である。そのやり方がうまくいくかどうかは、運動方程式（ハミルトニアン関数）を、積分することなしに個々の状態の確率を直接見積もることが可能かどうかによる（さらに正確な議論は、3.2、3.5節、

および第5章を参照)。

　もちろん、非線形系が発生しうる非常に多様な力学的構造(ソリトン、渦、らせん、欠陥、境界など)を包括的に理解しようというのは、現在のわれわれの研究能力を越えている。実際、問題に特化した特別な手法が可能なだけであり(Cross & Hohenberg, 1993)、それらはたいてい相互に関係づけられない場合が多い。ただ、一般的な理論をうまく作ることができるかどうかによらず、"興味深い"振舞いが必ずしも相空間の無限次元性からもたらされる必要がないということは特筆に値する。このような理由から、3.1節ではPDEを現象の本質的な特徴を変えることなく、有限の組の常微分方程式(ordinary differential equations: ODEs)に帰着させる手法をいくつか簡単に検討する。3.2節では、常微分方程式の理論の基本概念を復習する。3.3節では、離散時間の変換(写像)を例に取り、非線形系に対するより深い考察を行なう。この問題固有の時空的性質は、セル・オートマトンを考えることで再度調べることにする。セル・オートマトンにおいては、観測量Ψが離散化されていることにより単純化される(3.4節)。最後に、確率論的な文脈で秩序-無秩序転移を説明するために、3.5節で古典熱力学的なスピン系について議論する。

3.1　偏微分方程式に対する縮約法

　PDEの可能な力学的振舞いが多岐にわたるのにもかかわらず、ある転移点付近においては普遍的な振舞いが見られる。空間的に一様で、時間不変な構造からのずれを記述する単純化されたモデルが、問題の対称性にだけ依存する形式を持つことが明らかになる。これが、Ginzburg-Landau方程式(Newell & Moloney, 1992)であり、Hopf分岐近傍の場Ψの振動を記述する。Ψは、$\Psi(\mathbf{x}, t) \simeq \mathbf{A}(\mathbf{X}, T) e^{i\mathbf{k}_c \cdot \mathbf{x} - \omega t} + c.c. + \Psi_0$と書かれる。ここで、$\mathbf{X}$と$T$は適当にスケールされた空間と時間の座標であり、$\mathbf{k}_c$および$\omega$は、それぞれ波数ベクトルと(不安定化した)一様パターンの周波数である。$c.c.$は複素共役を意味し、Ψ_0は一様な解である。振幅$\mathbf{A}(\mathbf{X}, T)$は、"搬送波"$e^{i\mathbf{k}_c \cdot \mathbf{x} - \omega t}$をゆるやかに変化させる包絡線を与える。複素Ginzburg-Landau方程式(complex

Ginzburg-Landau equation: CGL) は、

$$\frac{\partial A}{\partial t} = A + (1 + i\alpha)\nabla^2 A - (1 + i\beta)A|A|^2 \qquad (3.1)$$

と表される。ここで、実数 α と β のみが自由パラメータである。この時空カオスのプロトタイプと見なされる方程式は、様々な実験的情況に適用でき、それゆえこのタイプの分岐の"標準形"とも見なしうるものである。実際、それは一つ以上の場、任意の次数の空間微分、および（すべての Hopf 分岐を伴う）任意の非線形性をもつ系に対して成り立つ。

PDE を一組の ODE へと効果的に縮約できる場合は限られている。最も一般的な、Gelerkin による方法は、適当な基底関数による場の展開と、それに伴うある次数での切り捨てからなる (Fletcher, 1984)。この手続きの古典的な例は、Rayleigh-Bénard 対流を記述する方程式からの Lorenz モデル (Lorenz, 1963) の導出である。温度と速度の間の結合を保つのに必要最小の項を含むような荒い近似（付録 A 参照）から、

$$\begin{aligned}\dot{x} &= \sigma(y - x) \\ \dot{y} &= -y + rx - xz \\ \dot{z} &= -bz + xy\end{aligned} \qquad (3.2)$$

が得られる。ここで、ドットは時間微分を意味し、3 個の変数は速度と温度のフーリエ・モードに比例する量である。系 (3.2) は、力学系の理論において画期的なものと見なされている。これが、非周期的な（カオス的な）振舞いを示すことが見出された最初の決定論的な流れの例だからである。興味深いことに、このモデルは光学において物理的により現実に近い広いクラスのレーザーの発振を記述している。Haken (1975) が示したように、単一モードのレーザーに対する Maxwell-Bloch 方程式は、Lorenz 方程式に座標変換により変形することができる。さらに驚くべきことには、Weiss and Block (1986) によって行なわれた実験は、遠赤外レーザーが多くの Lorenz モデルの特徴的な性質を示すことを明らかにしている。反対に、流体力学においては、より多くのモードを取り入れたより現実的なモデルを工夫しなければならない。しかし、そのような場合でも、モデルの最も短い波長が Kolmogorov 長 l_d と同程度にならない

かぎり結果は十分に一致する。

一般に、漸近的なダイナミクスが比較的低い次元 D の多様体 $\mathcal{M}$ の上で起こると仮定することはもっともらしいことである。これが成り立つとき、$\mathcal{M}$ を決定する D 次元の座標の選択によらず、運動を厳密に記述できる。しかしながら、もしもダイナミクスが、(例えばフーリエ・モードなどの) 勝手な基底関数の組に射影されるとすると、展開において、$\mathcal{M}$ の適切な成分によって決まる項の数 N_b も多数とらなければならない。不適切な基底が不必要に大きい N_b をもたらしうることは明らかである。興味のあるダイナミクスに対する基底の選択をおし着せでやってくれる**特異値分解** (singular value decomposition) もしくは **SVD** (Lumley, 1970) と呼ばれる線形法によって、かなりの数の変数を減らせることがある。それらの基底の方向は、再帰的に定義される。最初は、漸近的な軌道の射影が最大の拡大率を持つような方向に沿ったものである。同様に、次は前の段階で分解された方向を除いて得られた残りの部分空間の中で最大の拡大率を持つ方向である。この手続きは、自己相関行列の単純な評価とともに、自動的に実行される。

この方法によりかなりの次元が減らされることが、Rayleigh-Bénard 不安定性のシミュレーションによって示されている。10^4 個ぐらいの変数を含むことを必要とする直接的なシミュレーションの場合に、70 個の主要な成分があれば 90% の精度でエネルギー・スペクトルを再現するのに十分である (Sirovich, 1989)。弱い乱流域に対しては、層流的な領域と"確率的"な領域の寄与を分けて扱うことでさらなる改良が得られる。それら二つの領域に対応する異なる基底の組を定義することが、問題を完全に非線形系として取扱うための一つのステップである。しかしながら、SVD 法を実行するためには、モデル全体を先見的に把握しなければならないので、その実用性には疑問がある。

解析的な取扱いに便利なように拡張するためには、"独立"変数の組を見出して、他の全ての"従属"変数がそれらを通して表現されるようにする必要がある。そこで得られた非線形方程式が**慣性多様体** (inertial manifold) $\mathcal{M}$ (Temam, 1988) を定義し、Galerkin 法よりも本質的な改良となる。なぜなら、従属変数は全部を無視するわけにはいかないが、断熱的に取り除くことができるからである。

この文脈において、複雑性の概念は、(低次元系にも現れる) 軌道の予測不可

能性だけでなく、ダイナミクスを再現するために精密なモデルが持たなければならない最小の次元 D にも関係するであろう。しかし、一般に適切な変数を決定するための系統的な手続きがあるわけではない。

上で述べた方法は、次元 D が非常に大きいときは（数値シミュレーションに対してさえ）、明らかに適用不能、もしくは意味がない場合さえある。そこで、少なくとも統計的な意味で系の主要な特徴を保つ簡単なモデルを考えることになる。乱流域にある Navier-Stokes (NS) 方程式 (2.1) について、この点を説明する。前の章ですでに述べたように、流体乱流は Reynolds 数が大きくなるとともに発達する。従って、粘性の効果が空間スケールのより広い領域で無視できるようになり、その領域は（Euler 方程式と呼ばれる）非粘性 NS 方程式

$$\dot{y}_i + \sum_{jk} A_{ijk} y_j y_k = 0 \qquad (3.3)$$

で近似される。ここで、変数 y_i は、適当に変換したあとの速度場のフーリエ成分を表す (Kraichnan & Chen, 1989)。移流および圧力の項から現われるパラメータ A_{ijk} は、もしも i, j, k のうち二つの添字が一致すればゼロであり、$A_{ijk} + A_{jki} + A_{kij} = 0$ を満たす。この条件は、すべての三体相互作用のエネルギー保存を表現している。これらの関係の結果として、運動エネルギー $K(t) = \sum_i y_i^2(t)/2$ および相空間の体積の両方が保存される。実際、発散 $\sum_i \partial \dot{y}_i / \partial y_i$ は恒等的にゼロである（次章を参照）。カットオフ波数 k_c より上にある全てのモードが Galerkin 法によって切り捨てられても、そのような保存則が残るのは興味深い。これにより、形式的な統計力学を構成して、等分配の原理、すなわち全ての自由度にわたるエネルギーの一様分布へ導くことになる。しかしながら、この仮定は、数値実験でも確認されているように、エネルギーの高い波数への集中を示しており、結局は（$k_c \to \infty$ に対して）紫外域カタストロフを起こすことになる。したがって、切り捨てられた Euler 方程式の平衡ダイナミクスと本当の NS 乱流との間には大きなちがいがある。後者においては、エネルギーは散逸の閾値以下の比較的低い波数領域に分布し、その"スペクトル"は $k^{-5/3}$ で低減する。さらに重要なことには、粘性 ν が $\nu \to 0$ の極限では、大きなスケールから小さなスケールへのエネルギー輸送は ν とは独立な一定の比に近付く。

この例は、どんなに小さくとも粘性を完全には無視できないことを示してい

る。その効果は、NS方程式の極端な単純化モデル、すなわち波数ベクトル空間の非一様な疎視化を通じて求められる**カスケード・モデル** (cascade model) (Gledzer, 1973) において保たれる。"波数領域"$[k_{n-1}, k_n]$ $(k_n = 2^n)$ における、空間振動数 $|\mathbf{k}|$ を持つ全てのフーリエ・モードをひとつの複素変数 u_n で表す。エネルギーの釣り合いを保ちつつ、離れた波数領域間の相互作用を無視することにより、力学方程式は、全ての $n \geq 1$ に対して、

$$\dot{u}_n = -\nu k_n^2 u_n + i(2k_n u_{n+1}^* u_{n+2}^* - k_{n-1} u_{n-1}^* u_{n+1}^* - k_{n-2} u_{n-1}^* u_{n-2}^*) + q\delta_{n,n_0}$$

に帰着される。$\nu = 0$ に対しては、Euler 方程式 (3.3) の Galerkin 法による切り捨ての場合と同様に、エネルギー $E = \sum |u_n|^2$ と相空間の体積の両方が保存される。明らかに、等分配の原理に頼ることは、Euler 方程式のときと同じ矛盾をもたらす。この単純さにもかかわらず、このモデルは NS 方程式のある種の特徴、例えば、$\nu = 0$ に対する固定点解 $u_n = k_n^{-1/3}$ をもち、Kolmogorov タイプのスケーリング則を保存している。

数値解析 (Jensen $et\ al.$, 1991) は、粘性の小さい極限で、線形の振舞いでの ζ_m にずれ ((2.2) 式参照) があることおよびそれが実験事実とよくあうことを示した。しかしながら、この発見は、最近 Eggers and Großmann (1991) によって導入されたより現実的なモデルのシミュレーション結果には反している。そのモデルにおいてはカスケードモデルと異なり各波数領域で波数ベクトルが保たれるので、ダイナミクスの3次元性が保存され、より正確に移流の過程が再現される。高 Reynolds 数でのこれらの方程式の数値積分は、Kolmogorov のスケーリングから目だったずれを示さない (Großmann & Lohse, 1994) ので、モーメント・スケーリング指数 ζ_m にゆらぎが現れるかどうかは、今なお論議の的であると見なさなければならない。

フーリエ空間でのエネルギーの流れに関係する問題は、背景にあるメカニズムの普遍性が流体力学以外の分野にも見出されるかということである。非線形誘電体中での光の伝播はその一例である。これは、1次近似では非線形 Shrödinger 方程式、すなわち $\alpha, \beta \to \infty$ の極限における CGL 方程式から求められる保存的なモデルによって記述される。空間1次元では方程式は可積分であり、非線形項の符号に依存してソリトンを発生する。2次元以上では方程式はもはや可積分ではなく、3個の運動の定数を持ち、有限の時間に不連続点を発生する。有

限の大きな α と β に対して、小さなスケールへのエネルギーの流れは最終的には散逸力によって遮られる。したがって、CGL および非線形 Shrödinger 方程式は、それぞれ流体力学における Navier-Stokes 方程式および Euler 方程式と似たような役割を果たすと言えよう。実際、高 Reynolds 数の乱流に対して発展した類似のアプローチは、光学乱流 (Dyachenko *et al.*, 1992) ともいえるものを記述するために導入されてきた。以上のシナリオはまた、(3.1) 式の場 A に対する構造関数の解析的な評価 (Bartuccelli *et al.*, 1990) によって確かめられている。

3.2　常微分方程式

多くの実際の系の時間発展が、

$$\dot{\mathbf{x}} = \mathbf{f}(\mathbf{x}), \quad \mathbf{x} \in \mathbb{R}^d \tag{3.4}$$

の形の常微分方程式系の時間発展と一致するところから、数学的な正当性はさておき、上で議論した近似は物理的にも正しいと考えられている。ここでは記号 $\mathbf{x}$ は、観測量 Ψ に代わって**相空間** (phase space) $\mathbb{R}^d$ の中での系の状態を表す。$\mathbf{x}$ は、たいてい観測量の集合 $\mathbf{Q} = \{Q_1, \ldots, Q_d\}$ が空間的に平均された値を表す。右辺の"力" $\mathbf{f}$ は、典型的には様々な制御パラメータ $a = (a_1, a_2, \ldots)$ に依存する（例えば、Reynolds 数、粘性、散逸定数など）。

領域 $D(t) \in \mathbb{R}^d$ の体積 $V(t)$ は、力学法則 (3.4) のもとでは、

$$\dot{V}(t) = \int_{D(t)} \nabla \cdot \mathbf{f}(\mathbf{x}) \, d^d x \tag{3.5}$$

に従って時間発展する。もしも流れの発散

$$\nabla \cdot \mathbf{f} = \sum_i \frac{\partial \dot{x}_i}{\partial x_i} \tag{3.6}$$

がいたるところでゼロならば、**保存** (conservative) 系である。相空間の体積が、縮小率 $\gamma = -\nabla \cdot \mathbf{f}$ で指数関数的に減少するときは、系の**散逸性** (dissipativity) を意味している。γ が相空間における位置 $\mathbf{x}$ の関数であるときには、γ を軌道に

沿って平均して、保存的か散逸的かを判定する必要がある。初期条件に依存して、保存的もしくは散逸的な振舞いの両方をもつ"混合的な"系もある（Politi *et al.*, 1986; Roberts & Quispel, 1992）。

モデルの構築においては、運動が相空間 $\mathbb{R}^d$ の部分集合 X のなかに広がることが必要とされる。（滑らかな）**ベクトル場**（vector field）$\mathbf{f}$ は、初期条件 $\mathbf{x} = \mathbf{x}(0) \in X$ を時刻 t での像 $\mathbf{x}(t)$ に移す**流れ**（flow）$\mathbf{\Phi}_t(x) : X \to X$ を生成する。もしもすべての $t \in \mathbb{R}$ および $\mathbf{x} \in X$ に対して $\mathbf{\Phi}_t(\mathbf{x}) \in X$ ならば、集合 X は流れ $\mathbf{\Phi}_t$ に対して**不変**（invariant）である。$(\mathbf{f}, X)$ の組は、**力学系**（dynamical system）を構成する。$\mathbf{f}$ が時間に陽に依存しないとき、系は**自律的**（autonomous）と呼ばれる。

線形の場合（すなわち、$\mathbf{A}$ を定数行列として、$\mathbf{f}(x) = \mathbf{A} \cdot \mathbf{x}$ のとき）、ダイナミクスを（$\mathbf{A}$ の固有ベクトルの張る）$\mathbf{f}$–不変の部分空間での独立な運動の重ね合わせとして大域的に分解することができる。そして有界な解は、有限の個数の（互いに素な）振動数で特徴付けられる。点 $\mathbf{x} \in X$ での**局所安定多様体**（local stable manifold）$W_\lambda^s(\mathbf{x}; \varepsilon)$ は、

$$W_\lambda^s(\mathbf{x}; \varepsilon) = \{\mathbf{y} \in X : ||\mathbf{\Phi}_t(\mathbf{y}) - \mathbf{\Phi}_t(\mathbf{x})|| \leq \varepsilon e^{\lambda t} \text{ for all } t \geq 0\} \quad (3.7)$$

と定義される。ただし、$\lambda < 0$ および $\varepsilon > 0$ である。同様に、**局所不安定多様体**（local unstable manifold）$W_\lambda^u(\mathbf{x}; \varepsilon)$ は、t を $-t$ で置き換えて、$\lambda > 0$ で定義される。指数 λ は、$\mathbf{x}$ 近傍の流れを特徴付ける。負の（正の）λ 値は、二つの軌道同士の指数関数的な吸引（反発）を意味する。(3.4) 式の固定点 $\mathbf{x}^*$ は、もしもその点において厳密にゼロでない λ を持つ安定多様体と不安定多様体が横断的に交差しているとき、**サドル**（saddle）と呼ばれる。$\lambda = 0$ のとき、定義 (3.7) と W^u に対応するものは、代数的な引き込み（例えば、$\alpha > 0$ で、$||\mathbf{\Phi}_t(\mathbf{y}) - \mathbf{\Phi}_t(\mathbf{x})|| \leq \varepsilon t^{-\alpha}$）や、さらに弱い性質に拡張されることもある。

流れ自身の方向は、**中立的**（marginal）である。実際、ある t_0 と十分小さい $|\mathbf{x} - \mathbf{y}|$ に対する $\mathbf{y} = \mathbf{\Phi}_{t_0}(\mathbf{x})$ を満たす全ての組 $(\mathbf{x}, \mathbf{y})$ は、λ が恒等的にゼロに等しい場合（すなわち、$\mathbf{x}$ と $\mathbf{y}$ が軌道の同じ"枝（branch）"に属している場合）の条件 (3.7)（および W^u についての条件）を満たす。局所多様体は、$\mathbf{\Phi}$ による全てのその（W^u に対する）像もしくは、（W^s に対する）原像（preimage）の和集合をとることにより、それぞれ大域的に広がる。局所的に滑らかであっ

ても、大域的な多様体は、非常に複雑な仕方で曲がっているかもしれない。

ときには、多様体を"まっすぐに伸ばして"、結果的にダイナミクスを線形化するような大域的な座標変換を構成することが可能である。このような場合、$\mathbf{x}(t)$ はその座標変換によって現れる成分の有限個の振動数で特徴付けられる。しかしながら、非線形性が十分強いときには、独立な部分空間への相空間の分解は、最終的に周期的な振動が分離される程度まで行なうことはできない。実際は、多様体は互いに交差する程非常に鋭く曲がっているので、線形化を行なうのは本質的に不可能である。非周期的な振舞いが自然の中にも至るところで認められてきていて、**決定論的カオス** (deterministic chaos) と呼ばれている。この名前は、長期的な予測を事実上不可能にするような、初期条件における小さな摂動によって生じる軌道の指数関数的な鋭敏性に依拠している。カオス的な運動 (図 3.1 参照) に典型的な軌道の複雑さが、しばしば複雑性の概念と関連付けられる。しかしながら、のちに明らかになるように、相空間の引き延ばしと折り畳みは、多くの場合、微分方程式 (3.4) よりも簡単なモデルで記述されるような規則に従っているのである。

3.3 写像

$\mathbb{R}^d$ での流れ $\mathbf{\Phi}_t$ の解析は、運動の構造についての適切な情報を失わないように時間を離散化することで大幅に単純化される。ある $t > 0$ と不変集合 X の中の任意の初期条件 $\mathbf{x}$ に対して、$\mathbf{\Phi}_t(\mathbf{x}) \in \Xi$ となるような $\mathbb{R}^d$ 中の $(d-1)$ 次元の (**Poincaré**) 断面 Ξ を選ぶことにより、このような離散化を行なうことができる。すなわち、X の中のあらゆる軌道が Ξ と交差する。さらに、あらゆる $\mathbf{x} \in \Xi$ に対して、$\mathbf{f}(\mathbf{x})$ が Ξ に対して平行でないことが必要条件である。運動がコンパクト集合 X の中で起こるときは、当然のことながら、いつでも Poincaré 断面を見つけることが可能である。例えば $\mathbf{x}(t)$ の任意の要素 $x_i(t)$ が有界な関数であるので、$\dot{x}_i(t)$ がゼロになるという条件は確かにある t に対して成り立つ。すなわち、$f_i(\mathbf{x}) = 0$ によって可能な断面 Ξ を定義する。

運動の断面 Ξ への繰り返しの回帰は $\mathbf{x}_n$ で示される。ここで、$n \in \mathbb{Z} = \{..., -2,$

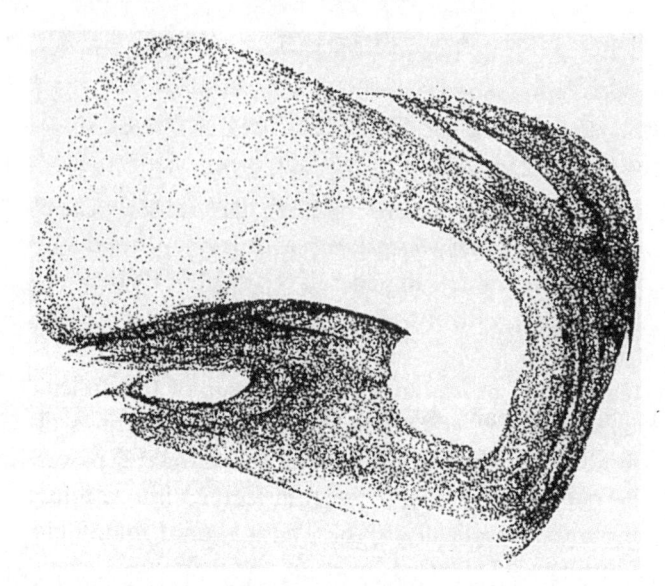

図 3.1 遅延フィードバックのある核磁気共鳴レーザーのモデルから計算された、2次元平面上のカオス的な軌道の交差する点 (Simonet et al., 1995)。集合の高次元的トポロジーが、この 2 次元への写像にはっきりと可視化されていることに注意しよう。

$-1, 0, 1, 2, ...\}$ は新たに導入された離散時間であり、$\mathbf{x}_n$ が Poincaré 写像

$$\mathbf{x}_{n+1} = \mathbf{F}(\mathbf{x}_n) \tag{3.8}$$

により与えられると考える。ただし、$\mathbf{F}(\mathbf{x}_n) = \mathbf{\Phi}_{t_n}(\mathbf{x}_n)$ であり、t_n は $\mathbf{x}_n$ と $\mathbf{x}_{n+1}$ の間の経過時間である。もしも $\mathbf{\Phi}_t$ が滑らかな関数ならば、$\mathbf{F}$ は **微分同相写像**（diffeomorphism）（すなわち、一対一かつ、$\mathbf{F}$ とその逆関数 $\mathbf{F}^{-1}$ が微分可能）であるという。一般に、記号 $\mathbf{F}^n$ は $\mathbf{F}$ 自身の n 回 ($n \in \mathbb{Z}$) の合成を意味し、負の n の値は逆写像の繰り返しを表す。

このような手続きが明らかに有利な点は、流れのあらゆる必要な特徴が保存されたまま、次元が d から $d-1$ へ減ることである。実際、$\mathbf{f}$ と $\mathbf{F}$ の固定点は一致する。なぜなら断面 Ξ がそれら両方の点を通っているからである。さらに $\mathbf{f}$ の周期軌道は $\mathbf{F}$ によって周期的に移される有限個の点列へ変換される。両者において不変多様体は同程度の複雑さを示す。従って、ある流れに対して与えられる定義のほとんどは、連続変数を t から n へと変えることにより、写像の

3.3 写像

言葉で置き換えられる。$n \to \infty$ で有界な力学の研究においては、ある回帰的な性質を満たす不変集合を調べることに専念することになる。

定義：点 $\mathbf{x}$ は、もしも $\mathbf{x}$ のあらゆる近傍 U および、ある $n_0 > 0$ に対して、$\mathbf{F}^n(U) \cap U \neq \emptyset$ となるような時刻 $n > n_0$ が存在すれば、微分同相写像 $\mathbf{F}$ に対して**非遊走点**（nonwandering）であるという。

$\mathbf{F}$ の全ての非遊走点の集合 $\Omega \subset X$（**非遊走集合**（nonwandering set））は、閉集合である。非遊走集合の典型的な例は、固定点もしくは周期点、および（それらが存在するときには）それらをつないでいる軌道をも含めたものの和集合である。固定点をつなぐような軌道は、もしもそれがある点をその点自身へとつなぐとき、**ホモクリニック**（homoclinic）であるといい、異なる点へとつなぐときには、**ヘテロクリニック**（heterclinic）であるという。それらは不変多様体の枝である。

ある非線形系に対して、非遊走集合 Ω が力学的につながっていない（それら自身が閉じた不変集合であるような）異なるドメインへと分離することも起こりえる。もしも、Λ 内のあらゆる $\mathbf{x}$ と $\mathbf{y}$ の点の組と $\epsilon > 0$ に対して、$\mathbf{x}_0 = \mathbf{x}$ および $\mathbf{x}_n = \mathbf{y}$ として、$1 \leq i \leq n$ に対して $||\mathbf{x}_i - \mathbf{F}(x_{i-1})|| < \varepsilon$ であるような列 $(\mathbf{x}_1, \ldots, \mathbf{x}_{n-1})$ を見つけることができたとすると、閉じた不変集合 $\Lambda \subset \Omega$ はいずれも**不可分**（indecomposable）である。さらに、もしもそれ自身不可分である $\Lambda' \supset \Lambda$ なる Λ がないとき、Λ は**極大**（maximal）である。極大で不可分な不変集合は非線形力学における基礎的な研究対象である。図 3.1 に描かれているような、こみいったもしくは"複雑な"ダイナミクスは、サドル $\mathbf{x}$ の安定多様体 $W^s(\mathbf{x}^*)$ と不安定多様体 $W^u(\mathbf{x}^*)$ が、いわゆる**ホモクリニック**（homoclinic）点で横断的に交差するときに発生する。一つのホモクリニック点が存在するということは、$n \in \mathbb{N}$ に対する $\mathbf{p}$ の像 $\mathbf{F}^n(\mathbf{p})$ および原像 $\mathbf{F}^{-n}(\mathbf{p})$ で求まるようなそのような（ホモクリニック）点が無限個存在することを意味する。結果的に、$\mathbf{x}^*$ の近傍 $U(\mathbf{x}^*)$ の中の点 $\mathbf{x}$ が、最初は $\mathbf{x}^*$ から $W^u(\mathbf{x}^*)$ に "沿って" 離反して、つぎに $W^s(\mathbf{x}^*)$ へと近付くとき、連続的に $U(\mathbf{x}^*)$ へと再び入って行く。この過程は、限りなく繰り返され、それによって不安定な振舞いを生み出す。"ある一つの矩形" R を $U(\mathbf{x}^*)$ に選び、それが最初に R 自身（図 3.2）と交差する

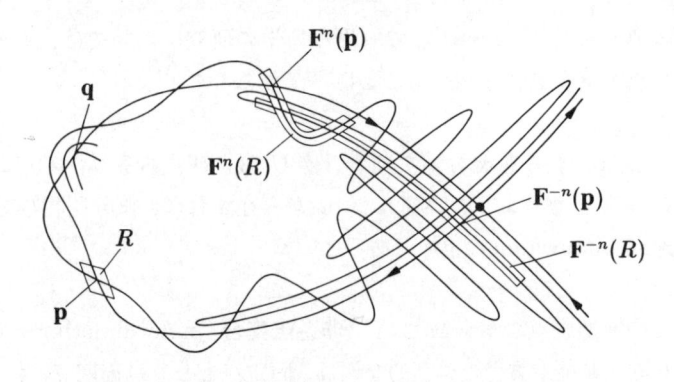

図 3.2 固定点(黒丸)まわりの安定多様体と不安定多様体。ホモクリニック点($\mathbf{p}$)と接線型ホモクリニック($\mathbf{q}$)が示されている。$\mathbf{p}$ を中心とする "矩形" R の n 回目の像と原像がそれらの交差で馬蹄型写像を形作るのが知られている。

像 $\mathbf{F}^{n_0}(R)$ を考慮することにより、ダイナミックスの R への束縛が付録 B で説明する Smale の**馬蹄型写像**(horseshoe map)$\mathbf{G}$ で近似されることがわかる。$\mathbf{G}$ は、$\mathbf{F}$ の軌道の部分集合だけをもつが、それは比較的興味深いダイナミクスを示す。その不変集合 Λ は、

1. すべての周期の周期軌道の加算集合
2. 非周期軌道の非可算無限集合
3. 稠密な軌道

を含む。さらに、全ての周期軌道はサドル型のもので、Λ において稠密である。そららの閉包は Cantor 集合である。最後に、不変集合 Λ への写像 G の束縛 $\mathbf{G}|\Lambda$ は**構造安定**(structurally stable)である。すなわち、$\mathbf{G}$ のどんな小さく滑らかな摂動も上の性質を変えることがない(厳密な定義は Guckenheimer & Holmes (1986) を参照)。Λ 上のダイナミックスは強い初期条件鋭敏性で特徴づけられる。すなわち、隣接する軌道は時間とともに指数関数的に離れていく。これら全ての基本的な性質は(双曲的な)カオスの定義をなしており、保存系と散逸系の両方にみられるものである。写像に対しては発散 (3.6) は $\gamma(\mathbf{x}) = \ln|J|$ で置き換えられることに注意しよう。ここで $J = \det(\partial \mathbf{F}/\partial \mathbf{x})$ はヤコビアン行列式である。

3.3.1 ストレンジ・アトラクター

散逸系においては、相空間におけるあらゆる d 次元集合は、実際は無限に長い過渡期をへて連続的により低い次元の体積ゼロの集合 Λ、すなわちアトラクターへと縮小する。アトラクターのいくつかの定義の中でも、ある点 $\mathbf{x}$ の ω-極限集合 $\omega(\mathbf{x})$ の概念に基礎をおいた Milnor の定義を思い起こそう。ある点 $\mathbf{y} \in \mathbb{R}^d$ は、もしもあらゆる $n_0 > 0$ と $\varepsilon > 0$ に対して $\|\mathbf{y} - \mathbf{F}^n(\mathbf{x})\| < \varepsilon$ となるような $n > n_0$ が存在すれば、そのときにのみ $\omega(\mathbf{x})$ に属する。すなわち $\omega(\mathbf{x})$ は、初期条件 $\mathbf{x}$ から漸近的に到達できる全ての点の集合である。

定義： ある微分同相写像 $\mathbf{F}$ のもとで不変かつ不可分な閉集合 Λ は、もしも $\omega(\mathbf{x}) \in \Lambda$ となるような全ての点 $\mathbf{x} \in \mathbb{R}^d$ からなる**吸引域** (basin of attraction) $\mathcal{B}(\Lambda)$ が正の体積 (Lebesgue 測度：定義については付録 C を参照) を持つとき、$\mathbf{F}$ に対する**アトラクター** (attractor) と呼ばれる。

この定義の注目すべきところは、Λ の近傍内の全ての点が Λ 自身に写像されるわけではないということである。このことは、単なる数学上の不思議ではない。どんなにアトラクターに近い初期条件 $\mathbf{x}_0$ からも軌道が最終的にそのアトラクターへと近付くのかどうか予測できないといった、より広いクラスの力学系が実際に知られている (Sommerer & Ott, 1993b)。

アトラクター Λ は、もしもそれが互いに近い軌道の指数関数的分離を示すとき、カオス・アトラクター (chaotic attractor) もしくはストレンジ・アトラクター (strange attractor) と呼ばれる (Ruelle, 1981)。その分離を示す **Lyapunov** 指数 λ_i ($i = 1, \ldots, d$) は、$\mathbf{x}$ における n 回写像 $\mathbf{F}^n$ の微分から得られる行列 $\mathbf{T}^n(\mathbf{x}) = (\partial F_i^n / \partial x_j)$ とその随伴行列 $\mathbf{T}^{n\dagger}(\mathbf{x})$ によって定義される (Eckmann & Ruelle, 1985)。$\mathbf{F}^n(x)$ での接空間中の部分空間の列 $E_n^{(1)} \supset E_n^{(2)} \supset \ldots \supset E_n^{(d)}$ と、指数 $\lambda_1 \geq \lambda_2 \geq \ldots \geq \lambda_d$ について、

1. $\mathbf{T}(E_n^{(i)}) = E_{n+1}^{(i)}$,
2. $\dim(E_n^{(i)}) = d + 1 - i$,

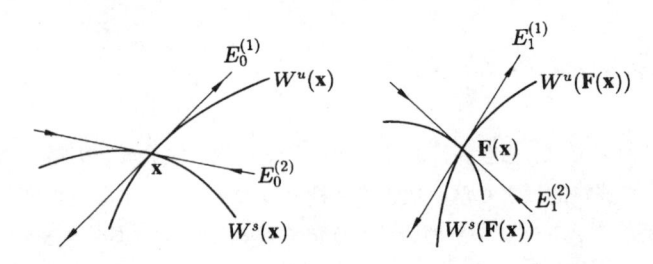

図 3.3 点 x とその写像点 $F(x)$ での不変多様体 W^i と対応する線形部分空間の概略図。

3. $\lim_{n\to\infty}(1/n)\ln||\mathbf{T}^n(x)\cdot\mathbf{v}|| = \lambda_i$ for all $\mathbf{v} \in E_0^{(i)} \setminus E_0^{(i+1)}$

であることを指摘しておこう。$\lambda_i(\mathbf{x})$ は、$\mathbf{x}$ での $\mathbf{F}$ の Lyapunov 指数である。特に、もしも $\mathbf{x}$ がサドル固定点であれば、部分空間 $E^{(i)}$ は単純に行列 $\mathbf{T}(x)$ の固有値 μ_i に関係する固有空間で、$\lambda_i = \ln|\mu_i|$ である（図 3.3 参照）。安定性と固有値の概念は、Lyapunov 指数を通じて、（必ずしも周期軌道に属していないような）一般の点 $\mathbf{x}$ へと拡張されうる。部分空間 $E^{(1)} \setminus E^{(2)}$ における全てのベクトルはもっとも速い割合で引き延ばされる。$E^{(2)} \setminus E^{(3)}$ ではその次に速く引き延ばされ、以後それが繰り返される。Lyapunov 指数は非常に一般的な条件下で存在することが証明されている（Oseledec, 1968; Pesin, 1977）。

流れから写像へ話が移るときには、Lyapunov 指数はすべて同じ定数（Poincaré 断面での平均回帰時間）で再スケールされる。中立的に安定な流れの方向に関係する中立的な Lyapunov 指数（ゼロに等しい指数）は Poincaré 断面をとるときに除かれる。ストレンジ・アトラクターは不安定多様体の和集合である。もしもこれらが局所安定多様体とあらゆる点 $\mathbf{x}$ において、横断的に交差するなら、そのアトラクターは**双曲的**（hyperbolic）であり、上の (1)-(3) の性質を持つ。双曲性から導かれる最も重要な結論は力学系の構造安定性である（Guckenheimer & Holmes, 1986）。

馬蹄型力学系の存在が、カオス的なダイナミクスを生み出す最も普通の構造であるが、ストレンジ・アトラクターを生じる他の機構も存在する。有名な例はソレノイド（solenoid）写像（Smale, 1967）である。そこでは $\mathbb{R}^3$ での立体トーラス（solid torus）が横断面上の領域の縮小とともに引き延ばされ、ねじられる。そしてそれ自身の中に収まるように、すなわち大域的に拘束されるこ

3.3 写像

とを保証するように折りたたまれる。

滑らかな折りたたみ機構が存在するときには、不変多様体が互いに接することがあり、**接線型ホモクリニック**（homoclinic tangency）（図3.2の点 **q** を参照）を形成するので、物理系がいたるところで双曲的であるとは期待できない。安定方向と不安定方向の局所的な一致により、ある初期の不安定性が、写像の繰り返しにおいて最終的には縮小へと変わるかもしれず、それゆえいくつかの安定周期解を生じることになるかもしれない。相空間の有限の領域が安定多様体の折りたたみによって稠密に埋め尽くされるので、ホモクリニック接点は "ほとんどすべての"[1] パラメータの値で起こる。実際、パラメータの変化は不変な曲線群を滑らかに動かす。ゆえに、ホモクリニック接点の集合およびアトラクター Λ は、力学方程式における任意の小さな摂動によって著しく変化する。つまり、非双曲的な系は構造安定ではない。特に、非双曲的なアトラクターの任意の近傍には無限個の安定周期軌道の存在が知られている（Newhouse, 1974, 1980）。したがって、数値的に計算された軌道が長い安定周期軌道の一部でしかないということもしばしばある。このような困惑させられる結果にも関わらず、非双曲的なカオス・アトラクターがたしかに存在することが Benedicks と Carleson（1991）によって証明されている。

以上の現象論は、運動が予測不能であるという一面だけでなく、写像の漸近的な振舞い自体が極めてパラメータの値に敏感であるという理由からも、複雑性の理解にとって示唆的である。しかしながら、それでも双曲的な機構は接線型の機構より支配的であると言わなくてはならない。なぜなら、第6章で議論されるように、双曲的なホモクリニック点の集合は、接線型ホモクリニックのそれよりも高い（フラクタル的な）次元を持つからである。双曲的な構造の解析に対して開発された数学的な手続きは、一般的な系に対しても有効に実行される可能性がある。

以下に、この本を通じて何度か現れる非線形写像のいくつかの基本例を紹介しよう。低次元カオスの現象論を網羅する解説については文献を参照してもらいたい。

---

[1] この表現に対する正確な定義は第5章を参照。

例:

[3.1] Bernoulli 写像 $B(p_0, p_1)$ は、$p_0 + p_1 = 1$ に対して、

$$y_{n+1} = f(y_n) = \begin{cases} y_n/p_0 & \text{if } 0 < y_n \le p_0 \\ (y_n - p_0)/p_1 & \text{if } p_0 < y_n \le 1 \end{cases} \quad (3.9)$$

と定義される。この運動は、$0 < p_0 < 1$ の範囲のあらゆるパラメータの選び方に対して、ほとんど全ての初期条件についてカオス的である。長さ $\varepsilon \ll 1$ の区間は、n ステップで長さ $\varepsilon_n = \varepsilon \prod_{i=1}^{n} f'(y_i) = \varepsilon e^{n\lambda_n}$ の区間へと写像される。ここで、λ_n は $n \to \infty$ に対して Lyapunov 指数 $\lambda = -p_0 \ln p_0 - p_1 \ln p_1$ へと収束する。$[0, 1]$ 上の長さ $p_1, p_2, \ldots, p_N$ の区間 $(\sum_i p_i = 1)$ を $[0, 1]$ に移すような区分線形写像も Bernoulli 写像と呼ばれ、通常 $B(p_1, \ldots, p_N)$ と書かれる。 □

[3.2] (一般化された) パイこね変換 (baker transformation) (Farmer *et al.*, 1983) は、$r_0 + r_1 < 1$, $r_0 > 0$, $r_1 > 0$ に対して、

$$(x_{n+1}, y_{n+1}) = \begin{cases} (r_0 x_n, y_n/p_0) & \text{if } 0 < y_n \le p_0 \\ (r_1 x_n - r_1, (y_n - p_0)/p_1) & \text{if } p_0 < y_n \le 1 \end{cases} \quad (3.10)$$

で定義され、双曲的な馬蹄型写像 (付録 B 参照) に似ている。これは、Bernoulli 写像と y に依存する x 方向の縮小を組み合わせることによって得られる (この構成はねじれ積 (skew product) とよばれる)。$y = p_0$ の上 (下) にある単位正方形部分 R は、垂直方向にはファクター $1/p_1 (1/p_0)$ で、水平方向にはファクター $r_1 (r_0)$ で引き延ばされる。そこで得られる二つの矩形 (V_1, V_0) は、側面が反対になって R の中にもどされることになる。どの点も R の外に写像されることがないので、不変集合は (リペラーを持つ馬蹄写像とは異なる) アトラクターである。Bernoulli 写像と異なり、パイこね変換が逆を持つことは容易に確かめることができる。 □

[3.3] Bernoulli 写像は全てのパラメータの値に対してカオス的である。このことは、ロジスティック写像

$$x_{n+1} = 1 - a x_n^2 \quad (3.11)$$

のような非双曲的な変換に対しては成り立たない。小さな正の a に対して、アトラクターは固定点 $x^* = (\sqrt{1+4a} - 1)/(2a)$ である。$a = a_1 (= 3/4)$ という値で固定点は不安定化し、$a > a_1$ では 2 周期のアトラクターが始まる。これはさらに $a = a_2 > a_1$ で不安定化して、4 周期のアトラクターにとって代わられる。**サブハーモニック** (subharmonic) もしくは**周期倍カスケード** (period-doubling cascade) とよばれるこの過程は、限りなく続き、$a = a_\infty = 1.401155189\ldots$ でカオスが起こるまで 2^n の全ての周期を生み出す。このカオスへのルートを研究し、その普遍性を示した Feigenbaum (Feigenbaum, 1978 および 1979a) にちなんで、a_∞ は Feigenbaum 集積点と呼ばれる。その普遍性とは、全ての二次の極大値（もしくは極小値）をもつ単峰の写像 F が周期倍分岐について同じ振舞いを示すということである。分岐パラメータの比 $\delta_n = (a_{n+1} - a_n)/(a_n - a_{n-1})$ は、$n \to \infty$ で普遍的な値 $\delta_\infty = 4.669201609\ldots$ に収束する。$x = 0$ 付近で、2^n 回の F の繰り返し写像が、2^{n-1} 回の繰り返しとほとんど同じように再スケールされるということから、普遍性が証明される。Feigenbaum は、あらゆる 2 次の極大値をもつ写像 $f(x)$ を再スケールすると $n \to \infty$ の極限では、$g(0) = 1, g''(0) < 0$ および $\alpha = -2.502907875$ であって、$g(x) = \alpha g^2(x/\alpha)$ を満たすような、唯一の偶の実解析写像 $g(x)$ へと収束することを示した（詳しい研究については、Collet & Eckmann (1980) を参照）。 □

[3.4] ロジスティック写像の 2 次元への"拡張"は、Hénon 変換 (Hénon, 1976)

$$\begin{cases} x_{n+1} = 1 - ax_n^2 + by_n \\ y_{n+1} = x_n \end{cases} \tag{3.12}$$

である。ここで、$|b| \leq 1$ はヤコビアン係数である。この写像は $b \neq 0$ である限りは逆をもち、$|b| < 1$ に対しては写像は散逸的である。$b \to 0$ の極限では再びロジスティック写像になる。倍周期はここでも Feigenbaum のシナリオに従って現れる。唯一の違いは、$|b| = 1$ の保測変換（area-preserving）の場合で、定数 δ_∞ と α が異なる値を取る。実際、周期倍カスケードによるカオスへのルートは非常に普遍的なので、多くの異なる実験において観察されている（例えば、Libchaber et al., 1983 を参照）。

カオス的な領域では、(3.12) の繰り返し写像は、鞍点（サドル）$x^* = y^* =$

$(b-1+\sqrt{(b-1)^2+4a})/(2a)$ の不安定多様体と見分けのつかない集合で、局所的には曲線と Cantor 集合の積になっている。数値的な証明だけでなく、ストレンジ・アトラクターの存在は Benedicks & Carleson (1991) によって最近解析的にも証明されている。 □

[3.5] 振動の力学（結合振動子、周期的に駆動される系、生物学的なリズム）に関連する非線形現象は、しばしば円写像（circle map）でモデル化される。それは、一つもしくは複数の角度変数（例えば、周期 1 の単位区間上の変数や d 次元トーラス上の変数など）の振舞いである。最も単純な場合は、1 回毎の回転角度 $\alpha \in (0,1)$ の剛体回転をモデル化して、次の円写像

$$x_{n+1} = x_n + \alpha \bmod 1 \tag{3.13}$$

で表される。もしも、$\alpha = p/q$ が有理数（p も q も整数）であるならば、あらゆる初期条件が、Lyapunov 指数 $\lambda = \ln|F'(x)|$ が全て一様にゼロであるような写像 F の（中立安定な）周期 q の軌道の上に乗ることになる。円（単位区間）のまわりの p 回の回転で、q 個の点を訪れ、α は**回転数**（rotation number）とよばれる。α が無理数のとき、運動は**準周期的**（quasiperiodic）であり、軌道は円全体を埋め尽くす。**正弦**（sine）円写像

$$x_{n+1} = x_n + \alpha + K\sin(2\pi x_n) \bmod 1 \tag{3.14}$$

のように非線形性が含まれるときには、回転数 ω_r は $n \to \infty$ で n ステップでの平均回転数で定義され、α と K に依存する[2]。非線形性による一つの結果は、**モード・ロッキング**（mode-locking）が起こることである。すなわち、$K > 0$ に対して $\omega_r = p/q$ の安定なサイクルが、K が増加するにつれて広がる α の値の（$\alpha = p/q$ の直上でない）区間において見つかる、ということである。(α, K)-平面におけるすべての p/q-サイクルに対して安定な領域は、**アーノルドタング**（Arnold tongues）(Arnold, 1983) とよばれ、$K = 1$ でその全体の長さが 1 になるまで広がり続ける。準周期的な運動をもたらす α の値は $K = 1$ の線上で Cantor 集合を形成する。$K = 1$ より大きな値では写像は逆をもたず、アーノル

---

[2] ω_r は、**巻き数**（winding number）ともよばれる。

ドタングが重なりはじめてカオスが起こることがある。準周期からカオスへの転移は普遍的な特徴を示す (Feigenbaum *et al.*, 1982; Shenker, 1982; Ostlund *et al.*, 1983)。このシナリオは実験的にも観測されている (Stavans *et al.*, 1985)。

□

[3.6]　標準写像（standard map）

$$\begin{cases} x_{n+1} = x_n + K\sin(2\pi y_n) \\ y_{n+1} = y_n + x_{n+1} \mod 1 \end{cases} \quad (3.15)$$

のような2次元の保測写像においては、閉じた不変曲線群の族からなる準周期的運動の"島 (islands)"とカオスが共存する。不変曲線上では写像は無理数的な回転と同型（conjugate）である。Kolmogorov (1954)、Arnold (1963) そして Moser (1962)（KAM）の有名な定理によると、それらの回転数 α が十分に無理数的であれば、小さな非線形性に対してそのような曲線群が安定に存在する。無理数的であるとは、すなわちそれがある $c, \gamma > 0$ および全ての整数 $p, q > 0$ に対して無限個の組の関係

$$\left| \alpha - \frac{p}{q} \right| \geq cq^{-\gamma}$$

を満たすということである。一般に、どんな無理数 α に対しても、$|\alpha - p/q| < q^{-2}/\sqrt{5}$ となるような無理数 p/q が無限個存在する (Baker, 1990; Lorentzen & Waadeland, 1992)。α は有限の連分数

$$\alpha_n \equiv \frac{p_n}{q_n} = \alpha_0 + \cfrac{1}{\alpha_1 + \cfrac{1}{\alpha_2 + \cdots \cfrac{1}{\alpha_n}}} \equiv [\alpha_0, \alpha_1, \ldots, \alpha_n] \quad (3.16)$$

で近似される。ここで、**ディオファントス近似値**（diophantine approximants）p_n, q_n は互いに素であり、比 p_n/q_n は $n \to \infty$ で α に収束する。それらは、全ての整数 p と $0 < q \leq q_n$ を満たす q に対して、$|q\alpha - p| \geq |q_n\alpha - p_n|$ である限り、α に対する"最良の"近似を与える。黄金比 $\omega_{gm} = (\sqrt{5} - 1)/2 = [0, 1, 1, 1, \ldots]$ は、（単位区間の）無理数のうちでもっとも遅い収束を示し、"最も無理数的な (most irrational)"数であるとされる。これは、$F_{n+1} = F_n + F_{n-1}$、$F_0 = F_1 = 1$ で

定義される Fibonacci 数の比 F_n/F_{n+1} の極限である。標準写像 (3.15) においては、回転数 ω_{gm} をもつ閉じた不変曲線は、K が 0 から増大するとき最後まで安定に残る曲線で、$K \simeq 0.9716$ で消滅する (Greene, 1979)。しかしながら、一般の場合には最終 KAM 曲線 (last KAM) は、そのような回転数を持つとは限らない。さらに、他の規則的運動を表す（準周期的な）島は、より高い非線形性の値に対しても現れる (Liehtenberg & Lieberman, 1992)。 □

[3.7] 複素変数の上でのロジスティック写像

$$z_{n+1} = c + z_n^2 \tag{3.17}$$

は、複素解析写像 $F: \mathbb{C} \to \mathbb{C}$ の代表例である。この種の変換は、2 次元静電気学 (Peitgen & Richter, 1986)、拡散問題 (Procaccia & Zeitak, 1988)、統計力学における分配関数のゼロ点の決定法 (Derrida & Flyvbjerg, 1985) などで用いられる。複素平面の原点 $z = (0,0)$ の像は、パラメータ $c \in \mathbb{C}$ の値に依存して有界もしくは非有界な軌道を生じる。ある一定の c に対して、無限遠へ行くこともなく安定周期軌道へ収束することもない点の集合 $J = J(c)$ は、ジュリア (Julia) 集合とよばれる。より正確には、J は周期点 $z_0 = F^n(z_0)$ が $|\mathrm{d}F^n/\mathrm{d}z|_{z=z_0} > 1$ ならば反発的であるような F の反発的な周期点の集合の閉包である。ジュリア集合は、ストレンジ・リペラーのクラス、すなわちカオス的なダイナミクスで特徴づけられる不安定な不変集合の特殊な例である。$c = 0$ に対しては J は単位円であり、ダイナミクスは z の位相に対する $B(1/2, 1/2)$ の Bernoulli 過程になる。一般に、ジュリア集合は、有限個もしくは無限個の結合した要素から構成される、非常にこみいった形をとりうる。$|c| < 1/4$ に対してのように、それらが単純な閉曲線群であるときでさえ、滑らかな弧を含む必要はなく、つまりそれらの構造はフラクタルである。原点 $(0,0)$ の軌道が束縛される全ての c 値の軌跡は**マンデルブロー集合** (Mandelbrot, 1982) とよばれ、これもまた特異な性質をもつフラクタルであり、現在の数学研究の一つの主題である (Devaney, 1989; Peitgen & Richter, 1986)。 □

[3.8] 隣接する軌道の指数関数的な分離の他に、決定論的な系が、漸近的なアトラクターの予測不可能性に関係するもう一つの不確定性の原因を持つこと

がある。実際、強制振動子（Sommerer & Ott, 1993b）

$$\ddot{\mathbf{x}} - \gamma\dot{\mathbf{x}} + \nabla V(\mathbf{x}) = \mathbf{A}\sin\omega t \tag{3.18}$$

について考えてみよう。ここで、$\mathbf{x} = (x,y), \mathbf{A} = (A,0)$ であり、ポテンシャルは、

$$V(x,y) = (1-x^2)^2 + (x-x_0)y^2$$

である。対称性 $V(x,y) = V(x,-y)$ から、$y = \dot{y} = 0$ で定義される平面 $\mathcal{M} = \{(x,\dot{x})\}$ は (3.18) 式のもとで不変である。さらに、$\mathcal{M}$ の中でのダイナミクスは"通常の"強制ダフィング（Duffing）振動子のそれと同じであり、あるパラメータ値に対してカオス的になる系の代表例の一つとなっている。このような場合には、$\mathcal{M}$ の中に広がる全ての軌道が（それらが周期的か否かに関わらず）不安定である。そのかわり、平面 $\mathcal{M}$ は吸引的もしくは反発的のいずれでもありうる。制御パラメータが変わっても、$\mathcal{M}$ の中のダフィング系の軌道に対応する無限個の周期軌道の安定性は、部分空間 $(y,\dot{y})$ の中でも同時に変わるということはない。したがって、$\mathcal{M}$ に対して横断的な、安定軌道および不安定軌道が共存することがある。前者から後者へとつながるような $\mathcal{M}$ 上の軌道（アトラクターは不可分）があるので、吸引的および反発的な領域は必ず密接に絡み合うことになる（Pikovsky & Grassberger, 1991 も見よ）。大域的な系 (3.18) においては、あらゆる軌道の最終的な運命は、一つもしくは二つの、それぞれそれ自身の吸引域をもつ極限集合 $\mathcal{M}$ および $\{x : y = \pm\infty\}$ につかまることである。系の周期軌道の構造の特異性から、各ベーシン（basin）の点の任意の近傍には、他のベーシンに属する点が隣接することがありうる。リドルベーシン（riddled basin）という言葉が、そのような高レベルの複雑さを示すのに用いられてきた（Alexander et al., 1992）。 □

3.4 セル・オートマトン（Cellular automata）

生物系の増殖のある種の性質をモデル化する目的で導入された(Von Neumann, 1966) セル・オートマトン（cellular automata: CA）は、その後様々な物理的文脈の中で用いられてきた（Wolfram, 1986）。セル・オートマトンは、無限

に広い d 次元格子上で定義される離散変数を同期的に更新する力学的ルールで記述される。観測量の値 s_i は有限の集合 $A = \{0, \ldots, b-1\}$ の中のどれかをとる。1 次元の場合、オートマトンは関数 $f : A^{\mathbb{Z}} \to A^{\mathbb{Z}}$ であり、$A^{\mathbb{Z}}$ は A に含まれる記号の全ての両無限列の集合である。格子上の i 番目変数 s_i の像 s_i' は、相互作用範囲 r をもつ i の定められた対称な近傍 $U_r(i) = [i-r, i+r]$ における観測量の値に依存する。ルールを定義することは、$U_r(i)$ の中に起こりえる異なる b^{2r+1} 個の配位のそれぞれに対して、s_i' の可能な b 個の値の一つを割り当てることと同じである。したがって、$\mathcal{N}_R(b,r) = b^{b^{2r+1}}$ 個の異なるルールがある。この数は、近傍数 $2r+1$ と記号の数 b の両方に依存して急激に増大し、例えば $b=3$ および $r=2$ に対しては $\mathcal{N}_R(b,r)$ は 10^{115} よりも大きい。左右の対称性などの物理的な制限も $\mathcal{N}_R(b,r)$ の大きさのオーダーを大きく変えることはない。

様々なルールを列挙するための簡潔な分類名が導入されてきた。$s_i \in \{0,1\}$ がブール変数で、近傍 $U_1(i) = [i-1, i+1]$ が 3 個のサイトを含むような、いわゆる**基本** (elementary) セル・オートマトン (Wolfram, 1986) は、適当に順序づけられた異なる $2^{2^3} = 256$ 個のルールによって分類される。**辞書式** (lexicographic) 順序の逆 $\{111, 110, 101, \ldots, 000\}$ で可能な配位を書くことにより、それらの像の配位 $\{f_7 = f(111), f_6 = f(110), \ldots\}$ は整数の二進表示

$$I = \sum_{k=0}^{7} f_k 2^k \qquad (3.19)$$

で表され、ルールの名前付けに用いられる。例えば、ルール 22 とは、更新ルールの表

111	110	101	100	011	010	001	000
0	0	0	1	0	1	1	0

を短く表記したものである。

時には、特に b や r が大きいときには、調べる範囲を制限するために、全てのルールの部分クラスを考えることがある。いわゆる**トータリスティック** (totalistic) オートマトンにおいては、i 番目の記号はその近傍内の変数の和 $\sigma_U(i) = \sum_{j \in U_r(i)} s_j$ の値だけで決まる。トータリスティックなルールも形

式 (3.19) の関係を通じて符号化することができて、ここでは f_k は、全ての $k = 0, 1, \ldots, (b-1)(2r+1)$ に対して、$\sigma_U = k$ のとき像の記号 s' がとる値である。

CA に関する有用な情報は、無限の配位 $\mathcal{S}$ における記号を二つの実数 x と y の展開係数と解釈することで得られ、写像との形式的な類似性が生じる。

$$x_n \equiv \sum_{i=0}^{-\infty} s_{i+n} b^{i-1}, \quad y_n \equiv \sum_{i=1}^{\infty} s_{i+n} b^{-i} \tag{3.20}$$

と置くことにより、CA のルール $f : A^{\mathbb{Z}} \to A^{\mathbb{Z}}$ は、2 次元の写像 $F_{CA} : \mathbb{R}^2 \to \mathbb{R}^2$ として表すことができる。$r = 1$ および $b = 2$ に対しては、x_{n+1} は関数 $F^{(x)}(x_n, y_n) = F^{(x)}(x_n, \lfloor 2y_n \rfloor)$ である。ここで、$\lfloor 2y_n \rfloor$ は、$2y_n$ の整数部分である。同様に、$y_{n+1} = F^{(y)}(y_n, \lfloor 2x_n \rfloor)$ である。ルールが左右対称でなければならないという通常の要請は、$F^{(x)}(x, \lfloor 2y \rfloor) = F^{(y)}(y, \lfloor 2x \rfloor)$ を意味する。したがって、CA は $(F_0, F_1) = (F(x, 0), F(x, 1))$ の組で特定される。このように CA と平面 (planar) 写像の間に類似性があるので、CA が滑らかな力学系に関連する新しい振舞いを示すことはないように見える。しかしながら、$F_0(x)$ と $F_1(x)$ が、ルール 22 に対して図 3.4 のような、ある種の自己相似性を示す非常に不連続な関数になるので、それは必ずしも正しくない。

任意の小区間に不連続性が存在すると力学を線形化することができなくなるので、軌道の安定性を簡単に調べるというわけにはいかなくなる。それにもかかわらず、離散時間写像を記述・分類するために用いられる道具が CA のために拡張されている。特に関心のあるのは、再帰的な配位である。というのは、それらは漸近的な時間発展を特徴づけるからである。ルール f を n 回適用したあとで生き残る全ての配位の集合を $\Omega^{(n)}$

$$\Omega^{(n)} = \bigcup_{\mathcal{S}_0 \in \mathbf{A}^{\mathbb{Z}}} f^n(\mathcal{S}_0) \tag{3.21}$$

としよう。$\mathcal{S}_0 = \{\ldots, s_{-1}, s_0, s_1, \ldots\}$ は初期条件である。**極限集合** (limit set) とよばれる極大不変集合 (maximal invariant set) $\Omega^{(\infty)}$ は、

$$\Omega^{(\infty)} = \bigcap_{n=0}^{\infty} \Omega^{(n)} \tag{3.22}$$

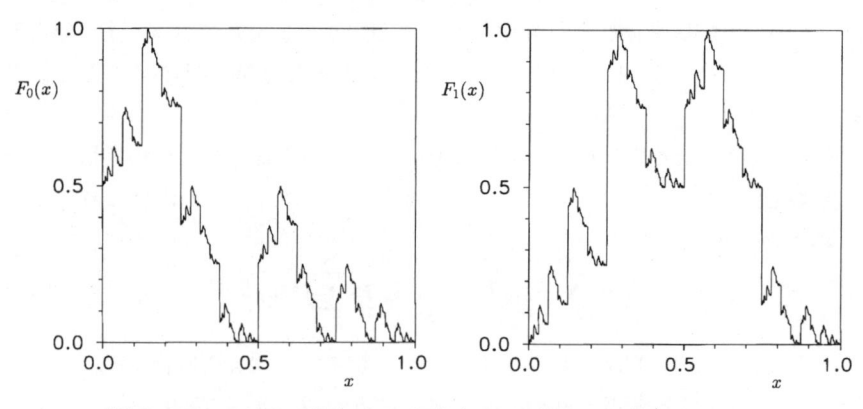

図 3.4 ルール 22 の基本 CA の写像表示。関数 $F_0(x)$（左）と $F_1(x)$（右）の不規則性に注意。

で定義される。CA はパターンの**発生機**（source）および**選別機**（selector）の両方と解釈することができる。実際、等しい記号からなる一様な初期配位から始まっても、その配位に少しでも（おそらく 1 サイトでも）欠陥があれば、周期的でもなく完全に不規則でもないような、興味深い極限的なパターンが現れる場合がある。一方で、すべての可能な記号のランダムな配位に対する CA の時間発展では、いくつかの配位を排除し、式 (3.22) に従ってある部分集合を生き残らせる。もちろんそれは逆をもたないルール、すなわちある有限の列 S が異なる初期条件から生成されるようなルールに対してのみ成り立つ。元になる配位（原像）を持たない列は明らかに許されない。極限集合は、原像と同じ無限の列を持つような、全てのパターンからなる。

いくつかの手法がセル・オートマトンを系統的に分類するために提案されてきた。以下では、漸近的な力学的振舞いの型にもとづく、Wolfram の提案（Wolfram, 1986）を変更したものを説明する。そこでは、CA は**規則的な**（regular）ルールと**カオス的な**（chaotic）ルールの二つの大きなグループに分けられ、さらに加えて "複雑な（complex）" ルールを含む 3 番目のクラスがありうる。図 3.5 に示されたいくつかの代表的な例は、定性的に異なるパターンを明瞭に示している。$A^{\mathbb{Z}}$ における適当な測度を定義し、"初期条件への鋭敏性"（Gilman, 1987）もしくは "アトラクター"（Hurley, 1990）の概念を定式化することにより、より厳密な分類が可能である。

3.4.1 規則的なルール

規則的なルールの極限集合の中のすべての配位は時間に関して周期的である（静止したフレームの場合や一様に移動するフレームの場合がある）。最も単純な場合では、$\Omega^{(\infty)}$ は時間・空間ともに一様な単一のパターンになる。この例は、明らかに力学系の言葉における、安定固定点に対応している。しばしば出会うけれども、もう少し平凡でない場合は、空間シフトのない時間的に周期的な振舞いを示す、"組み紐（braids）"のランダムな空間配列である（図 3.5(a) 参照）。このようなパターンは対応する写像の周期的サイクルに対応している。しかしながら、このパターンは空間的にランダムな構造を持つため、(3.20) 式において原点を変更すると、無限個のサイクルが現れることになる。ゆえに、極限集合は、無限個の空間的に非周期的な要素の和集合である。

規則的な CA の最後の例は、図 3.5(b) に示されるもので、3 個の異なる型の移動体がみられる。単純な散乱および反発過程の結果、単一のランダムにみえる "種" が最後に生き残る。これらの構造の、対角線にそっての一定速度の伝搬は、空間的なランダム性を時間的なものへと変換する。実際、写像 F_{CA} に関係する軌道は、パイこね写像の時間発展に、（"許されない" 軌道もたくさんあるけれども）非常に似ている。つまり、y_n の主要ビットが、連続的に x_n へと移動する。ゆえに、図 3.5(a) および (b) の漸近的なパターンはお互いにそれほど違ってはいないが、対応する写像 F_{CA} の軌道は完全に異なる。すなわち、前者においては周期的であるが、後者においてはカオス的である。このパラドクスの起源は、(3.20) 式の定義にみるように、写像の軌道と CA のパターンとの間の多対一の対応関係にある。実際、CA においては格子 $\mathbb{Z}$ 上の全てのサイトが並進対称な等価性をもつが、これは相空間中の点の座標をあたえる二進数展開 (3.20) が示唆する階層的な秩序とは対照的である。

3.4.2 カオス的なルール

規則的な CA の時空間配位は少なくとも一つの方向には周期的であるが、カオス的なルールは、時間的にも空間的にも相関関数（定義は第 5 章参照）が指数

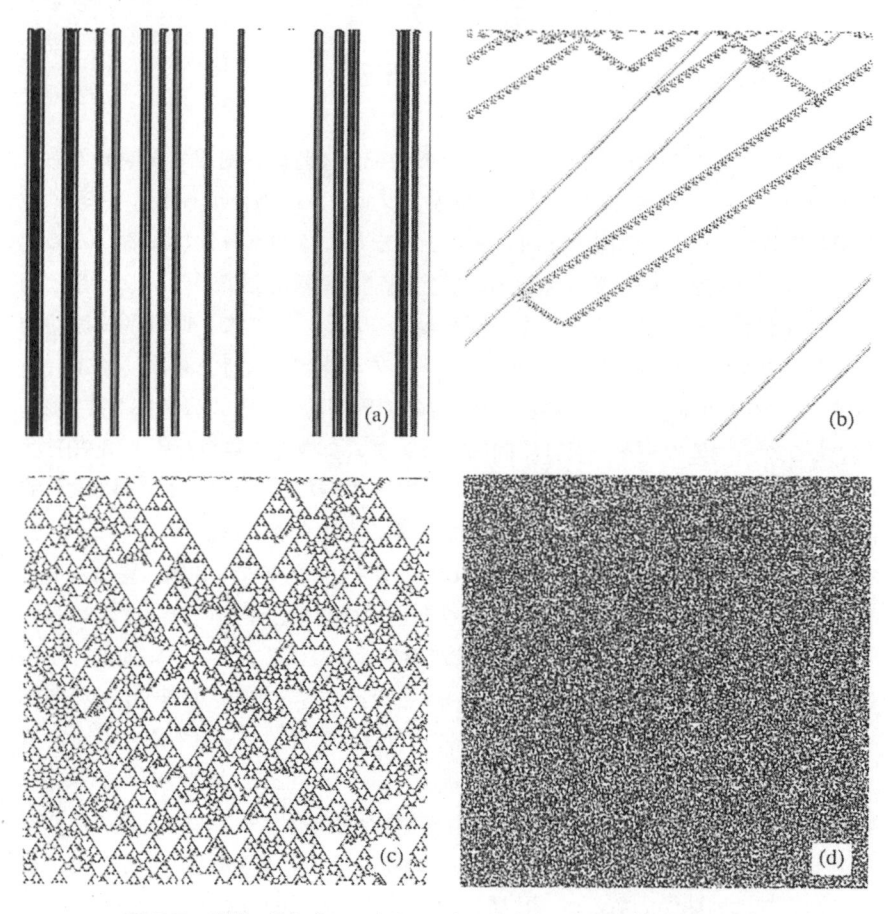

図 3.5 時間の流れを下に向かってとったときに生じる様々なトータリスティックルールの時空パターン。ここでの例および、次の四つの図においては、周期境界条件を課した $L = 500$ の格子上のランダムな初期配置からスタートする。2 状態オートマトンにおいては、黒と白の部分がそれぞれ 0 と 1 に対応する。$b = 3$ のときは、特に断らない限り、黒、灰色、白が、それぞれ $0, 1$ および 2 に対応する。ルールの肩の星印 (*) は、配置が 2 ステップごとに描かれていることを示す。(a) ルール 71*、$b = 2$ および $r = 3$；(b) ルール 134135、$b = 3$ および $r = 2$；(c) ルール 173015、$b = 3$ および $r = 2$；(d) ルール 42、$b = 2$ および $r = 2$。

関数的に減衰するような"無秩序 (disorder)"なパターンを与える。図 3.5(c) と (d) に典型的な例を示す。前者は（大きな三角形が現れているように）かな

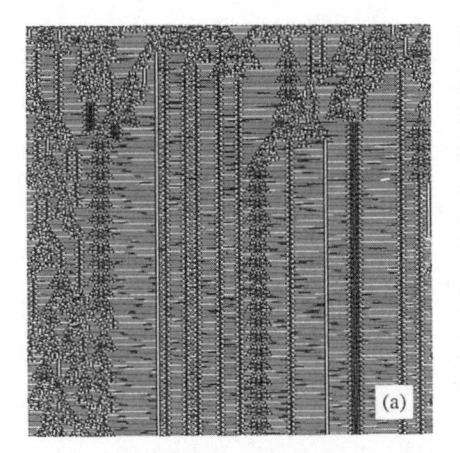

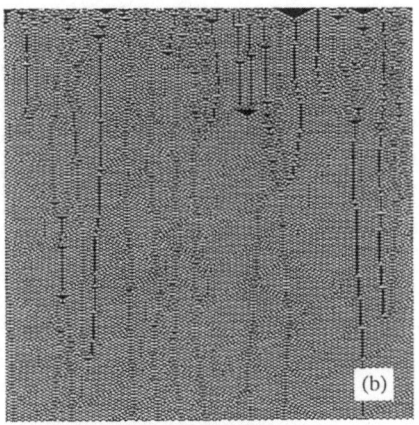

図 3.6　$b=2$ および $r=2$ でのトータリスティックルール 5 (a) および $b=3$ および $r=2$ でのトータリスティックルール 153。

りの長距離秩序を示すが、後者は細かい部分を除いてランダムパターンにみえる。この場合、単一の**エルゴード的**（ergodic）な軌道（第 5 章参照）、すなわち、極限集合におけるあらゆる配位の任意の近傍を通過するような十分に長い軌道があると予想される。唯一の例外は、無視しうる程小さな初期条件の集合から生成される（例外的な）配位である。読者の練習問題として、基本ルール 22 の双方向無限列 $\mathcal{S} = \{\ldots 1010101 \ldots\}$ の原像は列 $\mathcal{S}$ それ自身のみである、ということの証明を残そう。つまり、$\mathcal{S}$ は極限集合の中にあるのにもかかわらず、現実的には到達不可能である。すなわち、力学系の言葉でいえば、それは不安定な 2 周期軌道に対応する。

3.4.3　"複雑な（complex）" ルール

　セル・オートマトンによって生み出される極めて多様なパターン（図 3.6–3.9 参照）は、これまでに議論した二つの（ルールのクラスの）間に、第 3 の "複雑な" ルールのクラスがある可能性を示唆している。しかしながら、このような直観は、有限の時間でしかも有限の時空サンプルの観察に基づいているので間違いかもしれない。また、数値計算が相関関数の代数的な減衰を否定するほど十分に正確でない時に、非周期的だがみたところ秩序のあるパターンが、指数

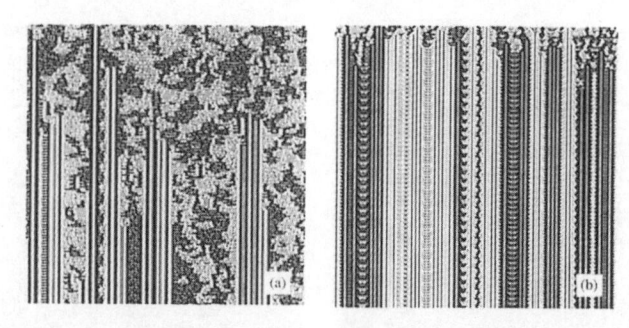

図 3.7 トータリスティックルール 1024^*、$b=3$ および $r=2$ (a) と、トータリスティックルール 1051^*、$b=3$ および $r=2$ (b)。

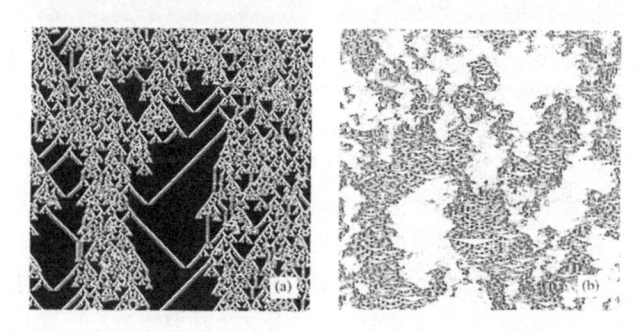

図 3.8 トータリスティックルール 88、$b=2$ および $r=3$ (a) と、トータリスティックルール 130976^*、$b=3$ および $r=2$ (b)。

関数的な相関の減衰を示すこともありえる。さらには、不規則な振舞いが、長いが有限の過渡的な時間に対してのみ観察されるということもありえる。従って、異なる種類の振舞いを区別するためには、注意深く定量的な解析を行なうことが必要である。これ以上の議論は第 5 章と第 7 章に持ち越すことにして、ここでは過渡時間にもとづく二つの分類法を簡単に説明する。

最初のアプローチは、CA f のもとで発展する長さ L の配置 S に対する**第 1 回帰時間** (first recurrece time) $t(L; S)$ によるものである (周期境界条件も仮定する)。系の有限性により、全ての解は漸近的に周期的である。S の n 回目の像の i 番目の状態を $f^n(S)_i$ と表すことにすると、$t(L; S)$ は $f^n(S)_i$ がある前の時刻 $m > 0$ に現れた配位、さらには (移動構造を許すルールを考慮するために) j サイト分だけ格子をシフトさせて得られる配位 $f^m(S)$ と一致する最小の

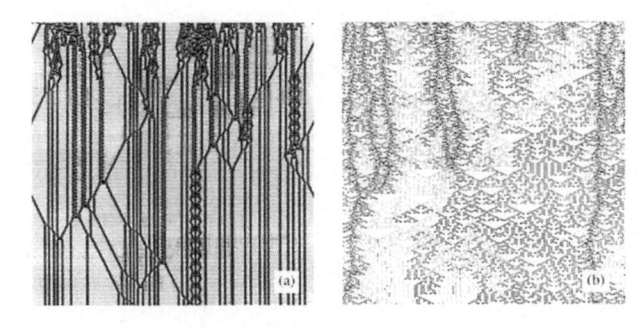

図 3.9 トータリスティックルール 284 (a) と 129032 (b)。いずれも $b=3$ および $r=2$。0 と 1 に対応する色は図 3.5 と入れ換えてある。

整数である。すなわち、

$$t(L; S) = \min\{n : f^n(S)_i = f^m(S)_{i+j}, n > m \geq 0,$$
$$\text{for all } i = 1, 2, \ldots, L \text{ and some } j\} \quad (3.23)$$

である。ここで、添字 $i+j$ は、L で割った余りをとることとする。b^L 個の異なる初期条件 S の平均をとることで S に対する依存性が除かれて、平均第 1 回帰時間

$$T(L) = b^{-L} \sum_S t(L; S) \quad (3.24)$$

が得られる。$T(L)$ は周期状態へ近付くために必要とされる過渡時間およびその周期の両方に依存する。パターンに移動構造がないときには $T(L)$ は局所過程によって決まり、図 3.5(a) に示されたルールの場合のようにサイズ L とは独立である。図 3.5(b) のように一様な背景のもとで移動構造があるときには、$T(L)$ への主な寄与は全ての衝突が起こるまでに必要な時間、すなわち $T(L) \sim L$ で与えられる。

一方カオス的なルールに対しては、$T(L)$ は L に関して指数関数的に増大するので、大きな L の極限では、回帰的な軌道がみつかるまでには観測不能な程の膨大な時間がかかる。これは、カオス的な写像を有限の精度で繰り返すときと同じである。つまり、フラクタル次元 D をもつストレンジ・アトラクターは、L ビットの精度でシミュレーションを実行したときに、$\varepsilon = 2^{-L}$ として最

大 $N(\varepsilon) \sim \varepsilon^{-D}$ 個の異なる点を示す（第 5 章と付録 D を参照）。結果的に、あらゆる軌道が回帰時間の上限を示す $T(L) \sim 2^{LD}$ 以下のステップでそれ自身に必ず近付く。$T(L)$ の指数関数的な増大は、CA においてもカオス的な時間発展の兆候と見なしうる。このように、第 1 回帰時間によって異なるクラスの振舞いは区別できる。

コンピュータとセル・オートマトンの振舞いのある側面を明らかにするために、それらの関係が調べられることもある。それによれば、各セルは入力データへの論理操作を実行すると見なされる。問題が初期配位にコードされ、計算の終了は目標とした状態の発生で知らされる。CA と一般用途の計算機との間の等価性は、例えば"ライフ・ゲーム（Game of Life）"の名で知られるトータリスティックな 2 次元オートマトンなどのように数少ない場合にのみ証明されているだけだが（Berlekamp et al., 1982）、ある CA のクラスはユニバーサル計算を行ない得ると推測されている（Wolfram, 1986）。このクラスに属するルールは、しばしば複雑なルールとよばれる。事実、形式的な表現が非決定的（すなわち、有限のステップ数では証明不可能）であるのと同じように、最終状態へと到達したと確定するためには無限の時間が必要になるかもしれない。

もしも、不変集合のどの要素が最終的にある特別な初期条件を吸引するかを決定することが問題であるならば、対応する計算時間は上で第 1 回帰時間で定義されたものと同じである。この精神によれば、指数関数的に長い計算時間のために全てのカオス的なルールを複雑であると定義したくなる。それはもっともらしく思えるけれども、ここで考えている吸引域決定に対して、系を直接時間発展させる以外に効率的な方法がないことが証明されなければ、あまり意味があるとはいえない。

回帰時間解析の結果と他の代替手法の間の比較は、対象を分類する助けになる。Gutowitz（1991a）による数値シミュレーションは、基本ルール 22 に対して L に関する $T(L)$ の増大が指数関数的になり、ルール 54 に対しては弱指数関数的（$T(L) \sim \exp[0.6(\ln L)^{1.8}]$）であることを示している。この二つの結果は非常に印象深い。すなわち前者はカオス的であり、後者は秩序状態と無秩序状態の混合であるということである。さらに示唆的なのは $b = 2, r = 2$ のトータリスティックなルール 20 である。これは通常複雑なルールに分類されるが、おそらく $T(L)$ は弱線形（sublinear）な増大を示す。ルールの複雑さ（とその計

算機を模倣する能力）は、実際には複雑に相互作用する局在化した移動体（しばしばグライダーと呼ばれる）の存在と関連がある。これはグライダーは普通の計算機に似て情報を転送したり処理したりすることがあるからである。しかしながら、そのような過程が確かに起こるための意味のある配位は、非常にまれであり、そのため $T(L)$ のような平均化された指標では CA の計算能力を検知できないかもしれない。また初期条件 S によって $t(L;S)$ は多様に変化するので、より精密な研究方法が必要となる場合があるだろう。さらに、ここで概説した CA と計算機との間の関連性は厳密にカオス的なルールの計算力を正しく評価するためには単純すぎるという可能性もある。

　セル・オートマトンの振舞いに関する更にくわしい情報は、一様に分布した部分列をもつようなランダムな初期条件 S からその CA の漸近分布の配位へと収束するまでの時間によって与えられる。この枠組においては、規則的なルールに限らず明らかにカオス的なルールも短い過渡時間をもつ。これは一般的な初期条件からストレンジ・アトラクターへの素早い遷移がよくみられるのと同様である。その代わり"複雑な"ルールは異常に長い過渡期で特徴づけられる。この手法は、基本的には力学系において分岐点近傍で起こるような（例えば周期倍分岐のように）、また統計力学における相転移点（第 6 章参照）の近傍で起こるような、緩慢化（slowing down）に類似している。しかしながら、セル・オートマトンの転移現象の定量的研究に対して有効なパラメータをあらかじめ決めることはできない。そのルールのコード番号 I ((3.19) 式参照) を一様に増加しても発展の型が激しく変わるので、この目的のために用いることはできない。より巧みな提案が Langton (1986) によって提出されている。Langton は、近傍 $U_r(i)$ の更新ルール表のうち s とは異なる像 s' を与えるものの割合 ν_s を用いることにより CA をパラメタライズする方法を提案している。このシナリオは非常に説得力があるが、同じ ν_s を持つ異なるオートマトンが同じ型の発展を示す必要はないので、ルールと ν_s の間に多対一の対応があるのが弱みである。この曖昧さはさらに多くのパラメータを導入することによってうまく減らされるかもしれない。配位についてのマルコフ近似に基づく効果的な手続きを第 5 章で説明する。

　確率的なオートマトンにおいては状況はずっと単純であり、そこでは各近傍で得られる記号列は確率的な意味でしか知ることができない。このクラスの系

においては、あるパラメータ p（普通は確率）を調節することにより、異なる状態間の転移を観測することが可能になる。最もよく知られている類似の現象は、**方向をもったパーコレーション**（directed percolation）の問題であり、それは漸近的に一様な（すなわち秩序のある）状態から完全に無秩序な状態への転移を示す。様々な観測量 Q（例えば、無秩序な領域の割合のような）に対して、$Q(p) \sim |p - p_0|^\beta$ の型のべき法則が転移点 $p = p_0$ の近傍で観察されている (Stauffer & Aharony, 1992)。

CA はその単純さにも関わらず、様々な物理過程のモデルとして用いられてきた。その中には微視的に乱流をシミュレートするために導入された格子気体オートマトン (lattice-gas automata) (Frisch *et al.*, 1986) がある。ゼロでない値 $s = 1, 2, \ldots, p$ が、d 次元格子上を動く粒子の p 個の可能な方向の一つを表し（これらのオートマトンは $d \geq 2$ に対して定義される）、記号 0 は空の格子点を示す。各粒子が適切な方向に動くことが許されることの他に、ここでのルールは各衝突時に質量と運動量が保存される散乱過程であるとする。これらの拘束条件が新しく加わっただけで、格子気体オートマトンの発展は一般的なカオス的な CA のそれと実質的には変わらない。

もう一つの CA によるシミュレーションの有用性は、興奮性媒体の研究の中に見出される。最も単純な応用 (Winfree *et al.*, 1985) は、生物細胞に関係したものである。静止 (Q)、興奮 (E)、そして疲労 (T) の、3 個の状態（記号）を考える。もしも少なくとも 1 個の近傍の細胞がすでに興奮状態にあるなら、(2 次元格子においては) 状態 Q のあとには E 状態が続く。細胞は単位時間ステップの間 E 状態になる。次に疲労状態になり、すぐには再び興奮状態にはなれない。そして単位時間ステップ後にまた Q 状態に戻る。この規則的なルールは伝搬する渦状の波 (spiral wave) らせんを発生し、それは定性的に Belousov-Zhabotinsky 反応において観測されるものに似ている。

3.5 統計力学的な系

これまでは、平衡統計力学の枠組では単純な時空間のダイナミクスのみが起こると暗黙のうちに考えられてきた。孤立系の場合は自由エネルギー $\mathcal{F}$ が次第

に最小値へと減少し、結果的には巨視的な変数は時間に依存しなくなる。そのとき、系の巨視的な性質は Gibbs-Boltzmann の仮定から引き出される。これは、温度 T では、(k_B を Boltzmann 定数として) エネルギー $\mathcal{H}(Q)$ をもつ各配位 $Q = (q_1, \ldots, q_i, \ldots, p_1, \ldots, p_i, \ldots)$ の重みが $\exp(-\mathcal{H}(Q)/k_B T)$ で与えられるとするもので、適切な巨視的状態を扱うことにより熱力学的な記述が可能となる。巨視的状態とは、すなわち系の大きさが発散するとき（ゆらぎを無視し得るような、いわゆる熱力学的極限において）、統計平均に主に寄与する微視的状態[3]のアンサンブルのことである。巨視的状態と微視的状態の間のそのような関係は、エネルギー E で調節される様々な配位の重みと、エントロピーで定量化されるそれらの配位の総数の間の微妙な釣り合いによるものである。

この枠組においても、例えば自由エネルギーがいくつかの極小を示すといったような、非常に興味深い現象へとつながる場合がある。そこでは、系の状態はその履歴（例えば、それが用意された仕方）に依存することになり、各微視的状態の確率はその Gibbs-Boltzmann 重率だけではもはや与えられない。また、異なる状態間の転移が巨視的な時間スケールで起こるかもしれない。このシナリオは、ほとんどあらゆる初期条件から相空間全体へと到達可能かという、いわゆるエルゴード性の問題である（この話題の形式的な議論は第 5 章を参照）。特に、相転移やガラス的な振舞いのような、平衡で観測される最も興味深い現象は、そのような大域的なエルゴード性の破れによるものである。

二体相互作用を持つ d 次元格子上の古典的離散スピン系は、この主題を説明するための最も簡単な枠組を与える。スピン変数 σ_i を、それぞれ上向き状態（↑）と下向き状態（↓）に対応する二つの値 ±1 をとるスカラー変数とすると、そのハミルトニアンは

$$\mathcal{H} = -\sum_{i,j} J_{ij} \sigma_i \sigma_j - \sum_i h_i \sigma_i, \qquad (3.25)$$

である。ここで J_{ij} は i 番目と j 番目のスピンの間の結合定数で、h_i は外場の強さである。相互作用が最近傍だけの場合は、(3.25) 式は Ising-Lenz モデル (Huang, 1987) を定義する。温度 T の熱浴に接するスピン配位 $\mathcal{S} = \ldots \sigma_{-1} \sigma_0 \sigma_1 \ldots$ の

---

[3] 今後 "配位 (configuration)" という言葉と、"相空間での点 (phase-space points)" という言葉を同等なものとして用いる。

時間発展は、その離散性から、スピン変数 σ_i に対する力学方程式から直接求めることはできない。この不都合に対する二つの解答が提案されてきた。ひとつは、スピンを連続変数として取り扱うものである。二重井戸型の束縛ポテンシャル $V = \sum_i a(-\sigma_i^2/4 + \sigma_i^4)$ がハミルトニアンに加えられ、発展方程式は、$\dot{\sigma} = -(\nabla \mathcal{H})_i + \xi_i(t)$ の形を取る。ここで $\xi_i(t)$ は適当な統計的性質を持つ連続的な確率過程（第 5 章参照）である[4]。もうひとつは、モンテカルロ法 (Metropolis et al., 1953) として知られ、ランダムに 1 個のサイトを選び、遷移確率 $W(\mathcal{S} \to \mathcal{S}')$ に従ってそのサイトのスピンを反転することにより、確率的にダイナミクスをシミュレートする。ここで、$\mathcal{S}$ と $\mathcal{S}'$ は、それぞれ反転前後の配位で、詳細釣合 (detailed balance)

$$\frac{W(\mathcal{S} \to \mathcal{S}')}{W(\mathcal{S}' \to \mathcal{S})} = \exp\left(-\frac{\Delta \mathcal{H}}{k_B T}\right) \tag{3.26}$$

($\Delta \mathcal{H} = \mathcal{H}(\mathcal{S}') - \mathcal{H}(\mathcal{S})$) を満足する W のどんな形式も、望ましい平衡分布への収束を保証する。最もよくある選択は、$\Delta \mathcal{H} \leq 0$ ならば、$W(\mathcal{S} \to \mathcal{S}') = 1$ とし、それ以外のときは、$W(\mathcal{S} \to \mathcal{S}') = \exp\{-\Delta \mathcal{H}/k_B T\}$ とするものである。詳細釣合は、平衡では、単位時間における、$\mathcal{S}$ から $\mathcal{S}'$ への遷移の数と、$\mathcal{S}'$ から $\mathcal{S}$ への遷移の数が等しいということを意味する。この条件は孤立系では成り立つ (van Kampen, 1981) が、非平衡系においては通常破れる。事実、巨視的な構造が時間的に発展するのは、詳細釣合がないときだけである（生物系は最もきわだった例である）。

モンテカルロ法は、スピンが非同期的に更新する確率セル・オートマトンと見ることもでき、物理的な観測量を十分に予測するために十分な大きさを持つ系の熱力学的平均の評価を可能にする。配位が（先見的な同じ確率で）ランダムに選び出される素朴なサンプリング法は、本来無視できるような重みをもつ高いエネルギーの巨視状態からの寄与が大半なので効果的でない。そのかわり、モンテカルロ法では各配置を実際の Gibbs-Boltzmann 重率に従って選ぶ。

エルゴード性の破れや相転移のような、複雑性の研究に密接に関係する現象は、最近接結合を持つ簡単なハミルトニアン (3.25) においてさえ起こりうる。外場がなく、等方的な強磁性相互作用 ($J_{ij} = 1$) を持つ場合、Ising モデルは

---

[4] 離散および連続 Ising-Lenz モデルは等価であることが、Kac-Hubbard-Stratonovich 変換で示される (Fisher, 1983)。

二つの相互に対称な（全てのスピンが全て上向きもしくは下向きの）基底状態を持つ。したがって、低温での統計平均には、一様な相の大きなパッチを持つ配位が大きく寄与する。各巨視状態のエネルギー（およびその確率）は、基本的には反対の相を隔てる磁壁（domain wall）によって決定される。したがって、格子の次元 d が系の性質に決定的な影響を及ぼす。$d=1$ に対しては興味深い振舞いは起こらない。なぜなら、その場合にはエネルギーは（点状の）壁の数にのみ依存するからである。実際以下のような状況が確かめられるであろう。つまり有限のエネルギーゆらぎ $\Delta \mathcal{H}$ が、二つの基底状態のうちの一つにおいてスピンを反転させ、一組の磁壁を作る。さらにそれらは拡散し他の全てのスピンを反転させるといったことを始める。その結果系は一つの基底状態から他の基底状態へと遷移することができる。さらにもしも系が十分大きければ、磁壁ができるときには自由エネルギー $F=E-TS$ は十分低くなる。実際、エネルギー E の有限の増大は磁壁の可能な異なる位置の数を N として、$\ln N$ に比例するエントロピー S の増大によって打ち消される。従って、熱力学的極限においてはランダム配置が起こり易くなる。一方、2次元およびそれ以上の次元の格子においては、磁壁のエネルギーは磁壁の長さ（面積）に依存する。したがって、均質な核が反対スピンの背景の中に自発的に発生するかもしれないが、拡大してシステムサイズに至るためにはさらなるエネルギーが必要になる。十分低い温度では、与えられた全ての可能な磁壁が実現することによるエントロピーの増大は、エネルギーの増大と釣り合うことはなく、秩序的な配置がランダムな摂動に対して安定になる[5]。ゆえに、系は、巨視的には区別されるが先見的には等価な二つのアンサンブルを示し、それぞれが熱力学的性質に寄与する。相空間 X の代表点は、物理的な時間スケールで X の部分領域（要素）の中に事実上束縛される。これはおそらくエルゴード性の破れの最も簡単な例である。すなわち、どちらの要素かが同定され、適切に重み付けられるときだけ、統計平均の評価が可能である (Palmer, 1982)。

さらにこの点を明らかにするために、巨視的状態の概念、すなわちある巨視的な性質（例えば、与えられた"上向き"スピンの割合）を共有する微視的状態

---

[5] 一般に、エルゴード性の破れは、異なる配置の間の"自由エネルギー障壁"の高さに依存する。したがって、二つの相空間の領域の間の転移は、高いエネルギー差 $\Delta\mathcal{H}$、もしくはそれらの間の"結合"の数が少ないこと（すなわち、エントロピー S が小さいこと）のいずれかによって阻害されうる。

のアンサンブルの概念についてもう一度考えてみよう。もしも、ある統計的な指標（例えば、m 個つながった"上向き"スピンを見出す確率）のゆらぎが熱力学的極限においてゼロになるならば、そのアンサンブルには意味があり、そのアンサンブルは純粋（pure）と言えよう。また、それが成り立たないときはいつでも、初期のアンサンブルがそのような性質を持つ可能な最大の部分集合へとしかるべく分割されるはずである（もっと技術的には、最大のエルゴード的な要素を区別するべきである。第5章も参照）。残念ながら、そのような分割を実行するための一般的な手続きはない。Ising-Lenz モデルにおいては、十分低温では、エネルギーだけでは巨視的な純状態を判別できない。なぜなら、磁化 $M = \sum_{i=1}^{n} \sigma_i/n$ は $M_{\pm} = \pm 1$ に二つのピークを持つ双峰の分布を示すからである。エルゴード性の破れは相転移の鍵となる性質である。相転移は、（一般に温度などの）制御パラメータ $\mathcal{P}$ がある値 $\mathcal{P}_0$ を超えて、（熱力学的性質を保証する）"一般的な"配置がもはや相空間全体を代表せず、むしろ特殊な構造を示すような時に実際に起こる。

3.5.1 スピングラス

上の例は、エルゴード性や相転移のような主題を導入するためには有用であるが、複雑性のシナリオの典型として考慮するには初歩的すぎる。さらに魅力的な例がスピングラス（spin glasses）によって与えられる（Fischer & Hertz, 1991）。実験的な観測によると、そのような系の時間に依存した外場に対する応答は、その時間スケールに強く依存し、おそらく天文学的な時間を要するだろう。実際、十分低温ではスピングラスは凍結した無秩序状態のまわりの小さなゆらぎを示し、それは類似の状態への広い時間スケールにわたる転移を示している。これらの現象は無数の準安定配位が階層的に存在することに由来しており、それはまたエルゴード的な要素が無限個存在することの証明ともされている（Palmer, 1982）。興味深い点は、この構造は微視的な相互作用の特徴ではなくて、以下の一般的な二つの要素が存在するときに生じることである。すなわち、一つは、競合する相互作用であり、それは自由エネルギーの単純な減少を妨げる。二つは、相互作用がある程度無秩序であることである。

はじめのメカニズムは、常磁性と反磁性が空間的に交代する、いわゆる RKKY

相互作用によってうまく説明される (Fischer & Hertz, 1991)。この結合の仕方の簡単なモデルは、ANNNI (axial next-nearest-neighbour) 系であり (Elliott, 1961)、最近傍と次の近傍との相互作用定数（それぞれ、I_1 と I_2 とする）が反対の性質を持つ。もしも $I_1 = -I_2 > 0$ ならば、各スピンは、同時に、最近傍サイトとは同じ向きに、次の近傍サイトとは逆向きになろうとする。この競合により、1次元での最小エネルギー配置は、周期鎖（... ↑↑↓↓↑↑↓↓↑↑ ...）になる。明らかにエネルギーは全ての最近傍から一つ隔てたサイトの組に対しては最小化されているが、反対向きに並んでいる最近傍サイトの組については最小化されていない。これらのスピン配列はそのうちの一つを反転させても、その"不満足さ"が隣のサイトに移動するだけなので、**フラストレート** (flustrated) (Toulouse, 1977) していると言われる。

フラストレーションだけでは、スピングラス的振舞いを引き起こすのに十分ではない。事実、前の例で（基本配置の空間的なシフトで与えられる）4周期の基底状態が見つかったように、エルゴード性の破れがフラストレートした系に長距離秩序をもたらすことがある。また一方では、実際に不規則な準安定状態が存在して、（局所的に）最小エネルギーを持つ他のパターンから隔てられているが、それが、熱力学的極限においては乗り越えることが可能な、有限の高さの障壁に囲まれているだけということもある。

無秩序性はスピングラス的な振舞いが生まれるのに必要なもう一つの重要な要素である。多くの興味を引いたモデルは、Edwards and Anderson (1975) によって議論された。これは本質的には空間的にランダムなガウス分布にしたがう相互作用 J_{ij} をもつ Ising-Lenz 系である。ここで、時間一定の J_{ij} による**クエンチ** (quenched) された無秩序性と、J_{ij} が時間的にゆらぐ**アニール** (annealed) された無秩序性とを区別することが重要である。後者においては、無秩序性についての平均が統計（熱）平均と交換可能なので、より一層簡単に解析的に取り扱うことができる。しかしながら、その結果エルゴード性の破れは起こらない。実際、結合 J_{ij} は形式的に統計変数として扱われ、J_{ij} の組の異なる標本上での平均は σ と J_{ij} の両方を含む、非常に標準的な決定論的ハミルトニアン関数に対する適切な平均操作であると解釈することができる (Fischer & Hertz, 1991)。物理的には、エネルギー・ランドスケープがゆらぎの影響を受けているため、谷が丘と入れ替わり、系が局所的な極小につかまるのを妨げていると解

釈することができる。

　無秩序性は自然にはたしかに存在しているけれども（例えば、非磁性体中にランダムに磁性不純物が含まれているような材料など）、Edwards-Andersonモデルのような理想化がどの程度まで現実的なモデルとして本質を失わないかというのは明らかではない。特に関係のありそうな疑問は、J_{ij}のランダムな分布が"秩序的な"ハミルトニアンから**自発的に**（spontaneously）現われるかどうかである。もしもそうならば、自己組織化された複雑性ということができるであろう。一般にガラスと呼ばれるものはそのような問題の顕著な例を与える。それらは液体を急速に冷却（すなわち、クエンチ）することにより作られるので、それゆえその時間発展の"スナップショット"と見なされる。そこで、この過程は準安定状態（すなわち、有限の時間だけ安定）を経て最終的には結晶配位へと続くのか、それとも熱力学的極限においてさえも安定でありつづけるような無秩序な配位をもたらすのか、という疑問が出てくる。これに対する明確な答えはまだないが（Stein & Palmer, 1988）、秩序的な安定配置への収束には余りにも長い時間がかかりそうなので、その頃には無秩序性に対する簡単な数学的モデルの効用も明らかになっていることだろう。

　（無限に）多くの準安定状態の起源は、最近傍とその次の近傍との間に競合する相互作用を持つ古典非線形振動子鎖によって説明される。ポテンシャルエネルギーは、

$$V(Q) = \sum_i V_1(q_{i+1} - q_i) + V_2(q_{i+2} - q_i) \quad (3.27)$$

で与えられ、q_iはi番目格子サイトのにおける粒子の変位である。定常配置は$V(Q)$の極値で与えられる。$\partial V(Q)/\partial q_i = 0$とおくことにより変数$q_{i-2}, q_{i-1}, \cdots, q_{i+2}$に対する陰関数方程式が得られるが、それを時間反転対称性をもつ、4次元写像$q_{i+2} = F(q_{i-2}, q_{i-1}, q_i, q_{i+1})$と解釈することもできる。非線形の場合はカオス的な時間発展が可能で、Fの各軌道が定常配置Q_kに対応する。ReichertとSchilling (1985)は、最近傍は反発的でその次の近傍とは引力であるとき、もしくはその逆といった区分線形ポテンシャルに対して、無限に多くの準安定配位が存在することを証明した。この競合はANNNI系のそれに類似するものである。似たようなことは連続Ising-Lenz系でも起こる。しかしながら、(3.27)式においては、ハミルトニアンの中の双安定ポテンシャルは陽に含

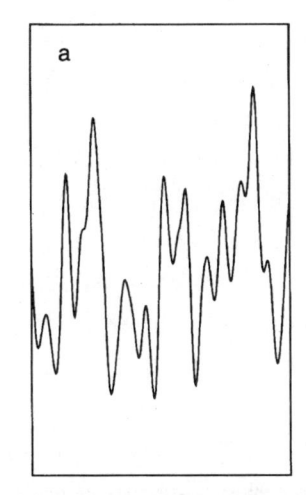

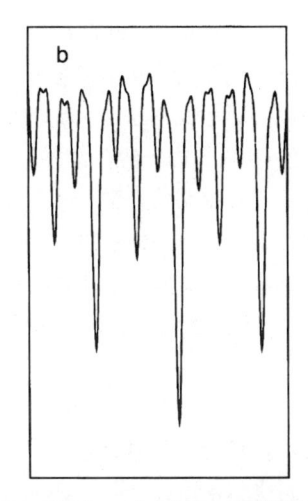

図 3.10 ランダムなエネルギーのランドスケープ（a）と、近似的に階層的なエネルギーのランドスケープ（b）。後者における極小の階層性に注意。

まれていない。この例は、非線形相互作用がハミルトニアンの並進対称性を破り、ランダムに（カオス的に）凍結した配置 Q_k を生じうることを示している。読者はこの現象が前の章で触れたある種のセル・オートマトンにおいて見出された凍結した無秩序パターンと大きく違わないことに気付かれるだろう。

急冷化により無秩序性が自発的に並進対称な系にも現われる可能性があることがわかってきたので、相互作用係数 J_{ij} の（式 (3.27) の極値での配置に似通った）ランダムな配置が、スピングラス相の生成の為には必要条件でも十分条件でもないことを特に強調しておく。一方、どの点からみても強磁性体でありつづけるランダムな強磁性結合をもつ無秩序系がある。また一方では、最近の理論的な研究は、ある種の**決定論的な** (deterministic) ハミルトニアンもまたグラス的な振舞いを生み出すことを示している（Bouchaud & Mezard, 1994; Marinari *et al.*, 1994a and 1994b; Chandra *et al.*, 1995）。これらのうちの一つはいわゆる**サイン・モデル** (sine model) (Marinari *et al.*, 1994b) であり、結合定数

$$J_{ij} = \frac{2}{\sqrt{1+2N}} \sin\left(\frac{2\pi ij}{1+2N}\right)$$

に従って、全てのスピン同士が相互作用をもつ。ここで N はスピンの数である

(J_{ij} の変則的な規格化は、無限大の長距離相互作用によるものである。つまり、全体のエネルギーと系のサイズとの比を一定に保つために導入されたものである。この点については第6章を参照)。

とはいえ、(正と負の) 結合の完全にランダムな分布は、グラス相を理解するための最もわかりやすい背景を与える。通常の統計力学との大きな相違は、ここではハミルトニアンが確率的な意味でしかわからないということである。したがって、ある特別な無秩序性の標本一つに対して完全に厳密な解を探すことは先見的に不可能である。特に、基底状態の形のような詳細な特徴については、解析的な取り扱いは容易ではない。それにも関わらず (例えば、自由エネルギーやエントロピーなどのような) 適切な関数を決定することが可能である。というのも、それらが自己平均的、つまりそれらのゆらぎが熱力学的極限では消えるという注目すべき性質をもっているからである (Mézard *et al.*, 1986)。

この分野の進歩の多くが、Sherrington and Kirkpatrick (1975) による、Edwards-Anderson モデルよりも簡単な系で得られてきていることは特筆すべきことである。このモデルにおいては各スピンは距離に関係なく他の全てのスピンと相互作用する。これは自己無矛盾な**平均場** (mean-field) 理論を構成するために導入される標準的な単純化である。これにより各スピンは他の全てが生み出す平均場の影響を受けると仮定する。しかしながら、全てのスピンが同じように発展すると期待することは誤りである。この素朴な描像の破綻がまさに準安定状態の階層的な組織化の発見につながったのである (この概念の簡単な説明に対しては、図 3.10 の二つの概略図を参照)。

3.5.2 最適化と人工的な神経回路網

Sherrington-Kirkpatrick モデルは現実的なスピングラスの近似としては粗すぎるかもしれないが、その解は一見したところ無関係と思われる分野間の密接な関係を明らかにしたという意味で、統計力学における画期的な事件と見なされなければならない。それらの中でもここでは組み合わせ最適化と人工的な神経回路網に触れることにするが、これらはいずれもスピングラスの定式化にうまく焼き直すことができる。最適化問題においては、変数の並び $\{\ldots, q_{i-1}, q_i, q_{i+1}, \ldots\}$ (すなわち微視的状態 Q) のある与えられた課題に対する満足度が、ハミルト

ニアンの役割を果たすコスト関数 $F(Q)$ によって定量化される。$F(Q)$ の値が小さいほど試験的な解 Q はよりよい解であり、したがって最適配位 Q_0 は基底状態に他ならない。スピングラス理論との密接な関係がグラフの (2-) 分割問題によって明らかにされたが、これはコンピュータ設計において様々な応用を持つものである。いくつかのノードをつないでいる結線の（大規模な）集合 W を持つ想像上の電気回路を考えよう。目標は W を二つの同じ大きさの部分集合 W_+ と W_- へと分割し（二つの異なるチップの上に物理的に載せて）、両者間の結線の総数を最小化することである。平面上の近くのノードのみが互いにつながっている時のような簡単な場合には、最適解を容易に求めることができる（ある直線で W を切れば十分である）。しかしながら、一般には単純な幾何学の議論を用いることができないような、たくさんの"長距離の"結合がある。これらの場合には、W において結線 w_k がランダムに配置されると仮定すると、無秩序性が問題に入り込むことになる。そこで、究極的な目標は問題の特別な実例 $W = W_0$ を解くことではなく、あらゆる可能な W_S に対処できる一般的なアルゴリズムを見つけることである。

クエンチされた無秩序性の仮説は、磁性体の文脈では疑問が残るかもしれないが、以下に示すように全ての重みは一度最初に固定されるままだからここでは明白である。ノード n_i が W_+ もしくは W_- に属しているかを、変数 $\sigma_i = \pm 1$ で表すことにして、さらに n_i と n_j の間に結線があったら $J_{ij} = 1/2$ とし、結線がなければ $J_{ij} = 0$ とする。$Q = \{W_+, W_-\}$ で、一般的な分割 W を示すことにすると、W_+ と W_- の間の結線の数 $N(Q)$ を、

$$N(Q) = \sum_{i,j} J_{ij}(1 - \sigma_i \sigma_j) \tag{3.28}$$

と書くことができる。W_+ と W_- の中のノードの数が同じとする条件は、$\sum_i \sigma_i = 0$ と表現される。よって、問題はコスト関数

$$F(Q) = N(Q) + \mu (\sum_i \sigma_i)^2$$

の最小化に帰着される。ここで μ は分割されたノードの数の効果を表す。簡単な代数により、$J'_{ij} = \mu - J_{ij}$ として C を定数とすると

$$F(Q) = \sum_{i,j} J'_{ij} \sigma_i \sigma_j + C$$

となる。もしも結線がランダムに配置されているとして、$\mu = 1/4$ とすると、$F(Q)$ は二つのピークの $J'_{ij}(= \pm 1/4)$ の分布をもつ Sherrington-Kirkpatrick モデルのハミルトニアンに帰着される。$N(Q)$ は $F(Q)$ と同じ形をしているが、反強磁性結合を含まないのでグラス相をもたらさないということに注意すべきである。フラストレーションの問題はノードの数についての条件が与えられて初めて現われるのである (Fu and Anderson, 1986)。

　スピングラスと最適化問題は基本的に最終的な目標が異なっている。例えば、全ての可能な無秩序性 $\{J_{ij}\}$ の標本にわたって平均することによりグラフ分割問題に対する統計力学を展開することに実際的な興味があるわけではない（どの重みが各結線の配位 W に帰せられるのか？）。反対に、ある一般的な実例 W に対して近似的な基底状態を見つけることは重要な主要目的である。しかしながら、この目的を達成することは様々な困難によって厳しく制限されている。一方であらゆる W に対して最適解を見つける一般的なアルゴリズムはおそらく存在しない（第8章での NP-完全の議論を参照）。すなわち全ての可能な分割 Q を試すことで最適解 Q_0 を見つけるのは、100要素程のシステムでも、先見的に不適切な分割を除いたとしても、すでに実現不可能である。他にとるべき戦略としてシミュレーテッド・アニーリング (simulated annealing) が提案されていて (Kirkpatrick et al.,1983)、これはモンテカルロ・ダイナミクスがゆっくりとした冷却過程と組み合わされたものである。温度がゼロでない限り系は自由エネルギー・ランドスケープの極小の間を動き回り、温度が十分ゆっくりゼロに近付けば基底状態 $\mathcal{F}_0$ へと到達する。これがうまくいくかどうかがこの冷却過程の時間スケールに依存することは明らかである。実際この場合、基底状態が、現実的なコンピュータ時間では到達できないようなあまりにも狭い谷の中にあるときにはいつでも、系は $\mathcal{F}$ の2次的な極小につかまる可能性がある。しかしながら、Sherrington-Kirkpatrick モデルのような系に対しては、本当の基底状態と同じ程度によい"基底状態"がいくつか存在するということを証明することができる (Mézard et al., 1986)。よい近似解が容易に見つかるならば、絶対的な最小は必要なくなる。したがって、与えられたエネルギーをもつ準安定配位の数を知ることは、シミュレーテッド・アニーリングの過程で期待される平均エラーの見積りを可能にする。これは組み合わせ最適化理論の目的のひとつである。

スピングラス理論との類似性は、人工の**神経回路網**（neural networks）においても非常に有効であることが証明されている（Müller *et al.*, 1986）。これはノードと結合で構成される系であり、外的な影響のもとで配置を変えていき、ある種の課題を実行するものである（例えば、パターン認識や数学的操作の実行など）。この過程は自律的な学習と呼ばれる。二つの状態だけをもつノード（ニューロン）と簡単な相互結合を用いることにより、ここでもスピングラスの発展との形式的な等価性が見出される。ここでの目標は最適化のそれとはほぼ逆である。実際、（スピングラスにおける準安定状態に対応する）あらかじめ与えれた配置への収束を保証するようなハミルトニアン（ニューロン間の相互作用の集合）を探すことになる。

複雑性の観点からすると、与えられた結合 J_{ij} の実例と基底状態の構造の間の込み入った関係に主要な関心がある。このことは、前の章で議論したいくつかの例では、複雑なものが系の生み出す時空パターンであった場合とは非常に異なっている。ここでは、複雑性は、ある問題における解と定式化の間の比較を通じて強く関係し合う概念として現われるものである。しかし、最近接相互作用をもつ現実のスピングラスにも現われ準安定状態の階層的な組織化のような、前者のタイプの複雑さが起こることもあり得る。

参考文献

Beck & Schlögl (1993), Cvitanović (1984), Farmer *et al.* (1984), Gutowitz (1991), Ott (1993), Schuster (1988), Toffoli & Margolus (1987)

第 II 部　数学的道具

第4章　物理系の記号表示

　複雑さの理論は、それを離散的枠組みの中で構築することによって、さらに大きく進展させることができる。殆どの物理や数学の問題は、実数または複素数の場の中で定式化されているが、連続量から記号への変換はその逆より遥かに直接的なので、複雑な系に対し整数の計算を基礎とした一般的表現を採用することは意味がある。この章でこれから述べるように、この選択は事実上アプローチの一般性を制限はしない。その上、離散パターンは、主立った物理・数学系（例えば磁石、合金、ガラス、DNA鎖、セル・オートマトン）において実際にも存在している。他方において、実数及び複素数の場における計算論的複雑さの理論が最近進歩してきたことも注目される（Blum, 1990）。

　連続系の記号表示は、もとより非線形力学系に限定されるものではないが、カオス現象とランダム過程との関係を明らかにする上で役立つ。実際、フォン・ノイマンの離散的オートマトン（von Neumann, 1966）は生物のモデルとして導入された"アナログ-デジタル"混合系（機能をアナログ的に制御する酵素に対し遺伝子は離散的情報単位と考えられる）である。図2.2で表されている流体の状態も離散化されている。即ち波長が一定であるので（部分領域の回転に由来する複雑さを持つ）パターンを1次元の断面上で見れば2進数（高低）表現で表されている。同様の符号化はレーザーのスパイク領域においても可能で（Hennequin & Glorieux, 1991）、そこでは信号の最大（又は最小）が参照閾値と比較され符号化される。上記の例ほど明確ではないが同様のラベル付けはDLA集合体（Meakin, 1990; Argoul *et al.*, 1991）のような枝別れ系に対しても見出される。DLAパターンと複素平面上での適当な写像との関係を追究し、前者を後者の周期軌道を通してラベル付けすることも研究された（Procaccia

& Zeitak,1988; Eckmann *et al*.,1989)。又、階層的符号化の例は乱流の研究 (Novikov & Sedov, 1979) でも見出されている。

4.1 非線形力学系における符号化

滑らかな力学系は見かけは全く違うが、格子上のセル・オートマトン (cellular automata) や離散スピン系と同じ枠組みの中で取り扱うことができる。このためには最初に適切なポアンカレ断面 Ξ を選ぶことにより時間を離散化するとよい。断面 Ξ を通して流れ $\mathbf{\Phi}_t$ と結びついている写像 $\mathbf{F}$ の相空間は、ダイナミクスに対し一種の"座標格子 (coordinate grid)"を与えるような(粗視化された)細胞 (cell) に分けられる。

以下では簡単のため、運動が制限されるコンパクト集合 $X \in R^d$ は相空間自身と同一とみなすことにする。b 個の互いに独立な部分集合からなる**分割** (partition) $\mathcal{B} = \{B_0, \ldots, B_{b-1}\}$ (従って $\cup_{j=0}^{b-1} B_j = X$ で $j \neq k$ に対し $B_j \cap B_k = \emptyset$) を導入することで X の符号化を行なう。以下では特別に断らないで有限の分割 ($b < \infty$) を考えることにしよう。そしてこの分割要素につけたラベルの集合 $A = \{0, \ldots, b-1\}$ を**アルファベット** (alphabet) と呼ぼう。

ダイナミクスの作用の下で、系は $\mathcal{B}$ の各要素を通りぬける一つの軌道 $\mathcal{O} = \{\mathbf{x}_0, \mathbf{x}_1, \ldots, \mathbf{x}_n\}$ を描く。時刻 $i = 0, \ldots, n$ に訪れた領域 $B \in \mathcal{B}$ の指標を記号 $s_i \in A$ で表すことにすると、軌道の道すじ $\mathcal{O}$ は、全ての $i = 0, \ldots, n$ に対し $\mathbf{x}_i \in B_{s_i}$ という形で記号列 $S = \{s_0, s_1, \ldots, s_n\}$ と結びつけることができる。勿論、この過程の中でダイナミクスの主要な特徴は失われてはならない。特に、記号列、分割 $\mathcal{B}$、力学法則 $\mathbf{F}$ の知識から、元の軌道 $\mathcal{O}$ がほぼ復元できることがのぞましく、これは $\mathcal{B}$ を注意深く選ぶことで可能である。実際、$n+1$ 個の記号からなる列 S は、共通部分

$$B_S \equiv B_{s_0} \cap \mathbf{F}^{-1}(B_{s_1}) \cap \cdots \cap \mathbf{F}^{-n}(B_{s_n}) \tag{4.1}$$

の中に属す点のみからつくることができる。例えば S の最初の二つの記号 $\{s_0, s_1\}$ は、時刻 $i = 0$ での代表点が B_{s_0} だけでなく B_{s_1} の前像 $F^{-1}(B_{s_1})$ の中にもあることを意味する。この故、時刻 0 と 1 での測定は、図 4.1 に図示さ

4.1 非線形力学系における符号化

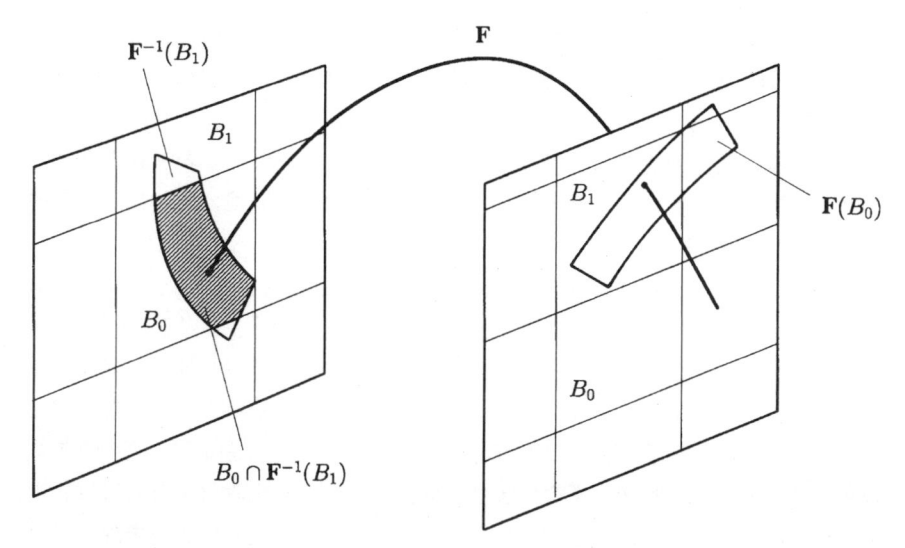

図 4.1 軌道のラベル付け：B_0 と $\mathbf{F}^{-1}(B_1)$ の交わりの中の全ての点が同じ初期記号 0,1 をとる。

れているように $F^{-1}(B_{s_1}) \cap B_{s_0} \subset B_{s_0}$ という形で初期条件 $\mathbf{x}_0$ の不確定性を減らすことになる。記号列 S の長さ n を伸ばすと、相空間 X の中でより小さい部分集合に一致していくことが期待される。これは**細分化**（refinement）（c 個の要素を含む分割 $\mathcal{C}$ は、もし $\mathcal{B}$ の各々の要素が $\mathcal{C}$ の単位要素の集まりである場合、$\mathcal{B}$ の細分化である）の概念を通して形式化される。$\mathbf{F}$ の下での $\mathcal{B}$ の最初の細分化 $\mathcal{B}_1$ は、全ての $s_j, s_k \in A$ に対し $B_{s_j} \cap \mathbf{F}^{-1}(B_{s_k})$ なる交わりの中で空集合でない部分集合からなり、その各要素は記号の組 $\{s_j, s_k\}$ でラベル付けされる。さらに 3 個の記号列は第 2 細分化 $\mathcal{B}_2$ をラベル付けする。一般に

$$\mathcal{B}_n \equiv \bigvee_{i=0}^{n} \mathbf{F}^{-i}\mathcal{B} = \mathcal{B} \vee \mathbf{F}^{-1}\mathcal{B} \vee \cdots \vee \mathbf{F}^{-n}\mathcal{B}, \quad (4.2)$$

と書くことができ、$\mathbf{F}^{-i}\mathcal{B} = \{\mathbf{F}^{-i}(B_0), \ldots, \mathbf{F}^{-i}(B_{b-1})\}$ で、$\mathcal{B} \vee \mathcal{C} = \{B_j \cap C_k : 0 \leq j \leq b-1, 0 \leq k \leq c-1\}$ は二つの分割 $\mathcal{B}$ と $\mathcal{C}$ の**結合**を意味する。ここで、細分化 $\mathcal{B}_n$ は力学それ自身から生成されていることに注意しよう（力学的細分化）。

記号化された信号 $\mathcal{S} = \{s_0, s_1, \ldots\}$（無限長の列と有限のものは $\mathcal{S}$ と S とい

うように異なった書体で区別する)の研究は**記号力学系**(symbolic dynamics:SD) と呼ばれる。もし全ての無限長の記号列が相空間の一つの点(初期条件) $\mathbf{x}_0$ に対応し、つまり $\mathcal{S} = \phi(\mathbf{x}_0)$ という写像 ϕ があるならば、記号力学の研究は系の実際の軌道の研究と等価である。このことは (4.2) 式で表されるダイナミクスに従って限りなく細分化していく分割 $\mathcal{B}$ によって達成でき、$\mathcal{B}$ は**生成的**(generating) と呼ばれる。

もし写像 $\mathbf{F}$ が可逆ならば逆写像によって両側に無限の列 $\mathcal{S} = \{\ldots, s_{-2}, s_{-1}; s_0, s_1, \ldots\}$ が考えられる。ここでセミコロンは時間軸の原点を表している。$\mathbf{x}_0$ の n 番の前(後)進変換 $\mathbf{x}_n = \mathbf{F}^n(\mathbf{x}_0)$ は、写像 ϕ を通して $\mathcal{S}$ の原点に対しちょうど n 番目の左(右)へのシフト列を生み出す。逆写像を持たない写像(例えばロジスティック写像)は、原像の一意性がないので片側(前進)の列のみを規定する。そのような写像の反復によって両側の無限列を生み出すためには、前進と後進の記号力学の性質が同じになるように、原像の選択に制限を課す必要がある。しかし、片側両側の列の違いは、特にそのようにのべない限り、以下では無視することにしよう。

符号化は通常、木(ツリー)を使った階層的方法で表される(2 進の場合に対する図 4.2 を参照)。出発点(root)の下の第 1 段階は、分割 $\mathcal{B}$ の要素 B_{s_j} に対応する b 個の節(node)または**節点**(vertex)からなり $\mathcal{A}$ の記号でコード化される。各々の節点 s_j は b 本の枝を持ち B_{s_j} の部分集合 $B_{s_j s_k}$ に対応づけられる。したがって、l だん目の頂点は l 個の記号の連鎖で書かれることになる。一般的な頂点 $S = s_1 s_2 \ldots s_l$ から出ている全ての枝は列 S の次の拡張 S_{s_m} (部分集合 B_S の細分化)まで用いて表される。

例:

[4.1] 式 (3.9) のベルヌーイ写像 $B(p_0, p_1)$ は、生成分割 $\{B_0, B_1\} = \{[0, p_0], (p_0, 1]\}$ を持ち、全ての列を有する記号力学を生成できる(第 5 章参照)。ただし、それらの列の出現確率は異なることに注意する必要がある。パイこね写像 (3.10) は $y = p_0$ の線で分割された同様の SD を生成する。 □

[4.2] 1 次元写像に対しては生成分割は臨界点(極大、極小、垂直漸近線)の座標で定義される (Collet & Eckmann, 1980)。このように、ある点の原像はそ

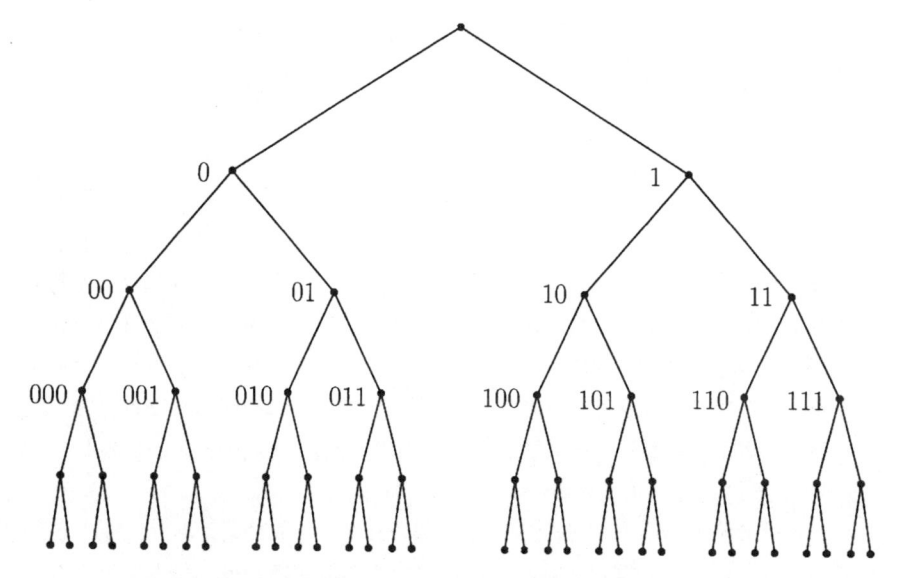

図 4.2 2進分割の細分化をラベル付けする階層的ツリー。

れぞれ異なる記号でラベルされることになる。 □

[4.3] (Hénnon 写像の双曲的アナロジーである) Lozi 写像

$$\begin{cases} x_{n+1} = 1 - a|x_n| + by_n \\ y_{n+1} = x_n \end{cases} \quad (4.3)$$

に対する SD の生成分割は直線 $y = 0$ で与えられる (Tél, 1983)。 □

　高次元の非双曲写像の生成分割を構成する問題は、まだ部分的にしか解決されていない。Grassberger と Kantz (1985) は馬蹄機構 (horseshoe mechanism) によって規定される系に対し実用的な方法を提案した。彼らは接線型ホモクリニック点 (homoclinic tangency) を互いに繋ぐ事で分割の境界にした。実際、これらは位相体積が折り畳まれる点であり、1次元写像の極値の自然な拡張と言えるものである。また、この方法は流れを含む適度な強さの散逸系にうまく適用された (Politi,1994)。一方、保存力学系に対しては、考慮すべき (**主要な**) 接点を同定することが難しく、うまく適用できていない。しかし、つい最

近 Christiansen and Politi (1995) は、標準写像 (3.15) に対して接点と不変多様体の有限の断片を同時に使う事によって、その困難を乗り越える事に成功した。

例：

[4.4] 例えば実験データの信号の場合のように、接線型ホモクリニック点はいつも同定できるわけではない。そのような場合、全ての周期点が異なった符号を持つような観測に基づいた、試行錯誤が有効である。一例としてカオス NMR レーザー (Flepp et al.,1991 ; Badii et al.,1994) であらわれるアトラクターをみてみよう。図4.3は適当な座標でとった系のポアンカレ断面で、2進分割を決める線と、9周期の不安定周期軌道とポアンカレ断面の交点を示してある。□

もし生成分割 $\mathcal{B}$ が存在するならば無限個の異なる生成分割があり、特に $\mathcal{B}$ の全ての細分化は生成分割である。これらの中から要素数が最小値 b となるものを見つけることは難しい問題である。

記号表現による離散時間力学系 $(X, \mathbf{F})$ の解析は、記号化された信号が $(X, \mathbf{F})$ の忠実な符号化というだけでなく（このことは、$\mathcal{B}$ の生成的な性質によって保証されている）、マルコフ (Markov) 分割としても"理解可能なもの"であるならば、特に有効である。

定義： 写像 $\mathbf{F}$ において全ての $i \in \{0, 1, \ldots, b-1\}$ に対し $\mathbf{F}(\bar{B}_i)$ が幾つかの $\bar{B}_j$ の結合でかけるならば、有限分割 $\mathcal{B} = \{B_0, \ldots, B_{b-1}\}$ はマルコフ性を持つ（上付きの横棒は閉包を示す）(Adler & Weiss,1967)。

そのような分割が構成できれば、（記号）力学の記述と不変測度やエントロピー（第5章参照）のような興味ある量の計算が大きく進展する。

例：

[4.5] 屋根型写像

$$x_{n+1} = \begin{cases} a + 2(1-a)x_n & \text{if } x_n < 1/2, \\ 2(1-x_n) & \text{if } x_n \geq 1/2 \end{cases} \quad (4.4)$$

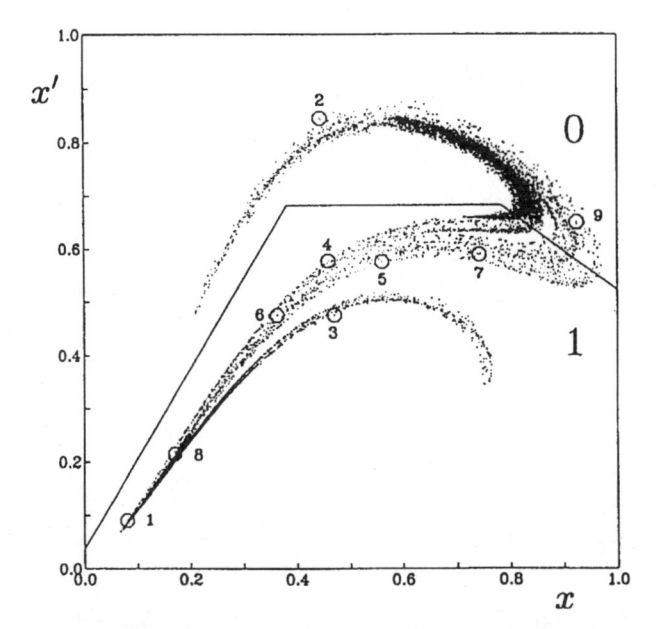

図 4.3 NMR レーザーの実験データから再構成されたポアンカレ写像の奇妙なアトラクター (Flepp *et al.*, 1991)。近似的に生成分割を定義する曲線が示されていて二つの領域は 0 と 1 でラベル付けされている。適当な周期 9 の不安定周期軌道の交点も示されている。

の臨界点 $x_c = 1/2$ は $a = (3-\sqrt{3})/4$ において不安定 5 周期軌道に属する（図 4.4 参照）。F_0^{-1} と F_1^{-1} が各々写像 F の左右の逆写像を意味するとして、点 $z_1 = F_0^{-1}(z_2)$ と $z_2 = F_1^{-1}(1/2) = 3/4$ を考えよう。区間 $B_\alpha = [0, z_1), B_\beta = [z_1, 1/2), B_\gamma = [1/2, z_2), B_\delta = [z_2, 1]$ が有限マルコフ分割を構成していることは簡単に確かめられる。a が "典型的" ないくつかの値（定義は第 5 章を参照）をとる時にだけ、可算マルコフ分割を見出すことができる。　　□

微分同相写像の不変集合 Λ は、それらがコンパクトかつ極大さらに分解不可能で双曲的であるという条件で、有限マルコフ分割をもつ (Bowen, 1978)。その分割は、安定及び不安定多様体の切片を辺に持つ "矩形" で集合 Λ を敷き詰めることで構成できる。この時、矩形の辺は前（後）方写像によって不安定（安定）方向にそって 1 個またはそれ以上の矩形の上に厳密に写像される。しかし

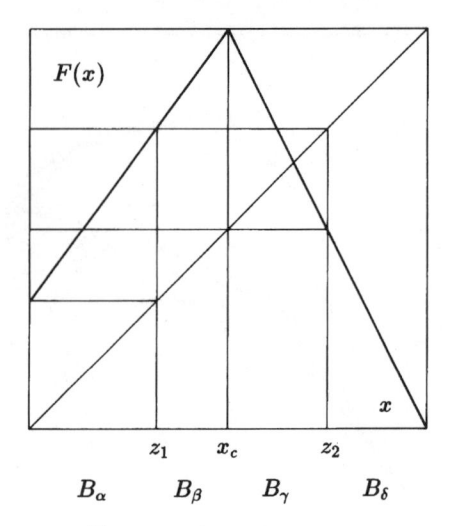

図 4.4 $a = (3-\sqrt{3})/4$ での屋根型写像。成分分割 $\{[0, x_c), [x_c, 1]\}$ とマルコフ分割 $[0, z_1), [z_1, x_c), [x_c, z_2), z_2, 1]$ が表されている。

ながら既に注意したように双曲系は自然界ではあまり一般的でないので、自然現象の対象に対して一般に有限マルコフ分割を構成できるとはかぎらない。

生成分割がマルコフ分割であるとは限らないが、勿論、マルコフ分割は常に生成分割である。したがって b 個の要素 B_i を使って相空間をラベル付けすることができる。各々の領域 $\overline{B_i}$ は他の $\overline{B_j}$ の和集合に写像される（境界は境界に写像される）ので、記号力学は $b \times b$ の**遷移行列** (transition matrix) $\mathbf{M}$ によって記述できる。ただし $\mathbf{F}(B_i) \cap B_j = \emptyset$ かそうでないかに応じ、M_{ij} は 0 か 1 の値をとる。もし B_i の点が $\mathbf{F}$ によって B_j に写像されるならば、遷移 $i \to j$ は認められて（従って系列 $\cdots ij \cdots$ が存在して）$M_{ij} = 1$ となる。ただし要素 B_i の境界上にある点は一意な記号表現を持たないので、場合に応じて特別な方法を取りあつかう必要がある。（これは、ある基底 b で、複数の展開を持つ数が存在することと同様である）。

図 4.5 は $a = (3-\sqrt{3})/4$ での屋根型写像 (4.4) に従う遷移を**有向グラフ** (directed graph) を用いて図示したものである。起こりうる任意の記号化された軌道はグラフの無限のパスと対応しており、ここで記号は矢印をたどる各時刻に "生成される"。マルコフ系の場合は有限のグラフとなる。もし、どの節からも

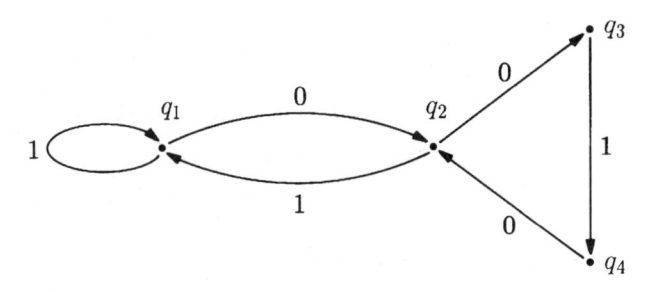

図 4.5 $a = (3 - \sqrt{3})/4$ での屋根型写像に対する有向グラフ。

他の節へ向かう矢印の列があるなら**位相的に可遷的**（topologically transitive）または**既約非周期的**（irreducible aperiodic）と呼ばれる。これは、行列 $\mathbf{M}$ を用いて考えると、$\mathbf{M}^n$（$\mathbf{M}$ の n 乗）の各成分に 0 が一つもないある n が存在することを意味している。位相的可遷な変換は分解不能で、周期点の稠密な集合を持つ場合もある。

4.2 シフトと不変集合

記号列の研究は通常、記号力学とよばれる。非線形力学の場合この名前の由来は明らかである。何故なら写像 (3.8) の 1 ステップは記号の列 $\mathcal{S}$ の次の記号を読み出すことに対応しているからである。このメカニズムは以下に説明するシフト変換 $\hat{\sigma}$ によって定式化できる。アルファベット A による全ての両側無限列 $\mathcal{S} = \{\ldots, s_{-1}, s_0, s_1, \ldots\}$ の集合を $\Sigma_b = A^Z$ で表すことにしよう。ここで添字 b は A の記号の個数を意味するが、必要がある場合を除き外すものとする。各々の $i \in Z$ に対し、s_i は $\mathcal{S}$ の i 番目の座標と見なされ、写像 $\pi_i : \Sigma \to A$、すなわち $s_i = \pi_i(\mathcal{S})$ は積空間 Σ から基底空間 A への i 番の射影と呼ばれる。（座標 $s_i, t_i \in A$ で表される）列 $\mathcal{S}$ と $\mathcal{T}$ の間の距離 $d(\mathcal{S}, \mathcal{T})$ を

$$d(\mathcal{S}, \mathcal{T}) = \sum_{i=-\infty}^{\infty} |s_i - t_i| b^{-|i|} \tag{4.5}$$

のように定義すると、**列空間** (sequence space) Σ の中に位相（**直積位相** (product topology))を生成できる。すなわち、二つの列で原点 $i=0$ の近傍が "一致" していればその二つの列は "近い" ことになる。また、必要に応じて別の計量を考えることも可能である ($b=\infty$ の場合については Wiggins (1988) を参照)。Σ 内の近傍は**シリンダー集合** (cylinder sets) で特定される。ここで有限列 $S=\{s_1,\ldots,s_n\}$ についての n **シリンダー集合** $c_n(S)$ は

$$c_n(s_1,\ldots,s_n) = \left\{ \mathcal{T} \in \Sigma : t_i = s_i \quad \text{for} \quad -\left\lfloor \frac{n-1}{2} \right\rfloor \leq i \leq \left\lfloor \frac{n}{2} \right\rfloor \right\} \quad (4.6)$$

で定義され、$\lfloor x \rfloor$ は x を越えない最大の整数である。即ち $c_n(S)$ の中の全ての要素 ("点") は S の近傍に存在する。シリンダー集合は Σ の位相の基礎を形成する。計量 (4.5) を持つ集合 Σ はコンパクトかつ非連結な**完全** (perfect) 空間である (すなわち Σ は閉集合で、全ての点は極限点である)。またこれらの三つの性質は通常カントール集合の定義として使われることに注意してほしい。

左へのシフト写像 $\hat{\sigma}: \Sigma \to \Sigma$ は

$$\pi_i\left(\hat{\sigma}(\mathcal{S})\right) = \pi_{i+1}(\mathcal{S}) \quad (4.7)$$

で定義され、同相写像である (すなわち Σ からそれ自身への連続な一対一写像で連続な逆写像を持っている)。(4.5) 式に従って列 $\mathcal{S} \in A^Z$ は基底 b で展開した実数 x, y の組 (3.4 節参照) 又は記号列 $\ldots s_{-1}.s_0 s_1 \ldots$ として表現することができ、"中央" のドットが x と y に対応した二つの半無限列 (左から右に読む記号列と逆に右から左に読む記号列) を分けている。この書き方を用いると $\hat{\sigma}(\ldots s_{-1}.s_0 s_1 \ldots) = \ldots s_0.s_1 \ldots$ とかくことができ、原点の右にある記号を $\hat{\sigma}$ で表される観測過程における現在の出力と見なすことができる。

4.2.1 シフト力学系

$(\Sigma_b, \hat{\sigma})$ のペアは力学系とみなすことができ、b 個の記号の**フルシフト** (full shift) (又はベルヌーイシフト (Bernoulli shift)) と呼ばれている。例えば $b=2$ に対してはこの変換は二つの固定点 ($\ldots 000 \ldots$ と $\ldots 111 \ldots$)、一つの 2 周期軌道 ($\ldots 01.01 \ldots = \hat{\sigma}(\ldots 10.10 \ldots)$) などを持つ。一般に $(\Sigma_b, \hat{\sigma})$ は可算無限個の全ての可能な周期軌道と非可算無限個の非周期軌道を持つ。このことは単位区間 $[0,1]$ に無理数が非可算無限個存在し、$[0,1]$ の全ての数がどんな基底 $b \geq 2$

を用いても展開でき、無理数は係数が繰り返されない列に対応する（Σ は完全で少なくとも連続濃度を持っている）ことから容易に理解できる。最後に Σ 内には稠密な要素 $\mathcal{S}$ が存在し、任意の $\mathcal{S}' \in \Sigma$ および $\epsilon > 0$ に対して $d(\hat{\sigma}^n(\mathcal{S}), \mathcal{S}') < \epsilon$ となるある整数 n が存在することを示している（証明は Devaney (1989) または Wiggins (1988) を参照）。すなわち $\mathcal{S}$ を適当にシフトすることで、任意の精度で他の列 $\mathcal{S}'$ に近づけることが可能となる。そしてここまでに述べたことがフルシストの主要な性質である。

一般に $\hat{\sigma}$ の定義域は、不完全な折り畳みダイナミクス（そこではある列の発生が妨げられている）の結果 Σ の部分集合 Σ' になっているかもしれない。もし $\hat{\sigma}(\Sigma') = \Sigma'$ であるならば集合 Σ' は $\hat{\sigma}$ **不変**（$\hat{\sigma}$-invariant）と呼ばれる。$\hat{\sigma}$ を空でない閉じた $\hat{\sigma}$ 不変集合 $\Sigma' \subset \Sigma$ に制限することにより、$(\Sigma', \hat{\sigma})$ の組で指定される**記号力学系**（symbolic dynamical system）または**部分シフト**（subshift）が生成される (Hedlund, 1969)。両側列 $\mathcal{S}$ に対しては、その"軌道"はシフトによる全ての像の集合 $\mathcal{O}(\mathcal{S}) = \{\hat{\sigma}^n(\mathcal{S}) : n \in Z\}$ で与えられる。また、もし **F** の相空間 x から Σ の中の列への写像 ϕ があるなら、すなわち **F** の不変集合 Λ 内の全ての **x** に対し $\phi^{-1} \circ \hat{\sigma} \circ \phi(\mathbf{x}) = \mathbf{F}(\mathbf{x})$ ならば、$\mathcal{O}(\mathcal{S})$ は写像 **F** の下での点の軌道 $\mathcal{O}(\mathbf{x}) = \{\mathbf{F}^n(\mathbf{x}) : n \in Z\}$ に厳密に対応する。不変空間 Σ' は**軌道の閉包**（orbit closure）$\overline{\mathcal{O}(\mathcal{S})}$ として選ぶのが便利である。

全ての列が興味深い系に対応しているわけではない。ひとつの重要なクラスは、Σ'（Λ に対応）に稠密軌道を持つ点 $\mathcal{S}_0$（$\mathbf{x}_0$ に対応）が少なくとも一つ存在することによって特徴づけられる**位相的に可遷的な**（topologically transitive）系から成るクラスである。これは軌道が Σ' の全ての点の近傍をおとずれることを意味している。フルシフトは位相的に可遷的である。もし全ての $\mathcal{S} \in \Sigma'$ に対し軌道が Σ' の中で稠密であるならば、系 $(\Sigma', \hat{\sigma})$ は**最小**（minimal）である。その時 Σ' は、自分自身以外に空でない閉じた $\hat{\sigma}$ 不変部分集合を持たない。最小性は位相的可遷性を伴う。指数 n の**相対的に稠密な集合** J に対し最小系 $(\Sigma', \hat{\sigma})$ の全ての点 $\hat{\sigma}^n(\mathcal{S})$ は、$\mathcal{S}$ の近傍にもどってくる。即ち、ある長さ N をもつ任意の区間は少なくとも一つの指数 $n \in J$ を含んでいる。これは、最小集合の全ての点が $\hat{\sigma}$ の下で**再帰的**（recurrent）であると言うのと同等である。これにもかかわらず、最小系の変換はそれが有限空間上で働くのでなければ、有限不変集合、すなわち周期軌道を有することはできない。最も簡単な最小集合

の例は、固定点、リミットサイクル、(不安定固定点をもたない) 準周期運動に対応するトーラスの表面である。結論として非周期的な無限軌道を許す有限グラフは、必然的に周期性をもつため最小部分シフトに対応しない。なお、最小系のより一般的な例は次の節で与えられる。

　ここまでの議論では、列 $S \in \Sigma$ がその起源 (DNA やセル・オートマトンの配位、モンテカルロ・シミュレーションでえられた非平衡状態など) にかかわりなくどのように離散時間の力学過程、すなわちシフト写像に関連付けられるかを見てきた。(3.8) 式のような力学系から生成分割を通して得られる記号列 S の場合、列を $\hat{\sigma}$ で一つの場所から左にシフトすることは、写像 $\mathbf{F}$ を一度行うことと等価である。このことは、$(\overline{\mathcal{O}(S)}, \hat{\sigma})$ の構造を理解することによって、非線形写像 $\mathbf{F}$ から作られる信号 S に対するモデルを構成できることを示唆している。Λ の点と Σ' の列の間の対応が同相写像 ϕ で結ばれる時、力学系 (Λ, F) と部分シフト $(\Sigma', \hat{\sigma})$ は**位相共役** (topologically conjugate) である。例えば、馬蹄型写像 $\mathbf{G}$ はフルシフトと共役で、従って可算無限個の任意の周期軌道 (全てサドルである)、非可算無限個の非周期軌道、稠密軌道をもっている。異なった空間で働く写像の間の関係を研究するのに同相写像を使う場合は、これらの変換で変化しない性質に注目することが特に重要である。これらの**位相的不変性** (topological invariant) と呼ばれる例には、コンパクト性、連結性、完全性、全ての周期軌道の長さの集合などがある。なお力学系の計量的 (すなわち、確率的) 特徴付けは第 5 章で導入される。

4.3　言語

　位相の視点から、シフト力学系は不変集合に属す列の特徴に応じて分類することができる。ただし、ここで不変集合とは、Σ' のある "点" $S = \ldots s_1 s_2 \ldots$ を反復し続けることによって生成される軌道 $\mathcal{O}(S) = \{\hat{\sigma}^n(S) : n \in \mathbf{Z}\}$ (の閉包) のことである。分類は S で生成される全ての有限の部分列を体系的に取扱うことで可能となる。ある n **ブロック** (block) (**語** (word) または**並び** (string) とも呼ばれる) $T = t_1 t_2 \ldots t_n$ が、ある i に対し $T = s_{i+1} s_{i+2} \ldots s_{i+n}$ をみたすならば T は S の中に現れるという。形式**言語** (language) $\mathcal{L}$ はアルファベット A から

作られる語の集合である。$\mathcal{L}$ の**補集合**（complement）は $\mathcal{L}$ の中にない語の集合である。語 w の長さは $|w|$ と表記され，w の記号の個数である。なお，空の並び ϵ は一つも記号を含まない語である。二つの語 v と w の**連接**（concatenation）は vw のように表示され，v^n は記号 v の n 回の連続的反復 $vv\ldots v$ を表し，vv は "平方" で v^n は v の n 乗である。列 S が $S = uvw, (|uw| \geq 1)$ の時，並び v は列 S の真の**部分語**（subword）（または**因子**（factor））である。並びの先頭（末尾）の一連の記号は，その**接頭**（**尾**）**語**（prefix (suffix)）を構成している。例えば，語 $w = abcd$ は接頭語 ϵ, a, ab, abc を持っている。アルファベット A による "最大の" 言語は A^* で表され，それは A からつくられる全ての有限の並びからなっており，他の全ての言語もふくんでいる。即ち，もし $A = \{0, 1\}$ ならば $A^* = \{\epsilon, 0, 1, 00, 01, 10, 11, 000, \ldots\}$ である。ただしここでいわゆる**辞書式順序**（語を小さな長さのものから大きな長さのものに順番に並べ，同じ長さのグループの中ではアルファベット順に並べる）を用いて表記している。

一般に，物理系や数学モデルにおいて，全ての可能な記号の並びが "許される" わけではない。すなわち禁じられた列がある。同様にほとんどの自然言語において，四つ以上連なった子音は決して現れず，"q" の後に "u" 以外の文字が来ることもほとんどおこらない。DNA 分子では，全てのコドンが発見されているが，それらの連接の幾つかは禁じられているかもしれない。CA ではただ 1 回の反復でも，ある配置 φ にいたるような初期状態がないこともある。また本質的に同じことが，非線形力学系で相空間がそれ自体の上に不完全に折り畳まれる際にも起こっている。勿論，語 v が禁じられているならば全ての拡張 uvw も同様に禁じられる。もし $\mathcal{L}$ の中の全ての u と w に対し $uvw \in \mathcal{L}$ のような v があれば，その言語は**可遷的**（transitive）である。

言語の構造に応じた分類は複雑さの特徴づけという仕事の一部である。しかしながら言語を縮約した方法で記述することはある "規則" の存在によって困難になっている。まず最初に，言語 $\mathcal{L}$ がシフト力学とは無関係に規定されることもあることに注意する必要がある。任意に定義された言語に対応する非周期的可遷シフト力学系がないということもある。言語 $\mathcal{L}' = \{0, 1, 10, 11, 101, 110, 111, \ldots\}$ は，それが列 01 を陽には含まない（部分語として現れるのみ）というものでそのような例の一つである。言語 $\mathcal{L}$ の要素の全ての部分語が $\mathcal{L}$ の要素である時，$\mathcal{L}$ は**乗算的**（factorial）である。更に全ての要素 $v \in \mathcal{L}$ が $uvw \in \mathcal{L}, (u, w \in A)$ のよ

うに**拡張可能** (extendible) ならば言語 $\mathcal{L}$ は拡張可能である。記号力学系と乗算的拡張可能言語は全単射を通して結びついている (Blanchard & Hansel, 1986)。以下では、この種の言語が主に考察される。もし、稠密軌道 $\mathcal{S}$ を持つある自励的な記号力学系から $\mathcal{L}(\mathcal{S}) = \mathcal{L}(\mathcal{O}(\mathcal{S}))$ が生成されれば、それは $\mathcal{S}$ の有限の部分語の全ての集合によって一意に指定され、シフト不変、すなわち $\mathcal{L}(\mathcal{S}) = \mathcal{L}(\hat{\sigma}(\mathcal{S}))$ である。言い換えると $\mathcal{L}$ 上の制約は変換の下で不変である。

全ての**既約** (irreducible) 禁止語 (IFWs) の集合 $\mathcal{F}$ を用いると、言語を特徴づけることができる。禁止された並び w が禁止されたどの真の部分語をも含まないならば、w は既約であるといわれる。例えば集合 $\mathcal{F} = \{00\}$ は語 $w_1 = 1$ と $w_2 = 01$ の全ての連接からなる言語 $\mathcal{L} = \{w_1, w_2, w_1 w_1, w_1 w_2, w_2 w_1, w_2 w_2, \ldots\}$ に対応している。そして、$|uv| \geq 1$ で $u00v$ の形の全ての並びは、禁止されてはいるが既約でない。なぜならそれらは $\mathcal{L}$ に属する語と $\mathcal{F}$ に属する語に分解できるからである。また"禁止"集合 $\mathcal{F} = \{00, 010, 111\}$ は周期信号 $\mathcal{S} = (\ldots 011011 \ldots)$ に対応し、$\mathcal{F}_1 = \{10^{2n+1}1, n \in \mathbf{N}\}$ は 1 の間に偶数個の 0 があらわれる**偶系** (even system) を定義する。

全ての形式言語 $\mathcal{L}$ は、信号 $\mathcal{S}$ に作用して $\mathcal{L}$ の全ての正規語を見出すことができる離散オートマトンに対応させることができる(詳細な議論は第 7 章を参照)。そして、形式言語は対応するオートマトンが必要とするメモリの大きさで分類可能である。直感的には、これは集合 $\mathcal{L}$ (又は $\mathcal{F}$) の"豊かさ"と含まれる語の長さに依存している。最低次のクラスは、有限長の禁止語の有限リスト $\mathcal{F}$ によって特定される**有限タイプの部分シフト** (subshifts of finite type) (SFT) である。任意の離散マルコフ系はそのような言語を生じるので、SFT は位相的マルコフシフトとも呼ばれる。

有限タイプの部分シフトの拡張はソフィック (sofic system) 系 (SS) で表現される。正確な定義 (Adler, 1991) は"follower 集合"の概念を必要とする。すなわち、与えられた左無限列 $S_- = \ldots, s_{-2}, s_{-1}$ に対して、その follower 集合は $S_- S_+$ が許されるようなすべての半無限列 $S_+ = s_0 s_1 \ldots$ からなる。もし全ての可能な列 S_- に対する follower 集合の数が有限ならば(勿論、各々の集合は無限列を含むこともある)系はソフィック (sofic) である。任意の S_- の follower 集合が S_- の最後の n_0 個の記号 $\{s_{-n_0}, \ldots, s_{-1}\}$ だけで決まるというような n_0 が存在すれば、その系は SFT であり、そうでなければそれは**厳密に**

ソフィック (strictly sofic) と呼ばれる。実際、SFT は IFW の有限の集合 $\mathcal{F}$ で特定される。すなわち、もし IFW の長さの最大値が n_0+1 に定まっているならば、全ての可能な follower 集合を予言するのに軌道の最後の n_0 個の記号を調べるだけで十分である。SS は無限の禁止を表すことができるけれども、一方で SS は有限グラフとしても記述可能で、(第7章で説明するように) この理由で**正規言語** (regular language) のクラスに分類されている。

SS の二つの簡単な例として上で定義された偶系 (even system) や IFW の集合 $\mathcal{F}_2 = \{01^{2n}0, n \in \mathbf{N}\}$ を持つ言語を考えることができる。(演習として読者は集合 $\mathcal{F}_2$ に対応するグラフを構成してみるとよい。解は第7章で与えられる。) 後者は $a = 2/3$ の屋根写像の記号力学を記述しており生成分割 $\mathcal{B} = \{[0, 1/2], [1/2, 1]\}$ を有している。区間 $[1/2, 1]$ を固定点 $x^* = 2/3$ で分けて得られる細かい分割 $\mathcal{B}' = \{[0, 1/2], [1/2, x^*], [x^*, 1]\} = \{I_0, I_1, I_2\}$ はマルコフ的であることに注意してほしい。実際、I_0 と I_1 は I_2 の上に、I_2 は結合 $I_0 \cup I_1$ 上に写像される。この新しいアルファベットによる力学は遷移行列

$$\mathbf{M} = \begin{pmatrix} 0 & 0 & 1 \\ 0 & 0 & 1 \\ 1 & 1 & 0 \end{pmatrix} \tag{4.8}$$

を持つ SFT である。区間 I_i は左から右の順で $w_0 = 02$, $w_1 = 12$, $w_2 = 2$ によって符号化でき、これは力学における遷移を考慮することに対応している。また、この立場では二つの語 w_0 と w_1 上のフルシフトが再現され、w_2 は余分である。一般にマルコフ分割の融合要素は (結果的に生じるシフトが写像のダイナミクスを正確に符号化できているかどうかに依らず) "ソフィック分割" を生じる。逆にソフィック分割の細分割はマルコフ分割を生じることもある (Adler, 1991)。

SFT の他にソフィック系の重要なサブクラスとして、語の有限集合の無限の連接からなる更新系 (renewal system:RS) がある。偶系は $w_1 = 1$, $w_2 = 00$ を持つ RS である。

記号列をうまく分類するには、記号列から発生するシフトを軌道の閉包を通して対応づける必要がある。二つのシフトは、それらの空間が各々のシフトを交換するという同相写像を通して繋がっているならば共役である。上で議論され

た二つのソフィック系はどの有限のタイプの部分シフトとも共役ではない。これはソフィック系が SFT だけでなく RS をも含む広いクラスを形成することを意味している。実際、どんな RS にも共役でないソフィック系の例が知られている (Keane, 1991)。また、明らかに上記の集合 $\mathcal{F}_2$ で定義される系は厳密にソフィック (sofic) である。もしエレメンタリー・セル・オートマトンの初期空間配位が正規言語を生じるのならば、有限時間の空間配位も正規言語を生じる。これは CA のルールの相互作用範囲が有限であることの結果である。しかし、時間無限の極限では他の種類の言語が生成される可能性もある（第 7 章を参照）。

4.3.1 位相的エントロピー

シフト力学系 $(\Sigma', \hat{\sigma})$ から生成される言語の"豊かさ"は**位相的エントロピー** (topological entropy) K_0 を用いて粗く特徴付けられる。それは長さ n の語の数 $N(n)$ の指数的成長率を、その長さ n の関数として

$$N(n) \sim e^{nK_0} \quad \text{for} \quad n \to \infty \tag{4.9}$$

のように与えるものである。ここで記号 $\sim$ は n に対し最も大きな漸近的振る舞いを評価することを意味する。ベルヌーイシフトが有する長さ n の語の個数は 2^n 個なので、その位相的エントロピーは $K_0 = \ln 2$、つまり b をアルファベット A の要素の個数として極限値 $\ln b$ に収束する。もし禁止があれば $K_0 \leq \ln b$ である。

遷移行列 $\mathbf{M}$ を持つ SFT$(\Sigma', \hat{\sigma})$ を考えると、その定義 (4.9) 式から直接計算する方法の他に K_0 を決定する二つの等価な方法がある。

1. $N_p(n)$ が不変集合 Σ' 内の $\hat{\sigma}^n$ の固定点（すなわち $\hat{\sigma}$ の n 周期点）の個数とすると、その時

$$K_0 = \lim_{n \to \infty} \frac{\ln N_p(n)}{n}. \tag{4.10}$$

2. μ_1 を $\mathbf{M}$ の最大固有値とすると（もし $\mathbf{M}$ が既約ならば μ_1 は一意で正である） $K_0 = \ln \mu_1$。

更に $N_p(n) = T_r(\mathbf{M}^n)$ である。また、明らかに前半の関係式は、定義より（自分自身が一つの周期軌道からできている場合を除いて）周期軌道を持たない最小系に対しては無意味である。なお、興味あることに、正の位相的エントロピーを持つ最小系が知られている（Furstenberg,1967; Grillenberger,1973; Denker et al.,1976）。

より大きな K_0 を持つ系は、許される語の数が多いということから考えてより豊かな言語を持つと言えるが、それらは他のもっと禁止の多い系に比べて、組み合わせの視点からは、記述がより簡単かもしれない。これは SFT と比較して、$\mathcal{F}$ が無限集合になる厳密にソフィック系の場合である。この意味でソフィック系（SS）は SFT より高い"複雑さのクラス"に属する。SS より"理解"するのがより難しい言語を組み立てることもできる。例えば素数個の 0 で 1 がへだてられた全ての 2 進数列がそれである（Adler,1991）。更にむずかしい例さえ数論や言語理論においてしばしば構成されている。力学的文脈では、測地流（Bedford et al.,1991）が、ソフィック系から稠密な点（$\mathcal{F}$ 内の列）の集合を取り除くことによって得られる言語を産み出すことは注目に値する（Adler,1991）。この集合は無限個のルールを持つが、有限個の命題で特定することができる。

4.3.2 置換

正規言語は有限グラフ上の許された経路を追うことで**逐次的**に生成される。しかし多くの物理的、数学的、生物的システムは本質的に**並列**ダイナミクスである。例えば、乱流の渦は局所的な力に応じて同時に発達し、セル・オートマトンとモンテカルロ過程は各時間ステップ毎に格子上で全てのスピンを更進し、多くの生きている有機体の細胞は互いに殆ど独立にその機能を発現する。細胞の発生・分化（Lindenmayer,1968）や**準結晶**（quasicrystal）の形成（Steinhardt & Ostlund,1987; the focus issue of Journal de Physique, Coll. C3, Suppl. 7, **47**, 1986 も参照）をモデル化するために、簡単な数学的道具が提案されている。それは**置換**（substitution）、すなわち各々の記号 $s_i \in A$ を A 上の語 $\psi(s_i) = w_i$ に変換する写像 $A^* \to A^*$ に基づいている。置換は今得られている語の中の全ての記号に対し同時に行われる。更に空の語 ϵ は $\psi(\epsilon) = \epsilon$ に従い、$\psi(s_j s_k)$ は連接 $\psi(s_j)\psi(s_k)$ を導く（これらの性質は ψ を**射**（morphism）とし

て定義する)。もし $\psi(s_i) = \epsilon$ という像が一つもなければ置換は "**破壊的でない** (nondestructive)" という。更に、ある $k \geq 1$ とある $s \in A$ に対し、$\psi^k(s)$ が A の全ての文字を含み、したがって $k \to \infty$ で $|\psi^k(s)| \to \infty$ となると仮定する。これは無限極限語 ω の存在を保証する。更に、もしある $s \in A$ と $w \neq \epsilon$ に対し $\psi(s) = sw$ ならば (つまり ψ が**接頭語保存** (prefix-preserving) 射であるならば) w は常に定義できる。

例:

[4.6] 非周期的極限語を生成する最も簡単な手順はフィボナッチ (Fibonacci) 置換 $\psi_F(\{0,1\}) = \{1, 10\}$ である。$S_0 = 0$ からスタートすると $S_1 = \psi(S_0) = 1, S_2 = \psi^2(S_0) = 10, \ldots, S_{n+1} = S_n S_{n-1}$ とつづく。したがって長さは $|S_{n+1}| = |S_n| + |S_{n-1}|$ となりフィボナッチ数 F_{n+1} と一致する。固定点列 $\psi_F^\infty(0)$ は円写像 (3.13) で $s_n = \lfloor x_{n-1} + \alpha \rfloor$, $x_0 = \alpha$, ただし α は黄金分割比 ω_{gm} とすることで生成される。また逆写像は同等な置換 $\psi_{F'}(\{0,1\}) = \{1, 01\}$ を生成する ($\psi_{F'}^2$ は接頭語保存だが $\psi_{F'}$ はそうでないので、左から右に読むと二つの極限語が存在し $\psi_F^\infty(0)$ に鏡像的である)。許される記号列の数は $N(n) = n+1$ で、したがって $K_0 = 0$ である。 □

[4.7] 周期倍分岐の集積点 (例 3.3) における記号力学は、最も簡潔に $\psi_{\text{pd}}(\{0,1\}) = \{11, 00\}$ と書くことができる。これは、周期倍分岐写像の二つの単調な枝の片方を、上下さかさまにすることによって得られる Morse-Thue (MT) 置換 $\psi_{\text{MT}}: \{0,1\} \to \{01, 10\}$ と密接に関連している (Procaccia et al., 1987)。両者とも $|\psi^n(0)| = 2^n$ である。MT の極限列は逐次的に書くこともできる。何故なら $S_n = \psi^n(0)$ は $S_n = \bar{S}_{n-1} S_{n-1}$ を満たすからである。ここで上の横棒は逆 (すなわち $\bar{0} = 1, \bar{1} = 0$) を意味する。また、MT のルールの数 $N(n)$ は $10n/3$ で押さえられる (De Luca & Varricchio, 1988)。 □

[4.8] ある整数 $k > 1$ に対して $w^k \notin \mathcal{L}, \forall w \neq \epsilon$ ならばその言語は *k-th power free* とよばれる。例えば無限長のフィボナッチ語 $\psi_F^\infty(0)$ は *4-th power free* (列 101 が 3 回連続して起こる) で $\psi_M^\infty(0)$ は *cube-free* である。3 記号の MT 射 $\psi_{\text{MT}_3}(\{0,1,2\}) = \{012, 02, 1\}$ においては、さらに多くの周期パター

ンの欠除がみられる (Lothaire,1983)。つまり $S_0 = 0$ に適用した時、それは *square-free* ($k = 2$) である。この言語に対する $N(n)$ も線形 (n のオーダー) で押さえられる。 □

一般に射によって生成される言語 $\mathcal{L}$ に対しては、もし A の全てのアルファベットが長さ $|w| > n_0 > 0$ を満たす全ての語 w の中に現れるならば、$N(n)$ は線形で押さえられる (Ethrenfeucht & Rozenberg,1981; Coven & Hedlund,1973)。この故、位相的エントロピー K_0 は 0 である。禁止語の集合 $\mathcal{F}$ は更に希薄である。フィボナッチ射に対しては、$\mathcal{F} = \{v_m, m \geq 0\}$ となり、ここで $v_0 = 00, v_{2m+1} = \psi_F(v_{2m})1 = 1w_{2m+1}, v_{2m+2} = 0\psi_F(w_{2m+1})$ である。$\mathcal{F}$ は回文 (つまり左右対称な記号列) を要素にもち、それらは上記のルールに従って禁止語 00 の "像" から得られる。長さ n の IFW の数 $N_f(n)$ は、ある $k \geq 2$ に対し $n = F_k$ ならば 1 となり、その他の場合は 0 である。これらの禁止が生じることはまれであるが、起こると "強力" である。実際 $N(n) = n+1$ は線形にしか増加しない。同様の考察は MT 列に対してもあてはまる。例 4.7 と例 4.8 の系は最小で、それらの有向グラフは無限となり一つの周期列も含まない。最小性は、本質的に系が一つの無限の非周期列 (全ての推移像も含む) から成ることを意味している。

参考文献

Alekseev & Yakobson (1981),Hao (1989),Ott (1993),Schuster (1988)

第5章　確率、エルゴード理論そして情報

　前章で議論したように、記号列 $\mathcal{S}$ を伴うシフト写像 $\hat{\sigma}$ の振る舞いは、部分的には形式言語によって記述することができる。しかし、ここまではシフト写像の位相的側面だけに注意をはらってきた。すなわち、アルファベット上の全ての語は、ダイナミクスによって許される（存在する）か禁止される（存在しない）かだけで分類され、それらの相対的な重みは考慮されていない。信号 $\mathcal{S}$ 中である並び S の出現頻度のような "計量的（metric）" 特徴は無視してきたのである。

　そこでこの章では、複雑なパターンの統計的性質を考慮することによって、それらのより完全な特徴づけを考えてみよう。このことは、最も興味のある信号には確率過程と明確な類似性が存在し、その理解にはある適切な観測量の平均値と揺らぎを評価することが必要となることからも明らかである。

　これまでにも見てきたように、複雑な振る舞いの解析は分類の問題をともなっている。例えば純粋に位相的視点から見てみると、有限の部分シフトは（その禁止列の集合 $\mathcal{F}$ が有限であることを思い起こすと）ソフィック系よりも簡単であり、ソフィック系は（対応するグラフが無限になる）置換よりも簡単である。このアプローチは特にコンピュータ科学の分野で採用されてきたが（第7章を参照）、一方で統計的研究を用いると、殆ど同じ言語を（予測不可能性または確率的という観点から）異なる複雑さの度合いに分類することを可能にする。

　非周期記号パターンや時系列にみられる複雑さの様々な側面は多くの異なる科学分野で研究されてきた。本章ではまず最初に、ある種の不変性を満たす密度関数の構造に基づいた初等的分類を試みる（5.1節）。通常の確率過程の枠組みにおいては、信号は条件つき確率（5.2, 5.3節）や相関関数（5.4節）を評価

することによって研究され、エルゴード理論を用いると、適切な時間平均操作によって系の長時間振る舞いに応じて力学系を分類することができる (5.5 節)。信号がどの程度予測不可能かということについては情報量 (content) 又はエントロピーによって定量化される (5.6 節)。また、あるパターン内の異なった領域間の相関を研究することにより、シフト力学理論に対する熱力学を展開することができ、そこでは語の間の相互作用が本質的に重要な役割を果たしている (第 6 章)。例えばシフト空間内の周期点を数えあげる組み合わせ問題は、統計力学で最初に導入された方法によって解くことができることを指摘しておこう。

従って、一見複雑にみえる空間的または時間的構造の系統的研究を行うことによって、有効な複雑さの測度をつくり出すことが可能なのである。ただしここでは 1 次元配列のみをとり扱うことをもう一度強調しておこう。

5.1 保測変換

時間に依存しない統計的性質は、測度空間 $(X, \tilde{\mathcal{B]}}, m)$ で働く**保測** (measure-preserving) 変換 (MPT) で記述される。ここで、$\tilde{\mathcal{B}}$ は X の部分集合の σ 加法族、m は確率測度である (数学的概念の要約に関しては付録 C を参照)。

定義：ある写像 $\mathbf{F}: X \to X$ は

1. $\mathbf{F}$ は可測である (すなわち $\forall B \in \tilde{\mathcal{B}}, \mathbf{F}^{-1}(B) \in \tilde{\mathcal{B}}$);
2. $m(\mathbf{F}^{-1}(B)) = m(B), \forall B \in \tilde{\mathcal{B}}$

を満たすならば保測変換である。保測性は明らかに写像 $\mathbf{F}$ と測度 m の両方に依存する。また、加法族 $\tilde{\mathcal{B}}$ は、観測された**事象** (event) (実験の結果) の族として解釈してもよい。可測関数 $f: X \to R$ は測定過程を特徴づける。すなわち $f(\mathbf{x})$ は系が状態 $\mathbf{x}$ にある時、幾つかの物理的に意味のある観測量によって推測される値を表している。**不変測度** (invariant measure) m に関する f の**期待値** (expectation value) $\langle f \rangle$ は積分 $\langle f \rangle = \int_X f(\mathbf{x}) dm$ で与えられる。

ある写像 $\mathbf{F}: X \to X$ に対し、$\tilde{\mathcal{B}}$ と $\tilde{\mathcal{B}}_n$ はそれぞれ分割 $\mathcal{B}$ の要素とその n 次細分

化 $\mathcal{B}_n$ ((4.2) 式) の要素から生成される σ 加法族としよう。$\mathbf{F}$ の軌道 $\{\mathbf{x}_i\}$ を考えると、**素** (elementary) **事象**は $n \in \mathbf{Z}$ と $B_{s_i} \in \mathcal{B}$ に対して $\mathbf{x}_i \in B_{s_i}$ とかくことができる。また、$(n\text{次})$ **複合**(compound)**事象**は $(\mathbf{x}_{i+1} \in B_{s_{i+1}}, ..., \mathbf{x}_{i+n} \in B_{s_{i+n}})$ とかけ、それは $\mathbf{x}_{i+1} \in B_{s_{i+1}} \cap ... \cap \mathbf{F}^{-n+1}(B_{s_{i+n}})$ と等価である。したがって $\mathcal{B}$ の n 次細分化 $\mathcal{B}_n$ の中に位相点が局在することは $\tilde{\mathcal{B}}_n$ に関連した素事象で、それは $\tilde{\mathcal{B}}$ に対する $n+1$ 個の測定(試行)の列に対応している。

n 次事象は n 個の記号の並び $S = s_1 s_2 ... s_n$ に符号化される。勿論 B_i は互いに共通の要素をもたないので任意の次数の事象は互いに排他的である。例えば、$B_j \cap B_k = \emptyset$ は、二つの条件 $\mathbf{x}_n \in B_i \cap \mathbf{F}^{-1}(B_j)$ と $\mathbf{x}_n \in B_i \cap \mathbf{F}^{-1}(B_k)$ が $j \neq k$ に対し同時には満たされないことを意味している。

任意の時間に系が状態 S (ここで S は $B_s \in X$ の有限なラベルである) に見出される**確率** $P(S)$ は B_s の測度 $m(B_s)$ によって与えられ、n シリンダー $c_n(S)$ ((4.6) 式) の "重み" を表している。もし運動がエルゴード的 (5.5 節を参照) ならば、$P(S)$ は測定を N 回繰り返し、極限 $P(S) = \lim_{N \to \infty} n_s/N$ をとることで評価できる。ここで n_s は N 回試行中の事象 S の発生する回数である。この定義は**相対度数** (relative frequency) n_s/N が $N \to \infty$ で一つの極限に漸近することを仮定している。したがって測度 m は $\tilde{\mathcal{B}}$ の要素上の度数分布として解釈できる。確率測度を扱う時、規格化条件

$$\sum_S P(S) = \sum_S m(B_S) = 1 \tag{5.1}$$

は各次数 $n = |S|$ に対し常に満足される。測度空間 $(X, \tilde{\mathcal{B}}, m)$ の点に関係するある性質 $\mathcal{Q}$ が、もし m 測度が 0 となる $(X, \tilde{\mathcal{B}}, m)$ の部分集合の中だけで破れるとすれば、$\mathcal{Q}$ は**殆どどこでも** (a.e.) 真、または $\mathcal{Q}$ は**典型的** (typical) な**性質**と言われる。(従って $\mathcal{Q}$ が真である確率は物理的に適切な領域では常に正である。)

保測変換によって様々なレベルの "複雑さ" が現れるが、それらは不変測度 m の形から現れるものではなく、時間発展する非平衡測度 m' の変化として現われる。この過程は密度の概念を導入することでわかりやすくなる。測度空間 $(X, \tilde{\mathcal{B}}, m)$ の中で L^1 のノルムを持つ非負実関数(分布)$\rho(\mathbf{x})$ は密度と呼ばれ

る。密度は二つの測度 m と m' の間の関係を表現している。それらが

$$m'(B) = \int_B \rho(\mathbf{x})\,dm, \qquad \forall B \in \widetilde{\mathcal{B}}$$

を満たしていれば m' は m に対し**絶対連続**で ρ はそれに付随する密度である。通常、密度はルベーグ測度（つまり $m = m_L$）である。Radon-Nikodym 定理 (Lasota & Mackey, 1985) より、もし $m(B) = 0$ の時に常に $m'(B) = 0$ ならば、測度 m' は m に対し絶対連続である。例えば、$m = m_L$ ならば、m' は体積 0 の集合上で決して正の値をとらない。二つの測度 m と m' は、もしある $B \in \widetilde{\mathcal{B}}$ に対して、$m(B) = m'(X - B) = 0$ ならば**互いに特異的** (mutually singular) であるという。

R^d 上の全ての測度 m は一意的に $m = m_{pp} + m_{ac} + m_{sc}$ のように分解することができる。ここで m_{pp} は**純点** (pure point) 測度または**原子** (atomic) 測度（ディラックの δ 関数の可算個の和）、m_{ac} はルベーグ測度 m_L に対し絶対連続、m_{sc} は m_L に対し連続だが特異的である。以下では特にことわらないかぎり絶対連続な測度として常にルベーグ測度を考える。閉球 B の直径を ε と定義し $\varepsilon \to 0$ に対し $\int_B dm \sim \varepsilon^\alpha$ とおくと、以下のような特徴がある。すなわちほとんどすべての (a.e.) pp-測度に対して $\alpha = 0$, ほとんどすべての (a.e.) ac-測度に対して $\alpha = d$（d は X の次元）である。それに対し特異-連続測度は特異性指数の中間の値 $(0 < \alpha(\mathbf{x}) < d)$ [1] によって特徴づけられ、その値は X 内の B の位置 $\mathbf{x}$ に依存している可能性がある（第 6 章を参照）。

例：

[5.1] 無理数の α（準周期運動を表す）を持つ円写像 (3.13) の密度 $\rho(x) = 1$ は不変である。 □

[5.2] ベルヌーイ写像 (3.9) に対しても上と同じ密度は不変であるが、ダイナミクスは完全に異なっている（カオス的ふるまいを示す）。他にも幾つかの例が Lasota and Mackey (1985), Collet and Eckmann (1980), Adler (1991) に紹介されている。 □

---

[1] $\alpha = 0$、又は $\alpha = d$ に対しては幾らか注意が必要である。何故なら主要項への補正が測度のタイプを決める際に決定的に重要だからである。

[5.3] C^r 級微分同相写像から出てくるアトラクターに対して、物理的に意味がある不変測度は不安定多様体上で絶対連続でなければならない。実際、これらの（不安定多様体の）曲線に沿って、密度は伸張の効果によって滑らかであると期待される。それに対し、アトラクター集合に横断的な方向では、収縮方向に沿った不安定多様体の枝の集積のため測度はむしろ不連続である。このような測度は（Sinai, Ruelle, Bowen から）SRB と呼ばれ一連の性質を持っているが、それらの存在を証明することは容易ではない（Eckmann & Ruelle, 1985）。測度の物理的定義に対するもう一つのアプローチは Kolmogorov によってなされ、大きさ ε の確率揺動の影響下で系を発展させて得られる $\rho_\varepsilon(\mathbf{x})$ に対して $\varepsilon \to 0$ という極限 $\rho(\mathbf{x})$ をとることで規定される（**自然測度**（natural measure））。 □

[5.4] $\mathbf{F}$ の n 周期軌道の点を中心とした n 個の δ 関数の和を規格化したものも、（カオス領域においてさえ）$\mathbf{F}$ の不変測度になっている。しかしそのような原子測度は摂動の下で不安定なので物理的な意味はない（自然測度の概念を思い出すとよい）。もし MPT$(\mathbf{F}, X, \tilde{\mathcal{B}}, m)$ の周期点が m 測度 0 の集合を形成するならば、即ち $m(\{\mathbf{x} \in X : \mathbf{F}^n(\mathbf{x}) = \mathbf{x}, n \in \mathbf{N}\}) = 0$ ならば、MPT$(\mathbf{F}, X, \tilde{\mathcal{B}}, m)$ は非周期的であることに注意しよう。 □

[5.5] 部分シフト系 $(\Sigma', \hat{\sigma})$ に対して、保測性はシリンダー集合と関係づけられる。列 $S = s_1 s_2 ... s_n$ の確率 $P(S)$ はシリンダー $c_n(S)$ の質量 $m(c_n(s))$ で与えられる。$\hat{\sigma}$ の下での測度 m の不変性は、全ての $i \in \mathbf{Z}$ と任意の次数 n での全てのシリンダー c に対して $m(\hat{\sigma}^i(c)) = m(c)$ で表現される。ベルヌーイ写像 $B(p_0, p_1)$（(3.9) 式）は不変測度 m_{p_0} を持つ完全シフトを生成し、k 個の 0 と $n-k$ 個の 1 を持つ n シリンダーには質量 $p_0^k p_1^{n-k}$ がわりあてられる。$n \to \infty$ の極限では、列中の 0 と 1 の比率はそれぞれ p_0 と p_1 に漸近する。このため、$p \neq q$ なる測度 m_p と m_q は**互いに特異的**である。すなわち、m_p に対する完全な測度の集合は m_q に対し測度 0 で、その逆も成立する。また、シフト変換は、これらの性質をすべて保存する。 □

5.2 確率過程

与えられた物理系に対する事前情報がいっさいない場合には、測定値を**確率変数** (random variable) と仮定して扱う確率的アプローチは非常に有効である。相空間中の物理系の代表点の座標 $\mathbf{x}$ または対応するエネルギー $E(\mathbf{x})$ は、確率変数として取り扱うことができる。**確率過程** (stochastic process) $\{\mathbf{x}_t\}$ はパラメター t に依存する確率変数の族であり、t は通常時間である。例えば軌道 $\{..., \mathbf{x}_1, \mathbf{x}_2, ...\}$ や記号列 $\varphi = ...s_1 s_2...$ はその典型例である。

もし確率過程 $\{\mathbf{x}_t\}$ の統計的性質が時間の原点の移動の下で不変ならば、その過程は**定常的** (stationary) である。特に時刻 $t_1, t_2, ..., t_n$ に値 $\mathbf{x}_1, \mathbf{x}_2, ..., \mathbf{x}_n$ を観測する確率 $P(\mathbf{x}_1, \mathbf{x}_2, ..., \mathbf{x}_n; t_1, t_2, ..., t_n)$ は、任意の $\tau \in R$ に対し

$$P(\mathbf{x}_1, \ldots, \mathbf{x}_n; t_1, \ldots, t_n) = P(\mathbf{x}_1, \ldots, \mathbf{x}_n; t_1 + \tau, \ldots, t_n + \tau) \quad (5.2)$$

を満足する (もし $\mathbf{x}$ が連続変数ならば P の代わりに密度 ρ を考えればよい)。信号の定常性は対応する写像の不変測度の存在と同義である。以下ではもっぱら定常過程だけを取り扱う。非定常な振る舞いは、ある種の間欠性が起こる時に有界な力学系において観測される。また特別の初期条件から生成されるセル・オートマトンの空間配位や形式言語においてもよく見られる現象である。物理的には定常性は統計的解析の有効性を保証する。何故なら確率は発生頻度として明確に定義できるからである。

例:

[5.6] コイン投げ試行の結果 $\{s_1, s_2, ...\}$ (つまりベルヌーイシフト) は定常である。しかしその "積分" $z_n = \sum_{i=1}^{n} s_i$ は n の関数として非定常であり**ランダム・ウォーク** (random walk) 又は**離散ブラウン運動** (Brownian motion) と呼ばれる。もし $s_i \in \{-1, 1\}$ ならば、z_n の初期状態 $z_0 = 0$ に戻るのは $n = 2m$ の時だけで、その確率 p_{2m} は大きな m に対し $(\pi m)^{-1/2}$ のように減少する (Feller, 1970)。 □

5.2 確率過程

相次ぐ観測の相互依存の度合は**条件つき確率**（conditional probability）によって定量化される。事象 v（有限の記号列）が起こった後に、新しい事象 w を観測する条件つき確率は、

$$P(w|v) \equiv \frac{P(vw)}{P(v)} \tag{5.3}$$

で定義される。ここで $P(vw)$ は複合事象 vw に対する**結合**（joint）確率である。力学系 $(\mathbf{F}, X)$ に対しては $P(vw) = m(B_v \cap \mathbf{F}^{-1}(B_w))$ となる（表記 vw は v が w の前に起こることを表す）。（もし事前事象 v で定義される新しい標本空間を考えると）また、明らかに $0 \leq P(w|v) \leq 1$ であり、条件つき確率 $P(w|v)$ は通常の確率と同じ性質を示す。関係 (5.3) は容易に n 事象の場合に拡張される。例えば $n = 3$ に対しては、

$$P(uvw) = P(vw|u)P(u) = P(w|uv)P(v|u)P(u)$$

を得る。もし $\{s_1, ..., s_b\}$ が相互に排他的な事象の集合ならばそれらの一つが必然的に起こるので（すなわち s_i は全標本空間をうめつくす）可能な過去の列 S に対して

$$\sum_{i=1}^{b} P(s_i|S) = 1 \tag{5.4}$$

となる。更に S の確率は

$$P(S) = \sum_{i=1}^{b} P(s_i)P(S|s_i) \tag{5.5}$$

を満たす。複数の試行が実行される際、それが同時にであれ継時的にであれ、結果が互いに独立である必要はない。一般に条件つき確率 $P(w|v)$ は絶対確率 $P(w)$ に等しくはない。継時的に発生する事象に対し、過去の知識 (v) は未来の結果 w の予測に使うことができるのである。一方、$P(w|v) = P(w)$ の時には、w の不確定性は v の観測によって減少しない。このような場合 $P(vw) = P(v)P(w)$ が成り立ち、w は v に（統計的に）独立であると言われる（対称性から逆も同様に成立する）。統計的独立性の一般化された定義は以下のように帰納的に述べられる。即ち、事象 $s_1, s_2, \cdots, s_n$ のうちの任意の k ($2 \leq k \leq n$) 個が独立、かつ

$$P(s_1 s_2 \cdots s_n) = \prod_{i=1}^{n} P(s_i) \tag{5.6}$$

が成立するならば、事象 $s_1, s_2, ..., s_n$ は互いに独立（mutually independent）である。条件つき確率は、現在の実験的観測値が事前の観測値にどのように依存しているのかについての情報を含んでいる。独立事象列の最も簡単な一般化は**マルコフ鎖**（Markov chain）と呼ばれるもので表現され、それは出力 w の確率が直前の試行に依存し、より離れた試行には依存しないというものである。従ってマルコフ過程の性質は1ステップの条件つき確率 $P(s_{n+1}|s_n)$ によって完全に指定される。つまり

$$P(s_{n+1}|s_1 s_2 \ldots s_n) = P(s_{n+1}|s_n)$$
$$P(s_1 s_2 \ldots s_n) = P(s_1) P(s_2|s_1) \cdot \ldots \cdot P(s_n|s_{n-1}) \tag{5.7}$$

である。u の n ステップ後に、w を観測する確率 $P^{(n)}(w|u)$ は、u から始まって w で終わる長さ n の全ての可能な経路にわたる和で与えられ、$P^{(n)}(w|u) = \sum_v P(w|v) P^{(n-1)}(v|u)$ となる。この公式は更に Chapmann-Kolmogorov 方程式

$$P^{(n+m)}(w|u) = \sum_v P^{(m)}(w|v) P^{(n)}(v|u) \tag{5.8}$$

に一般化できる。定常マルコフ鎖は連続時間と連続空間の物理系に対するモデルとして頻繁に使われている（化学反応、核形成、ポピュレーション・ダイナミクス、トンネル・ダイオード、成長現象、遺伝学）。離散的な場合には、物理過程はアルファベット $A = \{1, 2, ..., b\}$ によって符号化される系の**状態間の一連の遷移**として解釈できる。対応する**遷移確率**は、通常**遷移行列**

$$\mathbf{M} = \begin{pmatrix} P(1|1) & P(2|1) & \cdots & P(b|1) \\ P(1|2) & P(2|2) & \cdots & P(b|2) \\ \vdots & \vdots & \ddots & \vdots \\ P(1|b) & P(2|b) & \cdots & P(b|b) \end{pmatrix} \tag{5.9}$$

で表され、ここで各要素は非負の値をとり各行の総和は1となっている。行列 $\mathbf{M}$ は（第4章で導入された）対応する位相的遷移行列の一般化になっている。初期分布 $\mathrm{P}_0 = \{P_0(1), P_0(2), ..., P_0(b)\}$ と $\mathbf{M}$ が与えられれば完全にマルコフ鎖を特定することができる全ての S に対し (5.5) 式を満足する分布 P は**平衡**

（定常）である。時刻 τ での非平衡分布 P_τ は、全ての $v, w \in A$ に対して

$$\mathrm{P}_{\tau+1}(w) = \sum_v P(w|v) \mathrm{P}_\tau(v) \tag{5.10}$$

に従って時間発展する。n ステップの遷移確率 $P^{(n)}(w|v)$ は、$n=1$ の場合と同様に行列 $\mathbf{M}^{(n)}$ で表すことができる。また (5.8) 式より $\mathbf{M}^{(n)} = \mathbf{M}^n$ が1ステップ行列 $\mathbf{M}$ （$\mathbf{M}^{(0)}$ は単位行列）の n 乗であることがわかる。

もし $M_{ij}^n = P^{(n)}(j|i) > 0$ なる $n \geq 0$ があれば、状態 j は状態 i から到達することができる。また、外の状態への遷移が禁止されているような閉集合が存在することもある。そのとき、各々の閉集合は別々のマルコフ過程に対応している。もしただ一つ存在する閉集合が全ての状態をふくんでいるならば、すなわち、全ての状態が他の全ての状態から有限のステップで到達することができるならば、マルコフ鎖は**既約**（irreducible）であると呼ばれる。さらに強い条件は、$\mathbf{M}^n$ の要素の全てがある n に対し同時に 0 にならないというもので、そのような行列は**原始的**（primitive）と呼ばれる。この時、どのような初期条件から出発しようとも、系は n ステップ後に任意の可能な状態に到達しうる。もし $p_{kk} \equiv \sum_{n=0}^\infty P^{(n)}(k|k) < \infty$ ならば状態 k は過渡的である。更にもし $l \in \mathbf{N}$ に対して $P^{(n)}(k|k) = \delta_{n, l n_k}$ が成り立つならば状態 k は周期 $n_k \geq 1$ をもつという。もしそのような n_k が存在しなければ、状態は非周期的である。

マルコフ鎖は有向グラフを使って表すことができる。第4章での完全に位相的な場合と比べると、図 5.1 に示されているように各々の矢印に遷移確率が明示されている点がことなっている。マルコフ過程の概念は、より高次の条件つき確率を考慮することで更に一般化できる。k 次マルコフ過程は

$$P(s_n|s_1 s_2 \cdots s_{n-1}) = P(s_n|s_{n-k} s_{n-k+1} \cdots s_{n-1}) \tag{5.11}$$

で定義され、ここで $n \geq k$ である。従って新しい記号が直前の k 個の記号のみに依存するならば、信号は k-*memory*（k 次マルコフ）と言われる（$k=0$ は完全独立の場合に対応する）。k-*memory* を記述する為には、長さ $k+1$ の全ての語の確率を特定する必要がある。このマルコフ過程は、語から語への遷移行列によって特徴づけられる b^k 状態（長さ k の語）を含むグラフ上の道として表すことができる。

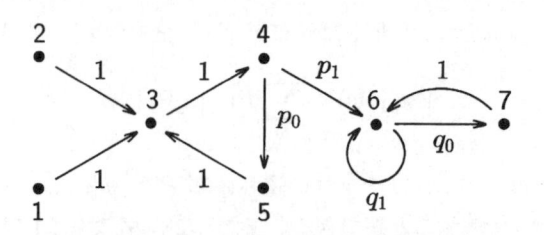

図 5.1 遷移確率を付け加えた有向グラフ。ここで $p_0+p_1=1, q_0+q_1=1$。過渡的状態 1 と 2、過渡的周期集合 (3,4,5)、閉じた非周期集合 (6,7)。

例:

[5.7] マルコフ鎖は、セル・オートマトンの振る舞いを記述したり分類したりするために有効である。実際、このモデル化によって語の確率を一貫した仕方で推定する"局所構造理論"を導くことができる (Gutowitz et al., 1987)。最低次においては、このアプローチでは空間方向に沿った記憶効果を無視し、記号の確率だけを考える平均場理論に帰着される (Wolfram, 1986)。

距離 r だけの相互作用の範囲を持つ CA を考えよう。B_S は、オートマトンの作用によって n ブロックの S を導くような長さ $n'=2r+n$ の列 S' の集合を意味することにしよう。極限集合における S の確率 $P(S)$ は

$$P(S) = \sum_{S' \in B_S} P(S') \tag{5.12}$$

のように表される。

n 次マルコフ近似では n より大きな距離の全ての相関は無視されるので、(5.12) 式は閉じた形式になる。$n=1$ に対し 2 進表現 $b=2$ の場合、$P(S')$ は独立項の積となり

$$P(S') = P(1)^{n_1}(1-P(1))^{2r+1-n_1} \tag{5.13}$$

と書ける。ここで n_1 は S' 内における 1 の数を、$P(1)$ は記号 1 の確率である。i 個の 1 を含む記号 1 の前像 S' の数を $N(i)$ で表記し、(5.13) 式を (5.12) 式

に代入すると関係

$$P(1) = \sum_{i=0}^{2r+1} N(i) P(1)^i (1-P(1))^{2r+1-i}$$

を得る。これは同じ $N(i)$ の値を持つ全てのルールが同じ平均場理論に帰着できることを示している。これによって Gutowitz (1990) は局所構造理論を CA の空間的不変測度の評価のための道具としてだけでなく、ルールをパラメータによって表現する方法として発展させた。

次数 n の場合には、相関のために (5.13) 式のような簡単な因数分解をすることはできない。マルコフ性を仮定することで $P(S')$ は

$$P(S') = P(s'_1 \cdots s'_{n-1}) P(s'_n | s'_1 \cdots s'_{n-1}) \cdots P(s'_{2r+n} | s'_{2r+1} \cdots s'_{2r+n-1})$$

のように近似される。条件つき確率 ((5.3) 式を参照) は

$$P(s'_{k+n} | s'_{k+1} \cdots s'_{k+n-1}) = \frac{P(s'_{k+1} \cdots s'_{k+n})}{P(s'_{k+1} \cdots s'_{k+n-1})} \qquad (5.14)$$

となる。分子は不明だが分母はより短い記号列の確率に帰着できる可能性がある。$k = 0, 1, ..., 2r$ に対する (5.14) 式の形の全ての項を (5.12) 式に代入すると、不変測度に対する n 次近似の閉じた方程式がえられる。 □

5.3 時間発展演算子

非平衡密度の時間発展は系毎に異なった時間発展をする。その研究は一つ一つの軌道を追いかけるより幾つかの有利な点があるが、特に分布が初期条件にあまり強く依存しないことは重要である。変数 $\mathbf{x}$ に対するマルコフ過程を考えると、時刻 n における密度 $\rho_n(\mathbf{x})$ は

$$\rho_{n+1}(\mathbf{x}) = \mathcal{P} \rho_n(\mathbf{x}) \qquad (5.15)$$

のように表現することができる。ここで $\mathcal{P}$ は Frobenius-Perron (FP) 演算子である。保測変換 $(\mathbf{F}, X, \tilde{\mathcal{B}}, m)$ に対して、$\mathcal{P}$ は一意的に

$$\int_B \mathcal{P} f(\mathbf{x}) \, dm = \int_{\mathbf{F}^{-1}(B)} f(\mathbf{x}) \, dm, \qquad \forall B \in \widetilde{\mathcal{B}} \qquad (5.16)$$

で定義され、$f \in L^1$ は任意の関数である。FP 演算子 $\mathcal{P}$ は線形で、関数 $f \in L^1$ に作用する**マルコフ演算子** (Markov operator) のクラスに属し、以下の性質を有している。すなわち（測度 m のもと、殆ど全ての場所で）$f \geq 0$ に対し $\mathcal{P}f \geq 0$ であり $||\mathcal{P}f|| \leq ||f||$ がなりたつ（記号 $||f||$ は L^1 ノルムを意味する）。第 2 の性質（**収縮性** (contractivity)）は $||\mathcal{P}^n f_1 - \mathcal{P}^n f_2|| \leq ||\mathcal{P}^{n-1} f_1 - \mathcal{P}^{n-1} f_2||$ を意味しており、二つの関数の距離は $\mathcal{P}$ の演算によって増加しないということである。これはマルコフ演算子の**安定性**として知られている性質である。$\mathcal{P}$ の不変密度 $\rho = \mathcal{P}\rho$ は**定常**と呼ばれ、簡単な写像に対する定常密度のいくつかの例は 5.1 節でみたとおりである。

写像 **F** の n 回写像に対応する FP 演算子 $\mathcal{P}_n$ は $\mathcal{P}^n$ である。非平衡分布 ρ に対する $\mathcal{P}$ の作用は、1 次元写像 $F(x) : [a, b] \to [a, b]$ に対して簡単に可視化できる。もし $F(x)$ が微分可能かつ区分的に連続な逆写像 $F'(x)$ をもつならば (5.16) 式の微分から

$$\mathcal{P}\rho(y) = \sum_{x=F^{-1}(y)} \frac{\rho(x)}{|F'(x)|} \tag{5.17}$$

が成立する。ここで総和は、密度が計算される点 y の全ての前像 x についてとるものとする。d 次元の場合には、微分 F' はヤコビ行列 $J(\mathbf{x})$ の行列式で置き換えられる。

例：

[5.8] $a = (3-\sqrt{3})/4$ の屋根写像 (4.4) を考えよう。マルコフ分割の四つの区間は $B_\alpha \to B_\beta \cup B_\gamma$, $B_\beta \to B_\delta$, $B_\gamma \to B_\gamma \cup B_\delta$, $B_\delta \to B_\alpha \cup B_\beta$ のように写像される。したがって (5.17) 式から

$$\rho_\alpha = \rho_\delta/2, \qquad \rho_\beta = [\rho_\alpha/(1-a) + \rho_\delta]/2,$$
$$\rho_\gamma = [\rho_\alpha/(1-a) + \rho_\gamma]/2, \qquad \rho_\delta = [\rho_\beta/(1-a) + \rho_\gamma]/2,$$

が導かれる。ここで ρ_i は区間 B_i の密度である。密度は各区間 B_i の中で一定である。実際、任意の B_i の中の全ての点 y は区間 $F^{-1}(B_i)$ の中に前像 x を持ち、B_i の中で $F'(x)$ が一定により等しい密度値 $\rho(y)$ を持つ。上の四つの関係式は線形に依存しあっているのでそれらの一つをとり除くことができ、解は規格化条件 $\rho_\alpha |B_\alpha| + \rho_\beta |B_\beta| + \rho_\gamma |B_\gamma| + \rho_\delta |B_\delta| = 1$ を使って決定できる。方程

式の数が有限であることはマルコフ分割が存在することの結果である（この理由で、ここで扱っているような有限の部分シフトはマルコフシフトとも呼ばれる）。しかし一般には、関数方程式 (5.17) は全ての $y \in X$ に対して解く必要がある（m_L の意味で殆ど全ての a に対して、屋根型写像は有限部分シフトダイナミクスを持たない）。測度 ρ は、幅が減少するとともに個数が増加する部分区分上の関数の列で近似可能である。 □

[5.9] 有限マルコフ分割が存在しないことについての別の問題は、物理系が本質的にもっている非線形性によって表される。これは、マルコフ分割がないというだけでなく、測度の強い非一様性を引き起こすであろう。じじつ、(5.17) 式から点 $\mathbf{x}$ でのヤコビアン $J(\mathbf{x})$ が小さな値になると像 $\mathbf{y} = \mathbf{F}(\mathbf{x})$ で密度 $\rho(\mathbf{y})$ が大きな値をとることがわかる。このような特徴を持つ点列は最終的に ρ の特異点になると考えられる。このことは実際におこり、例えば Hénon 写像 (3.12) においては、接線型ホモクリニック点の近傍で、密度が不安定多様体に沿ってベキ的に発散する。ロジスティック写像 (3.11) に対しては、微分 $F'(x)$ が臨界点 $x_c = 0$ で 0 になるので、(5.17) 式を 1 回適用するだけで発散がおこる。$a = 2$ では $\rho(x) = 1/[\pi\sqrt{1-x^2}]$ (Ulam & von Neumann, 1947) であるが、カオスアトラクターが存在する $a < 2$ では x_c の写像 $F^n(x_c)$ によって平方根タイプの特異点が生じる（もし写像がマルコフ分割をもたないならば、特異点は無限個存在する）。 □

[5.10] η 次の極値を持つ 1 次元写像（すなわち、$F(x) \approx a + b|x - x_c|^\eta$, for $|x - x_c| \ll 1$）では、殆ど全ての x で $\rho(x) \approx \mathrm{const.}$ （絶対連続）であるが、$x_n = F^n(x_c)$ のまわりで $\rho(x) \approx |x - x_c|^{1/\eta - 1}$ を満足する。 □

[5.11] しばしば実験で観測される (Manneville & Pomeau, 1980; Manneville, 1990; Schuster, 1988) **間欠性** (intermittncy) という現象は、長いラミナー (laminar) 相が相対的に短い乱れたバースト (burst) 相と不規則に交代する特徴をもっている。タイプ I と呼ばれる間欠性は写像 $x_{n+1} = x_n + x_n^\nu + \varepsilon \pmod 1$ でモデル化でき、ここで $\nu > 1$, $\varepsilon \geq 0$ である。x が小さいところでの不変測度の振る舞いは、$x \ll 1$（すなわち間欠的領域）で $\rho(x) \approx x^\alpha$、全ての $y \ll 1$ の

右前像 $F^{-1}(y) \approx 1$ のまわりで $\rho(x) \approx$ 一定とおくことで、(5.17) 式からみつもることができる。$x, y \ll 1$ 付近で展開し、x のそれぞれのベキを等しいとおくことで特性指数 $\alpha = 1 - \nu$ が導かれるが、これはじっさいに $0 < \varepsilon \ll 1$ で観測されている。$\varepsilon \to 0$ とすると、$\rho(x)$ はディラックの δ 関数に一致する。 □

[5.12] もし不変測度が規格化可能（つまり $\alpha > -1$）ならば間欠性は**弱い**といわれる (Großmann & Horner, 1985)。$\varepsilon \to 0$ の極限において、間欠性によってひきおこされる原点での特異性点が、カオス的（非ラミナー）領域から適当な再投入によって補充される場合のみ規格化が可能である。もし η 次の臨界点 x_c が 2 回の反復で $x = 0$ 上に写像されるならば、任意の $y \ll 1$ の右前像 x_2 の密度 $\rho(x)$ はもはや一定ではなく $|x - x_2|^{1/\eta - 1}$ のように振る舞う。なぜなら $x_2 \approx F(x_c)$（例 5.10）であるからである。(5.17) 式から $\alpha = 1/\eta - \nu$ が導かれるが、これらの特性指数の重要性は第 6 章で議論される。 □

[5.13] ベクトル場 (3.4) に対しては、時間に依存した密度 $\rho(\mathbf{x}; t) \equiv \mathcal{P}^{(t)} \rho(\mathbf{x}; 0)$ の時間発展は（一般化）**リウヴィル** (Liouville) **方程式**

$$\frac{\partial \rho}{\partial t} = -\nabla \cdot (\rho \mathbf{f})$$

によって記述される。ルベーグ測度は発散のない $\mathbf{f}$（(3.6) 式）によって保存される。$\mathbf{f}$ がハミルトニアン流を表すとすると、ρ は $\rho(H) \geq 0$ と $\int \rho(H) dH = 1$ を満たすハミルトニアン H の任意の関数である。一方、$|\nabla H| \neq 0$ なる等エネルギー面 Σ_E のコンパクト連結不変成分 Γ_E を考えると、正準 Liouville 測度は

$$m_E(B) = \frac{1}{Z} \int_B \frac{d\sigma_E}{|\nabla H|}, \qquad \forall B \in \widetilde{\mathcal{B}} \tag{5.18}$$

で与えられる。ここで σ_E は Γ_E 上のルベーグ測度を意味し、$Z = \int_{\Gamma_E} d\sigma_E / |\nabla H|$ は規格化定数である。 □

5.4 相関関数

確率過程（簡単のため、定常でスカラーかつ実数であるとする）の解析にお

ける一つの基本的手法は（自己）**相関関数**

$$C(t) \equiv R(t) - \overline{x}^2 = \lim_{T \to \infty} \frac{1}{2T} \int_{-T}^{T} x(t')x(t+t')\,dt' - \overline{x}^2 \qquad (5.19)$$

で、ここで

$$\overline{f(x)} = \lim_{T \to \infty} \frac{1}{2T} \int_{-T}^{T} f(x(t))\,dt$$

は $f(x)$ の平均である[2]。相関関数は、しばしば**分散** $C(0) = \sigma^2 = \overline{x^2} - \overline{x}^2$ で規格化され、$r(t) = C(t)/C(0)$ は**相関係数**とよばれる。また、(5.19) 式および $C(t) = C(-t)$ と

$$R(0) - R(t) = \frac{1}{2}\overline{[x(0) - x(t)]^2} \qquad (5.20)$$

であることから $r(t) \leq 1$ となることが簡単にわかる。ある有限の $T_0 > 0$ に対して $C(0) = C(T_0)$ ならば $C(t)$ は（周期 T_0 で）周期的である。もし、比が有理数にならない二つの正の数 T_1 と T_2 に対して $C(0) = C(T_1) = C(T_2)$ ならば、$C(t)$ は一定である。また、全ての $t > 0$ で $C(t) = 0$ の時、**無相関**（又は δ–相関）と呼ばれる。これは任意の $t' > 0$ において $x(t')$ と $x(t + t')$ の値が統計的に独立であるということを表している。これほど極端ではないが、記憶の減衰は、相関関数 $t \to \infty$ で指数関数的に 0 になる信号でも起こる。これは確率的信号や（決定論的）カオス的信号に典型的にみられる現象である。

確率過程は**パワースペクトル**によって分類することができる。パワースペクトルとは、

$$S(\omega) = \int_{-\infty}^{\infty} R(t)e^{-i\omega t}\,dt \qquad (5.21)$$

又は信号 $\{x(t)\}$ のフーリエ変換の 2 乗

$$S(\omega) = \lim_{T \to \infty} \frac{1}{2T} \left| \int_{-T}^{T} x(t)e^{-i\omega t}\,dt \right|^2 \qquad (5.22)$$

のいずれかで定義される、振動数 ω の非負の実関数である。これら二つの定義は緩い制限の下で一致し（Wiener-Khinchin の定理（Feller,1970））、曲線 $S(\omega)$ の下の面積は $\overline{x^2}$ に等しいことから、$\{x(t)\}$ の平均パワーと解釈することがで

---

[2] $\{x(t)\}$ が非定常ならば (5.19) 式の一般化が必要である。

きる。したがって $S(\omega)$ は有限の分散を持つ過程に対するひとつの規格化された測度といえる。

周期 $T_0 = 2\pi/\omega_0$ の周期的信号のパワースペクトルは $\omega_k = k\omega_0$, $k \in \mathbf{Z}$ に Dirac の δ 関数的なピークをもつ。すなわち、それは原子的である。準周期的信号も、原子的スペクトルを持つがより入り組んだ構造を有している。もし $(\omega_1,...,\omega_d)$ が有理比にならない振動数とすると、$S(\omega)$ はこれらの値と、整数係数のそれらの線形の組み合わせの全ての値でピークを示す。従ってこれらの振動数の集合は稠密で可算である。一般に、δ ピークの振幅係数は線形の組み合わせの次数とともに極めて急速に減少する（実際、$S(\omega)$ の下の面積は有限である）。したがってパワースペクトルを有限の長さの信号から直接計算する場合には、それらの（有限個の）一部分だけが観測される[3]。

相関がだんだんと減衰することは、絶対連続スペクトルと関係していることが多い。例えば一つ又は複数の振動数 ω_i のまわりで $S(\omega) \approx A/[\gamma^2 + (\omega - \omega_i)^2]$ となるような Lorentz ピークの**広帯域スペクトル**（broadband spectra）をもつカオス的過程や確立過程などがその例である。

上記二つの大きなクラスの間には、相関関数が平均としては減少するが再帰的に回復する部分をもつ特異連続スペクトル（sc）が存在する。第 7 章で、sc-スペクトルは時間的な階層構造と関係づけられる。

パワースペクトルと長時間領域での相関関数によって、完全に等価ではないがほぼ同じように信号を分類することができる。例えば Avron と Simon (1981) が示したように、ある ac-スペクトルは時おり回復する相関関数に対応している。これを説明するために二つのサブクラスを導入する必要がある。すなわち**過渡的**（transient）ac スペクトルと**再帰的**（recurrent）ac スペクトルである。この違いを理解するために、**サポート**（support）$s(m)$（$m(C) = 0$ なる最大開集合 C の補集合）を持つ ac 測度 m の内包（essential interior）$\mathcal{J}_m$ の概念が必要となる。その定義は

$$\mathcal{J}_m = \{\,\omega \in s(m) : m_L([\omega - \Delta, \omega + \Delta] \cap s(m)) = 2\Delta \quad \text{for some } \Delta > 0\,\}$$

である。$s(m)$ 内の $\mathcal{J}_m$ の補集合は essential frontier と呼ばれ、その上の点は

---

[3] 実際、ピークは $1/T$ に比例する有限の幅を持つ。ここで T は信号の長さである。

その濃度がきわめて低い場合でも相関の回復を誘発することが示されている (Avron & Simon, 1981)。このような振る舞いは、例えばサポートが（有限のルベーグ測度を持つ）fat Cantor 集合[4] の時に観測される。これらの集合は、いたるところ稠密でなく、essential frontier と一致する。

スペクトル解析は有効であるが、より複雑な状況ではより敏感な指標が必要になり、それは次の節で議論される。例えば $S(\omega)$ はフーリエ変換の位相の情報を持っていないため、ダイナミクスを完全に特徴づけることができない。さらにカオス信号のスペクトルは通常ノイズ的（非決定論的）信号のスペクトルと区別できない。

厳密な"ランダムネス"は、一定強度のスペクトル、すなわちデルタ的相関関数と同義にとられることが多い。しかし、信号が完全にランダムであるということは

$$C^{(n)}(t_1,\ldots,t_n) = \lim_{T\to\infty} \frac{1}{2T} \int_{-T}^{T} x(t'+t_1)\cdot\ldots\cdot x(t'+t_n)\,dt' - \overline{x}^n$$

のような全ての高次相関関数が、それらの独立変数が一定でない場合はいつでも 0 になるということである。パワースペクトルは 2 点相関（(5.19) 式）とのみ関係している。しかし、おおまかに言って、もし絶対連続なスペクトル成分を持てば信号は"ランダム"であると言ってよいだろう。

例：

[5.14] 主ピークの振動数間の比 ω_1/ω_2 を α とすると円写像 (3.13) は任意の無理数 α に対し、準周期的スペクトルを発生する。 □

[5.15] 2 次関数的な最大値を持つ任意の写像は、周期倍分岐の集積点において、例 4.7 で導入された置換 ψ_{pd} と同じ言語を生じる。極限列のパワースペクトルは、($n \in N$ に対し）振動数 $\omega_n = (2\pi)2^{-n}$ の全ての奇数倍 ($2k+1$ 倍）の位置にピークを持ち、階層構造を示す。即ち、次数が n から $n+1$ に変わると振幅は $1/4$ 倍になり、それぞれの n においてピークの振幅は一定である。ロジスティッ

---

[4] fat Cantor 集合は、その時の全長（ルベーグ測度）を $f_k \sim o(1/k)$ の割合だけ残すことによって構成できる。ここで k はフラクタル構成のステップを示す。

ク写像の軌道のパワースペクトルは、Feigenbaum (1979b) と Nauenberg & Rudnick (1981) によって解析されている。　　　　　　　　　　　　　　　□

[5.16]　いくつかの物理系では、低振動数スペクトルが $S(\omega) \approx \omega^{-\theta}$, $0.8 < \theta < 1.4$ の形の発散を示し、$1/f$ ノイズと呼ばれている。ここで $f = \omega/2\pi$ である。この振る舞いがもし $\omega = 0$ まで持続するならば、$\theta \geq 1$ のときにある区間 $0 \leq \omega \leq \omega_0$ で積分不可能なスペクトルを持ち、信号が非定常であるということを示している（曲線 $S(\omega)$ の下の面積は $\{x(t)\}$ の平均"エネルギー"であることを思い出そう）。したがって、実際の実験では、観測限界を越えたある振動数 $w_c \ll w_0$ より下の振動数範囲で、$S(\omega)$ の特異性は消えていると考えられる。それにもかかわらず、広い有限の振動数範囲で $1/f$ ノイズが観測されるということは、ゆっくり減衰する相関の存在（長い記憶の存在）を意味する。じっさい $0 < \theta < 1$ のときに $C(t) \sim t^{\theta-1}$ となる。また対数的補正が存在することもある (Manneville, 1980)。$1/f$ ノイズがいたるところで観測されるということ（電気、磁気、気象、生物、経済、などだけでなく、音楽においても観測されている）やその不思議な性質によって、一般的な理論構築はこれまでのところ成功していない。幾つかのモデルが提案されてはいるが、どれもあまり普遍的ではなく摂動にも強く依存するものになっている。最もふつうの見方の一つは、低周波数部分にローレンツスペクトルを持つ無限個の信号の重ね合わせとして $1/f$ 信号を解釈する見方で、個々の信号はそれぞれ異なる相間時間 τ で特徴づけられる。このようにすると、ある適当な分布 $P(\tau)$ から $1/f$ ノイズを得ることができる (Dutta & Horn, 1981)。さらに簡単な決定論的メカニズムはラミナー相がカオス的バーストで中断されるタイプＩ間欠性（例 5.11）である。$\varepsilon \to 0$ の極限で過程は非定常になり、スペクトルは指数 ν に依存した様々なタイプの低振動数での発散を示す (Schuster, 1988)。摂動を加えることは ε に有限の変化を与えることであり、それによって有限のカットオフ振動数 ω_c が決まる。□

[5.17]　べき則にしたがう相関のゆっくりした減衰は DNA 分子にもみられる。b 進法のアルファベットからなる記号列のパワースペクトルを求めるには、数値への或る変換表が必要である。見かけの相関を避けるひとつの方法は、四つの記号 $\{A, C, G, T\}$ の一つを 1 に他の全てを 0 に当てることである。このようにす

5.4 相関関数

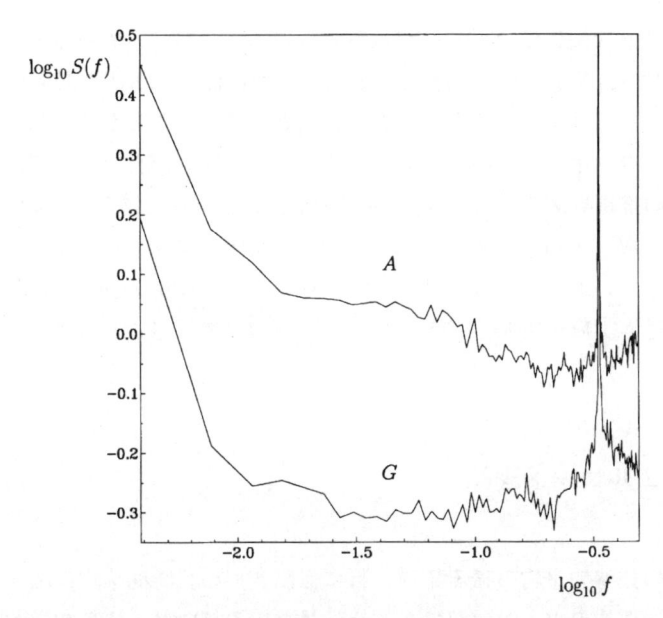

図 5.2 人間の cytomegalovirus strain AD 169 のパワースペクトル $S_k(f), k = 1, 3$ で位置 $\{A, C, G, T\} = \{1, 0, 0, 0\}$ と $\{0, 0, 1, 0\}$ に順に対応する．スペクトルと振動数 $f = \omega/2\pi$ の両方とも基底を 10 にとった対数がとられている．比較しやすいように鉛直方向にずらされた曲線は，229354 の長さのものを長さ 16382 の部分に分けて得られる 14 本のパワースペクトルについての平均である．信号の他の分け方も同様の結果を与える．低振動数成分は明白であるのだけれども $1/f$ の振る舞いの奇麗な形跡はあまり見出されない．

ると DNA 列 S は 1 に対応するヌクレオチドに応じて（最初は A が 1 に対応し，次に C が 1 に対応し，等々）四つの異なる信号に写像される．$S_k(\omega)$ が k 番のスペクトルを指すとすると，平均スペクトル指標は $S(\omega) = \sum_{k=1}^{4} S_k(\omega)$ で定義される．図 5.2 は，229354 基からなる人間の cytomegalovirus strain AD 169 に対する二つのパワースペクトル（A と G に対応している）である．$\omega = 2\pi/3$（周期 3）にみられるピークは DNA のコドン構造と関係しているのかもしれない．低周波領域における $1/f^\theta$ 型のノイズが $S_1(\omega)$ のスペクトルにみられるが，ここで $\theta_A \approx 0.76$ である．また指数 θ の値はどのヌクレオチドを 1 にとるかによって異なり $\theta_C \approx 0.83, \theta_G \approx 0.92, \theta_T \approx 0.77$ である．幾つかの異なる種に対して実行された広範な計算（Voss, 1992）によると，θ の値と種の"複雑さ"

との間には直接関係はないことが示されている。さらに、異なる DNA 列を用いると指数 θ、非定常性の兆候、$1/f$ ノイズが観測される周波数範囲（これはあまり広くなくせいぜい 2 ケタの範囲）なども異なることが知られている。また、イントロン中で高い頻度で起こるくりかえし配列が長いレンジの相関に寄与するとの推測もある（Li & Kaneko, 1992）。しかし、$1/f$ を示す低振動数成分は真核生物（eukaryote）における（ランダムな）エクソンとイントロンの交代に起因していると考えるのが妥当であろう（Borštnik *et al.*, 1993）。なおエクソンは通常 100〜1000 基の長さで、イントロンの長さよりもずっと短くなっている。 □

5.5 エルゴード理論

力学系の長時間平均の振る舞い、特に保測変換の長時間平均に関する研究はエルゴード理論の中心的話題である。乱雑な振る舞いは一連の数学的道具で特徴づけることができ、それらによると不変測度やパワースペクトルによる計算結果よりもはるかにうまくふるまいを分類することが可能である。例えば、パワースペクトルに多数の（おそらく連続な）振動数が存在することだけでは、興味深い力学的振る舞いを意味することにはならない。即ち、既に見てきたように、それはすでによく理解できている多くの系でもみられることなのである。

最初にとりあげる基本的な問題は、**時間平均**

$$\bar{f}(\mathbf{x}) = \lim_{n \to \infty} \frac{1}{n} \sum_{i=0}^{n-1} f(\mathbf{F}^i(\mathbf{x})) \tag{5.23}$$

の存在についてである。ここで $f : X \to R$ は物理的観測量を表す可測関数で $\mathbf{F} : X \to X$ は $(X, \tilde{\mathcal{B}}, m)$ に関する保測変換である。Birkhoff の**エルゴード定理**は (5.23) の極限がほとんどいたるところで存在し、$\bar{f}(\mathbf{x}) = \bar{f}(\mathbf{F}(\mathbf{x}))$ であることを述べている。この問題は、どのような条件の下で時間平均 (5.23) が**空間またはアンサンブル**（ensemble）**平均**

$$\langle f \rangle \equiv \int_X f(\mathbf{x}) \, dm \tag{5.24}$$

5.5 エルゴード理論

と一致するのかという問題と関係している。ここで、$\langle f \rangle$ は系の全ての可能な状態にわたる観測量 f の重みつき平均と解釈できる。等号は、測度 m の意味で殆ど全ての初期点 $\mathbf{x}$ に対し、軌道 $\{\mathbf{F}^n(\mathbf{x}), n \in \mathbf{Z}\}$ が正の測度のすべての点に滞在する場合にのみ成立する。従って $m(B) > 0$ かつ $m(B') > 0$ ならば、ある n に対して $m(\mathbf{F}^n(B) \cap B') > 0$ が成立する。ここで $B \neq B' \in \tilde{\mathcal{B}}$ である。この基本性質を有する系は**エルゴード的**と呼ばれる。$B = B'$ とおくとすぐにエルゴード性は単純な**再帰性**を前提としていることがわかる。即ち、軌道が何度も出発点の近傍 B にもどってくるのである（第 3 章での nonwandering set の定義を思い出すとよい）。したがって、エルゴード的な MPT では、平均 $\bar{f}(\mathbf{x})$ は初期条件 $\mathbf{x}$ に依存しない。例えば平均リヤプノフ指数 $\bar{\lambda}_i(\mathbf{x}) = \langle \lambda_i \rangle$ は殆ど全ての $\mathbf{x}$ に対し同じ値をとり、もし $\langle \lambda_1 \rangle > 0$ ならば系は（測度論的に）カオス的である。

エルゴード性から最初にみちびかれる結果は、殆ど全ての $\mathbf{x}$ に対して反復写像 $\{\mathbf{F}^n(\mathbf{x})\}$ が集合 $B \in \tilde{\mathcal{B}}$ に属する割合が、$n \to \infty$ の極限で $m(B)$ に近づくということである。より一般的には、**ポアンカレの再帰定理**（Poincaré's recurrence theorem）により、$B \in \tilde{\mathcal{B}}$ の殆ど全ての点 x が B に再帰する（すなわち、$\mathbf{F}^n(\mathbf{x}) \in B$ となる n が存在する）ということである。したがって、ほとんどすべての $\mathbf{x}$ はその反復によって、測度が 0 でない全ての集合を何度もおとずれることになる。同様に、全ての不変集合 $B \in \tilde{\mathcal{B}}$ が $m(B) = 0$ か $m(X \setminus B) = 0$ ならば、すなわち系 $(\mathbf{F}, X, \tilde{\mathcal{B}}, m)$ が**メトリックに可遷的**（metrically transitive）か**分解不可能**（indecomposable）ならば、$\mathbf{F}$ はエルゴード的である。実際、変換が全空間 X 上では非エルゴード的だが、X の部分集合（**エルゴード成分**（ergodic components））上ではエルゴード的ということも考えられる。しかし、全ての系はエルゴード的な部分集合に分解できるので、エルゴード性の仮定は通常あまり限定的ではない（例えば多くのカオス的ハミルトン系では、運動はあるエネルギー一定の超曲面の部分集合上ではエルゴード的で、その他では周期的である）。もし、$\mathbf{F}$ がエルゴード的ならば Frobenius-Perron 演算子に対したかだか一つの定常密度 $\rho(\mathbf{x})$ が存在し、逆にもし殆ど全ての $\mathbf{x}$ で $\rho(\mathbf{x}) > 0$ であるように、対応する Frobenius-Perron 演算子の解 $\rho(\mathbf{x})$ が一つに決まるなら $\mathbf{F}$ はエルゴード的である (Lasota & Mackey, 1985)。特に、有限の平均再帰時間を持つような全ての既約マルコフシフトには、一意な不変測度が存在する。エルゴー

ド変換の最も簡単な例は、(円写像 (3.13) の) 無理数の回転角をもつ回転、すなわち準周期運動である。

顕著な確率的性質はエルゴード性の他に混合 (mixing) 性が加わった系にみることができる。エルゴード性と混合性の概念の関係を明確にするために MPT$(\mathbf{F}, X, \widetilde{\mathcal{B}}, m)$ のエルゴード性が以下の条件

$$\lim_{n\to\infty} \frac{1}{n} \sum_{i=0}^{n-1} m(\mathbf{F}^{-i}(B) \cap B') = m(B)m(B') \qquad \forall B, B' \in \widetilde{\mathcal{B}} \quad (5.25)$$

に等価であることを思い出しておこう。次にもし

$$\lim_{n\to\infty} \frac{1}{n} \sum_{i=0}^{n-1} \left| m(\mathbf{F}^{-i}(B) \cap B') - m(B)m(B') \right| = 0 \qquad \forall B, B' \in \widetilde{\mathcal{B}} \quad (5.26)$$

ならば $\mathbf{F}$ は**弱混合的** (w-mixing) で

$$\lim_{i\to\infty} m(\mathbf{F}^{-i}(B) \cap B') = m(B)m(B') \qquad \forall B, B' \in \widetilde{\mathcal{B}} \quad (5.27)$$

ならば**強混合的** (s-mixing) である。(5.27) 式の両辺を $m(B') > 0$ で割ると、強混合的ならば全ての集合 B が相空間全体に引き延ばされること、即ち B' と交わる B の原像の占める割り合いは全空間 X での B の相対的重み $m(B)$ に殆ど等しいことがわかる。言い換えると時刻 $-i$ で B' を観測したときに時刻 0 で B を観測する条件つき確率は漸近的に過去の測定 B' に依存しなくなる。

(5.25)-(5.27) 式は、混合という語が意味しているように、乱れた振る舞いの階層を構成している。つまり、任意の強混合的変換は弱混合的であり弱混合系はエルゴード的である。この包含関係により、特に誤解が生じるおそれのない場合、"エルゴード的"又は"単にエルゴード的"という語は混合性がないことを意味し、同様に"強混合"は"弱混合でない"ことを意味している。ベルヌーイ写像、パイこね写像は簡単に強混合的であることがわかる。一般にカオス的変換は、条件 (5.27) を直接証明することは困難であるが、正のリアプノフ指数をもつことから強混合的であると信じられている。また既約非周期的マルコフシフトは強混合的である。

強混合系における n ステップ確率 $P^{(n)}(j|i) = m(\mathbf{F}^{-n}(B_j) \cap B_i)$ の漸近的評価によって、一方で相空間での詳細なダイナミクスの長時間の不確定性が明

らかとなり、もう一方で統計的振る舞いへの滑らかで急速な収束が保証されることがわかる。しかし相空間領域の指数的引き伸ばしが不変測度が複雑な構造をとることを防げはしないことに注意する必要がある。実際そのサポートがフラクタル集合になることもある。

より明確に確率的性質を定義できるクラスも存在し、それは exact system と K 自己同形写像 (可逆 MPT であるような自己同形写像) である。$B \in \tilde{\mathcal{B}}$ に対し、$\mathbf{F}(B) \in \tilde{\mathcal{B}}$ であるような MPT$(\mathbf{F}, X, \tilde{\mathcal{B}}, m)$ は、

$$\lim_{n \to \infty} m(\mathbf{F}^n(B)) = 1, \quad \text{for every } B \in \tilde{\mathcal{B}} : m(B) > 0 \qquad (5.28)$$

を満足すれば exact と呼ばれる。正の測度をもつ任意の集合 B の像は最終的に空間 X 全体に広がってゆく。しかしこれらの変換は非可逆で、あまり物理的に適切でないが、遷移行列を持つマルコフ系の拡張としてみなすことができる。ベルヌーイシフトは exact である。(exact 系の可逆な "拡張" である) K 自己同形写像の定義は、より複雑なのでここでは省略するが (Lasota & Mackey, 1985 を参照)、このクラスの展型例はパイこね写像である。最後に高次の強混合性も存在することを指摘しておこう (Petersen, 1989)。

強混合性とは対照的に、単なるエルゴード性では隣接軌道の指数的発散はおこらない。中間的な弱混合性では、あるていどの引き伸ばしが見られる。実際、任意の弱混合 MPT は、指標 i が (平方数 $\{n^2\}$ の集合やフィボナッチ数 $\{F_n\}$ の集合のような) ある種の密度 0 集合 $J \in \mathbf{Z}^+$ から選ばれるならば、強混合条件 (5.27) を満たしている。条件 (5.26) を満足するが条件 (5.27) は満たさないということは、$i \in J$ ならば $|a_i| = |m(\mathbf{F}^{-i}(B) \cap B') - m(B)m(B')| = p$ かつ $i \notin J$ ならば $|a_i| = q^{-i}$ ということで十分である。これは列 $F^{-i}(B)$ が、ほんの短い時間を除いて任意の他の集合 B' に対して独立になると言い換えることができる。弱混合性は、エルゴード性と強混合性の定義 (これらは無限列に対する異なった収束基準を表している) の間をうめるものとして自然に定義できるが、厳密な弱混合性 (従って強混合性ではない) MPT の例が構成されるまでに長い時間を必要とした (Petersen, 1989)。ところが、後で見るように弱混合性は広くみられる性質であるという意味で "一般性" のある概念である。

エルゴード理論による分類が "複雑さ" の研究において重要であることは明らかである。エルゴード性はまず最初に吟味すべき性質である。エルゴード性の

破れが、明白な周期的振る舞いからは起きていないことを確かめ、次に、個々のエルゴード成分をしらべることが必要である。これは統計力学における相転移との関連から第3章で議論された問題である。エルゴード性は最初の一歩である。実際、準周期的信号はエルゴード的であるが、その記述は簡単である。しかし、"先に述べたエルゴード的性質の三つのクラスの中で最も複雑なものはどれか"という問いはまだ暫くさしひかえておくのが賢明であろう。このようなことを問うには、この問題に対するよりいっそうの理解が必要であり、また複雑さの程度が単調に変化する必要はないことから考えても、ここでこの問いを考えることは適切ではない。

5.5.1 スペクトル理論と同形写像

定義 (5.25)–(5.27) を直接適用するには、複雑な計算がしばしば必要となる。そこで実際は、MPT のエルゴード理論的解析に Koopman 演算子と呼ばれる正の線形作用素 $\mathcal{U}F : L^2(m) \to L^2(m)$ が用いられる。これは

$$\mathcal{U}_\mathbf{F} f(\mathbf{x}) = f(\mathbf{F}(\mathbf{x})) \tag{5.29}$$

と定義され Frobenius-Perron 演算子 $\mathcal{P}$ の随伴演算子となっている。すなわち $(\mathcal{P}f, g) = (f, \mathcal{U}g)$ である。ここで $(f, g) = \int_X f(\mathbf{x})g(\mathbf{x})dm$ は f と g のスカラー積である (Lasota & Mackey, 1985)。もし MPT $\mathbf{F}$ が可逆ならば $\mathcal{U}_\mathbf{F}$ はユニタリーで ($\mathbf{F}^{-1}$ が定義されるならば) $\mathcal{U}_\mathbf{F}^{-1} f(\mathbf{x}) = f(\mathbf{F}^{-1}(\mathbf{x}))$ である。$\mathcal{U}_\mathbf{F} f = \lambda f$ を満たす 0 でない関数 $f \in L^2(m)$ は固有値 λ を持つ**固有関数**と呼ばれる。$\mathcal{U}_\mathbf{F}$ は $||f||^2 = ||\mathcal{U}_\mathbf{F} f||^2$ を満たすので任意の λ に対し $|\lambda| = 1$ である。任意の MPT は 0 でない定値関数の固有関数に対し、固有値 $\lambda = 1$ を持つ (Walters, 1985)。

もし $L^2(m)$ の正規直交基底をなす $f_i : \mathcal{U}_\mathbf{F} f_i = \lambda_i f_i$ の集合が存在するならば、MPT は**離散スペクトル**を持つ。離散スペクトルを持つエルゴード的 MPT は無理数の回転に共役であり、更にエルゴード性は、X 上の全ての $\mathcal{U}_\mathbf{F}$ 不変可測関数 f が殆どいたるところで一定値であることを意味している。逆にもし、1 が唯一の固有値で唯一の固有関数が一定値であるならば MPT は**連続スペクトル**を持つと言われ、これは弱混合変換の場合である (Walters, 1985)。最後に、

基底関数をいくつかのクラスに再分類し、クラス内では基底関数が $\mathcal{U}$ によって写像されあうような、特別な状況を考えることができる。このような振る舞いを持つ写像は**可算ルベーグスペクトル**を持つと言われ、強混合性とベルヌーイ変換の間に位置している（Petersen, 1989）。

混合性と相関の減衰の間の関係を理解する為に二つの観測量 f と g の間の**相互相関**（cross-correlation）

$$C_{f,g}(n) = \int_X f(\mathbf{F}^n(\mathbf{x}))g(\mathbf{x})\,dm - \langle f \rangle \langle g \rangle \tag{5.30}$$

を考えよう。ここではエルゴード性を認めているのでアンサンブル平均が取られている。Koopman 演算子の定義から

$$C_{f,g}(n) = (\mathcal{U}_\mathbf{F}^n f, g) - \langle f \rangle \langle g \rangle \tag{5.31}$$

であり、(5.31) 式のスカラー積が漸近的に $\langle f \rangle \langle g \rangle$ に収束する場合のみ系は強混合であるから (Petersen 1989)、相関が t 無限大で消失することがわかる。強混合性が条件付き確率 (5.27) の漸近的な（長時間での）独立成分への分解を表わすことを考えると、我々はこの現象に対し完全な視点を持ったことになる。

同じスペクトル的性質を持つ二つの変換は**スペクトル的に同型**であると言われる。ただし、二つの変換が同じクラスに属するときでさえ（すなわち、二つの変換がともにエルゴード的であったり、混合的であったりしても）、それらが類似している必要はないことに注意しよう。それに近い同等関係は**共役性**（conjugacy）又は MPT 同型（isomorphism）を通して確立される（Walters, 1985）。二つの系が上の関係 $\mathcal{R}$ で繋がっているかどうかを判断するには、二つの系に共通の $\mathcal{R}$ 不変量を見つける必要がある。特に有用な不変量は、（次節で議論される）**計量的エントロピー**（metric entropy）で、しばしば非同型の系を区別するのに使われる。エルゴード性と混合性（両者がスペクトル不変）は MPT 同型から示唆されるように共役よりずっと弱い性質である。"複雑さ"という言葉の正確な意味が定義できるならば、ある関係 $\mathcal{R}$ の下でこの複雑さが不変かどうか、また複雑系を分類するためにどの指標が有効かと調べることは自然であろう。

5.5.2 シフト力学系

シフト写像 $\hat{\sigma}$（4.7）のような連続変換を研究するエルゴード理論の一部は**位相力学**（topological dynamics）と呼ばれる。これまで見てきたような方法はシフト力学系にそのまま適用することができる。第4章でのべたように、滑らかな力学系の主な性質（周期性、最小性、エルゴード性、混合性）は対応する記号力学においても共有されている。さらに、エルゴード性という言葉には唯一のエルゴード性と厳密なエルゴード性の二つがあることに注意しよう。前者は不変測度がただ一つ存在する場合に対応し後者は最小性と唯一のエルゴード性の両方が成立する場合に対応している。ここで最小性は不変集合 Λ が全空間 X にふくまれるならば、X ではなく Λ 上でのエルゴード性をさしている。

エルゴード性や混合系の例は Walters (1985) や、Lasota & Mackey (1985) や Petersen (1989) に紹介されている。K が小さい正弦写像（3.14）のように、滑らかな摂動が加えられた円写像はエルゴード性を保持する。また双曲的カオス写像は強混合的である。

例：

[5.18]　置換 $\psi_{\rm pd}$ や $\psi_{\rm MT}$（例 4.7）で記述される周期倍化転移点でのダイナミクスは厳密にエルゴード的である（Kakutani, 1986a and 1986b）。　□

[5.19]　無理数 α を持つ円写像（3.13）を考え、$\beta \in R$ に対し $0 < \alpha < \beta < 1$ としよう。$s_n = \lfloor x_n/\beta \rfloor$ と置くと（ここで $\lfloor x \rfloor$ は x の整数部分とする）、厳密なエルゴード的力学系 $(\overline{\mathcal{O}(\mathcal{S})}, \hat{\sigma})$ を得る。ここで $\mathcal{S} = ...s_{-1}s_0s_1...$ が軌道である。この方法で構成される系は**スツルム系**と呼ばれる。　□

[5.20]　前の例の列 $\mathcal{S}$ に置換 $1 \to 11$ を一度適用すると全ての 1 が "2倍" になった新しい列 $\mathcal{S}'$ が得られる。その系 $(\overline{\mathcal{O}(\mathcal{S}')}, \hat{\sigma})$ も厳密にエルゴード的である。更に $\{n_k : k \in \mathbf{N}\}$ が $\lim_{k \to \infty}(n_{k+1} - 2n_k) = \infty$ を満たす正の整数として、$\alpha = \sum_{k=1}^{\infty} 10^{-n_k}$ で定義される超越数（Liouville 数）で、また全ての $k \in \mathbf{N}$ に対し $10^{n_k}\beta$ の小数部分が 0.5 と 0.6 の間にあるような β をとるならば、

$(\overline{\mathcal{O}(S')}, \hat{\sigma})$ は弱混合的だが強混合的でないということが証明された (Kakutani, 1973)。見た目の複雑さにかかわらず、これらの条件はあまり強い制限ではない（殆ど全ての数は超越数である）。α と β の精緻なディオファントス的性質に基づく、あまり一般的でない結果は Katok & Stepin (1967) により与えられている。同じ置換 $1 \to 11$ を Morse-Thue 射 ψ_{ML} の極限列に一度適用したものも弱混合的である (Kakutani, 1973)。 □

[5.21] 置換から作られる力学系は強混合的でないが、長さの違う記号へのいくつかの置換（それらの一つは $\psi_{DK}: \{0,1\} \to \{001, 11100\}$）は弱混合的である (Dekking & Keane, 1978)。置換は、位相的エントロピーが 0 である弱混合的系、あるいは最小な（minimal）系を生成する為の直接的なアルゴリズムを提供する。b 個の記号上で任意の位相的エントロピー $K_0 < \ln b$ を持つ最小な（もっと正確には、厳密にエルゴード的）シフトの一般的な構成方法は Grillenberger (1973) によって導入された。 □

[5.22] k 個の MPT$(\mathbf{F}_i, X_i, \tilde{\mathcal{B}}_i, m_i)$ $(i = 1, ..., k)$ の直積 $\mathbf{F} = \otimes_i \mathbf{F}_i$ は $\Pi_i X_i$ 上で $\mathbf{F}(\mathbf{x}_1, ..., \mathbf{x}_k) = (\mathbf{F}_1(\mathbf{x}_1), ..., \mathbf{F}_k(\mathbf{x}_k))$ で定義される。その時、$\mathbf{F}_1$ と $\mathbf{F}_2$ が弱混合的ならば $\mathbf{F}_1 \times \mathbf{F}_2$ は弱混合的である。$\mathbf{F}_1$ が弱混合的ならば、エルゴード的な $\mathbf{F}_2$ に対し $\mathbf{F}_1 \times \mathbf{F}_2$ はエルゴード的である。各々の $\mathbf{F}_i$ がエルゴード的ならば、Koopman 演算子 $\mathcal{U}_i$ が唯一つの共通の固有値 (unique common eigenvalue) として $\lambda = 1$ を持つ場合のみ、積写像もエルゴード的である (Cornfeld et al., 1982)。更に強混合的自己同形写像の直積は強混合的である。 □

[5.23] カオス的セル・オートマトン (3.4 節) は空間と時間の両方で混合的であると信じられている。更に時間的混合性のない空間的混合性は図 3.5(a) の例のように可能である。逆の場合は起こりえない、何故なら混合性に必要な与えられた場所 i での記号の時間的変化はパターン上での近接した領域からの情報の流れから起こりうるだけだからである。 □

最も簡単な強混合的 CA は

$$s_i(t+1) = s_{i-1}(t) + s_{i+1}(t) \qquad \mod 2 \qquad (5.32)$$

で書かれるルール 90 である。どんな配列も任意の時間で生成されうる。実際、各々のブロック $S = s_1s_2...s_n$ は全て異なった表現 $s_0's_1'$ から生じる四つの異なった前像 $S' = s_0's_1'...s_{n+1}'$ を持つ。そこでオートマトンは全射で一様なシフト不変測度を持つ (Shirbani & Rogers, 1991)。混合性を評価するために、像 $\mathcal{S}^{(1)} = f(\mathcal{S})$ として、配列 $\mathcal{S}$ と $i = 1$ で始まる個々の長さ n の部分列を $S = s_1s_2...s_n$ および $S^{(1)} = s_1^{(1)}s_2^{(1)}...s_n^{(1)}$ を考える。ルールの線形性は、$s_1^{(1)}$ と $s_n^{(1)}$ が S に隣するランダムな記号 s_0 と s_{n+1} で決められるので全体の並び S に独立であることを意味する。次の像 $\mathcal{S}^{(2)} = f^2(\mathcal{S})$ において場所 2 と $n-1$ での記号も S に独立になる。故に時刻 $t=0$ で S を、かつ時刻 t で任意の与えられた並び $S^{(t)}$ を観測する確率は $t > n/2$ で分離される(独立になる)。一般にルールが式 (5.32) にあるように線形表現である 1 次元 CA は全ての次数で強混合的である (Shirvani & Rogers, 1988)。強混合性はルール 30 ($s_0' = s_{-1} + s_0 + s_1 + s_0 s_1 \bmod 2$ で定義される) のように非線形相互作用を含む広いクラスの 1 次元 CA に対しても証明された (Shirvani & Rogers, 1991)。更に全ての全射的な 1 次元 CA は強混合的であると推測された。

5.5.3 何が "典型的" 振る舞いなのか?

適切な測度空間において "中身のある集合 (massive set)" に属する全ての系で共有される性質は典型的 (generic) と呼ばれる。特に**残余** (residual) 集合 (付録 C 参照) はそのような中身を持つ集合で、その補集合の第 1 カテゴリー集合は "狭(やせた)集合 (thin)" と認められる。エルゴード理論においては、以下のような空間:d 次元単位立方体の全ての自己同型写像 (可逆変換) の群 G、(例えばシフト力学系のように) 連続な測度 m を保持するコンパクト計量空間 X の全ての同相写像の群 $H(X, m)$ や、滑らかな測度 m を保存するコンパクト多様体 M の C^r 級微分同相写像の群 $\triangle^r(M, m)$ がしばしば考察される。典型性の概念は位相の選択に依存する。二つの定義が特に有用であることが証明されている (Halmos, 1956; Petersen, 1989)。G 上の**弱位相**において変換の列 $\mathbf{F}_n$ は、全ての $B \in \tilde{\mathcal{B}}$ に対し $\lim_{n\to\infty} m(\mathbf{F}_n(B) \triangle \mathbf{F}(B)) = 0$ の時のみ $\mathbf{F}$ に収

束する。ここで $B \triangle B' = B \cup B' - B \cap B'$ である。**強い位相**は計量

$$d_1(\mathbf{F}, \mathbf{G}) = m(\mathbf{x} \in X : \mathbf{F}(\mathbf{x}) \neq \mathbf{G}(\mathbf{x}))$$

又は

$$d_2(\mathbf{F}, \mathbf{G}) = \sup\{m(\mathbf{F}(B) \triangle \mathbf{G}(B)) : B \in \widetilde{\mathcal{B}}\}$$

から引き出される。弱位相において強混合 MPT の集合は第一類であり、しかるに弱混合 MPT は残余集合をなす (Petersen, 1989)。故に、強混合でない弱混合的変換を構成する難しさは、その変換が特異であることを必ずしも意味しない。むしろ弱混合性は広範に見られる振る舞いである。他方、強位相において、全てのエルゴード的 MPT の集合は至るところ稠密ではない。ところが周期的 MPT の集合は G の至るところ稠密である (Halmos, 1956)。これら明らかに驚くべき結果は位相の性質からの帰結の一部であり MPT の性質によるものではない。実際、二つの変換は強位相においては、互いに近い関係にはない (それは "事実上" 離散的である)。他方、変換の集合としての密度は MPT の構造的性質を反映する (Halmos, 1956)。

例を構成する時には、全ての MPT の空間から "無制限の精度" で自由に作り出すことはできず、それは少数個の実数のパラメターに依存した単純な関数 (区分的線形、多項式、三角関数、指数関数または対数関数) に制限されることに注意しよう。これは実数の構造を思わせる。つまり、無理数はルベーグ測度の意味で殆ど普通であるが、書き下ろすことは手に負えない仕事である。一方、有理数は $[0,1)$ の中で稠密であるがルベーグ測度は 0 である。故にある振る舞いの典型的性質に関する問題は非常に注意深く分析しなければならない。同様の考察は、与えられた定義に対してそれはどれくらい典型的性質なのかという複雑性の議論においても発生する。

5.5.4 近似理論

弱混合性の典型性は、$(X, \widetilde{\mathcal{B}}, m)$ 上で作用する写像 $\mathbf{F}$ を写像の列 $\{\mathbf{F}_n\}$ がどのくらいよく近似するかを評価するため用いられる収束条件に関係している。注目すべき点は、任意の自己同相写像は周期写像によって近似されることである。そのような近似の構成はエルゴード理論の古典的課題である (Cornfeld *et al.*, 1982; Halmos, 1944)。

特に X の有限分割の列 $\{\mathcal{C}_n\}$ と分割 $\mathcal{C}_n$ を**保存する**変換の列 $\{\mathbf{F}_n\}$ を考える。ここで $\mathcal{C}_n = \{C_i^n : i = 1, 2, ..., N(n)\}$ は $N(n)$ 個の要素を含む。全ての n に対し $\mathbf{F}_n$ は $\mathcal{C}_n$ の全ての要素を $\mathcal{C}_n$ の一つの要素自身に移す。更に $\mathcal{C}_n$ 上で σ 加法族 $\tilde{\mathcal{C}}_n$ が定義され、$n \to \infty$ に対し $\tilde{\mathcal{B}}$ を任意に細分化できるものとしよう。そうしておくと、$\tilde{\mathcal{B}}$ における全ての集合が $\tilde{\mathcal{C}}_n$ の集合で近似されることになる（測度 0 の集合まで）。これらの条件が保持されるとき、写像 $\mathbf{F}$ が

$$\sum_{i=1}^{N} m\left(\mathbf{F}(C_i^{(n)}) \triangle \mathbf{F}_n(C_i^{(n)})\right) < f(N) \tag{5.33}$$

を満たすならば、速さ $f(N)$ で**周期的変換による第一のタイプの近似**（APT$_1$）を持つと言われる。ここで $N = N(n)$ は $\mathcal{C}_n$ の基数である（Katok & Stepin, 1967; Cornfeld *et al.*, 1982）。つけ加えると、$\mathbf{F}_n$ が $\mathcal{C}_n$ の要素を循環的に入れ替えるならば、$\mathbf{F}$ の近似は**循環的**と言われる。

式（5.33）における和は MPT の空間での距離を表わす。円写像（3.13）に対する典型的 APT はパラメターがディオファントス近似 $\alpha_n = p_n/q_n \to \alpha$（例 3.6）である円写像の近似列である。この場合 $N(n) = q_n$ は n について指数関数的速さで成長する。明らかに周期的写像によって急速に近似されても、その近似写像はエルゴード性や混合性をもっていない。以下の記述は Katok & Stepin (1966) で証明された。

1. 任意の自己同相写像は速さ $f(N) = a_N/\ln N$ の APT$_1$ を持つ。ここで a_N は無限大へ行く実数の適当な単調列である。明らかに興味深い場合は a_N が $\ln N$ よりゆっくり増大する時に起こる。
2. $\mathbf{F}$ が $f(N) = \beta/N$ の**循環的** APT$_1$ を持つならば、エルゴード的構成要素の個数は多くても $\beta/2$ であり、更に $\beta < 4$ ならば $\mathbf{F}$ はエルゴードである。
3. $\mathbf{F}$ が速さ $f(N) = \beta/N$ で $\beta < 2$ を持つ周期近似のより厳格なタイプすなわち APT$_2$ (Katok & Stepin, 1967) と呼ばれる近似列を持つならば、それは混合的ではない。

上の結果 3 が自明である一方、結果 2 は多少直観に反する。定数 h として、$f(N) = h/\ln N$ の場合は次の節で議論されるだろう。近似法が階層的で、n に対し指数的に増加する $N(n)$ 個の区間で定義される写像列に基づいていることは注目すべきである。更に、周期的変換を利用する必要はなく、近似がマルコフタイプか MPT の他のクラスに属する写像でなされるかもしれない。周期的写像は特別なマルコフ写像（従って枝分かれがない）であることに注意しておこう。

対象とそれを記述するはずのモデルとの間の一致度を判定するためには、系のクラスの明確な定義と距離の明確な定義に従って複雑さの解析はなされなければならない。複雑さは周期性や準周期性とは対極にある概念といってもさしつかえない。何故ならそれらの性質は有限かつ明確に記述できるものだからである。他方、これまでの議論からすると飛躍して見えるかもしれないが、複雑さは、有限の記憶を持つマルコフ過程とも違うものとしてみなされるべきである。ベルヌーイ・シフトや、より一般の有限個の禁止を持つカオス写像は、個数が指数関数的に増加する列を持つ膨大であるが興味深くない全ての言語を産む。一方、自然言語においては、測度の強い非一様性と、それによって記号列に大きな禁止部分が生じることから、意味のある"メッセージ"がつくられる。

これらの観察は簡潔で正確な数学的モデルによって説明されるような"構造的な"系を順に除外するという手順によって複雑さの程度は特徴づけられるということを示唆している。即ち、周期的な対象、そして完全にランダムな対象が最初に除外され、準周期的信号と有限タイプの部分シフト（マルコフ過程）が次に、という具合にである。結果として、複雑パターン（周期的でない、準周期的でない、SFT でない… ランダムでない）は、よく理解された系のもつ"単純さの否定"としてとらえられることになる。

5.6 情報、エントロピー、次元

情報理論は、データの圧縮と伝達を取り扱うことに始まり (Shannon & Weaver, 1949)、続いて通信理論の領域の外に統計力学、計算機科学（アルゴリズム的複雑さ）、確率論と統計学への重要な寄与をしつつ発達した。実際、この理論の中

心概念である**エントロピー**は、熱力学では第2法則の基本的な概念であり、後にエルゴード理論に拡張された。それぞれの状況においてエントロピーはランダムさ、または予測不可能性の一つの目安である。

アルファベット $A = \{1, 2, ..., b\}$ の確率を $P(s), \forall s \in A$ として記号 s_i の並び S を作る情報源を考える。イベントの**不確定性**は明らかにその確率に依存する。もし、ある s に対して $P(s) = 1$ ならば、出力は単一で情報を何ももたらさない。対照的に $P(s) = 1/b, \forall s$ ならば不確定性は最大である（情報源は記憶を持たないということを意味する）。各々の記号の観測は情報を生み出し、それによって先行している不確定性を減少させる。観測 $\mathcal{A}$ の全ての出力 $s_i \in A$ に関する平均の情報の量は**エントロピー**

$$H(\mathcal{A}) = -\sum_{i=1}^{b} P(s_i) \ln P(s_i) \tag{5.34}$$

で測られる。ここで $P = \{P(1), ..., P(b)\}$ は $\mathcal{A}$ に対する確率分布である。エントロピーは連続分布 $\rho(\mathbf{x})$ に対しても $H = -\int_X \ln \rho(\mathbf{x}) dm$ のように定義することができるが、我々は離散的ランダム変数だけを取り扱おう。

エントロピー H は三つの基本的性質を持つ。第1は記号の一つが確率1を持つ時のみ、$H = 0$ である（$x = 0$ に対し $x \ln x = 0$ で、ゼロ確率の項が加わってもエントロピーが変化しないことを意味する）。第2は $h(x) = -x \ln x$ は $(0, 1]$ で連続、非負で、上に凸関数なので Jensen の不等式は任意の確率 $P = \{p_1, ..., p_b\}$ に対し

$$H = \sum_{i=1}^{b} h(p_i) \leq bh\left(\frac{1}{b} \sum_{i=1}^{b} p_i\right) = bh(1/b) = \ln b \tag{5.35}$$

となる。期待どおり、最大値 $\ln b$ は最も不確定な場合（$p_i = 1/b, \forall i$）に得られる。最後に、情報は式 (5.6) に従う n 個のブロック $S = s_1...s_n$ で表される独立な複合事象に対し加法的に振る舞う。そのような場合、実際 $\ln P(S) = \ln(\prod_i P(s_i)) = \sum_i \ln P(s_i)$ である。式 (5.34) の関数 $H(p_1, ..., p_b)$（$\sum_i p_i = 1$ をみたす）は、これら三つの要求を満たす唯一の連続関数である（Khinchin, 1957）。一般に $I(S) = -\ln P(S)$ は事象 $S = s_1...s_n$ の情報の多さとして解釈される。情報理論で通常なされるように、基底2の対数とすれば、$I(S)$ は S を

特定するのに必要なビット（情報の 2 進単位）を表す。これは特に対称なベルヌーイシフト $B(1/2,1/2)$ では、任意の S に対し $P(S) = 2^{-|S|}$ であることを考えれば明らかである。n 桁の 2 進数で与えられる初期条件からは記号 s_{n+1} は全くわからないが n 回写像に対する記号列の完全な予言を与える。

より一般的な情報源に対して任意の記号または語の確率はそれ以前の歴史に依存する。記憶効果は同じ観測 $\mathcal{A}$ の n 系列 $\{\mathcal{A}_i\}$ を考えることで評価される。n ブロック・エントロピーは

$$H_n = H(\mathcal{A}_1, \mathcal{A}_2, \ldots, \mathcal{A}_n) = -\sum_{S:|S|=n} P(S) \ln P(S) \tag{5.36}$$

のように定義される。ここで和は長さ n の全ての列に対してとる。$n = 2$ のとき、順に行われる観測を $\mathcal{A}$ と $\mathcal{B}$ で表すことにすると、$\sum_j P(s_j|s_i) = 1, \forall i$ ((5.4) 式) として、

$$\begin{aligned} H(\mathcal{AB}) &= -\sum_{i,j} P(s_i) P(s_j|s_i) \ln[P(s_i) P(s_j|s_i)] \\ &= -\sum_i P(s_i) \ln P(s_i) - \sum_i P(s_i) \sum_j P(s_j|s_i) \ln P(s_j|s_i) \end{aligned} \tag{5.37}$$

を得る。

$$H(\mathcal{B}|s_i) = -\sum_j P(s_j|s_i) \ln P(s_j|s_i) \tag{5.38}$$

は、観測 $\mathcal{A}$ が事象 s_i である条件下での観測 $\mathcal{B}$ のエントロピーを表す。関係式 (5.37) は

$$H(\mathcal{AB}) = H(\mathcal{A}) + H(\mathcal{B}|\mathcal{A}) \tag{5.39}$$

のように書き直される。ここで $H(\mathcal{B}|\mathcal{A}) = \sum_i P(s_i) H(\mathcal{B}|s_i)$ は $\mathcal{A}$ に従った観測 $\mathcal{B}$ の**条件つきエントロピー**である。H の加法性は独立事象に対しやはり成立することに注意しよう。更に $h(x)$ の凸性により任意の確率 $P = \{p_i\}$ と $q_i \in R$ に対し

$$\sum_i p_i h(q_i) \leq h\left(\sum_i p_i q_i\right) \tag{5.40}$$

を得る。$p_i = P(s_i)$, $q_i = P(s_j|s_i)$ と置き (5.5) を思い出すと

$$H(\mathcal{B}|\mathcal{A}) \leq H(\mathcal{B}) \tag{5.41}$$

となる。これから、一般的な複合事象のエントロピーについて、観測 $\mathcal{A}$ の出力の事前知識が観測 $\mathcal{B}$ の出力の不確定を増すことはない、という**弱加法性**（subadditively）

$$H(\mathcal{AB}) \leq H(\mathcal{A}) + H(\mathcal{B}) \tag{5.42}$$

が示される。記憶（又は日常の言い方では経験）は当惑を減らす。もし $\mathcal{B}$ の結果が $\mathcal{A}$ の結果によって部分的に決定される場合、完全に相関のない場合より少ない情報が観測者に伝わる。式 (5.37) は $H(\mathcal{A}_1|\mathcal{A}_0) = H(\mathcal{A}_1)$ に従って

$$H_n = H(\mathcal{A}_1, \ldots, \mathcal{A}_n) = \sum_{i=1}^{n} H(\mathcal{A}_i|\mathcal{A}_0, \ldots, \mathcal{A}_{i-1}) \tag{5.43}$$

のように n ブロックに一般化できる。記号1個あたりの平均情報量 $\langle I \rangle_n = H_n/n$ は長さ $n-1$ の語に対する長さ n の語の依存の程度を示す。関係式 (5.42) は $\langle I \rangle_n$ が単調かつ増加しないということを意味する。情報源のエントロピー又は**計量（メトリック）エントロピー**（metric entropy）K_1 は

$$K_1 = \lim_{n \to \infty} H_n/n \tag{5.44}$$

のように定義される。ここで定常な発信源に対しては極限は存在する（添字1の理由は後で説明する）。長さ n の列は最大 b^n 個あるので $0 \leq K_1 \leq \ln b$ である。ランダムな信号は大きなエントロピーを持ち、ひとつの記号あたり大量の情報を運ぶ。逆に文法的かつ論理的規則を持つ自然言語は可能な記号列の数を制限する：それらは予測性の程度を上げ、低い情報値をもつ。

　この性質は**冗長度**（redundancy）といわれ（例えば英語において q の後に必ず u をもつ語だけがある。すなわち、$P(u|q) = 1$）、それは言語の理解を容易にしている。実際、間違いの認識や小部分からの文の再構成も可能である。それと対照的にコンピュータプログラムの編集ミスでは、悲惨な結果になるだろう。

　任意の測度保存系 $(\mathbf{F}, X, \tilde{\mathcal{B}}, m)$ は、有限の可測集合の任意の分割 $\mathcal{C}$ が与えられる時、有限状態の定常過程 $\{s_i\}$ の情報源と考えられる。時刻 $i = 1, 2, ..., n$ で軌道が滞在する要素 $C_{s_i} \in \mathcal{C}$ の指標を s_i とする。分割と観測の両者を示す為に同じ記号 $\mathcal{C}$ を用いると、分割のエントロピー $H(\mathcal{C})$ は式 (5.34) で与えられる。ここで $P(s_i) = m(C_{s_i})$ は要素 $C_{s_i} \in \mathcal{C}$ の重みである。n 次の細分 $\mathcal{C}_n = \mathcal{C} \vee \mathbf{F}^{-1}\mathcal{C} \vee ... \vee \mathbf{F}^{-n}\mathcal{C}$ をとることにより各々の確率 $P(S)$ が $\mathcal{C}_n$ の要素

の測度に一致するので $n+1$ ブロック・エントロピー $H_{n+1} = H(\mathcal{C}_n)$ を得る。極限

$$K_1(\mathcal{C}, \mathbf{F}) = \lim_{n\to\infty} \frac{H(\mathcal{C}_n)}{n} \qquad (5.45)$$

は**分割 $\mathcal{C}$ に対応する変換 $\mathbf{F}$ のエントロピー**と呼ばれ、全ての可測分割に対し存在する（$+\infty$ になることもある）(Petersen, 1989)。それは、軌道が滞在する分割要素の下でもつ単位時間ステップあたりの平均の不確定性を与える。$\mathcal{C}$ の不適当な選択はたとえ運動がカオス的であっても不確定性を除いてしまうので、全ての可能な分割についての上極限をとらなければならない。つまり変換 $\mathbf{F}$ の**計量エントロピー又はコルモゴロフ-シナイ** (Kolmogorov-Sinai) エントロピー K_1 は

$$K_1(\mathbf{F}) = \sup_{\mathcal{C}} K_1(\mathcal{C}, \mathbf{F}) \qquad (5.46)$$

で、定義される。K_1 は全ての可能な有限の分割 $\mathcal{C}$ のうちで、$(\mathbf{F}, X, \tilde{\mathcal{B}}, m)$ から得ることが可能な最大情報量を表す。もし $\mathcal{C}$ が $K_1(\mathbf{F}) = K_1(\mathcal{C}, \mathbf{F})$ のように注意深く選ばれるならば、エントロピーは上極限をとることなしに直接 (5.44) から計算できる。**コルモゴロフ-シナイ定理** (Kolmogorov-Sinai theorem) と知られているこの結果は生成分割（既に第 4 章で定義された）から得られる (Cornfeld et al., 1982)。つまり無限小の細分化によって完全な σ 代数 $\tilde{\mathcal{B}}$ を作る。更に Krieger の定理 (Krieger, 1972) によれば、$K_1 < +\infty$ なる全てのエルゴード MPT は $e^{K_1} < b < e^{K_1} + 1$ を満たす要素の個数 b を持つ有限の生成分割を持つ。その定理からエルゴード MPT とシフト同相写像の等価性も言える。

シフト力学系に対するエントロピー K_1 の位相的類似物は第 4 章（式 (4.9) と式 (4.10)）で簡単にふれたように、

$$K_0 = \lim_{n\to\infty} \frac{\ln N(n)}{n} \qquad (5.47)$$

で定義される**位相的エントロピー** (topological entropy) K_0 である (Adler et al., 1965)。ここで $N(n)$ は言語 $\mathcal{L}$ で出現する n ブロックの個数である。K_0 と K_1 の両方は第 6 章で議論される一般化エントロピー関数 K_q の特別な場合である。

既に注意したように情報の概念は、エントロピーだけで完全には捕えることができない。系の以前の状態を考慮する必要がある。より一般的に分布 $P =$

$\{p_1, ..., p_b\}$ の試験分布 $Q = \{q_1, ..., q_b\}$ に対する依存性は**相対エントロピー**（relative entropy）

$$H(P||Q) = \sum_{i=1}^{b} p_i \ln \frac{p_i}{q_i} \qquad (5.48)$$

で定義される。ここで $0\ln(0/q) = 0$、$p\ln(p/0) = \infty$ を用いる。量 $H(P||Q)$ は、真の分布 P に対する Q の不完全さを示す量である。Jensen の不等式を関数 $\ln x$ に適用すると

$$H(P||Q) \geq \ln \sum q_i = 0 \qquad (5.49)$$

となる。ここで $q_i = p_i$ 即ち二つの分布が一致する際だけ等式は成立する。従って $H(P||Q)$ は確率分布間の（後に *Kullback and Leibler* の名称が与えられた）**距離**として解釈されることもある。式 (5.48) で $q_i = 1/b \ \forall i$、と置くとエントロピーに対する上限は $H \leq \ln b$ となる。二つの記号の確率 $p(s_i s_j)$ をとり、$H(P||Q)$ において分割 $q(s_i s_j) = p(s_i)p(s_j)$ $(\forall i, j)$ を仮定をすると、**相互情報量**（mutual information）といわれるものを得る。それは相関のない過程からのずれの程度をあらわす量である。

例：

[5.24] 周期的または準周期的信号のエントロピー K_0 と K_1 は 0 である。言語における n ブロックの個数 $N(n)$ は前者の場合一定で後者の場合 n に比例する。 □

[5.25] 計量エントロピーは予測不可能性の測度である。隣り合う階層レベルでのブロック・エントロピー間の距離 $h_n = H_{n+1} - H_n$ は、前の n が与えられた際、記号 $n+1$ を特定するのに必要な情報量と解釈される。$\lim_{n\to\infty} h_n = K_1$ は容易に証明することができる。k 次マルコフ過程に対し全ての $n > k$ について $h_n = K_1$ で、つまり過程の記憶が消え去った時、極限に到達する。ベルヌーイ過程の $B(p_1, ..., p_N)$ のエントロピーは $K_1 = -\sum_i p_i \ln p_i$ である。 □

[5.26] 二つの独立な MPT の積 $\mathbf{F}_1 \times \mathbf{F}_2$ の計量エントロピーは（弱）加法性 (5.42) によって $K_1(\mathbf{F}_1 \times \mathbf{F}_2) = K_1(\mathbf{F}_1) + K_1(\mathbf{F}_2)$ を満たす。同じ式は位相的エントロピー K_0 に対しても成立し、実際 $\mathbf{F}_1 \times \mathbf{F}_2$ に対し許される n ブロッ

5.6 情報、エントロピー、次元

クの集合はちょうど二つの写像から得られる集合の積である。 □

[5.27] 連続変数のランダムな（従って非決定論的）系は無限大のエントロピーを持ち、即ち有限の生成分割がない。これは（物理的）ノイズの場合である。小さなノイズによって影響された決定論的系は、制限された有限分解能では、有限のエントロピー値をとる。コイン投げの試行の出力（ベルヌーイシフト）は**離散的**ランダム過程を形成し、その故に有限のエントロピー（$\ln 2$）を持つ。 □

[5.28] 計量エントロピーの正値性は強混合性と等価ではない。エントロピー $=0$ の強混合系がある。例えば、定常ガウス過程に対しては Girsanov (1958) を、ホロサイクル (horocycle) 流に対しては Parasjuk (1953) と Gurevich (1961) を、そして有限タイプの 2 次元部分シフトに対しては Mozes (1992) を参照。エントロピー $=0$ の MPT は弱位相において一般的である (Walters, 1985)。 □

[5.29] 強混合性は相空間領域が拡散することを意味するが、必ずしも最大リヤプノフ数 λ_1 の正値性または相関の指数的減衰を意味するのではない（軌道が p 個の分離領域を周期的に訪れるが個々の領域の一つに制限するとカオス的であるという"周期的カオス"の場合のように）。$\lambda_1 = 0$ 又は $K_1 = 0$ の強混合変換や $\lambda_1 > 0$ の非混合性変換の例がある (Oono & Osikawa, 1980; Courbage & Hamdan, 1995)。これらの系の一般性についてはあまりわかっていない。同様に強混合の場合でさえ、正の計量エントロピー K_1（又は正の λ_1）が相関の指数的減衰を意味するのではないことが Niwa (1978) によってある種の 1 次元ガスに対して示された。 □

[5.30] Shannon (1951) は英語の散文のエントロピーを、人々に前の n 個の文字を見た後、次の文字を予想させることで見積もった。この結果は $K_1 \approx 1.3 \ln 2$ でランダムな源から期待される最大値 $\ln 26$ よりかなり小さかった。冗長性は、最適のデータ伝達を成す為に、テキストに含まれている情報を圧縮する適当な**符号化**によって減らすことが可能である（第 8 章参照）。 □

[5.31] 有限のエントロピー K_1 を持つ任意の MPT**F** は、速さ $f(N) = [2K_1 + \delta]/\ln N$ で近づく APT_1 を有する。ここで $\delta > 0$ は任意である。もし **F** が速さ $f(N) = \gamma/\ln N$ で近づく APT_1 を持つならば $K_1 \leq \gamma$ で、更に **F** がエルゴードならば $K_1 \leq \gamma/2$ である 。MPT が、速さ $o(1/\ln N)$ で近づく APT_1 を持つときのみ、計量エントロピー 0 である。これらに関連する幾つかの結果は Katok & Stepin (1967) によって示された。Schwartzbauer (1972) は後に任意の自己同相写像に対し $K_1 = \gamma/2$ であることを証明した。　□

[5.32] セル・オートマトンの時間発展はエントロピーという概念の有効な実例を提供する。少数の特別な規則を除くとダイナミクスは相対的に多数の部分列を変更し、それで空間的確率分布が漸近的に非一様になる（幾つかの列が全く禁じられるかもしれない）。一様にランダムな初期配置を与えると、空間的計量エントロピーは通常、時間と共に減少する。しかし、乱れから秩序が形成される（自己組織化）という自然な解釈は結果的に間違っている。実際、特別な配置（例えばちょうど一つの記号を除いて他は一様であるような）があって、それは空間エントロピーを増加させる構造に向かっていく。これは図 5.3 に示されている。固定した場所 i を選び、定常性を持つことが証明された信号 $s_i(t)$ （ここで t は離散時間）を考察すると、計量エントロピーで時間方向へのパターンの不規則性をうまく説明することが出来る。　□

情報理論的アプローチはフラクタル的測度 m の次元の研究も可能にする。m のサポート $s(m)$ が差し当たり定まった直径 ε を持つ互いに素な領域の集合で被覆するとしよう。被覆は、更に各々の要素を等しい直径を持つ部分集合に分けることでくり返し細かくされる。分解能 ε の領域要素の個数を $N(\varepsilon)$ で表すとサポート $s(m)$ の**フラクタル次元**[5]D_0 は

$$D_0 = \lim_{\epsilon \to 0} -\frac{\ln N(\varepsilon)}{\ln \varepsilon} \qquad (5.50)$$

のように定義される (Mandelbrot, 1982)。Λ の通常の位相次元を d_t （d_t は点に対し 0、線に対し 1,..., $n-1$ 次元の断面を持つ集合に対し n である：詳細な

---

[5] この量はしばしば**容量** (capacity) 又は**自己相似次元**のような異なった名前で呼ばれるが、**ボックス次元**の名称が広く使われるものとなっている。

5.6 情報、エントロピー、次元

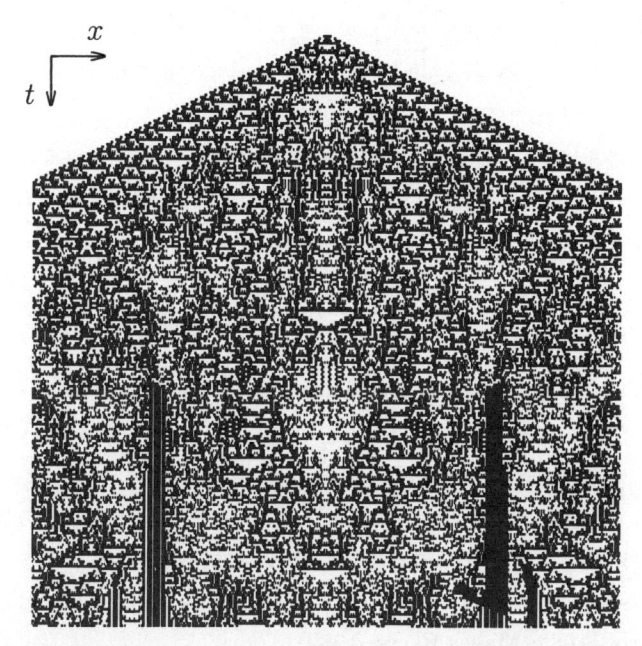

図 5.3 図 3.7 の $b=3$ で $r=2$ を持つ totalistic セルオートマトン 1024 によって生成される時空パターン。初期配置 $s_i = \delta_{i0}$ でスタートしたもの。

定義は Hurewicz & Wallman (1974) を参照) として $D_0 > d_t$ の時 Λ は**フラクタル** (fractal) と呼ばれる。滑らかな（絶対連続な）測度に対し D_0 が d_t に一致する。スケーリングの変数 n で $-\ln \varepsilon$ を置き代えると明らかに D_0 は位相的エントロピー K_0 (5.47) と類似性がある。

測度 m のスケーリング特性は**情報次元** (information dimension) (Renyi, 1970)

$$D_1 = \lim_{\varepsilon \to 0} \frac{\sum_{i=1}^{N(\varepsilon)} P_i(\varepsilon) \ln P_i(\varepsilon)}{\ln \varepsilon} \tag{5.51}$$

で特徴づけられ、これは計量エントロピー K_1 (5.44) からのアナロジーである。K_1 は、記号列 S が $x(S) = \sum_i s_i b^{-i}$（解像度 ε は b^{-n}）の単位区間の点に写像される時、S の空間における情報次元として解釈できる。

一般に $D_0 \geq D_1$ である。一般化次元 D_q の全体集合は第 6 章で定義される。$P(\varepsilon) = 1/N(\epsilon)$ の自明な場合、D_1 は D_0 と同じになる。自己相似フラクタル

の最も簡単な例はたぶん 3 進カントール集合で、それは s_i が 0 か 2 である全ての実数 $x = \sum s_i 3^{-i}$ からなる。分解能 $\varepsilon_n = 3^{-n}$ で集合は 2^n 個の切片でおおうことができ、それで $D_0 = D_1 = \ln 2 / \ln 3$ である。

被覆の手続きは異なった直径 ε_i を持つ領域の集まりであるように一般化することができる。これは次元のより厳密な定義を導く。R^d の中の点の集合 Λ の**ハウスドルフ測度**（Hausdorff measure）$m_\gamma(\varepsilon)$

$$m_\gamma(\varepsilon) = \inf \sum_i \varepsilon_i^\gamma \tag{5.52}$$

を考えよう。下極限は $\varepsilon_i < \varepsilon, \forall i$ を満たす全ての Λ の被覆についてとられる（これは不必要に大きな領域を選ぶことを避ける）。その時 Λ の**ハウスドルフ次元** d_n は $\gamma < d_n$ に対し $m_\gamma(\varepsilon) \to \infty$、$\gamma > d_n$ に対し $m_\gamma(\varepsilon) \to 0$ となる γ の値として定義される。$m_\gamma(\varepsilon) \leq N(\varepsilon) \varepsilon^\gamma$ なので $d_n < D_0$ であり、二つの違う方法で定義された次元は微分同相写像または実験系で得られる奇妙なアトラクター（strange attractor）に対しても通常同じであることが示されている（Mandelbrot, 1982; Mayer-Kress, 1989）。

例：

[5.33] 周期倍化転移で、臨界点の最初から 2^n 個の像（簡単のため、1 次元写像を考える）はアトラクター（これらの切片の内側に落ちている部分列 2^n 個の点）の被覆を表す 2^{n-1} 個の区間を決める。最低次の近似では、アトラクターは切片の長さが縮小率 $|\alpha|^{-1}$ と α^{-2} の二つのスケールを持つカントール集合となる。ここで $\alpha = -2.5029...$ は Feigenbaum のスケーリング定数（例 3.3）である。式 (5.52) を適用すると**自己相似条件**

$$|\alpha|^{-d_h} + |\alpha|^{-2d_h} = 1$$

を得、$d_h \approx 0.525$ となる。もっと多くの長さスケール（厳密な自己相似性は持っていない）を採用したより細かい計算は $d_h \approx 0.538$ を導く（Grassberger, 1981）。 □

[5.34] 一般化パイこね写像 (3.10) のアトラクターは（伸長する y 方向に

沿って）直線と（収縮する x 方向に沿って）カントール集合を生成する．全体の次元 D（式 (5.50)–(5.52) のいずれかによって定義される）は $D = 1 + D^{(2)}$ を満たす．ここで**部分次元**（partial dimension）$D^{(2)}$（付録 D を参照）はカントール集合に対応する次元である．n 次の近似でカントール集合は，2^n 個の全ての $k \in \{0, 1, ..., n\}$ に対し長さ $r_1^k r_2^{n-k}$ を持ち，重み $p_1^k p_2^{n-k}$ を持つ切片で覆うことができる（k は切片を符号化したときの 0 の個数である）．そのサポートの部分次元 $D_0^{(2)} = D_0 - 1$ に相当するハウスドルフ次元 $D_n^{(2)} = d_n - 1$ は

$$r_1^{d_h - 1} + r_2^{d_h - 1} = 1$$

を満たし，そして情報次元 $D_1^{(2)}$ はエントロピー K_1 と収縮率の対数の平均値 $\ln \varepsilon = \langle \ln r \rangle$ の比

$$D_1^{(2)} = \frac{p_1 \ln p_1 + p_2 \ln p_2}{p_1 \ln r_1 + p_2 \ln r_2} = -\frac{K_1}{\langle \ln r \rangle}$$

で与えられる（この結果は第 6 章における一般化次元の説明で明らかになる）．
□

[5.35] 実験系での次元とエントロピーは，ある観測量 x を等時間間隔で記録したスカラー時系列 $\{x(\Delta t), x(2\Delta t), ..., x(N\Delta t)\}$ から見積もることができるが，それを可能にするにはデータの分解能や個数とノイズの"大きさ"がある規準を満たさねばならない（Grassberger et al., 1991）．最初に E 次元空間に時系列を点 $\mathbf{x}_i = (x_{i+\tau}, ..., x_{i+E_\tau})$ として埋め込んで（embedding）アトラクターが再構成される（Packard et al., 1980; Takens, 1981; Sauer et al., 1991）．ここで $x_k = x(k\Delta t)$ であり，整数 τ は"遅れ時間"と呼ばれる．最近の結果の概観は，Mayer-Kress (1989)、Abraham et al. (1989) と Drazin & King (1992) を参照．
□

複雑性の視点から興味深い点は，不変集合のフラクタル性とか次元やエントロピーが大きな値をとるということにあるのではない．寧ろ測度の特異点の非一様性つまり様々に定義された次元とエントロピーの間の違いや厳密なフラクタル性の欠除などに複雑性が顔をあらわしているという点である．極めて広いクラスを構成するそのような現象は次の章で論じる．

参考文献

Arnold and Avez (1968), Ash (1965), Billingsley (1965), Edgar (1990), Falconer (1990), Sinai (1994)

第6章　熱力学的定式化

メモリーと相互作用の概念は複雑性を理解するための基本であり、実際それらは特に相転移に関連して統計力学の中にも自然な形で現われる。この章では、格子スピン系で発展した熱力学的な形式を一般的な記号パターンへ拡張する。これによって、異なる分野に対して共通の背景が与えられる。

ある記号ブロックが非一様な配位として現れるのは、その配位を最も"エネルギー"が低い状態として持つような相互作用ポテンシャルが背後にあるものと考えることができる。この発見的な見方は様々な厳密な表現形式をもち、それらは異なる等価な熱力学の方法に対応している。確率、フラクタル次元、そしてLyapunov指数といったような物理的観測量と直接関係のある二、三の例を選び、そこで得られる相互作用の性質によって複雑性の特徴を分類しよう。例えば、ゆるやかに減衰する長距離の相互作用は、熱力学的状態の組織化に著しく影響を与える。

6.1　相互作用

$\Sigma' \subseteq \Sigma_b$ として、b-記号アルファベット A の上の両無限記号列 $\mathcal{S}$ から生じ、測度 m を保存するシフト力学系 $(\Sigma', \hat{\sigma})$ を考えよう。信号 $\mathcal{S}$ は、格子 $\mathbb{Z}$ 上のスピン配位と解釈することができる。統計力学的な系との類似性から、格子を n-ブロックの $S = s_1 s_2 \ldots s_n$（微視的状態（microstates））へと粗視化し、それらの各々に物理的な観測量 $\mathcal{O}$ の値 $O(S)$ を割り当てる。定常測度が存在するので、$O(S)$ の最も自然な選び方は、n-シリンダー $c_n(S)$ に関係する重み $P(S)$

である。したがって、ハミルトニアンを

$$\mathcal{H}(s_1, s_2, \ldots, s_n) = -\ln P(s_1 s_2 \ldots s_n) \tag{6.1}$$

と定義する (Sinai, 1972)。混合的なシフトにおいては、n が増大するとこの確率が典型的な指数関数的減衰を示すことが観測されているので、この立場は正しいものとされている。すなわち、ほとんど全ての S に対して、$\kappa(S) > 0$ を用いて、$P(S) \sim \exp[-n\kappa(S)]$ と書くことができる。これは、すでに述べたようにいつも成り立つわけではなく、たくさんの興味深い現象がこの振舞いの破れによっているのである。

この状況は、"物理的な"統計力学の場合とは逆になっていることに注意しよう。なぜなら、上の定式化においては、(解析的にせよ、数値的な評価を通じたものにせよ) あらゆる有限の列 S に対する確率が与えられているだけで、ハミルトニアン (6.1) はスピン変数の既知関数ではなく、個々のデータにあてはめて作るべきものだからである。

例：

[6.1]　Bernoulli シフトにおいては、k 個の 0 と $n-k$ 個の 1 からなる（あらゆる順序の）列が、それぞれ確率 $P(s_1 s_2 \ldots s_n) = p_0^k p_1^{n-k}$ で現われる（例 5.5 参照）。したがって、$k = \sum_i (1 - s_i)$ かつ $n - k = \sum_i s_i$ なので、

$$\mathcal{H} = -k \ln p_0 - (n-k) \ln p_1 = -n \ln p_0 - \ln(p_1/p_0) \sum_{i=1}^{n} s_i \tag{6.2}$$

となる。これは格子気体ハミルトニアンで、$s_i = 1$ は i 番目サイトが占有されていることを意味し、$s_i = 0$ は空であることを示す。通常のスピン・ハミルトニアンの描像は、

$$\sigma_i = 2s_i - 1 \tag{6.3}$$

と置き換えることにより再現される。予想されるように、**独立な** (independent) 互いに相関のない事象の列は、**相互作用のない** (noninteracting) 粒子に対応する。(6.2) 式の最後の項は、$p_0 = p_1$ で消える外場の寄与を表す。　□

[6.2]　もしも i 番目の記号がマルコフ的に一つ前のものだけに依存するなら

6.1 相互作用

ば、確率 $P(s_0 s_1 \ldots s_n) = P(s_0) \prod_i P(s_i|s_{i-1})$ から、

$$\mathcal{H} = -\ln P(s_0) - \sum_{i=1}^{n} \ln P(s_i|s_{i-1}) \tag{6.4}$$

が得られる。記号列は $P(s_i|s_{i-1})$ の可能な b^2 個の値によって定義される。α と β が 0 か 1 いずれかの二値の場合を考え、各項 $p_{\alpha|\beta} \equiv P(\alpha|\beta)$ が、和の中に $n_{\alpha\beta}$ 回現われるとする。n_{00}, n_{01}, n_{10} と n_{11} の値は、占有数 s_i を含む和として、例えば、$n_{01} = \sum_i (1-s_i) s_{i-1}$ と書くことができる。これら 4 個の式を (6.4) 式に代入すると、

$$\mathcal{H} = -n\ln p_{0|0} - \ln\frac{p_{0|1} p_{1|0}}{p_{0|0}^2} \sum_{i=1}^{n} s_i - \ln\frac{p_{0|0} p_{1|1}}{p_{0|1} p_{1|0}} \sum_{i=1}^{n} s_i s_{i-1} \tag{6.5}$$

を得る。ここで、$-\ln P(s_0)$ のような "表面の影響" に相当する項を無視した。このハミルトニアンは、明らかに最近接相互作用をもつ格子気体を表現するものである (Huang, 1987)。等価な Ising ハミルトニアン (3.25) が、(6.3) 式を代入することにより再現される。2 次の項の係数の正（負）符号は、強磁性（反強磁性）相互作用に対応する。 □

上の例が示すように、確率過程のメモリーは相互作用へと直接変換される。記号力学系の研究においては、ハミルトニアンは、与えられた（おそらく知られていない）力学規則から生成された確率から推定される。一般に、それは、

$$\mathcal{H} = -\sum_i J_1 \sigma_i - \sum_{i>j} J_2(i-j)\sigma_i\sigma_j - \sum_{i>j>k} J_3(i-j, j-k)\sigma_i\sigma_j\sigma_k - \ldots \tag{6.6}$$

の型のマルチ・スピン相互作用を含む項の和で書くことができる。ここで、係数 J_ℓ は**並進対称** (translationally invariant) である。**熱力学的極限** (thermodynamic limit) を保証するために、相互作用にはある制限が課されなければならない。すなわち、粒子数 n が無限に近づくとき、粒子密度、エネルギー密度、およびエントロピー密度が有限の極限に収束する必要がある。この条件は、二体の相互作用（$\ell > 2$ に対しては $J_\ell = 0$）の場合は、あらゆる i に対して、

$$\sum_j |J_2(i-j)| < \infty \tag{6.7}$$

となる。このことは、表面の効果を無視しうるというのと同じで、それゆえバルクの性質のみが残ることになる。(6.1) 式のようにハミルトニアンを定義したので、ある測度 m に対して、不等式 (6.7) は、n が十分大きいとき条件付き確率 $P(s_1 s_2 \ldots s_n | s_0)$ が本質的に s_0 と独立になることを意味する。

この方法は、決して確率過程に制限されるものではなく、記号列に関係する他の観測量、例えば、n 番目レベルの解像度でのフラクタル集合を覆う各要素のサイズ $\varepsilon(s_1 s_2 \ldots s_n)$ や、液体乱流中の渦の速度 v などへとすぐに拡張されるものである。そこでは相互作用の概念がしかるべく一般化される。フラクタル集合の構成や乱流カスケードのような "乗法的な (multiplicative)" 過程に対しては、観測量 O の対数として $\mathcal{H}$ を定義するのが自然である[1]。もちろん、熱力学が矛盾せずに定式化されるように $\mathcal{H}$ を選ばなければならない。それでもなお対応する観測量が熱力学的に不正な値を取る場合がある。例えば、n 個のスピンからなるハミルトニアンは、粒子数 n が大きいときには、n に "比例" する示量的な関数にならなければならないが、それが破れてしまうことがある。

熱力学的極限の存在は、通常（異なる）格子サイト $\mathbf{x}_1, \mathbf{x}_2, \ldots, \mathbf{x}_n \in X$ にある（2 個の粒子は同じサイトを占めることはできない）$n = |X|$ 個の粒子からなる有限集合 X の総ポテンシャルエネルギー $U(X)$ の性質に依存する。$U = \infty$ となる配位の熱力学的重率はゼロであるので、その配位は禁止される。さらに、U はその変数の交換に対して不変であり、

$$U(X+r) = U(X), \qquad \forall r \in L$$

といった並進対称性が仮定される。熱力学的極限の存在に対する十分条件は、無限に多くの粒子が L の束縛状態へ縮退しないこと、そして遠く離れたもの同士の相互作用は無視しうるということである (Ruelle, 1974)。これはすなわち、以下のことと等価である。

1. **安定性**：全ての X とある定数 $0 < a < \infty$ に対して、$U(X) \geq -an(X)$
   （ポテンシャルの引力部分についての制限）

---

[1] "乗法的な" という用語は、通常は、c_1 と c_2 を定数として、$|S| \to \infty$ の極限で、$0 < c_1 \leq |\ln O(S)|/|S| \leq c_2 < +\infty$ が S において一様に成り立つことを意味する。

2. **漸近的独立性**（Tempering）:

$$W_{n,m} = U(x_1,\ldots,x_n,y_1,\ldots,y_m) - U(x_1,\ldots,x_n)$$
$$-U(y_1,\ldots,y_m) \leq Anmr^{-\gamma} \tag{6.8}$$

ここで、$\{x_i\}$ と $\{y_i\}$ は、二つの異なる粒子のグループの座標であり、$A \geq 0$ である。さらに、全ての $i \in [1,2,\ldots,n]$ と $j \in [1,2,\ldots,m]$ に対して、$|x_i - y_j| \geq r \geq R_0 > 0$ である。また、$\gamma > 1$ である（d–次元格子上では $\gamma > d$）。この条件は、異なるグループの粒子間の相互斥力を制限する。

U はハミルトニアンのようなものであり、粒子の位置の関数として書き直すことができるので、定義 (6.1) により、$W_{n,m}$ は配位 $(x_1,\ldots,x_n)$ と $(y_1,\ldots,y_m)$ の条件付き確率、およびその条件なしの確率の対数同士の差になる。

ポテンシャル・エネルギー U は、ℓ 体のポテンシャル $\Phi_\ell = \Phi(Y) = \Phi(y_1, y_2, \ldots, y_\ell)$ の重ね合わせとみることもできる。$Y = \{y_1, y_2, \ldots, y_\ell\}$ は ℓ 個の粒子の状態である。並進対称性から、Φ_1 は有限の定数であり、慣習的に 0 と置く。実関数 Φ_ℓ は、U と同様の不変性を満たす。したがって、$U(X) = U(x_1,\ldots,x_n)$ は、式 (6.6) の 1-体、2-体、$\ldots$、n-体の相互作用エネルギーについての和との類似性から、

$$U(X) = \sum_{\ell \geq 2} \sum_{1 \leq i_1 < \ldots < i_\ell \leq n} \Phi(x_{i_1},\ldots,x_{i_\ell}) = \sum_{Y \subset X} \Phi(Y) \tag{6.9}$$

と表される。よって、相互作用空間のクラスを、条件

$$||\Phi||_\rho = \sum_{Y \ni y_0} \frac{|\Phi(Y)|}{|Y|^{1-\rho}} < \infty \tag{6.10}$$

によってうまく特徴付けることができる。ここで、$|Y| = \ell$ は Y における粒子数で、ρ は収束の指数である。式 (6.10) は、（y_0 における）ある一つの粒子と他の全てとの相互作用全体についての制限を表している。$\rho = 0$ に対しては、Banach 空間 $\mathcal{B}_0$ を得る。そこでは、関数はその引数の増大に対して、急速にゼロへと減少する必要がない。この条件は安定性を意味する（Fisher, 1972）。

$\rho = 1$ の選択は空間 $\mathcal{B}_1 \subset \mathcal{B}_0$ を定義し、長距離相互作用の減衰に対するより厳しい制限を課す。

熱力学的極限が存在しない場合を除外することにより、最も興味深い振舞いが、平衡配位における長距離（無限範囲の）**相関** (correlations) の自発的な創発と関係のあることが予想される。格子が2次元以上の場合に、長距離相関が近距離相互作用から生み出されうることはよく知られている。一方、1次元の場合は、この現象は相互作用自身が長距離の範囲に及ぶ場合にのみ可能である（6.3節と6.4節を参照）。これは、セル・オートマトンの場合のようにパターンを発生させる力学法則が局所ルールに従う場合であっても起こることに注意しよう。その他の興味深い性質が、相互作用クラス $\mathcal{B}_0 \setminus \mathcal{B}_1$ に属する系で示されている (Fisher, 1972)。

6.2 統計アンサンブル

1次元統計力学と力学系との形式的な類似性は、もともとは Sinai (1972), Ruelle (1978) および Bowen (1975) らが、1次元拡大写像と Julia 集合に対して発展させたものである。いくつかの異なる定式化も可能である (Bohr & Tél, 1988; Badii, 1989; Beck & Schlögl, 1993)。力学系理論で一般的に採用される粗視化の手続きと密接に関係する"熱力学的な"量の定義があるが、それらのいくつかの等価なものについて議論する。特に、エントロピーと次元の問題を集中的に取り上げる。

6.2.1 一般化エントロピー

(6.1) 式を念頭において、**カノニカル** (canonical) "分配関数"

$$Z_{\text{can}}(n, q) = \sum_{\{s_1, s_s, \ldots, s_n\}} P^q(s_1 s_2 \ldots s_n) \sim e^{-n(q-1)K_q} \quad (6.11)$$

を考える。記号 $\sim$ は大きな n に対する主要なスケーリング的振舞いを意味しており、和は長さ n の異なる全ての列 S に関してとる。関数 K_q (Rényi, 1970) は

一般化エントロピー (generalized entropy) と呼ばれ、**局所エントロピー** (local entropy)

$$\kappa(s_1 s_2 \ldots s_n) = -\frac{1}{n} \ln P(s_1 s_2 \ldots s_n) \tag{6.12}$$

の期待値 $\sum \kappa(S)P(S)$ の "まわりの" ゆらぎに対応する。この期待値は、$n \to \infty$ で Kolmogorov-Sinai エントロピー K_1 ((5.44) 式) へと収束する。これは、式 (6.11) を $q-1$ の 1 次の項まで展開することで確かめることができる。Bernoulli シフト $B(1/3, 2/3)$ についての、q に対する曲線 K_q を図 6.1 に示す。式

$$I_q = \frac{1}{1-q} \ln \sum P^q \sim n K_q \tag{6.13}$$

は、通常の Shannon 情報量 H ((5.36) 式参照) の拡張であり、オーダー q の **Rényi 情報量**として知られる。K_q を q で微分して、$\pi(S) = P^q(S)/\sum P^q(S)$ と定義すると、

$$K_q' = -\frac{1}{n(q-1)^2} \sum_{\{S\}} \pi(S) \ln \frac{\pi(S)}{P(S)}$$

が得られる。これは相対エントロピーの性質 (5.49) から決して正にはならない。すなわち、K_q は、q の単調非増加関数である。$q \to 0$ の極限では、$P = 0$ なら $P^0 = 0$ というきまりから、トポロジカル・エントロピー K_0 が再現される。すなわち、これにより、(6.11) 式の和は、可能な n-ブロックの数 $N(n)$ を与えることになる。$q \to +\infty(-\infty)$ の極限では、最小の (最大の) 局所エントロピーが得られる。全ての確率が同じ割合 κ で漸近的にスケールされるような、いわゆる一様の場合には、曲線 K_q は一定となる。

熱力学的な方法では、一般化エントロピー K_q は自由エネルギー $\mathcal{F}(\mathcal{V}, \mathsf{T})$ と形式的に等価である。ここで、体積 $\mathcal{V}$ は単純に n であり、温度 T は、指数 $q-1$ の逆数に比例する。それゆえ、

$$\begin{aligned}
\mathcal{F}(\mathcal{V}, \mathsf{T}) &\iff n K_q \\
\mathcal{E} &\iff n \kappa \\
\mathcal{V} &\iff n \\
k_B \mathsf{T} &\iff (q-1)^{-1}
\end{aligned} \tag{6.14}$$

となる。$\mathcal{E}$ はエネルギーで、k_B は Boltzmann 定数である。示量的な $\mathcal{F}$ と $\mathcal{E}$ の他に、通例単位体積あたりの類似の自由エネルギーとエネルギーに対しては、

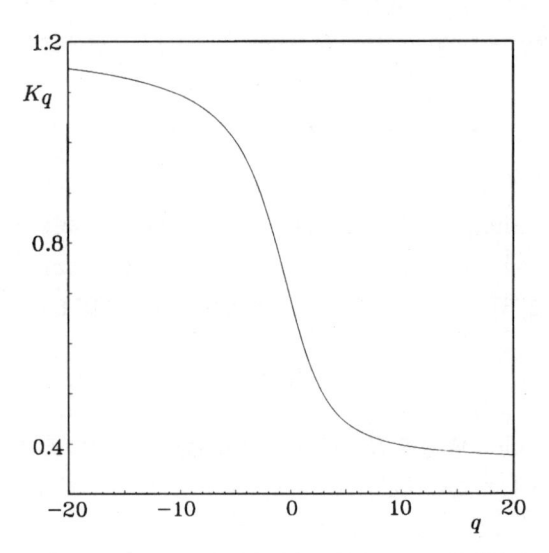

図 6.1 Bernoulli シフト $B(1/3, 2/3)$ に対する、q の関数としての一般化エントロピー K_q。

それぞれ $\mathsf{F}(\mathsf{T}) \iff K_q$ および $\mathsf{E} \iff \kappa$ である。(6.14) 式の最初の三つの関係は良しとして、最後のものは、負の温度 ($q < 1$) が含まれるときには解釈の問題をもたらす。しかし、この不都合は、$q = 1$ の無限温度点を越えたところで、エネルギーと温度の両方の符号を同時に変えることで取り除かれる。この熱力学的定式化の応用においては、温度は完全に自由パラメータであるということを強調しておかなければならない。つまり温度を変化させるということは、エネルギーの値がほぼ κ で特徴づけられる部分系 (n-シリンダー集合) に注目することと関係している。

"自由エネルギー" K_q の定義 (6.11) に含まれる指数の"非対称" (q と $q-1$) は、通常の熱力学との類似性にとっては欠点である。この問題は、アンサンブルを注意深く定義することにより解決することができる。和 $\sum P^q$ は、b^n 個の可能な全ての n-ブロックについて足し合わされるので、それが期待値 $\langle P^{q-1} \rangle$ に等しいことに注意しよう。この平均は、列 S を N 個の長さ n の列へと分割し、和 $\sum' P^{q-1}(S)/N$ を実行することにより評価される。この和において、各列 S はそれ自身の確率 $P(S) \approx N(S)/N$ に比例した回数 $N(S)$ だけ現れる。これはカノニカル・アンサンブルである。一方、(6.11) 式で実行される和は、相空間

もしくは配列空間の全ての状態についてとられる。それゆえ各要素はLebesgue測度でサンプルされるので、必要な平均を計算するためには、確率 P を与えなければならない。このようにカノニカル・アンサンブルを選ぶことにより、上記の非対称性を解消することができる（β のかわりに $q-1$ を指数とするのは、純粋に歴史的な理由による）。

ミクロ・カノニカル的な記述は、範囲 $(\kappa, \kappa+d\kappa)$ にあるエネルギー E をもつ全ての列からなるアンサンブルを考えることにより得られる。したがって、ミクロ・カノニカル分配関数 $Z_{\text{mic}}(\kappa)$ は、

$$Z_{\text{mic}}(\kappa) \equiv e^{nS(E)/k_B} = e^{n[g(\kappa)-\kappa]} \tag{6.15}$$

となる。ここで、S(E) はミクロ・カノニカル・エントロピーであり、$g(\kappa)-\kappa$ はその力学的な対応物である。関数 $g(\kappa)$ は、**エントロピー・スペクトル** (spectrum of entropies) と呼ばれる。κ は、熱力学的な構成においてはエネルギーの役割を果たす、局所的な**力学的** (dynamical) エントロピーであることに注意しよう。すなわち、その意味は**熱力学的** (thermodynamic) エントロピー S(E) とは全く異なるものである。カノニカルの定式化とミクロ・カノニカルのそれとの間の関係は、$n \to \infty$ に対して、

$$\sum{}' P^{q-1} \sim \int e^{-n\kappa(q-1)} e^{n[g(\kappa)-\kappa]} d\kappa$$

に注目することで得られる。K_q の定義 (6.11) を思い出すことにより、

$$\int e^{-n[q\kappa - g(\kappa)]} d\kappa \sim e^{-n(q-1)K_q} \tag{6.16}$$

を得る。これは、$n \to \infty$ の極限においては、鞍点近似で解くことができる。これにより、二つの等価な Young-Fenchel 条件

$$(q-1)K_q = \inf_\kappa [q\kappa - g(\kappa)], \quad g(\kappa) = \inf_q [q\kappa - (q-1)K_q] \tag{6.17}$$

が得られる。特に、もしも $g(\kappa)$ と K_q が微分可能であれば、上の条件は Legendre 変換

$$g(\kappa) = q\kappa(q) - (q-1)K_q, \quad \kappa(q) = \frac{d[(q-1)K_q]}{dq}, \quad q = \frac{dg(\kappa)}{d\kappa} \tag{6.18}$$

に帰着する。ここで、$\kappa(q)$ は、(6.17) 式において、下限に達した点での κ の値を示す。(6.18) 式の最初のものは、(6.14) と (6.15) の定義を思い出すことにより、

$$F(T) = E(T) - TS(E)$$

と書き直すことができる。通常の熱力学的関係が全て成り立つ。例えば、

$$\left(\frac{\partial \mathcal{S}}{\partial \mathcal{E}}\right)_{\mathcal{V}} = \frac{1}{T}, \quad \left(\frac{\partial \mathcal{S}}{\partial \mathcal{V}}\right)_{\mathcal{E}} = \frac{P}{T}, \quad \left(\frac{\partial \mathcal{F}}{\partial \mathcal{V}}\right)_{T} = -P \qquad (6.19)$$

であり、圧力 P は形式的に $-K_q$ に対応する[2]。実際、この方法においては、エネルギー E を除いてゆらぐ量はない。さらに、環境との相互作用に対応するような、$Pd\mathcal{V}$ (もしくは磁性の言葉でいうところの外場 H と磁化 $\mathcal{M} = \sum \sigma_i$ によれば、$Hd\mathcal{M}$) の形の無限小過程は考えていない。次の節では、二変量の場合が議論されるが、そこでは体積と圧力を考慮することが重要である。

$g(\kappa)$ の意味は、(6.15) 式との関連で理解することができる。それは離散化することによって次のように評価することができる。$e^{ng(\kappa)}d\kappa$ は、範囲 $(\kappa, \kappa+d\kappa)$ における局所エントロピーで特徴づけられるような、長さ n の異なる (distinct) 列の数である。$e^{-n\kappa} = p_0^k p_1^{n-k}$ であるような、Bernoulli シフト $B(p_0, p_1)$ に対しては、

$$e^{ng(\kappa)} = \begin{pmatrix} n \\ k \end{pmatrix}$$

は、k 個のゼロを含む n-ブロックの数である。一般性を失うことなく、$p_0 < p_1$ と仮定することにより、$g(\kappa)$ が

$$g(\kappa) = -\frac{\kappa_+ - \kappa}{\kappa_+ - \kappa_-} \ln \frac{\kappa_+ - \kappa}{\kappa_+ - \kappa_-} - \frac{\kappa - \kappa_-}{\kappa_+ - \kappa_-} \ln \frac{\kappa - \kappa_-}{\kappa_+ - \kappa_-}$$

と求まる (図 6.2 参照)。ここで、$\kappa_+ = -\ln p_0 = K_{-\infty}$ および $\kappa_- = -\ln p_1 = K_{+\infty}$ は、それぞれ局所エントロピーの最大値および最小値である。これらは、エントロピー・スペクトル $g(\kappa)$ の台 (support) の境界を表す。それらは各々ただ一つの列 (それぞれ、0^n と 1^n) に対応するので、$g(\kappa)$ はそれらの点においてはゼロである。しかしながら、$g(K_{\pm\infty})$ の値は、他の系においては正でありえる。例えば、三進法 Bernoulli シフト $B(p_0, p_1, p_2)$ においては、$p_0 = p_1$ と

---

[2] (訳者注) $\mathcal{S}$ は全エントロピー $\mathcal{S}(\mathcal{E}, \mathcal{V}) = nS(E, V)$。

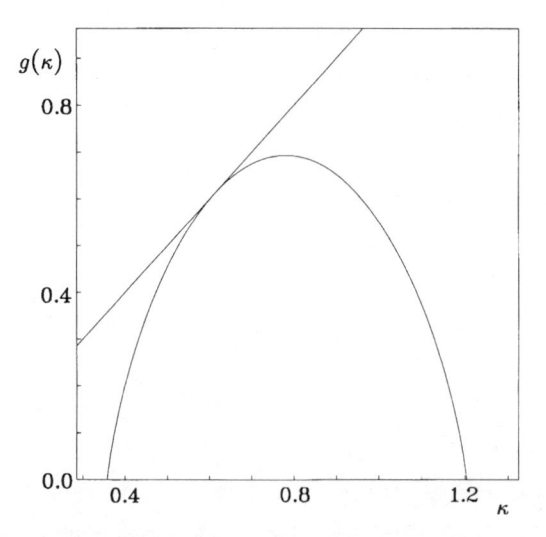

図 6.2 Bernoulli シフト $B(0.3, 0.7)$ における、κ に対するエントロピー・スペクトル $g(\kappa)$。

すると、2 を含まない全ての 2^n 個の列が同じ割合 p_0 で現れ、$g(\kappa_-)$ に寄与する ($p_0 > p_2$ を仮定する)。

$g(\kappa)$ と K_q の間の関係は、Legendre 変換 (6.18) を幾何学的に解釈することにより簡単に説明できる。傾き q をもつ $g(\kappa)$ への接線は、等分線 $g(\kappa) = \kappa$ と点 (K_q, K_q) で交差する。したがって、$g(\kappa)$ の最大値は、トポロジカル・エントロピー K_0 である。$q = 1$ においては、$g(\kappa)$ は、測度論的（メトリック）エントロピーと等しく、等分線に接する。関数 $F(q) = (q-1)K_q$ は、$g(\kappa)$ が上に凸でないときですら、常に上に凸である。実際、その 2 次導関数は、

$$\frac{d^2 F}{dq^2} \propto -\sum_{i>j}(P_i P_j)^q \left(\ln \frac{P_i}{P_j}\right)^2 \leq 0$$

となる。ここで、添字 i と j は列 $S = s_1 s_2 \ldots s_n$ を略記したものである。したがって、エントロピー・スペクトル $g(\kappa)$ が Legendre 変換 (6.18) から計算されるときは、得られる $\tilde{g}(\kappa)$ は、

$$\frac{d^2 \tilde{g}}{d\kappa^2} = \left(\frac{d^2 F}{dq^2}\right)^{-1} \tag{6.20}$$

であるので、自動的に上に凸となる。しかしながら、直接ヒストグラムから評価する場合は、$g(\kappa)$ は必ずしも上に凸にはならない。すなわち、そのような場合には、Legendre 変換 $\tilde{g}$ は g に関して上に凸の包絡線を持つ（すなわち、g よりも大きな、可能な最小の上に凸の関数）。全ての確率が同じ割合 κ^* でスケールされる一様な場合には、g の台は、単一の点 $\kappa = \kappa^*$ に帰着される。2-スケール Bernoulli 過程 $B(p_0, p_1)$ は、無限大のスケーリング指数 $\kappa(S)$ を生じることに注意しよう。

既に述べたように、κ に対する曲線 $g(\kappa)-\kappa$ は、熱力学的なエントロピー S(E) に似ている。実際、その導関数は、"逆温度" $q-1$ である。$g(\kappa) \le \kappa$ なので、（自然な測度 m に関して）ほとんど全ての列が、$n \to \infty$ の極限で、同じ局所エントロピー $\kappa = K_1$（そこでは $g(\kappa) = \kappa$）を示す。このことは、$Z_{\text{mic}}(\kappa)$（(6.15) 式参照）が、スピン配位において、エントロピー κ をもつ n-列が見出される確率に比例することからも容易に理解することができる。$g(\kappa)$ を $\kappa = K_1$ のまわりで2次のオーダーまで展開すると、$Z_{\text{mic}}(\kappa)$ は、導関数を $g'' = \mathrm{d}^2 g/\mathrm{d}\kappa^2$ として、分散

$$\sigma^2(n) = \frac{1}{n|g''|}$$

をもつガウス分布に帰着する。したがって、有限体積のゆらぎは熱力学的極限では無視できる。(6.16) 式のカノニカルの形式化においてこの近似を行なうことで、各 q に対する $\kappa(q)$ での g'' が評価され、同じ結果が得られる。比熱の定義

$$c_\mathcal{V} = \left(\frac{\partial \mathcal{E}}{\partial \mathsf{T}}\right)_\mathcal{V} = -n(q-1)^2 \frac{\mathrm{d}^2 F}{\mathrm{d}q^2} \tag{6.21}$$

と (6.20) 式を思い出すと、よく知られた比熱とエネルギーのゆらぎとの関係が再現される。局所エントロピー $\kappa = -\ln P(S)/n$ が、$n \to \infty$ の極限での、ほとんど全ての S に対するメトリック（計量）エントロピー K_1 と等価であることは、**Shannon-McMillan-Breiman** の定理として知られている（Cornfeld *et al.*, 1982）。

6.2.2　一般化次元

熱力学的な定式化は、これまである一つの量、つまり確率のゆらぎを説明す

るために発展して来た。フラクタル測度の場合、関係のある観測量は質量 P と適切な被覆の要素 B のサイズ ε の両方である。Hausdorff 次元の定義に適用された手続きを思い出すと (5.6 節)、ドメイン B はそれぞれ互いに同一である必要はなく、同じ質量を含む必要もないことに気がつく。つまり、それらの大きさの上限 ε が解像度のレベルを決め、測度 (5.52) の下限を決める。スケール ε はその極限へ階層的に接近するとき、整数 n に指数関数的に依存することもある。したがって、n 番目レベルの解像度での各ドメイン B は、図 6.3 で説明されるように、n–記号列 S でラベル付けされる。

確率 P をサイズ ε へと関係付けるスケール的な振舞いは、$\varepsilon \ll 1$ に対して

$$P(\varepsilon) \sim \varepsilon^{\alpha(S)} \tag{6.22}$$

と書くことができる。指数 $\alpha(S)$ は、要素 B_S の**局所次元** (local dimension) と解釈することができ、一般にエントロピー κ との類似性から、(S で指定される) 位置が変わるとゆらぐ量である。先の節では解像度 e^{-n} は固定であったが、これに反して、スケーリング変数 $\varepsilon = \varepsilon(S)$ は、確率 $P(S)$ と全く同様にここではゆらぎのある量である。この性質は、二つのパラメータ q と τ を導入し、以下の等温等圧分配関数

$$Z_{\mathrm{iso}}(n, q, \tau) = \sum_{S:|S|=n} P^q(S) \varepsilon^{-\tau}(S) \tag{6.23}$$

を構成することにより考えることができる。ここで、和は、通常の熱力学的な表現

$$Z_{\mathrm{iso}}(\mathsf{P},\mathsf{T}) = e^{-\mathcal{G}(\mathsf{P},\mathsf{T})/k_B \mathsf{T}}$$

との類似性にしたがい、長さ n の全ての列 S についてとる。ここで、$\mathcal{G}(\mathsf{P},\mathsf{T})$ は、Gibbs の自由エネルギーで、

$$\begin{aligned}
\mathcal{E} &\iff -\alpha(S)\ln\varepsilon \\
\mathcal{V} &\iff -\ln\varepsilon \\
k_B \mathsf{T} &\iff (q-1)^{-1} \\
\mathsf{P} &\iff -\tau/(q-1)
\end{aligned} \tag{6.24}$$

である。したがって、単位体積あたりのエネルギー $\mathsf{E} = \mathcal{E}/\mathcal{V}$ は、局所次元

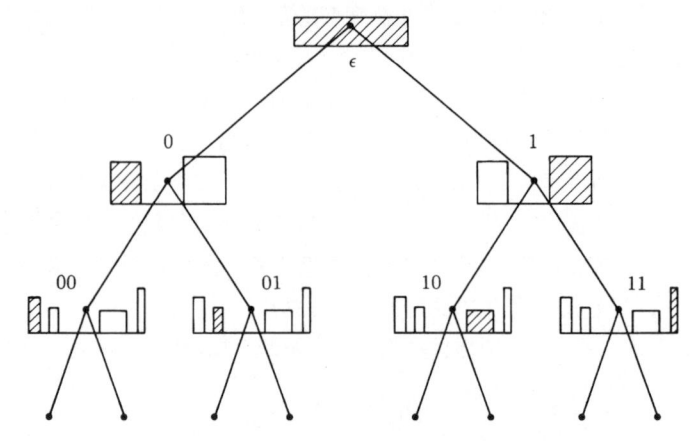

図 6.3 二進 Cantor 集合上のフラクタル測度の階層的粗視化。各区間にある要素が対応する高さをもつ箱で表されている。各記号列は斜線の箱および、単位区間全体にわたる空列である。

$\alpha(S)$ に等しい。τ と q の関係は、状態和 (6.23) がゼロでなく有界であり、かつ $n \to \infty$ の極限で無限大になることが必要であることから得られ、**一般化次元** (generalized dimension) D_q

$$D_q = \tau(q)/(q-1) \tag{6.25}$$

を定義する。実際、(6.22) 式を思い出すと、(6.23) 式の右辺は期待値

$$\langle P^{q-1} \varepsilon^{-\tau} \rangle = \langle \varepsilon^{(q-1)(\alpha - D_q)} \rangle$$

のように書き換えることができる。この式から "平均次元" D_q が得られる。さらに関係式 (6.24) から $D_q \iff \mathsf{F}(\mathsf{T}) = -\mathsf{P}$ が得られる。

もっと正確には、Hausdorff の基準 (5.52) にしたがって、最も経済的な被覆が、新しい分配関数 Z'_{iso} によって定義される。Z'_{iso} は、負の τ に対しては、あらゆる $\varepsilon(S) < \varepsilon$ の選び方に対する Z_{iso} の下限に等しく、正の τ に対しては Z_{iso} の上限となる。したがって、$\tau(q)$ は

$$\lim_{n \to \infty} Z'_{\text{iso}} = \begin{cases} \infty & \text{if } \tau > \tau(q) \\ 0 & \text{if } \tau < \tau(q) \end{cases} \tag{6.26}$$

となるような τ の値である。下限と上限がでてくるのは、被覆の要素とフラク

タル集合との間の"中立的な"交差を避ける必要があるからである。このような交差によって、局所密度がより低く、次元 α はより大きく見積もられることがある。一方、下限と上限の設定により、q と独立かつ最適な被覆が存在しなくなり、それゆえ熱力学的な解釈がより困難なものになる可能性がある。この困難は、自己相似的な Cantor 集合に対しては明らかに存在しない。Cantor 集合においては、特別なスケールと確率の両方が記憶効果のない乗法的な過程 $\varepsilon(s_1 \ldots s_n) = \prod_i r_{s_i}$, $P(s_1 \ldots s_n) = \prod_i p_{s_i}$ によって与えられるからである。ここで、$r_{s_i} \in \{r_0, r_1, \ldots, r_{b-1}\}$ と $p_{s_i} \in \{p_0, p_1, \ldots, p_{b-1}\}$ は、それぞれ長さと質量に対するスケール率である。しかしながら、一般には、各レベルでの過程の本質的な未知の規則に関係するような、階層的な分割を構成することは許されない課題なのかもしれない。さらに言えば、これは符号化の手続きそれ自体を通じて現れるような、複雑性の別の側面である。すなわち、熱力学的な関数 K_q と D_q の形に影響する異常なスケーリングを通じて系の本質的な性質が現れる前の段階に問題となるものである。

　一般的な定式化 (6.23) は、二つの極端な状況、すなわち被覆が一定質量 (Badii & Politi, 1984, 1985) もしくは一定サイズ (Rényi, 1970; Grassberger & Procaccia, 1983; Halsey et al., 1986) の要素からなるときには簡単化することができる。その結果、和のスケーリング・パラメーターへの依存性が明らかになる。前者の場合は、分配関数は、$P \to 0$ に対して

$$\langle \varepsilon^{-\tau}(P) \rangle \sim P^{1-q(\tau)} \tag{6.27}$$

と書き直すことができる。τ はここでは独立パラメーターであり、$q = q(\tau)$ は $\tau(q)$ の逆関数である。一定サイズの分配関数は、$\varepsilon \to 0$ に対して

$$\langle P^{q-1}(\varepsilon) \rangle \sim \varepsilon^{\tau(q)} \tag{6.28}$$

となる。上の二つの式はメトリックエントロピーの分配関数 (6.11) と非常によく似ている。主な違いは、スケーリング・パラメーターがそれら三つの場合に、それぞれ e^{-n}、P もしくは ε となっているということである。実際、既に第 5 章の最後で述べたように、メトリックエントロピー K_1 は、$n \to \infty$ に対し

て、列空間

$$X_n = \left\{ x : x = \sum_{i=1}^{n} s_i b^{-i}, s_i \in \{0, 1, \ldots, b-1\} \right\} \to [0, 1] \qquad (6.29)$$

中での次元と解釈することができる。このことからただちに、単位区間の可変なサイズの部分分割を選ぶことによって、エントロピーに対する被覆の過程を一般化する可能性が示唆される。このことは、異なる長さ n のシリンダー集合 $c_n(S)$ によって得られる。したがって、最適な被覆を見出す問題がこの場合にも生じる。それゆえ適切な統計力学的枠組は、グランド・カノニカル・アンサンブルを必要とすることになる。

一般に、フラクタル次元に対する P と ε との間の"対称性"や、測度次元に対する P と n との間のそれは、熱力学的な定式化においてそれらのうちのどちらをエネルギーとして選び、どちらを体積として選ぶかという自由度を残す。例えば、質量一定の方法 (6.27) においては、$\mathcal{E} = -\ln \varepsilon$, $k_B\mathsf{T} = -1/\tau$ および $\mathcal{V} = -\ln P$ と定義することが可能である (Badii, 1989)。一方、一定サイズの被覆 (6.28) に対する最も自然な割り当ては (6.24) 式で与えられ、$\mathcal{F}(\mathcal{V}, T) = -D_q \ln \varepsilon$ となる。メトリックエントロピーの取り扱いとの完全な類似性から、ミクロ・カノニカル分配関数 $Z_{\mathrm{mic}}(\alpha)$ は、

$$Z_{\mathrm{mic}}(\alpha) \equiv \varepsilon^{\alpha - f(\alpha)} \qquad (6.30)$$

の形をとる。ここで、$f(\alpha) - \alpha$ はエントロピー $\mathsf{S(E)}$ の役割を果たし、関数 $f(\alpha)$ は、**次元スペクトル** (dimension spectrum) と呼ばれる。$Z_{\mathrm{mic}}(\alpha)$ は、$(\alpha, \alpha + \mathrm{d}\alpha)$ の範囲にある局所次元で被覆されるドメインが見出される確率に比例する。メトリックエントロピーに対する同じ手続きに従い ((6.16) 式参照)、Legendre 変換

$$f(\alpha) = q\alpha(q) - \tau(q), \quad \alpha(q) = \frac{\mathrm{d}\tau(q)}{\mathrm{d}q}, \quad q = \frac{\mathrm{d}f(\alpha)}{\mathrm{d}\alpha} \qquad (6.31)$$

が得られる。ここで、$\alpha(q)$ は極値条件が成り立つところでの α の値を意味する。$f(\alpha)$ 曲線の最大値は台の次元 D_0 に等しい。接点 $f(\alpha) = \alpha$ は情報次元が $\alpha = D_1$ であるところで起こる。$\varepsilon \to 0$ の極限では、ほとんど全ての ε-ドメインが同じ局所次元 D_1 を示す。

一般的な被覆に対して二変量の統計性を保存するためには、ミクロ・カノニカル分配関数を、

$$Z_{\text{mic}}(\kappa,\lambda) \equiv e^{nh(\kappa,\lambda)} \tag{6.32}$$

のように書かなければならない。ここで、$P(S) = e^{-n\kappa(S)}$ および $\varepsilon(S) = e^{-n\lambda(S)}$ である。示強変数 κ と λ は、(6.22) 式により、$\kappa(S) = \alpha(S)\lambda(S)$ を満たす。これは $\kappa(S)$ と $\lambda(S)$ に系の適切な観測量を関係付けることが可能な被覆の列 $\{\mathcal{C}_n\}$ を構築できれば正しい。特に、$\mathcal{C}_n$ が 2 次元保測写像の生成分割の n 番目の細分を表すとき、κ と λ は、S に対応する有限時間の軌道上で計算されるような、エントロピーと正の Lyapunov 指数となることがわかる (Grassberger et al., 1988)。したがって、熱力学的なエントロピー $\mathsf{S}(\mathsf{E}) = f(\alpha) - \alpha$ が、

$$f(\alpha) - \alpha = \sup_{\lambda:\kappa=\alpha\lambda} \frac{h(\kappa,\lambda)}{\lambda}$$

として決まることになる。

例：

[6.3] Ulam 点 $\alpha = 2$ (例 5.8) でのロジスティック写像 (3.11) に対する次元スペクトル $f(\alpha)$ について調べよう。不変測度 $\rho(x) = 1/[\pi\sqrt{1-x^2}]$ は、異なるスケーリング指数を持つ二つの領域を表す。それらは、すなわち局所次元 $\alpha = 1$ で特徴づけられるような、なめらかな "内部" の領域と、平方根の特異性 ($\alpha = 1/2$) を示す二つの境界の点 (-1 と 1) である。長さ ε の $N(\varepsilon) = 1/\varepsilon$ 個のセルをもつ区間 $[-1, 1]$ を被覆することにより、x を中心とするセルの中の質量 $P(\varepsilon; x)$ は、$\varepsilon/2 \ll 1 - x \ll 1$ に対して、

$$P(\varepsilon; x) = \frac{1}{\pi} \int_{x-\varepsilon/2}^{x+\varepsilon/2} \frac{dx}{\sqrt{1-x^2}} \propto \sqrt{1-x+\varepsilon/2} - \sqrt{1-x-\varepsilon/2}$$

となる。$1 - x = M\varepsilon$ とおいて、(6.22) 式を思い出すことにより、

$$\varepsilon^\alpha \sim \sqrt{\varepsilon}(\sqrt{M+1/2} - \sqrt{M-1/2}) \sim \sqrt{\frac{\varepsilon}{M}}$$

を得る。ここで、記号 $\sim$ は二重の極限 $\varepsilon \ll 1$, $M \gg 1$ を意味する。明らかに、M は x と 1 の間のセルの数である。x が 1 から 0 へと動くと、局所次元

α はあらゆる有限の ε に対して $1/2$ から 1 へと単調に増大する。したがって、$(\alpha, \alpha + \delta\alpha)$ の間の指数に寄与するセルの数 ($\varepsilon^{-f(\alpha)}\delta\alpha$ に等しい) は変分 δM によって与えられる。これにより、

$$\varepsilon^{-f(\alpha)} = \frac{\mathrm{d}M}{\mathrm{d}\alpha} \sim |\ln\varepsilon|\varepsilon^{-(2\alpha-1)}$$

が得られる。したがって、関数 $f(\alpha)$ は区間 $J = [1/2, 1]$ では $2\alpha - 1$ であり、定義よりその外では $-\infty$ である。実際、$\alpha \notin J$ なる指数を持つセルはない。この拡張により、$f(\alpha)$ は区間 J では線形であるにも関わらず、凹関数であると考えられる。この結果は単に Legendre 変換の産物ではなくて、上の計算が示すようにヒストグラムから直接求められるものである。$1/2$ と 1 以外に "点の" 指数はありえないが、α の値の連続範囲 J が観測される。すなわち、どんなに ε が小さくても $\alpha = 1$ をもつ漸近的なスケーリング・レジームにはまだ落ち着いていない $\varepsilon^{-f(\alpha)}$ 個のセルが常に存在する。 □

6.3 相転移

外部パラメータが増大して "臨界" 値を越えるとき、物理系が激しい構造の変化を起こすことはよく知られている。それらのうち、液晶のスメクティック相とネマティック相、常磁性と強磁性、超伝導および超流動などが例として挙げられる。そのような現象の中で最もよく知られているのは、おそらく水の蒸発であろう。大気圧においては、H_2O は沸点 $T = 100°C$ よりも低い温度に対しては液体として、それより高い温度では気体として存在する。この状態の変化は**相転移** (phase transition) と呼ばれ、流体密度 $\rho = n/\mathcal{V}$ の急激な減少で特徴づけられる ($\rho_l \approx 1600\rho_g$、添字 l および g は、それぞれ流体と気体を意味する)。沸点 $\mathsf{T}(\mathsf{P})$ は圧力 P とともに高くなり、二つの相の間の密度差は**臨界点** (critical point) $(\mathsf{T}_c, \mathsf{P}_c) = (374°C, 218\mathrm{atm})$ でゼロになるまで低下する。さらに高温では液相のみとなる。曲線 $\mathsf{P}(\mathsf{T})$ は**転移線** (transition line) と呼ばれる。一般に、各相の間の違いは 1 個以上の熱力学量、すなわち**秩序パラメータ** (order parameters) $\mathbf{Q} = \{Q_1, \ldots, Q_p\}$ を用いて表現される。水に対してはスカラー $Q = \rho_l - \rho_g$ が適当である。強磁性材料においては Q は全磁化である。たいて

6.3 相転移

い Q は一つの相では全て一様にゼロである。転移点での秩序パラメータの変化は、液体と気体の場合のように不連続の場合もあるし、もしくは磁性体の場合のように連続的な場合もある。前者のタイプの転移を **1 次**（first order）転移と呼び、その他全てを**連続**（continuous）転移と呼ぶ（Fisher, 1967a）。秩序パラメータは示量的な熱力学変数であり、圧力とか外磁場のようにたいていは**共役な場**（conjugate field）に関する熱力学ポテンシャルの微分である（Huang, 1987）。したがって、相転移は、ある熱力学関数において非解析的な振舞いと関係がある。1 次導関数の不連続性は 1 次転移を特徴づける。一方連続転移はさらに高次の導関数の不連続性もしくは発散で識別されることがある。典型的な数学モデルにおいては、定義により分配関数があらゆる有限の n に対して解析的であるので、この振舞いは n が無限の極限においてのみ現われる。これは実際の物理系の理想化ではあるけれども、熱力学的極限 $n \to \infty$ は、有限サイズの補正を無視して現象の本質をとらえるための基本的な操作であると考えられている。

1 次転移の特色は異なる相の共存である。この場合、平衡条件は示強変数 (T と P) が全ての相に対して同じであるということを意味する（Gibbs, 1948）。一方、示量変数は異なる値をとる。例えば、系がエントロピーとエネルギーの値 (S_1, E_1) と (S_2, E_2) で特徴づけられる二つの**純状態**（pure states）を持つとしよう。相共存は区間 (E_1, E_2) において S が E に線形に依存することに伴い現われる（図 6.4 参照）。したがって、$r \in (0,1)$ に対する線形結合 $S = rS_l + (1-r)S_2$ および $E = rE_l + (1-r)E_2$ は、温度 $T = \partial \mathcal{E}/\partial \mathcal{S}$ と圧力 $P = -\partial \mathcal{E}/\partial \mathcal{V}$ において共存する二つの相の**混合**（mixture）に対する熱力学状態を定義する。この振舞いの典型例は上で述べた液体–気体の転移であり、状態方程式 [3] $f(P, V, T) = 0$ の解を (P, V) 平面上に描くとわかりやすい。ここで $V = 1/\rho$ は単位質量あたりの体積である。Legendre 変換の性質により、同じ転移が転移温度 T_t でのカスプとして共役な関数 F(T) に現われる。そこでは左微分と右微分 $F'_\mp(T_t)$ は同じではない。

---

[3] 系の全ての熱力学的性質を導くのに状態方程式だけでは十分ではないことに注意（Gibbs, 1873; Wightman, 1979）。

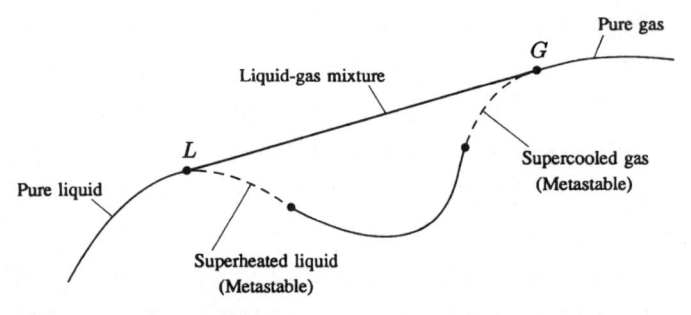

図 6.4　気体–液体転移に対するエントロピーとエネルギーの模式図。点 L と G を結ぶ線分はエントロピー曲線の包絡線である。準安定状態が破線に沿って見られる。

例：

[6.4] Ulam 点（例 6.3）でのロジスティック写像に対して、自由エネルギー

$$D_q = \begin{cases} 1, & \text{for } q \leq 2, \\ \dfrac{q}{2(q-1)}, & \text{for } q > 2 \end{cases} \quad (6.33)$$

は $q = q_c = 2$ で不連続な導関数を与え、典型的な 1 次転移を示す。二つの相は局所次元が $\alpha = 1$ となる開区間 $-1 < x < 1$ と、$\alpha = 1/2$ となる点の組 $x = \pm 1$ に対応する。　□

1 次転移の性質は以上のことに尽きるものではない。9 種類の異なるシナリオによる系統的な分類が、Fisher & Milton (1986) によって提案されている。その中で、等温曲線 P(V) が不連続で急激な上昇を示すような、液体と気体の凝縮に対する補足的な現象例が知られている。これは、S – E 表示においてカスプが現われるのと等価である。この奇妙な振舞いは格子モデルに実際に見られる (Fisher, 1967b, 1972)。非線形ダイナミクスの文脈で起こる例を次の節で議論する。このタイプの転移は長距離の粒子間力の結果としてのみ起こりえるが、それは漸近的独立性の条件 (6.8) を破る必要はない。Fisher (1972) によって扱われた、このモデルにおける相互作用は Banach 空間 $\mathcal{B}_0 \setminus \mathcal{B}_1$ に属する。

6.3.1 臨界指数、ユニバーサリティ、繰り込み

すでに述べたように、秩序パラメータ Q は臨界点 $\mathbf{P}_c$ でゼロになるまで転移線に沿って変化する。$\mathbf{P}_c$ では各相の間の区別は失われる。秩序相のなごりとしての部分的に"コヒーレントな"配位が現われることにより、臨界点に近いことがわかる。

それらの大きさと発展時間は幅広く変化し、$\mathbf{P}_c$ で無限大になる。この現象は、等温圧縮率 $k_T = -(\partial \mathcal{V}/\partial P)/\mathcal{V}$ もしくは比熱 $c_\mathcal{V}$ のような係数が、換算温度 $t = (T-T_c)/T_c$ がゼロに近付くときに発散することによって定量的に記述される。これらの量を一律に χ と書くことにすると、

$$\chi(t) \sim \begin{cases} t^{-\gamma_+}, & \text{for } t \to 0^+, \\ |t|^{-\gamma_-}, & \text{for } t \to 0^-, \end{cases} \quad (6.34)$$

を得る。ここで γ_+ および γ_- は**臨界指数** (critical exponents) と呼ばれる。T_c で秩序パラメータが消えることは他の指数 β によっても特徴づけられ、$t \to 0^-$ に対して $Q(t) \sim (-t)^\beta$ となり、T_c よりも高温では全て一様に 0 である。これに加えて相関関数

$$C(l-k) = Z_{\text{can}}^{-1} \sum_{\{\sigma\}} \sigma_k \sigma_l e^{-\beta \mathcal{H}} \quad (6.35)$$

に対して臨界指数を定義することもできる。ここで和は全てのスピン配位 $\{\sigma\} = \{\sigma_1, \ldots, \sigma_n\}$ に対してとる。臨界領域から遠く離れると、$C(l-k)$ は $\exp(-|l-k|/\xi)$ のように指数関数的に減衰する。多数のスケールを持つ構造の出現は、

$$\xi(t) \sim |t|^{-\nu}, \quad \text{for } t \to 0 \quad (6.36)$$

として $\xi = \xi(t)$ の発散で表される。相関関数は臨界点において、

$$C(l-k) \sim |l-k|^{-\theta}$$

のように代数的に減衰する。相関距離 ξ の発散は、粒子間ポテンシャルの詳細が系の臨界的な振舞いには無関係であることを意味している。このことは臨界現象の**ユニバーサリティ** (universality) を示唆するものである。例えば、気体–液体転

移と常磁性–強磁性転移は実験誤差の範囲内で同じ臨界指数を示す（Patashinskii & Pokrovskii, 1979）。もっとはっきりいえば、物理系は**ユニバーサリティー・クラス**（universality classes）に分類され、その各々は、問題の次元性や秩序パラメーターの対称群に強く依存する同じ臨界的な性質によって特徴付けられる。理論的な説明が、スケール不変性と粗視化の概念とが組み合わされた**繰り込み群**（renormalization group）の方法（Wilson, 1971; Wilson & Kogut, 1974）によって究められてきた。スケール不変性は、Gibbs ポテンシャルのような熱力学的関数が臨界点 $\mathbf{P}_c$ の近傍で

$$g(x_1, x_2, \ldots) \sim |t|^{\alpha_g} g(x_1 |t|^{-\alpha_1}, x_2 |t|^{-\alpha_2}, \ldots) \tag{6.37}$$

の形の同次関数になることを主張する**スケーリング仮説**（scaling hypothesis）（Widom, 1965））によって定式化される。ここで $\mathbf{x} = (x_1, x_2, \ldots)$ は相互作用係数 $\{J_i\}$（(6.6) 式）などのような**スケーリング場**（scaling fields）の集合である。ここで重要な点は、全体のスケール率を除いて臨界的な系の典型的な配位の構造が粗視化のステップで本質的には変わらずに残されるということである（Kadanoff, 1966 and 1976a）。**スケール不変性**（scale-invariance）の要請により、有効ハミルトニアン $\mathcal{H}_e^{(r)}$ を構成することが可能になる。有効ハミルトニアンは粗視化の際に考えるサイズ r をもつ部分ドメイン間の相互作用を記述する。再スケール化のステップ（長さとエネルギーの両方のスケールの変化）とともに、この過程は繰り込み群変換 $\mathcal{R}$ を構成する。

$\mathcal{R}$ の無限相互作用もとでは、$\mathcal{H}_e^{(r)}$ はたいてい固定点ハミルトニアン $\mathcal{H}^*$ に収束する。これは、スケール変化（の繰り返し）のもとでは空間構造が統計的に不変な形で現われることを意味する。十分秩序化したパターンおよび完全にランダムなパターンはこの振舞いのもっとも基本的な例である。より興味深い場合は臨界点 $\mathbf{P}_c$ に対応して見出される固定点である。

階層的な格子模型は、その厳密な自己相似性から、この理論に対する簡単な試験基盤を与える。実際、有限次元空間における厳密な再帰関係が得られる。図 6.5 のように構成された格子に関する繰り込み群（renomarlization group: RG）のダイナミクスの、いくつかの関係のある特徴について説明する。最初のステップでは、ボンド 1–2 が $B = 4$ の新しいボンドからなる菱形のクラスターで置き換えられる（図 6.5(a) および (b)）。これの繰り返しにおいて、新しい

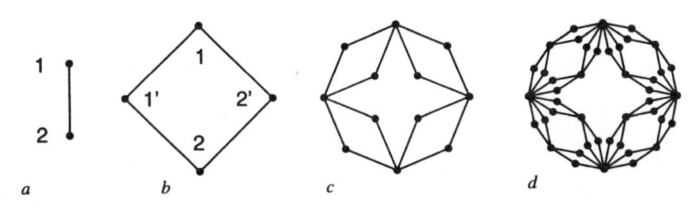

図6.5 階層的な格子の構成の最初の4ステップ。各ボンドは適切に再スケールされた菱形のクラスターで置き換えられる。

ボンドが適当に再スケールされたクラスターで同じようにして置き換えられる（図6.5(c)と(d)）。

階層的なスピンモデルは、格子の各ノード上に他の全てと適切な結合を持つスピンを置くことでできあがる。ここでは、ボンドi–jのエネルギーが$-J\sigma_i\sigma_j$であるようなIsing的な（すなわち最近接の）相互作用を選ぶ。

RG変換$\mathcal{R}$は格子の階層的構成とちょうど逆である。すなわち、カノニカルな分配関数が変わらずに残されるように、最終世代の各クラスターが取り除かれ、有効な結合を持つボンドで置き換えられる。図6.5の格子では、RGの各ステップで、一番深いクラスターのそれぞれにおいて、二つのスピンが（例えば、図6.5(b)の$1'$と$2'$のように）取り除かれる。この結合は、クラスター内に最近接サイトを二つだけ含むので、取り除かれた全てのクラスターの分配関数への寄与は、別々にかつ独立に扱われる。$K = J/k_B\mathsf{T}$とすると、Boltzmann因子$\mathcal{H}/(k_B\mathsf{T})$は変数$K$を通じてのみ温度$\mathsf{T}$と結合強度に依存するように作られる。ゆえに、単一クラスターの分配関数は、

$$Z_{\mathrm{cl}} = \exp[2K(\sigma_1+\sigma_2)] + 2 + \exp[-2K(\sigma_1+\sigma_2)]$$

となり、これは形式的に

$$Z_{\mathrm{cl}} = \exp[K'\sigma_1\sigma_2 + G(K')] \tag{6.38}$$

と書き直すことができる。ここで、

$$K' \equiv \mathcal{R}(K) = \ln\cosh 2K \tag{6.39}$$

および

$$G(K') = K' + \ln 4 \tag{6.40}$$

である。(6.38) 式により、繰り込まれるボンド 1–2 のエネルギーへの寄与は、いぜんとして RG 写像で与えられる結合強度 K' をもつ Ising 型のものと、新たに加わったボンド・エネルギー $G(K')$ の和であることがわかる。RG 変換によって相互作用と格子の形が変わらないままなので、この手続きは何度でも繰り返すことができ、RG ダイナミクスは、結合定数もしくは逆温度とも解釈できるような、たった一つの変数 K によって表される。これは正確にいえば、RG 空間の 1 次元性であり、このことがモデルを非常に魅力的なものにしている。一般に $\mathcal{R}$ は同時に繰り込まれる無限の相互作用項をもつ関数空間内で作用する。

階層的な格子はスケーリングの方法を確かめるための人工的なモデルのクラスを与えるだけではない。実際、それらの中には、図 6.5 に描かれたように、Bravais 格子の上での近似的な RG 変換を構成するときに現われるものもある。この格子に対して上で議論した変換は、もともと 2 次元平方格子のために発展した、Migdal-Kadanoff の繰り込みの方法を厳密に実行したことになっている (Migdal, 1976; Kadanoff, 1976b)。この関係は、さらに単純なモデルで考えるとよりわかりやすい。つまり、各ステップで新しいサイトが一つだけ挿入され、そのためそれぞれ (図 6.5 で 1–2 のような) ボンドに対して、(1–$1'$ と $1'$–2 のような) 二つのボンドによる置換だけが行なわれる。この過程が完全な繰り込み可能な 1 次元格子を与えることを見出すのは難しくない。さらに一般的にいえば、展開係数 c を構成の各ステップに関係付けることにより、格子の有効次元 d を関係 $c^d = B$ から決定することが可能である。ここで B は各クラスターにおけるボンドの数である。自然な選択 $c = 2$ により、(上の簡単なモデルのように) $B = 2$ のときには $d = 1$ が保証され、図 6.5 の格子に対しては $d = 2$ となる。

(6.40) 式中の項 $G(K')$ は、各繰り込みのステップで現われるが、ボンドの自由エネルギー F への寄与を表す。n を RG のステップ数とすると、ボンドの総数は B^{-n} のように指数関数的に減少する。熱力学的極限では、$\mathsf{F}(K)$ は無限和

$$\mathsf{F}(K) = \sum_{n=1}^{\infty} G[K(n)] B^{-n} \qquad (6.41)$$

で与えられる。ここで、$K(n) = \mathcal{R}[K(n-1)]$ および $K(0) = K$ である。公式 (6.41) は、適当な G および B に対する一般的な RG 変換に対して成り立

つ (Niemeijer & van Leeuwen, 1976)。

臨界現象の理論の重要な結果は、たとえ G が解析関数であっても (6.41) 式中の無限和は特異性をもたらす可能性があるということである。最初に $K(n)$ が固定点 K^* に収束する場合を議論しよう。もしも K^* が安定ならば、最初の結合 $K(0)$ に比べて、式 (6.41) の高次項の効果はより小さくなり、そのためどんな解析性の破れも期待できない。実際、一般に安定固定点は統計力学的な系において単一の相が存在することと同じである。反対に、不安定固定点の近傍で起こった最初のゆらぎの増大は、体積の指数関数的な減少 B^{-n} によって相殺されるけれども、$\mathsf{F}(K)$ の導関数のどれかの発散、ひいては特異的な振舞いをもたらすかもしれない。このことは、(6.41) 式を

$$\mathsf{F}(K) = G(K) + \mathsf{F}(\mathcal{R}(K))/c$$

と書き直すことでもっとうまく説明できる。もしも $\mathsf{F}(K)$ が特異的な要素 $\mathsf{F}_s \sim (K - K^*)^\psi$ を含むとすれば、以下の関係

$$\mathsf{F}_s(K) = \mathsf{F}_s(\mathcal{R}(K))/c$$

が成り立たなければならない ($G(K)$ は解析的であることを思い出そう)。ゆえに、

$$\psi = \frac{\ln c}{\ln |\mu|}$$

となる。ここで、$\mu = d\mathcal{R}/dK$ は、K^* における唯一の RG 写像の固有値である。したがって、特異性が $|\mu| > 1$ で起こることが予想される[4]。

上の議論の意味することを、図 6.5 のモデルについても説明しよう。RG 写像 (6.39) は、不安定固定点 $K_c = 1/T_c \approx 0.60938$ および安定固定点 $K^* = 0$ を持つ。このことから、T_c より高い全ての温度が最終的には K^* に写されることがただちにわかる。つまり、それらは "無秩序な" 高温相に対応する。反対に、全ての T_c より低い温度は、常磁性–強磁性の相転移に対応する。このような解析は、2 次元 Ising モデルの近似解にもみられる。

---

[4] しかしながら、$G(K)$ のある特別な選び方に対して、自由エネルギーが解析的であり続ける場合があることに注意しなければならない (Derrida *et al.*, 1983)。

一般の系では、ハミルトニアン $\mathcal{H}$ は $\mathcal{H}^*$ の回りで $\mathcal{R}$ の固有ベクトルに関して線形に展開できる。縮小する固有ベクトルに関する $\mathcal{H}$ の $\mathcal{H}^*$ からのゆらぎは、**無意味な相互作用**（irrelevant interactions）に対応するが、これは臨界点 $\mathbf{P}_c$ では何の影響も与えない。不安定な方向の存在によって、$\mathbf{P}_c$ で保たれるスケール不変性の型が明らかになる。実際、もしも系が厳密に $\mathbf{P}_c$ になければ、相関距離は有限で、$\mathcal{R}$ の繰り返しは系を固定点から指数関数的な速さで遠ざける。不安定方向の数は、臨界点に達するために調節されなければならない独立パラメーターの数と同じである。たとえば、強磁性転移に対しては、温度 T と外場 H がある。相関距離 ξ（(6.36) 式) および磁化 $\mathsf{M} \sim \mathsf{H}^{-1/\delta}$ に関係する指数 ν と δ は、$\mathcal{R}$ の不安定固有値から直接決まる。他の全ては、これら二つから、一般的な次元解析に従う"スケーリング則"を通じて求められる (Huang, 1987)。外場 H がないときは、最初に $\mathbf{P}_c$ から距離 t だけ離れた系は、n ステップ後には、距離 $t' = t\mu_1^n$ に写像される（$|\mu_1| > 1$）。同時に、相関距離は ξ から $\xi' = \xi L^n$ へと変わる。ここで $L \in (0,1)$ は、RG 写像 $\mathcal{R}$ の再スケール率である。これらを (6.36) 式に代入することにより、$\nu = -\ln L / \ln |\mu_1|$ となることがわかる。

　一般に、スケーリング関係 (6.37) は、次のように書き直すことができて、

$$g(t, \mathsf{H}) = L^{-d} g(\mu_1 t, \mu_2 \mathsf{H})$$

となる。ここで、μ_2 は二つ目の展開固有値であり、d は系の次元である。ゆえに、g の同次性は、変換 $\mathcal{R}$ に直接起因する。さらに、繰り込み群の方法により、ユニバーサリティーの概念が明らかとなる。臨界的な性質は、基本的に以下の四つの因子に依存する。すなわち、

1. 系の次元 d
2. 秩序パラメータの要素の数
3. ハミルトニアンの対称性
4. 相互作用の範囲

である。教育的な例が、（温度ゼロでの特異的な振舞いを除き）1 次元では相転移を示さず、2 次元と 3 次元の格子上で異なる指数を持つ Ising モデルによって与えられる。実際、Dyson (1969) によって証明されたように、もしも相互作

6.3 相転移

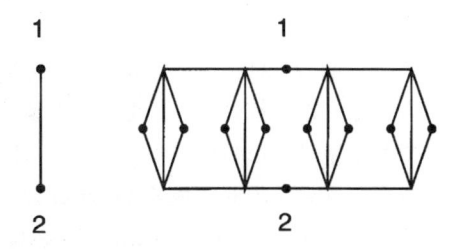

図 6.6 階層的な格子の構成の最初のステップ。ボンド 1–2 が右側の構造で置換される。上の（下の）4 個の頂点は、一つのノード、つまり同じ線上にある黒丸で示されたものと見なされなければならない。4 個の菱形は、上下の頂点を北極（1）および南極（2）として、球の表面の上にあると考えることもできる。

用の組 $J(i-j)$ が $\alpha < 2$ として $|i-j|^{-\alpha}$ で減衰するときには、長距離秩序が 1 次元格子では非ゼロ温度で起こる。そのような長距離範囲の相互作用があると、繰り込み群変換 $\mathcal{R}$ を応用しても、任意の次元 d において力の記憶が無限に続くことになる。最終的に到達する固定点 $\mathcal{H}^*$ は、選ばれた相互作用の形（すなわち、初期条件 $\mathcal{H}_0$）に依存する。

一般的な系に対しては、$\mathcal{R}$ はちゃんとした固定点だけでなく、周期的もしくはカオス的な軌道を持つことさえある。実際、より手のこんだ階層的な格子がカオス的なダイナミクスを引き起こすことが示されている（McKay et al., 1982; Švrakić et al., 1982; Derrida et al., 1983）。その一つの例は、図 6.6 に描かれた格子であり、$q=4$ の同じ部分クラスターが各 RG ステップで挿入される。対応する RG 写像は、前の例（(6.39) 式参照）と同様に、

$$K' = \mathcal{R}(K) = q(K + \ln \cosh 2K) \qquad (6.42)$$

と簡単に導くことができる。因子 q は変換に含まれる部分クラスターの重複度のことであり（以下では、非整数の q を許すものとする）、線形項 K は、前の例では現われなかったような、サイト 1 と 2 を結ぶ余分なリンクの存在からでてくることによる。状態 $K=0$ は、ここでも高温極限の固定点である。さらに、$q \in [1, 4.658\ldots]$ に対して、（反強磁性相互作用に対応し）自分自身へ写像される $K=0$ の左側の区間が存在する。したがって、適当な q の値に対するカオス的なダイナミクスを含む、ロジスティック写像の典型的なシナリオを見つける

ことが期待できる[5]。

　自由エネルギーの解析性に関しては、もしも $\ln|\mu|$ を軌道の Lyapunov 指数で置き換えることができれば、固定点に対してなされた議論が周期的もしくはカオス的な軌道に対しても応用可能な場合があるだろう。しかしながら、カオス的な RG の流れにはさらに深い物理的な意味合いがある。第 1 に、仮に軌道が漸近的に不安定固定点 $K_c = 1/\mathsf{T}_c$ に達するとしても、位相的なカオス（すなわちトポロジカル・エントロピーが正であること）だけで、無限の相転移が十分に起こりえる。実際、同じような特異的な振舞いが K_c の無限個の原像に対応する温度の近傍で観測される。第 2 に、もしもストレンジ・アトラクターが存在するならば、自由エネルギーの特異性 ψ の集合は稠密である（K の変化は、写像の初期条件 $K(0)$ を変えることに相当すること、および、自分自身の Lyapunov 指数をもつ不安定周期軌道の集合が稠密であることを思い出そう）。従って、（少なくともある温度範囲で）F はいたるところで解析的でないということになる。

　上記の結果はどちらかと言えば異常なもののように思われるので、物理系のより現実的なモデルに対してそれが成り立つかどうかを問うことは自然なことである。Zamolodchikov の定理（1986）により、2 次元では並進対称な系に対するカオス的な RG の流れの存在は許されない。しかしながら、この定理の 3 次元への拡張はこれまでのところ多くの研究者たちの努力をよせつけずにきている（Damgaard, 1992）。さらに、Zamolodchikov の定理は、並進対称性が統計的な意味でしか成り立たないような無秩序系には応用できない。実際、次の章でわかるように、グラス相はカオス的な繰り込みの例を与える可能性がある。

　複雑性の視点からは、単一の安定状態は、結晶中のように周期的であろうと気体中のように無秩序であろうと、それらは単純な記述に落ちてしまうので興味の対象外である。なぜならそのような系は互いに厳しく制限されているか、もしくは完全に独立な同一の部分的な構成単位の集まりにすぎないからである。一方 1 次転移点上にある系は、可能な相の共存を伴いより高次の複雑性を示す。最後に、絶対的なスケールのない結晶系もまたより高次の型の複雑性に関して示唆的である。特に 2 次元以上で近距離力から巨視的な相関のはじまることは

---

　[5] 図 6.6 での整数値 $q = 4$ に対しては、漸近的な発展は、周期倍過程の途中の 4 周期解からなることに注意。

特筆に値する。しかしながら、それは普遍性に欠けるために臨界現象としての重要性はそれほど高くない。実際、臨界に達するためには、通常2個もしくはそれ以上のパラメターを調節しなければならない。

6.3.2 無秩序系

先の熱力学的な定式化の応用では、固定のもしくは決定論的な手続きで規定される結合定数の集合で特徴付けられるような、"秩序的な"ハミルトニアンについて考えてきた。そのような場合には、スピン配位の不規則性が、熱浴との相互作用による統計性によって起こる。しかしながら、さらに別のレベルのランダム性が作用するような物理現象があり、そこでは、モデル（ハミルトニアン）自体が本質的に確率的である。この振舞いの例は、（方向をもった高分子のような）ランダム媒質中のランダム・ウオークおよびスピングラスである（第3章参照）。階層的な木（ツリー）構造に沿ってゆらぐスケール率を持つランダム・フラクタルもまた、クエンチされた無秩序性をもつ統計力学的な系の一つと見なされる。例えば、それらには、十分に発達した乱流（2.2節）をモデル化する際、またカオス的な規則が時間とともに確率的に変化するようなランダムな力学系の発展において出会うものである。後者の現象の美しい例は、周期的に押し出される流体の表面の運動である (Sommerer & Ott, 1993a)。これは、完全に周期的な外力のもとでさえ本質的に不規則な、バルクのダイナミクスに駆動される。よって、この系は散逸的なランダム写像でモデル化される (Yu *et al.*, 1990)。

これらの例においては、ハミルトニアンは、相互作用係数の分布を通じて確率的な意味でしか知ることができない。ゆえに、示量的な熱力学変数は、無秩序性の特別なサンプルに依存する（3.5節参照）。また、熱力学的な定式化を応用できるかどうかは、可能な全てのサンプルのアンサンブルにおける適切な平均が取れるかどうかに依存し、それらの変数のゆらぎが熱力学的極限において消えるような（**自己平均性**（self-averaging）と呼ばれる）場合にのみ意味のある答えが与えられる。さらに、一般化エントロピー K_q の q に対する依存性から類推すると、その答えは平均の仕方に依存するかも知れない。

異なる型の無秩序性で特徴付けられる三つの類似したモデルの現象論につい

て説明しよう。最初の例は、ランダム磁場中（random magnetic field: RMF）の自由スピン鎖からなる。これはまさしく考えられる限り最も簡単な例であり、エネルギーが相互作用をもたない独立変数の和 $\mathcal{H} = \sum_i h_i \sigma_i$ からなる。このモデルの特定のサンプルは、ランダムな重みをもつ二進法 Bernoulli 過程によって与えられる。このモデルにおいては、$n+1$ 個の記号からなる列 Ss の確率は、$P(Ss) = P(S)p_n(s)$ と因数分解される。$p_n(\cdot)$ は、それ自体確率分布をもつランダム変数である。図 6.7 の木を用いた表現においては、二分木的な無秩序性が仮定されている。すなわち、$p_n(s)$ は、それぞれ確率 W_a および W_b ($W_a + W_b = 1$) をもつようなサンプル (a または b) に依存した確率 $\pi_a(s)$ もしくは $\pi_b(s)$ に等しい（ここで、$\pi_a(0) + \pi_a(1) = \pi_b(0) + \pi_b(1) = 1$）。この過程が $h_i = -\ln p_i(1)/\ln p_i(0)$ をもつ自由スピン系と等価であることは簡単にわかる。ランダムではあるけれども、n 番目の場所に記号 s が現われるような**全ての配位に同じ割合 $p_n(s)$ が適用される**限りは、この過程は首尾一貫したものである。この構造の例は、カオス的な力学系に対する相空間の測度であり、そこでは写像は各時間ステップでランダムに選ばれる。上で述べた首尾一貫性は、相空間全体（つまり全ての配位）を通じて同じ規則を同時に適用することにより保証される。もしも二者択一が二つの Bernoulli 写像に限られるならば、まさに上で述べたとおりの場合になる。

無秩序系においては、分配関数 $Z(n,q)$ (6.11) は、それ自身ゆらぐ量であり、無秩序性の全てのサンプルに関して平均をとるのが便利である。したがって、通常**有効**（effective）分配関数

$$Z(n,q;r) = \left[\sum_j W_j Z^r(n,q)\right]^{1/r} \quad (6.43)$$

を導入する。ここで、r は平均指数であり、W_j は、j 番目のサンプルの確率である。一方、r は、q（もしくは、むしろ $q-1$）との類似性から、逆 "無秩序温度" と解釈することもできる。また一方では、$Z(n,q)$ の r 番目の整数のべき乗は、r 個の**レプリカ**（replica）からなる系の状態和に他ならない。図 6.7(a) の二分木的な RMF モデルでは、$Z(n,q;r)$ は、

$$Z(n,q;r) = [W_a Z_a^r(q) + W_b Z_b^r(q)]^{n/r} \quad (6.44)$$

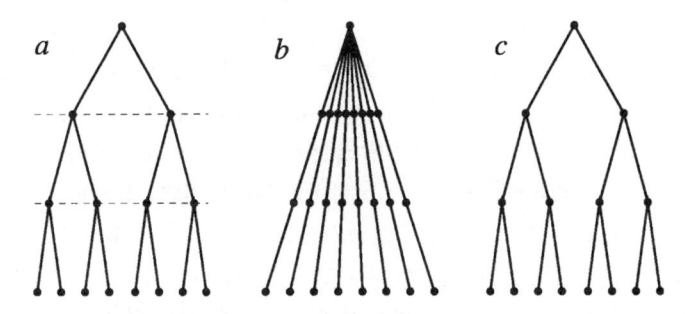

図 6.7 3個の異なる確率過程の木を用いた表現。(a) コヒーレントな過程。すべての時間ステップで記号が同じ確率分布に従い現れるので、各階層レベルの枝分かれが同じになる。(b) 完全に無相関な過程。各列の確率は（規格化条件を除き）全て互いに独立である。(c) ランダム Cayley 木。

と因数分解することができる。ここで、$Z_a(q) = \pi_a^q(0) + \pi_a^q(1)$（$Z_b(q)$ も同様）である。ゆえに、一般化された自由エネルギー密度は、簡単化されて、$F(q,r) = -\ln Z(1,q;r)$ となる。典型的な熱力学的性質は、$r \to 0$ の極限で（つまりレプリカの数が0個になることによって！）定義されるような、**クエンチ平均** (quenched average) によって与えられる。これが、いわゆる**レプリカ法** (replica method) の出発点であり、$Z(n,q;r)$ の解析接続に基づくものである。Legendre 変換の線形性により、(6.44) に関するエントロピー S(E) は、a と b のどちらかの場合の分配関数の対数平均をとることにより簡単に求まる。図 6.8(a) の結果は、この関数が解析的で、むしろ特別なことがないことを示している（重みの選択が適切でない）。r への依存性を調べれば、サンプル間のゆらぎについての情報を引き出すことができるはずである。

二つ目の例として、Derrida (1981) のランダム・エネルギー・モデル (random energy model: REM) を考えよう。このモデルは、スピングラス転移のいくつかの性質を示す。確率 $P(s_1,\ldots,s_n) = \prod_{i=1}^{n} p(s_i)$ は、n 個のランダムに選ばれた数 $p(s_i)$ の積である。すなわち、階層的な木の、各レベル (level) だけでなく、各葉 (leaf) において、試行が実行される。特に、和 $P(S0) + P(S1)$ は $P(S)$ に等しくなくてもよい。つまり、ここでは、例えば $P(S0) = P(S)\pi_a(0)$ かつ $P(S1) = P(S)\pi_b(1)$ ととることもできる（ここでも二分木的な無秩序性を用いる）。したがって、木の上の全ての"親の関係"が取り除かれる。すなわち、2^n 個の各 n–ブロックのエネルギー $\ln P(S)$ は、図 6.7(b) に図式化した

ように、n 個の独立なランダム・ウオークの試行の結果であり、そこでは全ての経路が互いに連絡をもたない。このモデルは、最も強い統計的独立性をもつ。つまり、自由エネルギー・ランドスケープは、極小と極大の完全に無秩序な組合わせからなる。このような多数の構成要素が生じるのは、系の相互作用を決めるのに膨大な情報量が必要なことと関係がある。実際、RMF モデルにおいてはレベル n において n 個の独立変数が必要なのに対し、REM においては、2^n 個の独立変数が必要である。物理的には、この過程は n 体の相互作用を含む系によって実現される。もしも結合定数がランダムに分布していたら、自由エネルギーの配位も同様に完全にランダムである。各配位は異なる（独立な）無秩序な相互作用の影響下にあるともいえる。このことはまた、エネルギーが全てのスピンの組について同時に最適化されることが有り得ないので、フラストレーション（3.5 節参照）を意味する。

各配位のエネルギーが統計的に独立なので、エントロピー S は、n−ブロックの個数 2^n と、すべての無秩序性のサンプルにわたってエネルギー E の観測される平均回数の積で求められる。ゆえに、$P(\mathcal{D})$ を、無秩序性のサンプル $\mathcal{D}$ の確率とし、$N(\mathsf{E}, n, \mathcal{D})$ を、サンプル $\mathcal{D}$ におけるエネルギー E をもつ n−ブロックの数とすると、

$$e^{n\mathsf{S}(\mathsf{E})} \sim 2^n \sum_{\mathcal{D}} N(\mathsf{E}, n, \mathcal{D}) P(\mathcal{D})$$

を得る。もしも無秩序性が再び二分木的なものだとすると、a を選ぶ割合 W_a は一つのサンプルを定義し、和は dW_a の積分として評価することができる。標準的には、W_a に関する最急降下法を応用することにより上の式の右辺の対数の最大値としてエントロピーを決めることができる。その結果得られる、図 6.8 (a) と同じパラメーター値に対する $\mathsf{S}(\mathsf{E})$ の曲線を、図 6.8(b) に示した。二つのことが指摘できる。一つ目は、スペクトルの上側の部分が RMF モデルの場合とほとんど同じであり、相関は高温では意味のある役割を果たさないことを示している。二つ目は、顕著な違いがその端の部分に見られ、REM では負のエントロピーを示していることである。しかし、基底状態より上の各エネルギー値は少なくとも一度は単一のサンプルで観測されるはずなので、明らかにエントロピーは正でなければならない。したがって、図 6.8(b) のエネルギー・スペクトルは、$\mathsf{S}(\mathsf{E}) = 0$ となるエネルギー値 $\mathsf{E}_\pm$ で切断されていなければならず、

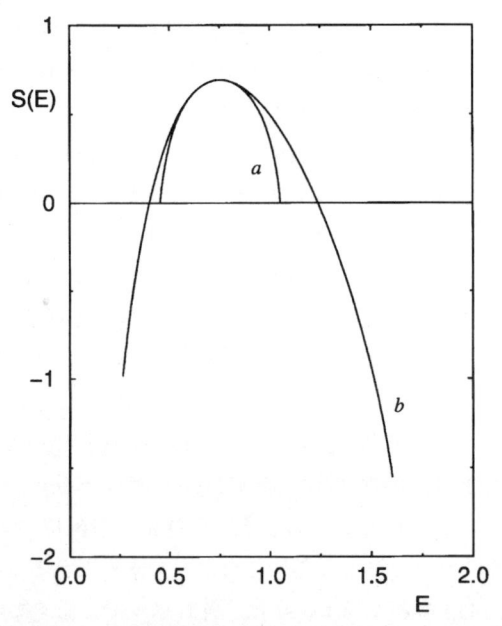

図 6.8 二つの二重ランダム過程のエネルギーとエントロピーの図 (E, S)。条件付き確率 $P(S_s)/P(S)$ は、$s \in \{0, 1\}$ に対する二つの選択 $\pi_a(s)$ と $\pi_b(s)$ のいずれかからランダムに選ばれる。(a) では、選択は、図 6.7(a) のように、木の各レベル (level) で行なわれる。(b) では、木の各葉 (leaf) で独立に行なわれる (そこで合計の確率は各レベルで規格化される)。パラメーターの値は、$\{\pi_a(0), \pi_a(1)\} = \{0.8, 0.2\}$、重み $W_a = 0.2$、および、$\{\pi_b(0), \pi_b(1)\} = \{0.6, 0.4\}$、重み $W_b = 0.8$。

そこでの傾きを常磁性とグラス相を隔てる臨界温度として解釈することができる (Derrida, 1981)。

　物理系の熱力学的な性質を調べるときには、この切断は完全に正当化されるが、記号力学系に関しては論争の的である。実際、後者においては、温度は観測量ではなく、理論における形式的なパラメーターにすぎない。ゆえに、なにもその定義と多くのサンプルの上での平均を計算することを妨げす、負の熱力学的エントロピーを測ることが許される。実際この立場は、十分に発達した乱流の研究において暗黙のうちに仮定されていて、散逸場の時間発展が 1 次元空間のフラクタル測度を通じてモデル化される。すなわち、空間の異なる位置で記録される時系列が、無秩序性の異なるサンプルの結果であると解釈され、同

じ"エネルギー"(つまり、その文脈では同じ確率)をもつ配位の数がそのようなサンプルに関して算術平均される (Chhabra & Sreeniviasan, 1991)。それとは別に、ある一つの長い時系列をたくさんの独立な断片へと分割することもある (Cates & Witten, 1987)。負のエントロピーはまた、ありそうにない事象の隠された情報を復元することを可能にするという深い意味も持つ。平面に埋め込まれた $\alpha = 1$ より下に広がる次元スペクトル $f(\alpha)$ を持つ集合 C を考えよう。もしもある一つのカットが解析されても、C とその中にランダムに配置された直線との交点の様子からそのスペクトルの要素が明らかになる見込みはない。しかしながら、多くのカットを平均することにより $f(\alpha)$ 曲線の負の部分から、最終的に情報が回復される (Mandelbrot, 1989)。

　二重にランダムな過程の三つ目の例として、Derrida と Spohn (1988) によって厳密に解かれた、いわゆる無秩序性を持つ Cayley 木 (Cayley tree with disorder: CTD) を考えよう。RMF モデルのときと同様に、各配位のエネルギーは、頂点から出発して葉の一つで終る経路にしたがって求められる (図 6.7(c))。ここで条件付き確率 $\pi_a(s)$ もしくは $\pi_b(s)$ は、各レベルではなくて各ノード (node) で独立に選ばれる。したがって、与えられたサンプルを区別するために必要な独立変数の数は、REM のときと同様に n とともに指数関数的に増大し、それゆえ二つのモデルは似たような統計的性質を示すことが期待される (しかしながら、CTD においては、REM と違って $P(S0) + P(S1) = P(S)$ が再び成り立つ)。実際、それらは全く同じ熱力学関数で特徴づけられる (Derrida & Spohn, 1988)。CTD は、平均場近似の有用な試験基盤であり、やや荒けずりではあるけれども、高分子成長の現実的なモデルである (そこでは各配位 S は空間中の高分子の形に対応する)。それはさらに、乱流の理論で導入される類のランダムなフラクタルの生成にも応用される。二分木的な場合には、木を同じ構造を持つ二つの独立な部分木へと分割することができる。したがって、分配関数は、再帰関係

$$Z(n+1, q) = p^q[Z'(n,q) + Z''(n,q)]$$

を満たす。ここで、p は確率分布 $W(p)$ を持つ左の部分木によるランダムな重率であり、Z' と Z'' は、二つの部分木の分配関数である。それらは互いに独立

なので、分布 $\rho_n(Z)$ は、簡単な再帰関係

$$\rho_{n+1}(Z) = \int\int\int \rho_n(Z')\rho_n(Z'')\delta[Z - p^q(Z'+Z'')]\mathrm{d}Z'\mathrm{d}Z''\mathrm{d}p \quad (6.45)$$

とその初期条件、

$$\rho_0(Z) = \delta(Z-1)$$

に従うことがわかる。(6.45) 式と Z' をかけて Z で積分することによって、有効分配関数 (6.43) に対して、類似の式を書くことができる。明らかに、得られる再帰関係は、$r > 1$ に対して低次のモーメントを含み、一方 $r=1$ に対しては自己無矛盾である。したがって、自由エネルギー $\mathsf{F}(q,r)$ に対する解析解は、そのような全ての場合に見つかり、

$$\mathsf{F}(q,r) = \begin{cases} \ln(2\mu_1(q)), & \text{for } q < q_c \\ (\ln 2 + \ln\mu_r(q))/r, & \text{for } q > q_c \end{cases} \quad (6.46)$$

を得る。ここで、$\mu_r(q)$ は、

$$\mu_r(q) = \int W(p) p^{rq} \mathrm{d}p$$

で定義され、臨界値 q_c は関係 $\mu_r(q_c) = (2\mu_1)^r/2$ を満たす。ゆえに、温度（つまり q）に依存して二つの相が選ばれる。興味深いことに高温領域は r と独立であり、**アニール平均** (annealed average)、すなわち分配関数の 1 次のモーメント $(r=1)$ に対応する。残念ながら、最も重要な自由エネルギー $F(q,0)$ は、(6.46) 式を解析接続しても得ることはできない。これはスピン・グラスモデルを研究する際に遭遇する典型的な困難である。この解を得るためには、グラス相を調べるための新しい定式化が必要である。この主題についての一般的な議論のために、読者には専門書を紹介することにする (Mézard et al., 1986; Fischer & Hertz, 1991; Crisanti et al., 1993)。ここでは、CTD の解がある特殊な母関数、すなわち $\exp(\mathrm{e}^{-qx}Z(n,q))$ の平均についての方程式を書くことにより見つかるということだけを思い起こすにとどめよう (Derrida & Spohn, 1988)。高温相は臨界温度 $1/q_c$ まで続き、それ以下では自由エネルギーは厳密に q に比例する。これは、REM に対して得られた結果の繰り返しにすぎない。

これら三つの二重にランダムなモデルの研究から、クエンチ平均がよりいっそ

う取り扱いの簡単なアニール平均と同じ結果を与える場合があると結論することができる（例えば、臨界温度より高温での REM と CTD などを見よ）。このことが確かめられない場合は、クエンチ平均がランダムな記号力学系を最もよく特徴付けるというわけではないので、より慎重な取り扱いが必要である。さらに一般的な物理系においては、状況はエントロピー・スペクトル $S(E)$ を単に 0 で切り捨てることができた上の三つのモデルほどには単純ではない。Sherrington-Kirkpatrick モデル（Sherrington & Kirkpatrick, 1975）が示すように、グラス相はより一層複雑である。すなわち、全てのレプリカは同じ配位をもたらさないし、基底状態さえも厳密に正のエントロピーで特徴づけられる（Mézard *et al.*, 1986; Fischer & Hertz, 1991）。

3次元の Edwards-Anderson（EA）モデル（第 3 章参照）のような、さらに現実的なモデルでは、グラス相はカオス的な繰り込みの流れで特徴づけられると推測されてきた。まず最初に、グラス相が実際に存在すると結論づけるために、Ising-Lenz モデルに相転移が存在することを証明するために用いられた議論を再び使おう。実際にある種の無秩序性が起こっているような、長さ L の格子の立方部分を考えよう。二つの対応する側面の上のスピンをランダムに選び固定し、側面上のその他のスピンには周期境界条件を課す。さらに、すべての固定スピンを対応する側面では反転するように配位のコピーをつくる。二つの部分系の間の自由エネルギーの差 ΔF は、スケール L での有効結合強度 J' とみなすことができる。実際、特別なスケール率 L と新たなスケールでの近似的な Ising 型の相互作用を用いて各 RG ステップを実行するとき、(6.38) 式と同様な有効ハミルトニアンに現われる σ_1 と σ_2 の項は、異なる側面のスピン配位の典型と見なすことができる。明らかに、二つの側面の一方の配位を反転させることは、対応する σ_i を反転させることと等価である。一般に、$J' \sim JL^y$ が仮定される。もしも $y < 0$ ならば、有効結合は 0 に繰り込まれるので、RG の流れは高温相へと収束する。反対に、J' の発散が、$y > 0$ のときに起こり、低温相の存在を意味する。低温での Ising-Lenz モデルにおいては、ΔF は本来異なる一様な領域を隔てる境界壁のエネルギーによって決まり、それゆえ $y = d - 1$ となる。つまり、相転移が $d > 1$ でしか存在しないことを今一度確認したことになる。EA モデルにおいては、数値計算と近似的な RG 変換により、$d = 2$ に対して $y < 0$ および $d = 3$ に対して $y > 0$ が示唆されていて、それゆえグラス

相は後者の場合にのみ存在する。

グラス相の特性は、(図 6.6 の階層モデルにおいて見られたことの類推から)温度変化に対して空間構造が非常に鋭敏に変化することであると考えられる。スピン・グラスの基底状態に、長さ L ほどの広がりをもつ液滴状のスピンの集まりの反転によって擾乱を与えよう。先の解析により、系のエネルギーは典型的な量 $J' = E = JL^y$ にしたがって増大する。Bray and Moore (1987) は、このエネルギーの寄与は、液滴領域の内と外を隔てているフラクタル次元 d_s をもつある磁壁にそって局在していると示唆している。強磁性体の磁壁が、普通の"曲線"で、反対向きを指しているスピンと領域を隔てているのに対し、ここではフラストレーションが、磁壁の概念の定義をより一層曖昧にしている。実際、その(フラクタル)次元は、大きさ δJ の小さなランダム擾乱をボンドに加えて、それによるエネルギーの変化 δE を評価するという、間接的な方法でしか計算できない。磁壁内のサイト数は $N \sim L^d$ のオーダーなので、$\delta J' = \delta E = (\delta J)L^{d_s/2}$ となることが期待される (2 次元 EA モデルの数値シミュレーションによると $d_s = 1.26$)。これら二つの結果を合わせると、$\delta J'/J' \sim (\delta J/J)L^{d_s/2-y}$ となることがわかる。したがって、もしも $\eta = d_s/2 - y$ が 0 よりも大きければ、結合強度(すなわち温度)の任意の小さな変化は増幅され、η は関係する(各ステップに含まれるスケール変化をもたらす乗法的な要因は別として)RG 写像の Lyapunov 指数と解釈することができる。これは、まさしく任意の次元の EA モデルの場合に相当する (Fischer & Hertz, 1991)。

6.4 応用

熱力学的な形式論は、記号力学系の漸近的振舞いを詳細に特徴付けるだけでなく、複雑性の様々な指標の間の有用な関係を確立する助けともなる。この節では、いくつかの例におけるこのアプローチの有用性を説明する。

6.4.1 パワースペクトル測度と相関関数の減衰

振動数領域の構造を知ることにより、信号のフラクタル的な性質を調べたり、

それによって熱力学的な形式論を応用することが可能になる。長さ N の離散時間の信号 $S = \{s_1, s_2, \ldots\}$ に対する、フーリエ・スペクトル

$$S_N(\omega) = \left|\sum_{n=1}^{N} s_n e^{-i\omega n}\right|^2 \tag{6.47}$$

を考えよう。もしも、ある振動数 $\omega = \omega_0$ において、$N \to \infty$ に対して $S_N(\omega_0) \sim N^2$ ならば、スペクトルは ω_0 で孤立的な成分を持つ。また、$S_N(\omega_0) \sim N$ ならば、ω_0 はスペクトルの交流成分の一つである。もしも区間 $(1/2, 1)$ に制限されるスペクトル指数 $\gamma(\omega_0)$ を持ち、

$$S_N(\omega_0) \sim N^{2\gamma} \tag{6.48}$$

であるならば、ω_0 は特異連続集合の中にある。そのような γ の中間的な値は、特異連続点の現象論で調べ尽くされているわけではない（S_N に対する極限的な振舞いがないことや、γ の N に対する依存性、もしくは $S_N \sim N^\eta / \ln N$ の形のスケール則といったことは全てその例である）。"通常の" 分類は特異指数 $\alpha(\omega_0)$ を

$$\int_{\omega_0}^{\omega_0 + \varepsilon} S_N(\omega) d\omega \sim N \varepsilon^{\alpha(\omega_0)} \tag{6.49}$$

と定義することにより要約することができる。ここで、$\varepsilon = \varepsilon(N) = 2\pi/N$ は解像度 N における二つの連続する振動数の間の間隔であり、上の式の右辺の因子 N はスペクトル測度の規格化を保証する。$S_N \sim N^{2\gamma}$ を (6.49) 式に代入すると、

$$\alpha = 2(1 - \gamma) \tag{6.50}$$

を得る。したがって、$\alpha = 0$ および $\alpha = 1$ は、それぞれ、孤立成分と絶対連続成分に関係づけることができる。

特異連続なパワー・スペクトルのフラクタル的な性質は、平均二乗相関関数

$$\langle C^2 \rangle(t) \equiv \frac{1}{t} \int_0^t C(t')^2 dt' \tag{6.51}$$

の長時間減衰に関連して示すことができる。$C(t)$ は、それがその全体の減衰を

覆い隠すような再上昇を示すときでも、$t \to \infty$ で 0 に収束する。このことは写像 (Grebogi et al., 1984)

$$x_{t+1} = \sigma \tanh x_t \cos(2\pi\theta_t)$$
$$\theta_{t+1} = \theta_t + \omega \bmod 1 \qquad (6.52)$$

に対して特に明らかである。そのねじれ積構造（例 3.2 参照）が示すように、変数 x に対する方程式は、角振動数 ω が無理数のときには準周期的に駆動される。そのような場合には、解は $\sigma < 2$ に対して準周期的になる。$\sigma = 2$ においては、解 $x_t = 0, \theta \in [0, 2\pi]$ は不安定で、運動は漸近的にいわゆる**非カオス的ストレンジ・アトラクター** (strange nonchaotic attractor)[6] (Grebogi et al., 1984) の上に折り畳む。この振舞いは定性的に変わったものになるが、そのことは図 6.9(a) に示したように変数 x_t の自己相関関数から推論することもできる (Pikovsky & Feudel, 1994)。$C(t)$ は（対数スケールで）ほとんど周期的に復活するが、$\langle C^2 \rangle$ は、図 6.9(b) に示されるようにべき則

$$\langle C^2 \rangle(t) \sim t^{-\beta} \qquad (6.53)$$

で減衰する。ここで $\beta = 0.65 \pm 0.05$ である。

(6.53) 式が一般的に成り立つと仮定し、Ketzmerick et al. (1992) は

$$\beta = D_2 \qquad (6.54)$$

を示した。ここで、D_2 は 2 次の Rényi 次元（(6.25) 式および (6.28) 式）であり、$C(t)$ に関係するスペクトル測度 $S(\omega)$ の**相関次元** (correlation dimension) とも呼ばれる (Grassberger & Procaccia, 1983)。実際、$\Delta \to 0$ の極限で、

$$\Delta^{D_2} \sim \int_0^\pi \left[\int_{\omega-\Delta}^{\omega+\Delta} dS(\omega') \right] dS(\omega) \qquad (6.55)$$

となる。ここで、内側の積分は区間 $[\omega - \Delta, \omega + \Delta]$ に含まれる "質量" $P(\Delta; \omega)$ を与え、外側は、全ての ω についての平均である。$A = [-\Delta, \Delta]$ と定義すると、(6.55) 式は

---

[6] 正の Lyapunov 指数をもたなくても異常な幾何学的構造を示すアトラクター。

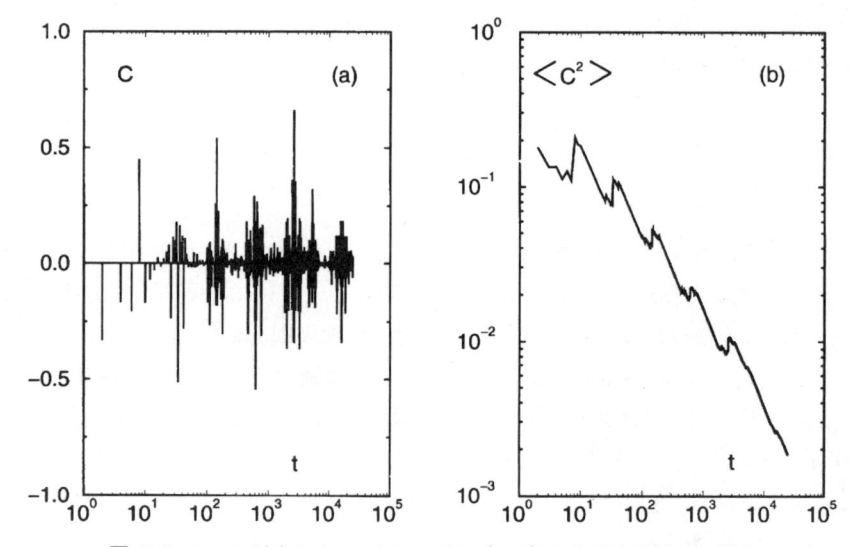

図 6.9 　$\ln t$ に対する、$\sigma = 3$ のモデル (6.52) における変数 x に対する (a) 相関関数 $C(t)$ と、(b) 対応する平均二乗相関。

$$\Delta^{D_2} \sim \int\!\!\int \chi_A(\omega - \omega')\mathrm{d}S(\omega)\mathrm{d}S(\omega') \qquad (6.56)$$

と書き直すことができる。ここで、$\chi_A(\cdot)$ は A の特性関数である。たたみこみの定理から、$S(\omega')$ と $\chi_A(\omega)$ 両方の逆フーリエ変換の積をとってフーリエ変換をほどこすことにより、二つ目の積分が計算できる。簡単のため信号を $\langle x \rangle$ だけずらして、$y_t = x_t - \langle x \rangle$ とすると、$C(t) = R(t)$ となる ((5.19) 式)。ゆえに、

$$\Delta^{D_2} \sim \int \mathrm{d}S(\omega) \int_{-\infty}^{+\infty} \mathrm{d}t\, e^{-i\omega t} C(t) \frac{\sin(\Delta t)}{t}$$

となる。残ったフーリエ変換を実行し、$C(t) = C(-t)$ であることを思い出すと、最終的に

$$\Delta^{D_2} \sim \int_0^\infty C^2(t) \frac{\sin(\Delta t)}{t} \mathrm{d}t \qquad (6.57)$$

を得る。$\Delta \to 0$ の極限では、右辺は、ある無関係な乗法的な因子までは、(6.51) で定義された $\langle C^2 \rangle$ と本質的に等値である。関係 (6.54) は、スケール仮説 (6.53) を (6.57) 式に代入し、ダミー変数 t を因子 Δ でスケールすることにより得ら

れる[7]。

$D_2 = $ の場合は孤立成分スペクトルに対応する。すなわち、予想される通り無限時間の極限でも相関が残る。反対に、$D_2 = 1$ に対してはスペクトル測度は絶対連続である。すなわち、相関が有限の初期時間間隔においてのみゼロから顕著に異なることを知ることにより、$\langle C^2 \rangle$ に対する $1/t$ での減衰法則を容易に理解することができる。

6.4.2 シフト力学系の熱力学

例：

[6.5] **間欠性:** タイプ I の間欠性（例 5.11）は、$\varepsilon \to 0$ の極限では写像 $x' = f(x;\varepsilon) = x + x^\nu + \varepsilon \pmod{1}$ でモデル化されるが、相転移をもたらす最も簡単な機構の一つである。長い "層流的な" 運動と "乱流的な" バーストが交互に起こり、1次転移点上の二相系との類似を示唆する。この写像は、$x_c = f^{-1}(1)$ を 1 の左側の原像として、$B_0 = [0, x_c]$ と $B_1 = [x_c, 1]$ で定義されるマルコフ的な二領域の生成分割を示す。不変測度の連続性から、局所次元 $\alpha(S)$ はほとんどいたるところで 1 となる (また、$1 < \nu < 2$ として、$x = 0$ で $2 - \nu$ となる)。したがって、局所エントロピー $\kappa(S)$ は、局所 Lyapunov 指数 $\lambda(S) = -\ln \varepsilon(S)/n$ に等しい。ここで、$\varepsilon(S)$ は n-列 S でラベル付けされる区間 B_S の長さである。B_S の n 次の像 $f^n(B_S)$ が単位区間 $[0, 1]$ の全体であることに注意すると、$\varepsilon(S)$ を $\varepsilon(S) \sim \prod_{i=1}^{n} 1/f'(x_i)$ と評価することができる。ここで、$x_i = f^{-1}(x_{i-1}) \in B_{s_1...s_i}$ および $x_0 = x_c$ である。多数の連続するゼロからなる列は、λ の小さな値で特徴付けられる。なぜなら、系は $f'(x)$ が 1 に近い層流的な領域に長時間留まるからである。反対に、ダイナミクスの乱流的な要素は大きな Lyapunov 指数で特徴付けられる。$\nu < 2$ および $\nu \geq 2$ は、それぞれ弱い間欠性と強い間欠性に対応し、それらは定性的に異なる振舞いをもたらす。前者は規格化された不変測度の存在によって特徴付けられるので、区間 $1.5 < \nu < 2$ をさらに区別する必要がある。そこでは、長さ n の層流的な軌道の数 N_n が（$1 \leq \nu < 1.5$ の場合とは異なり）非ガウス的な揺らぎを示し、$1/f$ 的なパワー・スペクトルが現われる（Schuster, 1988）。

---
[7] 厳密な証明は、Holschneider (1994) にあたることを勧める。

このパラメータ領域に対するエントロピー・スペクトル $g(\kappa)$ を図 6.10(a) に示した。曲線 $g(\kappa)$ は等分線 $g(\kappa) = \kappa$ に $\kappa = 0$ (固定点 $x = 0$ に相当する"周期的"もしくは層流相) と $\kappa = K_1$ (局所エントロピーがメトリックエントロピーと一致する乱流状態の下側の境界) の間で接する。この範囲の"状態"は、逆温度 $q_c - 1 = 0$ で共存する混合的なものである。間欠性が強い $\nu \geq 2$ のような場合には、$x = 0$ での不変測度の特異性が非常に強いので、図 6.10(b) に示したようにメトリックエントロピーは消える。この相転移の詳細な研究については、この写像に加算的マルコフ分割を導入することにより Fisher の液滴モデル (Fisher, 1967b; Felderhof & Fisher, 1970) との関係を説明している Wang の論文 (1989a および b) を参照されたい。 □

[6.6] Hénon 写像: 次元スペクトル $f(\alpha)$ における 1 次転移の "一般的な" 例は、Hénon 写像 (3.12) で与えられる。ストレンジ・アトラクターは双曲的ではないけれども、自然な測度 m に関してほとんどいたるところで Cantor 集合と連続体との積になっている。Politi et al. (1988) の議論にしたがって、$f(\alpha)$ 関数の全体の形を記述してみる。不安定多様体 W^u はホモクリニック点で安定多様体に接するので、多数回の反復写像に対して縮小が W^u に沿って起こりうる。このことは、ロジスティック写像における特異性の形成と同様に、そのような軌道の近傍の確率密度を増大させる。よって、双曲系における測度の典型的な直積構造は局所的に破壊される。

図 6.11 に関して、安定多様体上にある、W^s に沿っては長さ ε_2 の辺をもち、横断的な方向には ε_1 であるような、矩形 R_0 を考えよう。これらの長さは、R_0 の n 回目の像が、W^s に関して R_0 と同様に位置するサイズ ε の正方形 R_n であることから、決められる。これは、W^u の折り畳みに囲まれる接触領域を厳密に被覆するやり方と同様である (一般性を失うことなく、対応する曲率は 1 であると仮定することができる)。連続的な構造と Cantor 構造とを異なる精度で別々に解くことを避ければ、この選び方により非双曲的なドメインにあるアトラクターの大域的な特徴が捉えられる。矩形 R_n 内の質量は、R_0 内と同じであり、

$$P(\varepsilon) \sim \varepsilon^\alpha \sim \varepsilon_1^{\alpha_2} \varepsilon_2 \tag{6.58}$$

とスケールされる。ここで α は R_n に関する局所次元で、α_2 は二つの多様体

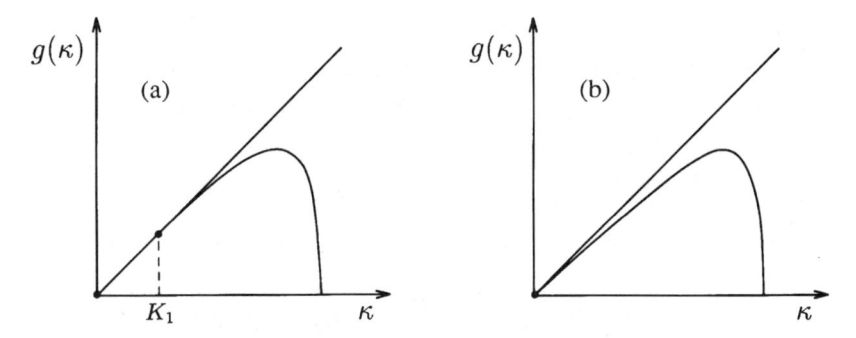

図 6.10 タイプ I の間欠性に対する、局所エントロピー・スペクトル $g(\kappa)$ 対 κ のグラフ。(a) $1.5 < \nu < 2$, (b) $\nu \geq 2$。(a) においては、曲線 $g(\kappa)$ は、範囲 $0 \leq \kappa \leq K_1$ の全体で等分線 $g(\kappa) = \kappa$ に接し、(b) では $\kappa = 0$ でのみ接する。

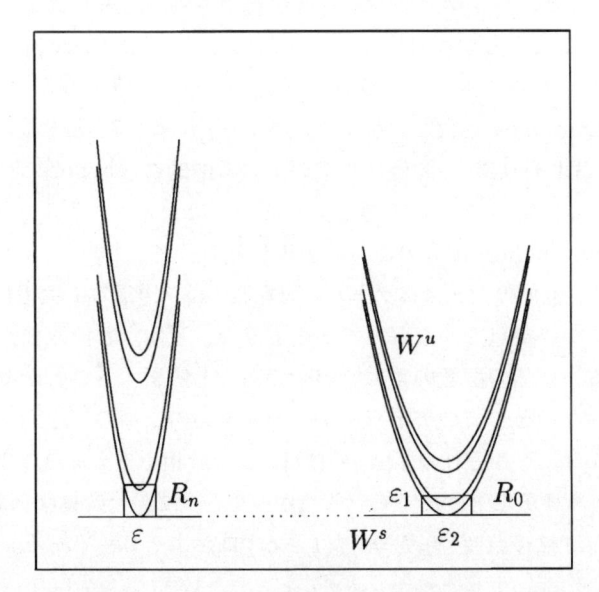

図 6.11 接線型ホモクリニック（矩形 R_0 の内側）とその n 番目の繰り返し（R_n の内側）の近傍における、Hénon 写像の安定多様体（W^s）および不安定多様体（W^u）の模式図。

を横断する局所部分次元（付録 D 参照）である。R_0 が "1次の" 接点を含む（D'Alessandro *et al.*, 1990）ので、双曲型アトラクターに対して適切であるよ

うに、不安定多様体に沿っての部分次元 α_1 は R_0 内で 1 であると仮定する。すなわち、非双曲的な領域において多数の回数 n の繰り返しのあとにのみ、特異性が強まることが期待される。明らかに、$\varepsilon_i = \varepsilon \exp(-n\lambda_i)$ となる。ここで、$\lambda_1 > 0$ は W^s に直交する方向に引き伸ばされる割合であり、$\lambda_2 < 0$ は、W^s に沿って縮小する割合である（付録 D 参照）。R_0 内で W^u が放物型であると仮定すると、$\varepsilon_1 \approx \varepsilon_2^2$ を得る。これを (6.58) 式に代入すると、最終的に

$$\alpha = (1 + 2\alpha_2)\frac{1 + \alpha_2}{2 + \alpha_2} \tag{6.59}$$

が求まる。ここで、(A4.8) の、Kaplan-Yorke の関係 $\alpha_2 = -\lambda_1/\lambda_2$ を用いた。Lyapunov 指数 λ_i（とそれによる α）のゆらぎは簡単のため無視している。(6.59) 式は、非双曲的な相における次元 α の典型的な値を与える。ヤコビアン b が 0 に近付くと、ロジスティック写像が再現され $\alpha_2 \to 0$ となり、予想される通り $\alpha = 1/2$ となる。反対に $b \to 1$ に対しては（保存的な場合）$\alpha_2 \to 1$ であり、$\alpha \to 2$ となる。通常のパラメータ値 ($\alpha = 1.4$, $b = 0.3$) では、λ_i を i 番目の平均 Lyapunov 指数と見なすことにより、$\alpha \approx 0.76$ を得る。この点での $f(\alpha)$ の値はおよそ 0.29 と評価されている。**双曲的な** (hyperbolic) 相での位置 **x** の局所インデックスのゆらぎを入れると、次元スペクトル $f(\alpha)$ の**非双曲的な** (nonhyperbolic) 部分のゆらぎが現れる。

したがって、全体の次元スペクトル（図 6.12）は、通常の 1 次相転移に対するのと同様に一つの接点でつながっているような、双曲点と非双曲点に対応する二つの異なる上に凸の関数の重ね合わせであると解釈することができる。よって、熱力学的な相としてのアトラクターの振舞いの二つの型を同一視することが正当化される。それぞれの $f(\alpha)$ の値は、二つの相を支える点の集合の一般化次元として解釈することができる（したがって、全ての"双曲点"はより大きな次元をもつ）。"転移温度" $k_B T = 1/(1 - q_t)$ はおよそ 0.8 である。□

[6.7] **セル・オートマトン 22:** CA 22 の漸近的な空間配位のエントロピー・スペクトル $g(\kappa)$ が、$x(S) = \sum_i s_i 2^{-i}$ にしたがって点 $x \in [0, 1]$ に写像される記号列 S の空間での次元スペクトル $f(\alpha)$ から評価されている。局所エントロピー $\kappa(S)$ は、$\kappa = \alpha \ln 2$ を通じて局所次元 $\alpha(S)$ に関係している。CA の規則をランダムな初期配位に 10000 回適用したあとで、質量一定の方法 (Badii & Politi,

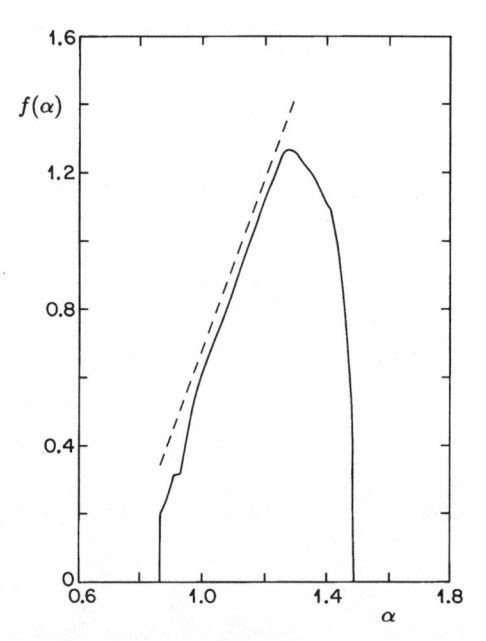

図 6.12 10^5 個の点の集合から評価された、$(a, b) = (1.4, 0.3)$ での Hénon アトラクターにおける、α に対する次元スペクトル $f(\alpha)$（Broggi, 1988）。

1984, 1985; Badii & Broggi, 1988）を用いて中間の $M = 10^6$ 個の記号を解析した。局所エントロピーは、各々が質量 $p = k/n$ を含む $m = 2 \cdot 10^4$ 個のランダムに選ばれた近傍について計算されている。エントロピーのヒストグラムが、40 個の場合の $n \in [10^5, 9.8 \cdot 10^5]$ と $k \in [20, 40, 60, 80]$ を用いて構成された。図 6.13 の曲線は、$n \approx 8 \cdot 10^5, k = 40$ によるもので、全ての (k, n) の組に対して求められた曲線の典型的な形を示している。この曲線は $\kappa = K_1 \approx 0.51 \pm 0.01$ の値の回りの領域で最も信頼できる（この値は独立に別の方法でも評価されている）。

それらの曲線は互いに似ているが、有限サイズ・スケーリングの解析を用いてより正確な結果が得られている。特に、トポロジカル・エントロピー K_0 が、長さ n の列の数を $N(n)$ として、割合

$$K_0^{(a)}(n) = \ln \frac{N(n)}{N(n-1)}$$

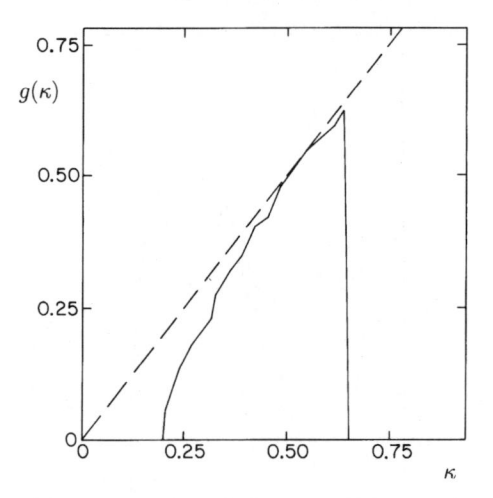

図 6.13 基本 CA ルール 22 における、κ に対するエントロピー・スペクトル $g(\kappa)$。

もしくは、

$$K_0^{(b)}(n) = \ln \mu_{\max}(n)$$

などから評価されている。ここで $\mu_{\max}(n)$ は長さ n までのすべての禁止語を排除する有向グラフの最大固有値である。$i = a$ または b、f_i と η_i を定数として、両方の場合において $K_0^{(i)}(n) \sim K_0 + f_i e^{-\eta_i n}$ の形の指数関数的な収束を仮定した。対応する曲線を図 6.14 に示す。グラフがよりよい近似を与えるような (D'Alessandro et al., 1990) 一般的な力学系と異なり、ここではさらによい K_0 の上限が直接的な方法により与えられている。極限値と収束率は両方の曲線に対して、それぞれ $K_0 = 0.55 \pm 0.01$ および $\eta \approx 0.08$ と評価されている。η 値が低いので (Fahner and Grassberger, 1987 で予想されている) べき則に従う漸近的な振舞いの可能性が残る。類似の評価により η の q への弱い依存性が示されている。

図 6.13 の $g(\kappa)$ スペクトルの信頼性は、上界と下界をもつ台の境界 $\kappa_{\min}$ と $\kappa_{\max}$ が一致することによりさらに確かなものとなる。$\kappa_{\min}$ と $\kappa_{\max}$ は様々な方法で求めることができる。最小局所エントロピー $\kappa_{\min}$ の上界は、n 個のゼロからなる列の確率 $P(000\ldots)$ の減衰率 $\kappa^{(0)}$ で与えられる。これはもっとも頻繁に観測されるものであり (実際、時空パターンは 0 で埋めつくされた多数の

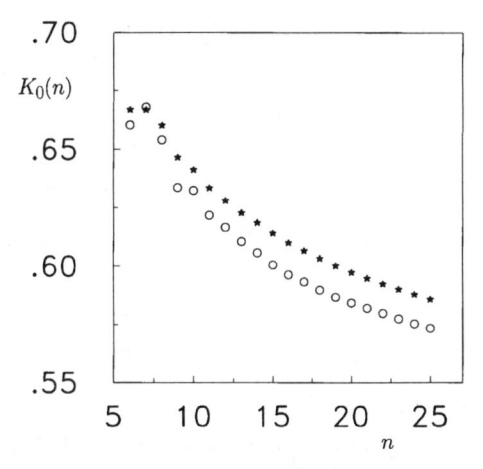

図 6.14 基本 CA 規則 22 の漸近的な空間配位に対するトポロジカル・エントロピー K_0 の有限サイズ評価 $K_0(n)$。星印：長さ $\ell \leq n$ の全ての禁止語から構成された有向グラフの最大固有値の対数。丸印：長さ n と $n-1$ の語の数の比率 $N(n)/N(n-1)$ の対数。

三角形を示す)、漸近的に他の全てを圧倒する。そのような三角形が豊富に見られること、およびそれらを認識する簡単なアルゴリズムが存在することにより、大きな n の値に対しても信頼できる結果を得ることが可能になる。注意深いシミュレーションにより、$\kappa^{(0)} = 0.267$ が非常に $\kappa_{\min}$ に近いことが示されている。ルール 22 が二つの語 $w_0 = 0000$ と $w_1 = 0001$ の任意の連結 $\mathcal{I}$ に 4 回適用されると、各 w_0 および w_1 をそれぞれ 0 と 1 で置換した配位 $\mathcal{I}'$ に対してルール 90 を適用するのと同じになるということから、トポロジカル・エントロピーの解析的な下界を求めることができる (Wolfram, 1984)。そのようなシミュレーションにおいては、記号 1 は 4 の倍数の位置に周期 4 で現れる。ルール 90 は "線形" (サイト i の更新される値 s'_i は s_{i-1} と s_{i+1} の和の 2 の剰余) なので禁止列はなく、その極限集合のトポロジカル・エントロピーは $\ln 2$ である。したがって、ルール 22 における、w_0 と w_1 の全ての連結の集合 $\{w_0, w_1\}^{\mathbb{Z}}$ は、トポロジカル・エントロピーに $\ln 2/|w_0| = \ln 2/|w_1| \approx 0.173$ で寄与する。この値は、数値シミュレーションでも確かめられているように、$\{w_0, w_1\}^{\mathbb{Z}}$ からの全ての列が実際に規則 22 の不変集合に含まれるときだけ、K_0 の下界を示す。

上の議論では、既約の禁止語が与えられることが暗黙の内に仮定されていた。

極限配位の有限部分を直接調べたとしても、有限列だけからある語が禁止されているかどうかは証明できない。このことは形式言語と関係があるので、基本 CA の禁止語を見分ける手続きをルール 22 に関連して 7.3 節で説明する。このルールに対しては、K_0 が 0.55 という値になることが確かめられる。最後に、$0.25 < \alpha < 0.5$ における、$f(\alpha)$ 対 α の近似的な線形の振舞いが相転移を示唆していることに注意しよう。しかしながら、評価の際の限られた精度と熱力学関数の遅い収束には注意が必要である。 □

[6.8] **解析的に解けるモデル：** カオス的な信号におけるローパス・フィルターの効果が、カット・オフ周波数 η が増大したときにアトラクターの次元の増大を決定していることが知られている (Badii *et al.*, 1988)。一般性を失うことなく、Lyapunov 指数 $\lambda_1 > 0 > \lambda_2$ を持つ 2 次元写像 **F** によって生成される、スカラー時系列 $u = \{u_1, u_2, \ldots\}$ を考えよう。u に対するフィルターの作用は、線形写像

$$z_{n+1} = \gamma z_n + u_n \qquad (6.60)$$

によってモデル化することができる。ここで、$\gamma = \exp(-\eta) \in (0, 1)$ であり、z はフィルターの"出力"である。ゆえに、フィルターは、(6.60) 式に写像そのものの定義を加えたものと等価である。この新たな 3 次元写像に Kaplan-Yorke の関係（A4.9）を適用することにより、情報次元が η に対して三つの異なる種類の依存性を示すことがわかる。すなわち、

$$D_1(\eta) \sim \begin{cases} 1 + \lambda_1/|\lambda_2|, & \text{for } \eta > |\lambda_2| \\ 1 + \lambda_1/\eta, & \text{for } \lambda_1 < \eta < |\lambda_2| \\ 2 + (\lambda_1 - \eta)/|\lambda_2|, & \text{for } 0 < \eta < \lambda_1 \end{cases} \qquad (6.61)$$

となる。微分 $dD_1(\eta)/d\eta$ の不連続性は、全体の次元関数 $D_q(\eta)$ を考慮することで理解される相転移の発生を示している。この現象は、割合 $-\eta$ と λ_2 で特徴づけられる、二つの縮小する方向の間の競合として理解できる。ここで後者は位置に関してゆらぐ。その本質は簡単な双曲モデルで捉えられる。**F** をパイこね写像（3.10）とすると、習慣的な記法

$$s_{-n} = [1 + \text{sgn}(y_n - p_0)]/2$$

および、重ね合わせ $u_n = x_{n+1} + y_{n+1}$ の"信号" $\{u_n\}$ を用いて、

$$x_{n+1} = x_n r_0 (r_1/r_0)^{s-n} + (1-r_1)s_{-n}$$
$$y_{n+1} = y_n p_0 (p_1/p_0)^{s-n} + p_0 s_{-n} \qquad (6.62)$$

と書き直すことができる。y 方向に沿った自明な連続構造を除くために、最初に、$y=0$ でのアトラクターの断面をとることにする。その結果得られる (x, z) 平面の点の集合は、z 軸への射影をもちいて調べられている（実際、x 軸への射影は通常の二つのスケールを持つ Cantor 集合を与える）。長さ n の記号列 S は、n 番目のレベルとともに被覆の間隔を決める。長いが、単純な計算 (Paoli et al., 1989a) により、一般的な間隔の長さ $\varepsilon(s_1 s_2 \ldots s_n) = z(\ldots 000 s_1 s_2 \ldots s_n 111 \ldots) - z(\ldots 000 s_1 s_2 \ldots s_n 000 \ldots)$ に対して、

$$\varepsilon(S) \sim \gamma^n \left[\sum_{l=1}^n \left(\frac{r_0}{\gamma}\right)^l \left(\frac{r_1}{r_0}\right)^{\sum_{m=1}^l s_{n+1-m}} + O(1) \right] \qquad (6.63)$$

が得られる。ここでは $r_1 > r_0$ とする。確率 $P(S)$ が、Bernoulli シフト $B(p_0, p_1)$（例 6.1）と同じなので、ハミルトニアンを $\mathcal{H} = -\ln \varepsilon(S)$ と定義するのが最も便利である。(6.63) 式中の和は、その最大の加数

$$L_n(S) = \max_{1 \le l \le n} \left[\left(\frac{r_0}{\gamma}\right)^l \left(\frac{r_1}{r_0}\right)^{\sum_{m=1}^l s_{n+1-m}} \right]$$

と $n L_n(S)$ の間の値を取る。それゆえ、ハミルトニアンは示量変数となり、$n \to \infty$ に対して、$\ln n$ のオーダーの補正項まで、

$$\mathcal{H} \sim -n \ln \gamma - \max_{1 \le l \le n} \left[l \ln\left(\frac{r_0}{\gamma}\right) + \sum_{m=1}^l s_{n+1-m} \ln\left(\frac{r_1}{r_0}\right) \right] \qquad (6.64)$$

とスケールされる。各列 S のエネルギー $\mathcal{E}(S)$ は、漸近的には右辺の主要項だけで決まる。$\gamma < r_0$（弱いフィルター）に対しては、最大値は $l = n$ で与えられ、γ に対する依存性が消える。すなわち、パイこね写像の通常のスケーリングが再現される。反対に、$\gamma > r_1$（強いフィルター）に対しては、最大値は $l = 1$ で与えられ、主要な振舞いは、自明な $\mathcal{H} \sim -n \ln \gamma$ となる。中間の値の範囲では、漸近的なスケーリングは個々の特定の列 S に依存する。したがって、二つ

の相の混合が起こりえる。エネルギー $\mathcal{E}$ は粒子密度 $\mathsf{v} = \sum s_i/n$ の関数 $\mathcal{E}(\mathsf{v})$ であり、

$$\mathcal{E} \sim \begin{cases} -n \ln \gamma, & \text{for } \mathsf{v} < \mathsf{v}_c, \\ -n[\ln r_0 + v \ln(r_1/r_0)], & \text{for } \mathsf{v} > \mathsf{v}_c \end{cases} \quad (6.65)$$

とスケールされる。ここで、

$$\mathsf{v}_c = \frac{\ln(\gamma/r_0)}{\ln(r_1/r_0)} \quad (6.66)$$

である。したがって、局所次元 $\alpha(S) = \ln P(S)/\ln \varepsilon(S)$ の v に対する依存性は、

$$\alpha(\mathsf{v}) = -n \frac{\ln p_0 + \mathsf{v} \ln(p_1/p_0)}{\mathcal{E}(\mathsf{v})} \quad (6.67)$$

で与えられる。与えられた v を与える列の数を数えること、関係 (6.67) を逆に解くこと、およびスケーリング・パラメーターを n から ε に変えることにより、次元スペクトル $f(\alpha)$ が最終的に求められる。エネルギーの観点から (6.65) 式が説明する転移は、$f(\alpha)$–スペクトルの $\alpha_c = \alpha(\mathsf{v}_c)$ での尖点に帰着される。もしも得られる曲線が上に凸でなかったら、包絡線が取られなければならず、通常の 1 次転移が観測される。その反対の場合には、転移は前の節で述べたように異常な型のものとなる。これらのフィルターによって誘導される転移は、Paoli et al. (1989b) によって実験的に確認されている。

図 6.15 の相図は、二つの型の転移を示している。曲線 $\alpha_1(\gamma)$ と $\alpha_2(\gamma)$ は、それぞれ $f(\alpha)$ スペクトルの線形部分の下限値と上限値である。これらは、$\gamma = \gamma_c$ で同じ値となり、二つ目の型の転移における尖点に対応する曲線 $\alpha(\gamma)$ につながる。臨界点 γ_c において、転移は連続的である。すなわち、$\gamma = \gamma_c$ を越えると、(6.61) 式の情報次元 D_1 は増大しはじめる。この描像は、他のパラメーターの可能な値の集合において、定性的に有効である。 □

[6.9] **長距離相互作用**: 1 次元格子で相転移が起こることを保証する長距離相互作用の起源を説明するために、ハミルトニアンが "スピン" の和 $\mathcal{V} = \sum s_i$ (より正確には、占有数) だけに依存し、すなわち $\mathcal{H} = \mathcal{H}(\mathcal{V})$ となっているような簡単な場合を考えよう。長さ n の格子と、$s_i \in \{0,1\}$ に対し、$\mathcal{V} = (0, 1, \ldots, n)$ に対応して、$\mathcal{H}$ は $n+1$ 個の値 $(\mathcal{E}_0, \mathcal{E}_1, \ldots, \mathcal{E}_n)$ のいずれかの値を取る。$\chi_0 = \prod_{l=1}^{n}(1-s_l)$

6.4 応用

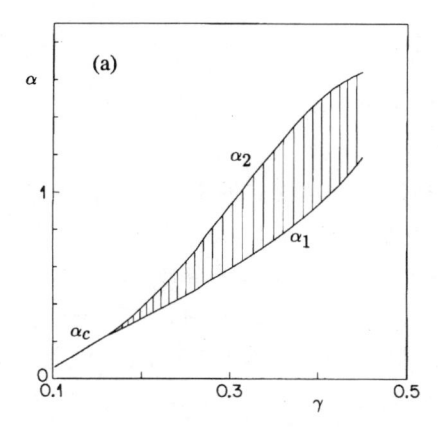

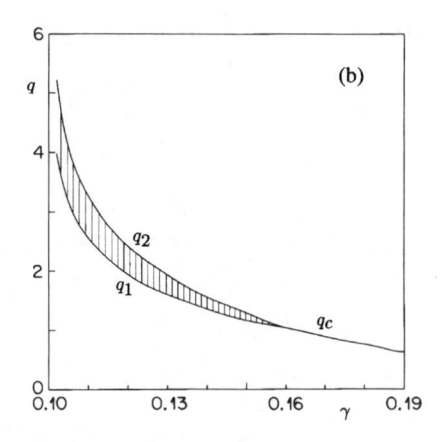

図 6.15 （典型的な）パラメーター $(p_0 = 0.7, r_0 = 0.1, r_1 = 0.5)$ に対する、二次元平面 (a) (γ, α) および (b) (γ, q) 上に描かれたフィルター付きパイこね写像の相図。曲線 $\alpha_1(\gamma)$ と $\alpha_2(\gamma)$ ではさまれた領域および曲線 $q_1(\gamma)$ と $q_2(\gamma)$ ではさまれた領域では二つの異なる相が共存する。曲線 $\alpha_c(\gamma)$ は "異常な" 転移での尖点を表す。曲線 $q_c(\gamma)$ は、"通常の" 転移における共存領域の "臨界的な" 勾配 $f'(\alpha)$ を与える。

かつ $1 \leq m \leq n$ として、列 S に対して $\mathcal{V} = m$ のときに限り関数

$$\chi_m(S) = \sum_{i_1 \neq i_2 \neq \ldots \neq i_m} s_{i_1} s_{i_2} \ldots s_{i_m} \prod_{l \notin \{i_1, i_2, \ldots, i_m\}} (1 - s_l)$$

は、1 となる。したがって、ハミルトニアンを

$$\mathcal{H} = \sum_{m=0}^{n} \chi_m(S) \mathcal{E}_m$$

と書き直すことができる。あらゆる $k \in \{0, 1, \ldots, n\}$ に対して、k 個のスピンの積を含む全ての項を場合分けしなおすと、

$$\mathcal{H} = \sum_{k=0}^{n} J_k \pi_k$$

となる。ここで、記号 J_k は k-体の相互作用係数で、π_k は可能な全ての k 個の異なるスピン変数の積の和を表す（$\pi_0 = 1$ とする）。例えば、$\pi_2 = s_1 s_2 + s_1 s_3 + \ldots + s_1 s_n + s_2 s_3 + s_2 s_4 + \ldots + s_{n-1} s_n$ である。簡単な組合せ論から

(Hardy & Wright, 1993)、

$$J_k = \sum_{i=0}^{k} \binom{k}{i} (-1)^{i+k} \mathcal{E}_i$$

となることがわかる。第 1 に、スピンの格子上での位置に関係なく、**同じ係数** J_k は k 個のスピンの積の全てをかけ算するということに注意しよう。ゆえに、相互作用は、粒子間距離に関して全く減衰しないほど非常に長距離に作用する。第 2 に、多体相互作用が、全てのオーダー $k = 2, 3, \ldots, n$ において現われる。さらに、ある任意の関数 $\mathcal{H}(\mathcal{V})$ に対して、係数 J_k は、k が大きくなると減少すると期待することもできない。しかしながら、最初のハミルトニアンがまともである限りは、J_k の式で符号が順に入れ替わるので、エネルギー項が係数の発散を防ぐことができる。例えば、

$$J_4 = \mathcal{E}_0 - 4\mathcal{E}_1 + 6\mathcal{E}_2 - 4\mathcal{E}_3 + \mathcal{E}_4$$

である。特に、Bernoulli シフトに対しては、$\mathcal{E}_i = a + bi$ (a と b は定数) であり、$k \geq 2$ に対して $J_k = 0$ となる。フィルター付きパイこね写像も、大きな n に対して、体積 $\mathcal{V}$ のみに依存するハミルトニアンを与える ((6.65) 式参照)。その場合、固定された各 n に対し、$\mathcal{E}_i$ の値は、$i \ll n\mathrm{v}_c$ に対しては定数で、$i \gg n\mathrm{v}_c$ に対しては、i に比例する。ゆえに、関係のある相互作用は $n\mathrm{v}_c$ 体よりも多く (のスピン対) を含むものとなる！ このことは、転移が $n_0 = n\mathrm{v}$ 個の占有サイトによって決まることから予想されたことでもある。ある相が他の相よりも支配的であるかどうかは、n_0 を数えることにより決まる。それゆえ、系は粒子数を数える機械と解釈することもできる。 □

参考文献

Baxter (1982), Callen (1985), Feigenbaum (1987), Frisch & Parisi (1985), Fujisaka (1991), Griffiths (1972), Mori·*et al.* (1989), Ruelle (1974), Simon (1993), Uzunov (1993)

第III部　複雑さの様相

第7章　記号列の物理的、および、計算論的な分析

　これまでは、いくつかの数値や関数を用いて、一般的でかつ正確に信号を分類する数学的な道具立てについて詳しく見てきた。しかし、複雑さの研究はそういった指標を単独に評価することに限られるものではない。なぜなら、それぞれの指標は対象とする系に特有のモデルに依存するからである。例えば、パワースペクトルは周期成分の重ね合わせを前提とし、フラクタル次元は測度の自己相似な成分を、また熱力学的アプローチは示量性のハミルトン関数を前提としている。それゆえ、複雑さの評価量を議論するより前に、正しいモデルを同定するための手続きを探す必要がある。このように一般的に述べられてはみても、その計画はあまりに遠大すぎる。例えて言えば、物理理論を選択する"メタルール"を見つけることと同じである。これまでの章で述べてきた記号化の考え方により、一般的なモデル化の問題を形式的に分析しやすくなるだろう。
　ニューラル・ネットワーク、コンパイラ・プログラム、数理論理学、そして自然言語の研究によって、異なった複雑さのレベルにある記号列を簡単な操作により生成する有限離散モデル（オートマトン）が作られた。その計算能力のレベルはチョムスキー階層（Chomsky hierarchy）、つまり、有名なチューリング・マシンを頂点とする四つの基本族に分類される。チューリング・マシンはあらゆる汎用コンピュータに匹敵する能力を持ち、概念的に簡略化された数学的対象である。個々のオートマトンに対応する形式言語はそれが生成できる全ての有限記号列の集合 $\mathcal{L}$ として定義される。チョムスキー階層の高いレベルにある族は、それよりも低いレベルの族を包含する。第4章で導入された正規言語はもっとも低いクラスに属する。
　チョムスキー階層の持つ簡潔な包含関係は重要ではあるが、それが全てを尽

くしていないという限界もある。実際、基本的な四つの族の一つと部分的に共通部分を持つ驚くほど多くの言語が定義され、現在、計算機科学の分野において研究されている。

これらの全てのモデルは、もっぱら記号列の位相的（topological）な面を扱い、計量的（metric）な性質に関心を払っていないことに注意しなければならない。特に、これらは実数のパラメーターを持たない。例えば、有向グラフはマルコフ過程の正しい系列を生成するが、（第9章で見るような特別な拡張をしない限り）条件つき確率を持った系列を生成できない。

7.1節ではチョムスキー階層を概観し、チューリングによる研究の理論的な意味を議論する。7.2節では形式言語を物理的な観点から調べる。これに対し7.3節では、物理系を一つ選ぶことによって生成される言語について、オートマトン理論の文脈で分析する。これは、近年注目を集めている研究テーマでもある。

7.1 形式言語、文法、オートマトン

第4章で見たように、あるアルファベット A の全ての有限列の集合 A^* は、辞書式順序で簡単に表現することができる（二進数記号列による表現では $A^* = \{\epsilon, 0, 1, 00, 01, 10, 11, 000, ...\}$ となる）。したがって、あらゆる形式言語 $\mathcal{L} \subseteq A^*$ は一つの無限記号列 $\tilde{\mathcal{L}} = l_1 l_2 ...$ として表される。ここで l_i は A^* の i 番目の語が $\mathcal{L}$ に属するかどうかによって "0" か "1" のどちらかをとる。ある記号的な信号 $\mathcal{S} = s_1 s_2 ...$ と関連付けられた言語を見つけるという問題は一見無意味なように思えるかもしれない。なぜなら、対象としているものとその記述はどちらも無限列であり、そのあいだに違いがないからである。しかし、この対応は決して絶対的なものではない。実際には、言語 $\mathcal{L}$ を定義する記号列 $\tilde{\mathcal{L}}$ は特別な列で、特定の構造を持っており、信号 $\mathcal{S}$ のような統計的アンサンブルの中の一つの要素ではない（唯一の対象（single items）とアンサンブル（ensembles）の違いは2種類の複雑さの基準を特徴付けるもので、次の二つの章で詳細に議論する）。一方、言語の構造に関して一般的かつ厳密に研究することは、言語を無限記号列へ変換することによって可能となる。特に、ある命題がその "決定不可能性" ゆえに、正しいか間違っているかを証明することができないというこ

とを示すことができる。

チョムスキー階層は主な言語クラスを単純に順序付けする。次の表は言語クラスを一般性が高くなる順序に従って並べたものである[1]。

タイプ	言語	オートマトン
1	正規言語	有限オートマトン
2	文脈自由言語	プッシュダウン・オートマトン
3	文脈依存言語	線形有界オートマトン
4	無制約言語	チューリング・マシン

それぞれのオートマトンは対応する言語の全ての語を"受理"あるいは生成する機械である。それを、ある記号的な信号を再現するために使われる適切なモデルと見なすこともできる。形式言語が記号列として表現されるならば、このクラス分けは実数を有理数、代数的無理数、超越数、・・・などに分類して理解したことに良く似ている。

7.1.1 正規言語

このクラスの言語は形式的には

$$R = (r+s)(t+uv)^* \tag{7.1}$$

のような**正規表現**（regular expressions）と呼ばれる記号代数式で表わされる。ここで、記号 r、s、t、u、v はそれぞれある特定の有限長の語（空語 ϵ も含まれる）であり、記号 + は "または" と読む。uv のような "積" は連接（concatenation）であり、上つき文字 * は変数自身を任意の回数連接することを表す。正規言語 $\mathcal{L}(R)$ は表現 R と等価な全ての語を含む。例えば、$a = (3 - \sqrt{3})/4$ のときの屋根型写像（4.4）は正規表現 $R = (1 + 0(010)^*1)^*$ で記述される信号を生成する。あるいは既約な禁止語の集合で表すと $\mathcal{F} = \{000, 0011\}$ である。

あらゆる正規表現 R は、有向辺（directed arc）でつながれたノード（node）（あるいは、頂点（vertex））の集合 $\{q_0, q_1, ..., q_N\}$ である有限の**有向グラフ**（directed

---

[1] 通常の呼び方では、無制約言語は "0 型"、正規言語は "3 型" と呼ばれるが、ここでは慣例とは異なり通常と反対の並べ方を採用した。

graph）に直接書き直される（例えば図 4.5 参照）。対応する数学的対象は**有限オートマトン**（finite automaton, FA）と呼ばれる。言語内の記号列とグラフ上の経路（path）を対応させるために、R のそれぞれの記号が辺に割り当てられ、一つの辺は $a_{i,j}^s$ で示される。ここで、i と j はそれぞれ始点と終点のノードを表し、$s \in A$ はその辺に対応する記号である。記号 + で "足し合わされるもの" は、同じノードから出る辺に対応する。記号 * により反復される表現はグラフにおいては閉路をなす。これらのルールを満たすために、ラベルの付けられていない辺（すなわち空列 ϵ を運ぶ "手段"）と**非決定性**（nondeterminism）を導入する必要がある。非決定性は、二つあるいはそれ以上の同じラベルを付けられた辺が一つのノードから出ているというかたちをとる。

例：

[7.1] 以上の全ての特徴は、図 7.1(a) に描かれているオートマトンに対応する正規表現

$$R = (1 + (01 + 1)(01)^*)^*$$

に表われている。ラベルが 1 の二つの辺がノード q_0 から出ており、q_2 から q_0 への遷移は "空白" であることに注意しよう。q_2 へ至る辺を q_0 につなぎ換えることで、この空白を運ぶ辺をなくすことができる。そのようにしたグラフが図 7.1(b) である。

これはまだ非決定性グラフであるが、以下に見るように最終的に決定性のものにつくり変えることができる。同じ記号を持ついくつかの辺が一つのノードから出ているとき、それらの辺がたどりつく全てのノードを一つのメタノードにまとめる。メタノードからある記号を通ってたどり着く像（image）は、そのメタノードにまとめられたもとの全てのノードの像からなり、これらのノードもまた新しいメタノードへとまとめられる。途中経過を省いた最終的な結果を図 7.1(c) に示す。このグラフは明らかに正規表現 $R' = (1 + 01)^*$、すなわち 0 が二つ連続することが禁じられている言語に対応している。（R と R' のような）異なる正規表現が必ずしも異なる言語を生成するわけではない。 □

一般に、正規表現は決定性有限オートマトンへ縮約することができる。証明は Hopcroft & Ullman (1979) を参照してほしい。逆もまた可能で、あらゆる

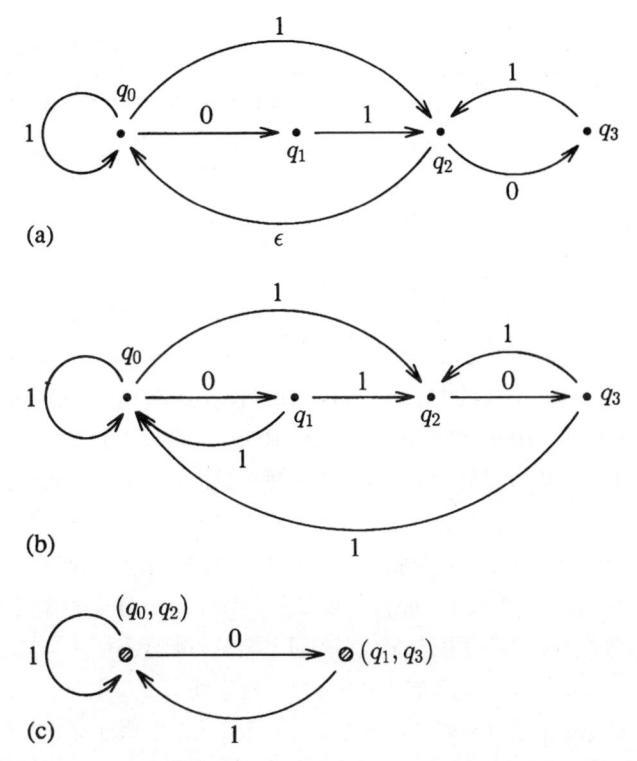

図 7.1 (a) 正規表現 $R = (1 + (01 + 1)(01)^*)^*$ に対応した非決定性グラフ、(b) ラベルのない辺を取り除いた等価なグラフ、(c) 等価な決定性グラフ。

FA は上で与えた簡単なルールを逆に適用することで作られる正規表現と等価である。

有限オートマトンを記号列を生成する装置、あるいは言語受理系のどちらとみなしてもよい。前者の場合では、グラフ上の許される経路をたどりながら記号を生成する。後者の場合、**初期状態** (initial state) q_0 から始まり、遷移する先の辺が入力シグナルの現在の記号 s で決まる。個々の記号列 $S \in \mathcal{L}$ に対する経路が存在するならば言語 $\mathcal{L}$ は FA に **受理** (accept) されたという。

例で見たように、異なる正規表現が同じ言語を表すことがある。このことは関連するグラフにも表れる。実際に、二つの別のノード q と q' から出る記号列の集合が等価である場合がある。このような冗長性があると異なる言語をきちんと

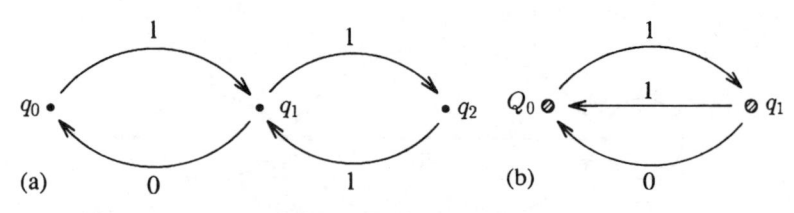

図 7.2 (a) 正規表現 $R = (01 + 11)^*$ を表すグラフ、(b) 等価な最小のグラフ.

比較できないが、各々の言語に対してノード数がもっとも少ないグラフを見つけることで冗長性を消し去ることができる。その存在と唯一性は、(不適切なノードの名前の付け替えを別にすれば) **Myhill-Nerode の定理** (Myhill-Nerode thorem) (Nerode, 1958; Carrol & Long, 1989) で保証されている。冗長グラフを最小化するための再帰的な手続きを簡単に見ておこう。これは、非等価なノード対を順に見つけ出していくというやり方である。ノードから出る辺の集合が異なる全てのノードの対を初期リスト L とする。L のそれぞれの対 (p, q) に対して、同じ記号 s を持ち (p, q) に至る全ての対 (p', q') を非等価ノード対のリスト L に含める。この手続きを全ての対と全ての記号 $s \in A$ に対してくまなく繰り返すことにより、等価なノードの対だけが残る。こうやって得られた同値関係にしたがってこれらのノードをまとめることで、最小グラフを得ることができる。

$a = 2/3$ のときの屋根形写像 (4.4) (4.3 節を参照) により生成される言語は図 7.2(a) の有向グラフで表される。非等価ノード対は (q_0, q_1) と (q_1, q_2) だけであることはすぐにわかる。q_0 と q_2 を一つのノード Q_0 にまとめれば、図 7.2(b) の最小グラフを得る。第 4 章で議論したように、図 7.2 の言語を生成する系は厳密にソフィックである。有限タイプの部分シフトと厳密にソフィックな言語は正規である。

ある言語の非正規性を証明するには次の**ポンプの補題** (pumping lemma) (Hopcroft & Ullman, 1979) が役に立つ。これは正規言語の再帰性 (recurrence property) を示すものである。

補題 7.1 任意の正規言語 $\mathcal{L}$ に対して、長さ $|S| \geq n$ のあらゆる語 $S \in \mathcal{L}$ が $S = uvw$ と書かれ、$|uv| \leq n$ で、v は空でなく、全ての $i \geq 0$ について

$uv^i w \in \mathcal{L}$ であるような有限の n が存在する。

この補題の意味は明らかである。すなわち、ノード数よりも長い記号列 S に対応する経路は少なくとも一つのループを含まねばならないということである。したがって、任意の回数ループを繰り返すことで得られた全ての記号列は同じ正規言語に属する。

文脈自由言語

正規言語は**逐次的**（sequential）なやりかたで生成される。二つのノード間の遷移が行なわれるたびに、記号列に記号が一つ**付加**（append）される。**並列**（parallel）書き換えシステムはこれとは質的に異なった生成方法であり、記号列の一部分があるリストから選ばれた語に**置き換えられる**。**生成規則**（production rules）の集合は通常、**文法**（grammar）と呼ばれる。このクラスの代表的な例は第 4 章で見た置換、および**文脈自由文法**（context free grammars, CFG）である。文脈自由文法はチョムスキー階層の二つ目のレベルに属し、様々な記号列処理に応用されている。

CFG は**終端記号**（terminals）と**変数**（variables）という 2 種類の記号からなる記号列に作用する。終端記号はアルファベット A に属し、これを連接したものが最終的な出力となる。変数は中間的なもので、「個々の変数 V_k は記号表現 $Z_1; Z_2; ...; Z_k$ の一つに書き換えられる」という規則に基づいて置き換えられる。ここでセミコロン (;) はそれぞれの選択肢を分けるために使われている。一般に終端記号と変数からなる記号列 Z_i は**文形式**（sentential forms）と呼ばれる。CFG $\mathcal{G}$ により生成される**文脈自由言語**（context-free language, CFL）$\mathcal{L}(\mathcal{G})$ は、初期変数 W から書き換えを開始して生成される終端記号のみからなる全ての語の集合である。任意の変数 V の置換は V 自身のほかはどの記号にもよらないので、生成は任意の順序で行なうことができる。V に隣接する記号（V の "文脈"）からの独立性がこの文法の名前の由来である。規則の働きを次の例で示そう。

例：
[7.2] 次の生成規則を考える。

$$W \to \oplus V$$
$$V \to \oplus VV;\ \ominus \quad\quad (7.2)$$

ここで、$\oplus$ と $\ominus$ はそれぞれ、1 次元離散格子上での右、左への移動と解釈される終端記号である。W から始めて最初の三つの生成ステップにより、$\oplus\oplus\oplus VV\oplus VV$、$\oplus\oplus\ominus VV$、$\oplus\oplus VV\ominus$、$\oplus\oplus\ominus\ominus$、$\oplus\ominus$ の五つの異なる記号列を生成する。簡単に確かめられるように、式 (7.2) で生成される言語 $\mathcal{L}_\pm$ は原点より左側には行かず、最終的に原点に戻ってくる正方向の半格子上の全ての経路、すなわち、吸収壁のあるランダム・ウォークを記述している。

ポンプの補題 7.1 によりこの言語は正規でないことが証明される。全ての整数 n に対して、$S = uvw = \oplus^n \ominus^n$ という語について考えてみる。u がどれほど長くても v は記号 "$\oplus$" を含むが "$\ominus$" は含まない ($|uv| \leq n$)。それゆえ、uv^2w は $\oplus$ を $\ominus$ よりも多く含むので、$\mathcal{L}_\pm$ には入らないことになる。そのような記号列は**入れ子になっていない** (unbalanced) と言われる。実際、この言語は、$\oplus$ を "(" で $\ominus$ を ")" で置き換えることにより、入れ子になった括弧の列を全て生成することができる。CFL は独自のポンプの補題を満たしている (Hopcroft & Ullman, 1979)。 □

終端記号を連接したものは全て文法 (7.2) で生成できる。しかし、入れ子になっていないものは正しい語の部分列としてのみ現れ、それゆえ $\mathcal{L}_\pm$ は階乗形式 (factorial) ではない言語 $\mathcal{L}_\pm$ には含まれない。さらに、$\oplus\ominus\oplus\ominus$ のような言語の要素を連接したものもまた $\mathcal{L}_\pm$ には含まれない（そのような語もまた部分語としてしか現れない）。よって、$\mathcal{L}_\pm$ は拡張可能でもない。このことからわかるように、この言語はシフト力学系からは得ることができないのである。これは驚くべきことではない。なぜなら、CFG は統語的に正しい式をコンパイルするといったコンピュータのタスクをモデル化するために導入されたものである。このタスクには、処理中の全ての記号列を格納する記憶領域を確保することが必要である。

文脈自由言語が正規言語を包含していることを示すために、どのようにして

後者が CFG により生成されるかを見よう。ある有限オートマトンのノード $\{q_0, q_1, ...\}$ が CFG の変数 $\{V_0, V_1, ...\}$ と 1 対 1 に対応するように設定する。i 番目の生成規則は

$$V_i \to s_{ij}V_j;\ s_{ik}V_k;\ ...;\ \epsilon$$

という形をしている。ここで、s_{ij} はノード q_i からノード q_j への遷移によって生成される終端記号である。変数 $V_j, V_k, ...$ は q_i から到達可能な全てのノードに対応する。このように、この CFG は右端にグラフ上の現在のノードに対応する変数を保ちながら、記号を順番に出力していく。この生成規則は変数を二つ以上持たないという文法の単純さに注意しよう。

一般に、複数の変数を持つ生成規則を許すと CFG により生成される言語を同定することはとたんに困難になる。言語が正規でないことを評価することでさえ非常に難しいであろう。その分析を簡単にし、冗長性を避け自明な文法を取り除くためには、CFG を標準形（normal form）に作り変えるとよい。特に、グライバッハ標準形（Greibach's normal form）は

$$V \to tU$$

の形の生成規則で定義される。ここで、t は一つの終端記号で、U は変数の列（空でもよい）である。ϵ を含まない全ての CFL はグライバッハ文法（Greibach grammar）により生成できる (Hopcroft & Ullman, 1979)。

CFG で生成される言語はプッシュダウン・オートマトン（pushdown automata, PDA）で受理される。これは、入力テープ T と内部状態の有限集合からなる非決定性の装置である。PDA はスタック・レジスタ（stack register）を持つ有限オートマトンである（図 7.3 参照）[2]。まずはじめに、評価される記号列を T 上に書きスタックを空にする。オートマトンは各ステップで次の操作を実行する。

1. T 上の現在の位置にある記号 s（空でもよい）を読む。

---

[2] （訳者注）スタック・レジスタとは古い情報から新しい情報へと順番に記憶するが、読み出しは新しいものから行う方式の、一時的に情報を記憶する装置である。

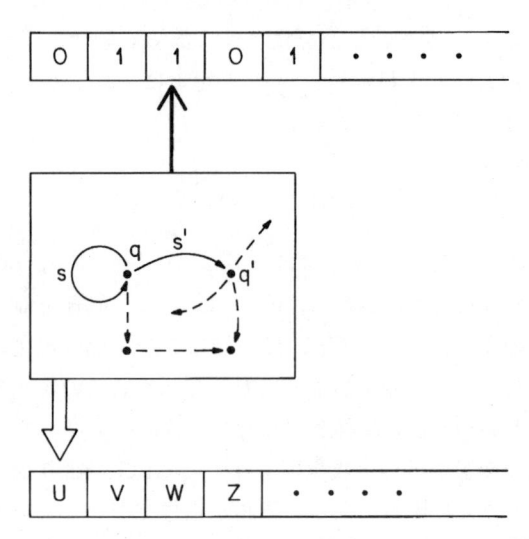

図 7.3 プッシュダウン・オートマトンの模式図。上から順に、入力が書かれているテープ、有限オートマトン、スタックである。二つの矢印は、テープ上を移動し読み出しのみを行なうヘッド（上）と、スタックの左端の位置で読み書きを行なうヘッド（下）である。

2. 状態を q から $q'(q,s,z)$ に変更する。ここで、q' は可能な状態のリスト L から選ばれる。z はスタックの左端の記号である。L は q,s,z に依存する。
3. z を有限の記号列 U（空でもよい）に q' を付加したものに置き換える。
4. もし $s \neq \epsilon$ であれば、T の次の位置に進む。

記号列を完全に読み終えてスタックが空の状態で終了するのが正しい動作で、そうなっているときその記号列は受理される。

CFG と PDA の関係をはっきりさせるために文法をグライバッハ（Greibach）標準形であると仮定する。この仮定によって一般性は失われない。この場合一つのノード q を持つ PDA を構成することが可能である。$V \to tU$ の形の生成規則は変換

$$(q, VZ) \xrightarrow{t} (q, UZ)$$

となる。ここで、対 (q, S) は PDA の構成（configuration）（ノードとスタックの内容）を表し、$t \in A \cup \{\epsilon\}$ は入力テープの現在の記号である。変数 V は

スタックの左端で記号列 U に置き換えられる（Z はスタックの残りの内容である）。$U = \epsilon$ のときは V が消去され、記号列 Z だけが残る。PDA の動作は、全ての終端記号が変数の左側にあるような $t_1 t_2 ... t_m V_1 V_2 ... V_n$ となっている正しい文形式を考えるとわかりやすい[3]。PDA が t_1 から t_m を読んだ時には、スタックには $V_1 V_2 ... V_n$ が入っていることは簡単に確かめられる。言語の中の全ての語 $t_1 t_2 ... t_m$ は $V_1 V_2 ... V_n = \epsilon$（すなわち、$n = 0$）に対応するので、そのような語はスタックが空になった PDA により受理される。

　三つ組 (q, s, z) のそれぞれに対し行き先のノード $q'(q, s, z)$ がたかだか一つだけあるようなプッシュダウン・オートマトンは**決定的** (deterministic, DPDA) と言われる。正規言語は決定的有限オートマトンと非決定的有限オートマトンの両方で受理されるのに対して、DPDA により生成される言語は CFL の真の部分集合である (Hopcroft & Ullman, 1979)。ところが、非決定的 PDA の高い能力は、言語に含まれる語を直接同定できるということを犠牲にして得られるものである。実際、許されるどのような入力語に対しても、拒否 (rejection) で終了する PDA の正しい動作がたくさんある。この問題を避けるためには、オートマトンが全ての可能な導出過程を調べられなくてはならない。この探索は、調べた全ての過程の情報を蓄えておくような（読み書きが可能な）スタックを付け加えれば自動化できる。しかし、このようにして作ったオートマトンは、いくつかの特別な制限を設けた（より強力である）チューリング・マシンと等価になる。そのようなややこしいことをするよりも、正しい語を"原理的に"受理できることだけを要請して、計算モデルの違いをきちんと分離したままの方がよいであろう。

　グライバッハ標準形から構成されるプッシュダウン・オートマトンは、入力を処理するのに必要な情報が全てスタックに含まれるという構造を持つ。これは有限オートマトンを模倣する PDA とは反対の状況であり、この場合はスタックの記号が現在のノードと一致しているので冗長である。非正規 CFL に対しては、もしノードの数を増やしてもよいならば、スタックからノードへ情報処理能力を移すことが可能である。

---

[3] 文法はグライバッハ標準形なので、このような記号列は左端の変数のみに生成規則を適用することで得ることができる。

例：

[7.3] $\{0, 1\}$ 上の偶数個の記号の回文列 SS^r の集合を考えよう。ここで S^r は S の記号の順序を反転することで得られる記号列である。この集合は生成規則

$$\begin{aligned} W_0 &\to 0U_0W_1;\ 1V_0W_1;\ \epsilon \\ W_1 &\to \epsilon \\ U_0 &\to 0U_0U_1;\ 1V_0U_1;\ 0 \\ U_1 &\to 0 \\ V_0 &\to 0U_0V_1;\ 1V_0V_1;\ 1 \\ V_1 &\to 1 \end{aligned} \tag{7.3}$$

で生成される CFL をなす。この文法はグライバッハ標準形なので、関連する1ノード PDA を考えることができる。遷移は上記の置換を書き換えるだけなので、最初の三つだけをここに並べておこう。

$$(q, W_0) \xrightarrow{0} (q, U_0W_1),\ (q, W_0) \xrightarrow{1} (q, V_0W_1),\ (q, W_0) \xrightarrow{\epsilon} (q, \epsilon)$$

読者は同じ言語が次の2ノード PDA でも生成されることを確かめることができるだろう。

$$\begin{aligned} (q_1, W) &\xrightarrow{0} (q_1, UW),\ (q_1, W) \xrightarrow{1} (q_1, VW),\ (q_1, W) \xrightarrow{\epsilon} (q_2, \epsilon) \\ (q_1, U) &\xrightarrow{0} \{(q_1, UU);\ (q_2, \epsilon)\},\ (q_1, U) \xrightarrow{1} (q_1, VU) \\ (q_1, V) &\xrightarrow{0} (q_1, UV),\ (q_1, V) \xrightarrow{1} \{(q_1, VV);\ (q_2, \epsilon)\} \\ (q_2, W) &\xrightarrow{\epsilon} (q_2, \epsilon),\ (q_2, U) \xrightarrow{0} (q_2, \epsilon),\ (q_2, V) \xrightarrow{1} (q_2, \epsilon) \end{aligned}$$

ここでは三つの変数のみが含まれている。　□

ノードの数を増やして行きスタックを無くすと、CFL をよく近似して行く有限オートマトンの系列ができる。スタックのない無限のオートマトンが漸近的に得られる。プッシュダウン・オートマトンを"最小化"する一般的なアルゴリズムがあるのだろうか（全ての RL に対して最小のオートマトンがうまく構成

できることを思い出そう）。この問を正確に定式化するには、装置全体（ノード、変数、遷移規則）を記号列に適当に符号化しなくてはならない。その記号列の長さが今興味あるサイズである（符号化の手法は第 8 章で扱う）。残念ながら、次の簡単なあたりまえの議論が示すように、その答えは否定的である。もしそのような手続きが存在するならば、言語 $\mathcal{L} = A^*$ を生成する PDA に対しても適用できるはずである。結果は一つのノード q と、q から出て q 自身に戻る b 個の辺からなる自明なオートマトンができるであろう。しかし計算理論で証明されるように、一般の CFL が A^* であるかどうかは**決定不可能** (undecidable) なのである。決定不可能性の概念は 7.1.4 節で詳細に議論する。

文脈依存言語

変数 V の置き換えをその変数 V に隣接した記号に依存するように変更することにより文脈自由文法を拡張することができる。その拡張により得られる**文脈依存文法** (context-sensitive grammar, CSG) の生成規則は

$$SVS' \to SZ_1S';\ SZ_2S';\ ..., \text{with } Z_1, Z_2, ... \neq \epsilon \qquad (7.4)$$

の形をしている。ここで、$S, S', Z_1, Z_2, ...$ は文形式である。V は "文脈" $S \cdots S'$ においてのみ置換される。この制限からくる可変性によって、文脈依存文法は文脈自由文法よりも広い言語のクラス (context-sensitive language, CSL) を生成する能力を持つ。式 (7.4) の生成規則は、文形式 Z と Z' が "長さ非減少 (noncontractivity)" 条件 $|Z'| \geq |Z|$ を満たすような置換 $Z \to Z'$ の特別な場合である。長さ非減少条件を満たす生成規則は式 (7.4) よりも広い集合をなすが、これが式 (7.4) と正確に同じ言語のクラスを生成することを証明できる (Hopcroft & Ullman, 1979)。簡単ではあるが一般的な置換

$$UV \to XYZ$$

についてその等価性を見てみよう。ここで、U と V は変数で、X, Y, Z は空でない文形式である。この生成規則はそれぞれ式 (7.4) の形をしている次の操作と等しい。

$$UV \to UV'$$

$$UV' \to U'V'$$
$$U'V' \to U'YZ$$
$$U'YZ \to XYZ$$

文脈を表す変数を置換するような正しくない生成規則を避けるために、ダミーの変数 U' と V' が導入されていることに注意しよう。

例:

[7.4] 原点 O と最初の最大位置 u_{max} の間に制限され、最終的に O に戻って来るような1次元のランダム・ウォークにより生成される記号列の集合 $\mathcal{L}$ を考える。時間 i での移動を $s_i = \pm 1$ で表すと、時間 n での位置は $u_n = \sum_{i=1}^{n} s_i$ となる。$s_1 = +1$ とすると、最初の最大位置は $u_{max} = \max\{j : u_j = j\}$ と定義される。もし、全ての i について $0 \leq u_i \leq u_{max}$ かつ $u_n = 0$ ならば、任意の有限長 n の経路は $\mathcal{L}$ に含まれる。集合 $\mathcal{L}$ は次の CSG で生成される言語である。ここで終端記号 $\oplus$ と $\ominus$ はそれぞれ +1、−1 への移動に対応している。

$$W \to |\oplus V|$$
$$V \to \oplus V; UR_-$$
$$R_- | \to L_- \ominus |$$
$$R_+ | \to L_+ \oplus |$$
$$R_\pm | \to L_- \ominus |;\ L_+ \oplus |$$
$$|\oplus UL_- \to |U \oplus R_+;\ ||\oplus E$$
$$\oplus \oplus UL_- \to \oplus U \oplus R_\pm$$
$$UL_+ \oplus \ominus \to \oplus U \ominus R_-$$
$$UL_+ \oplus \oplus \to \oplus U \oplus R_\pm$$
$$E| \to ||$$
$$\oplus L_\alpha \to L_\alpha \oplus,\ \ominus L_\alpha \to L_\alpha \ominus\ (\alpha = +, -)$$
$$R_\alpha \oplus \to \oplus R_\alpha,\ R_\alpha \ominus \to \ominus R_\alpha\ (\alpha = +, -, \pm)$$
$$E \oplus \to \oplus E,\ E \ominus \to \ominus E$$

全ての生成規則が長さ非減少条件を満たすために、文形式の境界を定める特別な記号 | を導入した。この記号の導入はまったく本質的ではないが、これを入れなければ文法がかなり複雑になってしまう。最初の二つの規則は初期の任意の長さの連続した $\oplus$ の列を生成する。ほかの置換の働きは、例えば次の記号列を考えてみるとわかりやすい。

$$| \oplus \oplus \oplus U \oplus \oplus \ominus \oplus \ominus R_{\pm} \ominus \oplus \ominus |$$

変数 U は原点（左の"|"）と u_{max}（右端の"|"）の間でランダム・ウォークする点の位置を示す。右移動と左移動の変数 R_α と L_α はそれぞれ現在の記号列の右端に一つの $\oplus$、あるいは $\ominus$ を付け加え、その移動に対応する情報を U に伝える。このようにして U の位置が更新される。この過程は点が原点に戻るたびに"消去変数" E で終了する。 □

文脈依存言語は**線形有界オートマトン**（linear bounded automaton, LBA）により受理される。これは、プッシュダウン・オートマトンと同様に有限の内部状態の集合と分析される語 w を含む入力テープからなる。LBA はスタックの左端の記号だけを操作するのではなく、ヘッド H により作業テープ上の任意の位置で読み書きの操作をすることができる。より正確には、入力テープから読んだ記号、現在のノード、および H の位置にある記号 z に応じて、LBA はノードを変更し、z を別の記号で置き換え、ヘッドを右か左のどちらかに 1 ステップ動かす。オートマトンが受理状態で停止する時に入力語 w は受理されるとする。H が読み書きできる作業テープの領域は w の長さ $|w|$ に比例する広がり $l(|w|)$ を持つ（これが LBA の名前の由来である）。PDA にもこれと同様の制限があることに注意しよう。実際、グライバッハ標準形の PDA はテープを読むたびにスタック上の記号を一つだけ削除できるだけなので、スタックの内容を全て消去するためには最悪の場合で $|w|-1$ ステップ必要である。LBA はテープに書き込まれている情報を引き出す自由度が大きい。PDA の場合は n 番目の記号を読むためにはじめの $n-1$ 個の内容を消去しなくてはならない。この情報の損失を避けるためには情報を適当な初期状態に保持しなくてはならない。そのため PDA は任意の長さ n の記号列を扱うことはできないのである。LBA はそのかわりに、この情報の保持を例 7.4 の最後の三つの生成規則のよう

な"シフト"操作で実現している。

　LBAを最も一般的なかたちで実現した場合、Z がテープ上で読み書きを許可された部分を越えるか、または入力語 w を正確に再現するまで、生成過程で得られる文形式 Z を作業テープに書いていく。後者の場合に入力語は受理される。CFG との根本的な違いは、最終的な結果が生成規則を適用する順番に依存するということである。それゆえ、語 w がある言語に属するかどうかを調べるためには全ての可能な経路を調べなければならない。全ての経路を順序付け、ヘッドが直前に調べた経路に対応する符号を作業テープ上に書くようにすれば、この全検索は自動的に（すなわち決定的に）行なわれる。この手続きのためにはサイズ $l(|w|) = O(|w|^2)$ のテープ領域を読み書きしなくてはならないが、これは LBA の定義により禁じられている。

　例 7.4 の文法は各ステップに置換可能な文形式は一つしかなく、特に簡単な場合である。よって、対応する LBA は決定的となる。それぞれの動作は現在のノード、読み込まれた入力、および作業テープ上の記号により完全に決定される。しかし、二つの任意の整数（原点から、および最大点からランダム・ウォークする点までの距離）がテープ上で絶えず更新されるので、文法は厳密に文脈依存である。PDA は両方の数をスタックに保存することができるが、順番を壊すことなく右端のものにアクセスすることはできない。二つの任意に大きな数の差を計算できる能力が、上の例であげた言語のもっとも重要な特徴である。整数に対する（乗法、べき乗を含む）全ての算術的演算を CSG のクラス内で実行できることから、CSG が非常に強力であることが分かるであろう。決定的LBA と非決定的 LBA の受理する言語クラスが等価かどうかは現在知られていない。

無制約言語

　CSG の生成規則の制約を外し $|Z'| < |Z|$ である $Z \to Z'$ の型の置換を許すと、**無制約文法**（unrestricted grammar, UG）と呼ばれるチョムスキー階層のもっとも高いクラスを得る。このようにして一般化すると、有限長の語 w を生成する際に生成規則の適用回数に上限がないという新しい特徴を持つようになる。低いクラスの文法と違って、無制約文法では生成規則を繰り返し適用するときに、文形式の長さが常に増加するわけではなく減少することもある。

7.1 形式言語、文法、オートマトン

簡単であるがわかりやすい無制約文法の例が、生成規則

$$Iz \to IUz$$
$$v\chi z \to v\chi\chi z$$
$$III \to U \qquad (7.5)$$
$$UU \to \epsilon$$
$$U \to u$$
$$I \to i$$

で与えられる (Hofstadter, 1979)[4]。ここで、I と U は変数で、i、u、v、z は終端記号、χ は一般の文形式である。初期記号列は vIz とする。式 (7.5) の2番目の生成規則は、χ の構造が特定されず任意の長さを持つので明らかに正しくない。しかし、一般の χ について $\chi\chi$ の形の全ての語の集合は CSL であることが容易にわかる (Hopcroft & Ullman, 1979)。よって、この置換はより一般的な種類の生成規則ではなく、単に正しい生成規則の簡略した表現なのである（これは"サブルーチン"を思い起こさせる）。

式 (7.5) に長さ減少の規則があるので、"vuz"のような短い語でさえこの言語に属するかどうかを確かめるのは難しい。あらゆる無制約文法に対してこの種の問いに答える普遍的な手続き（**決定アルゴリズム** (decision algorithm)）がなく、必要とされる導出過程への唯一の手がかりは直感だけであることが多い。この特別な例についての決定アルゴリズムが、L. Swanson により発見された (McEliece *et al.*, 1989)。vuz はこの言語に含まれないとうのがその答えである。実は、この言語は $v\chi z$ の形の全ての語からなる。χ はその数が3の倍数でない i（0 は含まれる）と、u からなる任意の記号列である。

チューリング・マシン (Turing Machine, TM) は無制約文法に対応するオートマトンである。前節で議論した線形有界オートマトンは TM のテープへの読み書きできる範囲を制限したものである。チューリング・マシンの基本的なデザインはこの制限を外したもので、内部状態の有限集合、読み書きのためのヘッド、そして半無限のテープからなる（図 7.4 を参照）。入力は左から n 個のマス

---

[4] 本書で採っている表記に合わせるために簡単な変更を行なった。

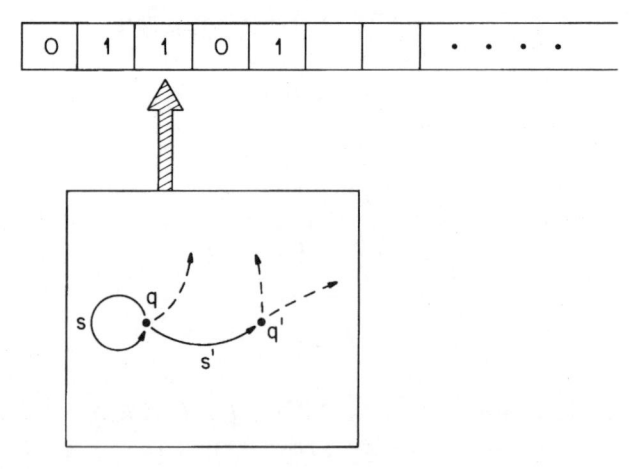

図 7.4 半無限の入出力テープ、読み書きヘッド、有限オートマトンによりチューリング・マシンを図式的に示したもの。

に格納され、残りの無限のマスは初めは空白である。TM はヘッドの位置で記号を一つ読み、内部状態にしたがって状態を変え、テープ上の記号を書き換え、左右のどちらかに移動する。TM が前もって決められた受理状態に最終的に達すると、語 w が受理される。

この構造はそれに修正を施したいろいろなものと等価であることが証明される。その修正は、例えば、複数のヘッドと（両無限を許した）テープを持たせたり、一つのテープではなく多次元の無限配列に作用させたりといった明確な拡張である。動作を非決定的にしてもチューリング・マシンの計算能力は上昇しない。

チューリング・マシンの動きは整数から整数への関数 f の計算と解釈できる。このように見た場合、入力 w に対してマシンが停止した時のテープの内容は、$f(n)$ を適当に記号へ符号化したものと解釈される。ここで、n は同じ符号化で w に対応する整数である。この理由により、TM の理論は時々**計算可能性**（computability）の理論といわれる。チューリング・マシンは計算を実行することができる有限オートマトンのもっとも普遍的なクラスだと信じられている。これはまさに、あらゆる計算可能な関数は適当な TM により実現されるという**チャーチ＝チューリングの仮説**（Church-Turing hypothesis）の趣旨に他ならない。この推測は正しいと広く信じられているが、"計算可能"の概念が形式的

7.1 形式言語、文法、オートマトン

に定義されないかぎり証明する手段はない (Hopcroft & Ullman, 1979)。

UG には長さが短縮する規則と増加する規則の両方があるということが、有名な TM の**停止問題** (halting problem) に反映されている。正しい語 w を受理するために有限で多くのステップが必要であるが、もし w が言語に含まれていないならば TM は停止する必要はない。この現象は TM を、テープ上の記号列 S で定義される整数 n (あるいは、これと等価である $S = s_1 s_2 ...$ の有限精度の実数 $x = \sum_i s_i b^{-i}$) に作用する離散時間力学系として解釈することで明らかになる。最初のタイプの停止しない計算は、(アトラクタに入るか数値計算において精度が有限であるために) 力学系が周期状態になるのと同じように、TM が周期に入るというものである。しかしこの種の不確定性は、周期的振舞いの始まりを検出できる "サブルーチン" を TM につけることで簡単に回避できる (このためには計算の全ての中間結果を保持させておくことで十分である)。次の無限計算の例は長さが増加するような置換のみを含む場合 ($S \to \infty$) である。しかし、計算過程の置換の回数は有限なので、この場合も自動的に判断できる。

長さの増加と減少の両方が起きる任意の記号列が出現可能な場合がもっとも不確定性が大きい。変数 x の精度が時間的に変動するので、一般には反復の結果に対して確かな予測ができない。力学系との類推をさらに押し進めると、ある力学系 $(\mathbf{F}, X)$ に対して、TM の受理と拒否にそれぞれ対応した二つの異なる極限集合 Ω_1 と Ω_2 が存在すると考えることができる。もしその一方、例えば Ω_2 がストレンジ・リペラならば、(入力語 S_0 に符号化された) 初期条件の任意の有界集合 $X_0 \subset X$ が全体として Ω_1 に写像されるかどうかを有限時間で決定する一般的なアルゴリズムがないだろう。実際には、X_0 が Ω_2 のどの原像とも共通部分を持たない場合にのみ、有限時間で答えが得られる。

UG により生成される (すなわち、TM により受理される) 言語は**帰納的可算** (recursively enumerable language, REL) と呼ばれる。この名前の由来はこのクラスの任意の言語における全ての語を数え上げることができるところにある。実際、TM は停止する必要はないが次のように動いてもよい。つまり、n ステップ以下で原理的に受理 (生成) される全ての入力語から動作を開始すると、TM は (最大で) n 回の計算ステップを実行する。その数は明らかに有限である。そのため TM は、最終的に言語内の全ての語が生成されるまで、n の値を大きくするような手続きを繰り返すことができる。

TM は有限の部分（内部状態）からできており、それぞれの部分は有限の性質（可能な動き）で記述されるので、全ての TM の集合と、そして、全ての REL の集合は数えあげることができる。よって、（チャーチ＝チューリングの仮説によると）REL は有限オートマトンで生成できる言語のもっとも広いクラスであるにもかかわらず、実数と一対一に対応することが知られている全ての可能な言語のうち無限に小さい部分を表すにすぎない。REL は有理数と類似していると思われるかもしれないが、それは適当ではない。というのは、有理数の数よりも"もっと多くの" REL があるからである。実は、有限回で特定できる実数のそれぞれは REL に対応するのである（例えば、周期連分数展開で得られる全ての無理数など）。より正確には、REL は計算可能数に対応すると言う方が良い。

言語の大多数は REL ではないにもかかわらず、アルゴリズム的に定義可能ではないためそれらの例を作ることは簡単ではない。アルファベット A 上の、辞書式順序に並べられた全ての有限の語の集合 A^* を考えることにより、この難点を避けることができる。ここで、w_i は i 番目の語で、全ての TM の無限のリストにおける順番である。さらに、$\mathcal{L} = \mathcal{L}(M_j)$ により、j 番目の TM M_j が生成する言語を表し、要素 m_{ij} が $w_i \notin \mathcal{L}_j$ の場合は 0 でそうでなければ 1 となるような行列 $\mathbf{M}$ を定義しよう。この言語

$$\mathcal{L}_C = \{w_i : m_{ii} = 0, i = 1, 2, ..., \infty\} \tag{7.6}$$

は帰納的可算ではない。もしそうならば、この言語はあるチューリング・マシン M_k により受理されるが、しかしこれは不可能である。なぜなら、構成の方法より、$k = 1, 2, ..., \infty$ に対して $\mathcal{L}_c$ はそれぞれの $\mathcal{L}_k$ とは一語だけ異なるからである。証明に用いられたこの議論は、可算個よりも多くの実数が存在することを証明するためにカントールが導入した有名な対角線論法を修正したものである。定義 (7.6) が直接 $\mathcal{L}_c$ を構成するアルゴリズムにならないのは、もし TM M_i が止まらないなら、$w_i \in \mathcal{L}_i$ かどうかを決める手続きが無限ステップを必要とするからである。

REL ではない言語に相当する力学系の候補として、リドル・ベイシン (riddled basin) をもつ系 (3.3 節) を考えることができる。実際、初期条件の集合 X_0 がどれほど小さくても、それがベイシンの一つに含まれるかどうかを有限ステップで評価できるアルゴリズムはない。（ジュリア集合の場合の）計算可能性につ

いてのより詳細で厳密な議論に関しては、Penrose (1989) と Blum and Smale (1993) を参照してほしい。

REL の重要な部分集合は**帰納的言語**（recursive language）と表現される。すなわち、全ての入力に対して停止する少なくとも一つの TM により受理される言語である。帰納的言語の語はサイズが増加する順番に生成できる。帰納的言語の補集合もまた帰納的であることを簡単に確かめることができる。また、もし $\mathcal{L}$ が帰納的可算だが帰納的でないならば、その補集合 $\bar{\mathcal{L}}$ は REL ではない。

帰納的言語が REL の真部分集合である（すなわち TM がある入力に対して本当に停止しない）ことを示すために、まず**万能チューリング・マシン**（universal Turing machine, UTM）の概念を導入する必要がある。UTM は無限の記憶容量を持つ普通のコンピュータのようなものである。実際に、UTM はほかの任意の TM を模倣する能力を持つような機械、すなわちあらゆるプログラムを実行することができる機械として定義される。前に見たように、任意の言語 $\mathcal{L}$ は無限の二進列 $\tilde{\mathcal{L}}$ として表すことができる。言語とオートマトンの等価性により、任意のオートマトン M も記号列 $C(M)$（M の内部状態と全ての可能な動作を指定する"プログラム"）に符号化できることは明らかである。符号化の手続き $C(M)$ が存在するので、UTM U を構成することができる。

UTM の基礎的な要素は次の三つの部分からなるテープである。すなわち、一つは T_1 で、符号 $C(M)$ を含む。これは M を模倣するための入力プログラムである。次に、M の現在の内部状態を書き込む T_2。そして、M のテープを表す T_3 である。UTM U は T_3 上の記号を読んだ後、次の操作を行なう。

1. T_2 に移動し M の内部状態を読む
2. M の次の動作を読むために T_1 に行く
3. 今起きた変化を保持し、次の入力記号を読むために T_2 と T_3 に戻る

U の三つの動きは基本的な TM の定義で許される基本動作と異なる。しかし、正しい動作のリストに書きなおせることが示される。この長くて技巧的な練習問題は特にやってみたい読者に残しておく。M のサイズは任意に大きくてもよいが、UTM は有限の大きさであることを理解することが重要である。実際、内部状態に関する情報とプログラム M は、U の（ノードではなく）テープに保持

される。このテープは TM の定義より任意の長さを持ちえるのである。

TM を記号列で形式的に表現すると、その記号列をマシン自身への入力とすることができる。これは、TM がそれ自身の性質に関する一般的な問題に答えるほど十分強力であることを意味する。TM の集合 $\mathcal{M}$ を A^* へ符号化する手続き C は、決定不可能な形式的な文が存在することを証明する際にゲーデルが用いた方法の要点であり、論理的な文から算術表現への変換と等価である（Haken, 1994）。厳密な議論は専門の文献にゆだねるとして、ここではいくつかの基本的な結果だけを見ておく。全ての TM の集合を $\mathcal{M}$ で表し、"万能" 言語

$$\mathcal{L}_u = \{(C(M), w) : M \in \mathcal{M} \text{ and } w \in \mathcal{L}(M)\}$$

を考えよう。これは全ての TM の符号 $C(M)$ と、対応するマシン M に受理される全ての語 w の対からなる言語である。言語 $\mathcal{L}_u$ は UTM U_1 により受理されるので帰納的可算であるが、帰納的ではないことが示される。もし U_1 がそれぞれの入力に対して停止するならば、非 REL である言語 $\mathcal{L}_C$（式 (7.6)）を受理する TM U_2 を構成することができるであろう。任意の語 $w \in A^*$ に対して U_2 は次の手続きを実行する。

1. $w = w_n$（A^* の辞書式順序に並べられている）となる整数 n を決める
2. 符号として $n = C(M_n)$ を持つ TM M_n を見つける
3. $(C(M_n), w_n)$ が $\mathcal{L}_n$ に属するかどうか確かめる U_1 に制御を渡す

このアルゴリズムは全ての n について、辞書式順序で n 番目の語 w_n が n 番目の TM で受理されるときのみ w_n を受理するだろう。すなわち $\mathcal{L}_C$ の補集合 $\bar{\mathcal{L}}_C$ を構成する。$\mathcal{L}_C$ は非 REL なのでそのようなアルゴリズムは存在しない。それゆえ、$\bar{\mathcal{L}}_C$ とそれと等価な $\mathcal{L}_C$ はともに帰納的ではない。この定理は停止しない計算の存在を示している。この決定不可能性が避けられない理由は、計算手続きが可算無限であるのに対し、全ての可能な文は連続無限のベキ乗であるためである。

無限に続く計算は**決定不可能** (undecidable) な質問と解釈できる。すなわち、ある与えられた語 w とある TM M に対して、w が言語 $\mathcal{L}(M)$ に属するかどうかを決して知ることはできないという問題である。読者はそれを根本的な問題

とは感じないかもしれない。しかし、少し考えてみれば、言語に属するかどうかの問題はある形式システムの定理の真偽を調べることと等価であることが分かるだろう。実際に、無制約文法が全ての語をその言語として生成できる初期記号列は、ある形式システムの公理の集合と見なされる。一方、生成規則は初期の文の全ての論理的含意（implication）に対応する。置換を繰り返し適用すると全ての正しい定理が機械的に生成される。停止問題が示すように、ある定理が真かどうかは決定不可能かもしれないのである！

最後に、式 (7.6) の $\mathcal{L}_c$ を構成したときに用いた議論により、CSL が帰納的言語に厳密に含まれることを示そう。言語

$$\mathcal{L}_R = \{w_i \in A^* : w_i \notin \mathcal{L}_i, i = 1, 2, ..., \infty, \mathcal{L}_i \text{ は CSL }\} \tag{7.7}$$

を考える。ここで、A^* は辞書式順序に並べられており、CSL $\{\mathcal{L}_i\}$ は任意の言語である。w_i が i 番目の CSL に属さないときだけ $\mathcal{L}_R$ は w_i を含むので、$\mathcal{L}_R$ は明らかに CSL ではない。しかしこれは帰納的である。なぜなら、$\mathcal{L}_R$（すなわち全ての CSL）を模倣する UTM はそれぞれの入力に対して停止するからである。ある帰納的言語が CSL に簡約化できるかどうかを証明することは簡単ではない（あるいは不可能かも知れない）。よって、帰納的であるが CSL でない明示的な例を与える代わりに、我々は抽象的で恐らくあまり役に立たないモデルを構成したことに注意すべきである。さらに、帰納的言語が**全帰納的関数**（total recursive functions）、すなわち、全ての整数の入力に対して定義される整数関数に対応しているということを述べておく。全帰納的関数の例は、乗算、$n!$、$\lceil \log_2 n \rceil$、2^N などである。一方、線形有界オートマトンもこの種の操作を構成するのに十分強力なようである。一般のチューリング・マシンにより計算される関数（すなわち停止する必要はない）は**部分帰納的関数**（partial recursive function）と呼ばれる。

その他の言語

チョムスキー階層で与えられる言語の序列は、本質的に、対応する有限オートマトンが必要とする記憶容量に基づいている。我々はまったく記憶を必要としない RL から始めて、スタックを持つ CFL、入力語の長さに比例する記憶容量を持つ CSL、無限の記憶を持つ REL の順に見てきた。言語間には他にも

適当な違いがあり得るので、上の分類は複雑さの観点からは完全に満足できるというものではない。このため、元々の順序付けに中間的なレベルが導入されており、また、いくつかのクラスは互いに素な部分集合に分割されている。その結果、言語クラスのツリー構造が得られている。例えば、いわゆるインデックス言語は CFL と CSL の間に位置付けられ、前者を含み後者に含まれる。補助変数（インデックス (index)）の集合が普通の文法に付加され、いくつかの生成規則の文脈を表す機能を持つが、最終的にこれらの補助変数は削除される (Hopcroft & Ullman, 1979)。この言語の族は CFL の他に、言語階層の横枝をなす置換のクラス（第 4 章を参照）を含む。置換は形式的には D0L 言語とよばれ、文字 "D" は置換が "決定的 (deterministic)" であることを表し、"L" は生物学の問題と関連してこれを研究した A. Lindenmayer (1968) に対する敬意を表している。数 "0" は記号 s とある語 $w = \psi(s)$ との置換が文脈と独立に起きることを示す。置換が N 個の隣接する記号で決められる場合は DNL と呼ばれる。CFG とは違って、記号 s がただ一つの像 $\psi(s)$ を持ち、全ての記号は同時に更新されることに注意しよう。CFL と D0L のクラスは互いに素である。一般に、ある D0L 文法から CFL を得ること、および、ある CFG から D0L 言語を得ることはともに不可能である。実際、D0L は CFL に比べて "より単純" なように見えるが、生成が同期的に行なわれるため、CSL は持つが CFL は持たないような計算力を必要とする。

　新しい定義による言語クラスの数は急激に増えている。しかし、そこでは同等の能力（対応する言語の多様性）を持つ文法が同じレベルに割り当てられるような階層的な構造が与えられていない。それゆえ、我々は最初のチョムスキー階層を中心に議論を進めて行くことにし、他の言語は物理的な文脈で出てきた時にのみ考えることにする。

7.2　形式言語の物理的性質

　この節ではシフト力学系の性質と形式言語との関連を調べる。特に、いくつかの基本的な例について、パワースペクトル、エルゴード性と混合性、エントロピーおよび熱力学的な関数について考える。そして、それぞれの場合に得ら

れる結果がどのように一般化できるかについてすこし議論する。様々な文法が生成する記号列の計量的な性質を研究するために、全ての n についての n シリンダー集合（n-cylinder set）上で、シフトに対して不変な測度 m を選ぶ必要がある。また、恐らくそれぞれの記号 $s \in A$（簡単のため s と記す）に数値を割り当てる必要がある。ここでは、特に断らない限り二進数 $A = \{0, 1\}$ の場合を考える。

7.2.1 正規言語

シフト力学系が生成する信号の軌道は正規言語 $\mathcal{L}$ のグラフの全ての正しい経路に対応させることができる。一般に、有限オートマトンは**過渡的な状態**（transient）（すなわち他の状態からその状態に戻ってくることができないような状態）と軌道が捕われる互いに素である不変な成分を持つ。過渡的な状態を取り除き一つの成分だけを考えると、得られる記号系は既約なマルコフ・シフトと完全に等価になり、それゆえ安定でエルゴード的である。

様々な記号列毎に重みをつける標準的な方法は、条件付き確率 $\tilde{P}(j|i)$ をノード q_i とノード q_j を結ぶ辺に割り当てることである。もちろん $\tilde{P}(j \mid i)$ はグラフの遷移行列 $\mathbf{M}$ （第 5 章を参照）の要素 M_{ij} である。これらのノードの確率と記号列の遷移確率を関連させるために、グラフのそれぞれのノード q は"過去の歴史"、すなわち q へ至る全ての記号列の添字の集合によって明確に決まらなくてはならない。例えば、図 4.5 のグラフのノード $(q_1, ..., q_4)$ は四つの相互に排他的な集合（$\{11, 101\}, 10, 100, 1001$）に対応する。000 が禁じられているので、このリストは全ての可能な場合を余すところなく述べていることが簡単にわかる。よって、例えば値 $\tilde{P}(2 \mid 1)$ は 11 あるいは 101 の後に 0 を観測する確率である。ラベルの長さがノードに依存するというのは有限オートマトンの一般的な性質であるが、これはグラフ上のダイナミクスが"可変長記憶"をもつマルコフ過程と等価だということを示している。厳密にソフィックな系の場合は、記憶長はいくつかのノードにおいて無限でさえある。例えば、図 7.2 の例で示されるように、ノード Q_0 はラベル $\{0, 1^{2n} : n \in \mathbf{N}\}$ で、ノード q_1 はラベル $\{1^{2n+1} : n \in \mathbf{N}\}$ で特徴付けられる。

エルゴード的な信号 $\mathcal{S} = s_1 s_2 ...$ の相関関数はアンサンブル平均として

$$C(n) = \sum_{s,s'} \pi(s) P^{(n)}(s' \mid s) s s' - \left(\sum_s \pi(s) s \right)^2 \quad (7.8)$$

と書くことができる。ここで、s と s' はそれぞれ時刻 0 と n で記録された記号の数値で、$\pi(s)$ は記号 s の確率である。s を観測した n 時間ステップ後に s' を観測する条件付き確率 $P^{(n)}(s' \mid s)$ は、ダイナミクスがマルコフ的であるとき簡単に見積もることができる。ノード間遷移はまさにこの種のものである。しかし、現在のノードについての知識だけではオートマトンにより生成される直前の記号を同定するには不十分かもしれない。このような状況は、異なる記号を運ぶ複数の辺があるノードにいる時に常に生じる。辺自体を適当な内部変数として選ぶことによりこの問題を回避することができる。実際、ノード i からノード i' へ至る辺を (i, i') で表し対応する記号を $s(i, i')$ で表すと、式 (7.8) は

$$C(n) = \sum_{(i,i'),(j,j')} \pi_a(i, i') P_a^{(n)}(j, j' \mid i, i') s(i, i') s(j, j') - \langle s \rangle^2 \quad (7.9)$$

と書き直される。ここで $\pi_a(i, i')$ と $P_a^{(n)}(j, j' \mid i, i')$ は辺の確率を表す。ノードの確率 $\tilde{\pi}(i)$ と $\tilde{P}^{(n)}(j \mid i)$ を用いると、それらは

$$\pi_a(i, i') = \tilde{\pi}(i) M_{ii'}$$

と

$$P_a^{(n)}(j, j' \mid i, i') = \tilde{P}^{(n-1)}(j \mid i') M_{jj'} \quad (7.10)$$

になる。マルコフ的な性質から、$\tilde{P}^{(n)}(j \mid i)$ は遷移行列 $\mathbf{M}$ の n 乗の要素 M_{ij}^n である。$\mathbf{M}^n$ は $\mathbf{M}$ を対角化することで計算できるので、$C(n)$ の時間依存性は本質的に $\mathbf{M}$ の固有値の n 乗で与えられる。1 に等しい最大固有値を含む項は定数 $\langle s \rangle^2$ と打ち消しあう。一方、他の固有値のそれぞれはたいてい周期振動を伴う指数的減少を生じる。したがってパワースペクトルはローレンツ型の重ね合わせとなる。

一般化エントロピー K_q (式 (6.11)) を評価するためには、

$$Z_q^{(ij)}(n) = \sum_{i \xrightarrow{S} j \atop n} P^q(S) \quad (7.11)$$

という量を導入するとよい。和はノード i からノード j への長さ n の全ての可能な経路によって生成される記号列 S についてとられる。式 (6.11) の和を得るためには、ある選ばれた初期条件 $i = i_0$ について、全てのノード j にわたる和をとらなければならない。すなわち

$$\sum_j Z_q^{(i_0 j)}(n) \sim e^{-n(1-q)K_q}$$

となる。行列 $Z_q^{(ij)}(n)$ に対して再帰的な式を次のように書くことができる。

$$Z_q^{(ij)}(n+1) = \sum_{k:k \to j} Z_q^{(ik)}(n) M_{kj}(q)$$

ここで $M_{kj}(q)$ は遷移行列 $\mathbf{M}$ の要素の q 乗である[5]。ゆえに、(7.11) の和は要素 $M_{ij}(q)$ を持つ行列 $\mathbf{M}(q)$ の n 乗の和に簡約され、一般化エントロピー K_q は $\mathbf{M}(q)$ の最大固有値 $\mu_{\max}(q)$ の対数により

$$K_q = \frac{\ln \mu_{\max}(q)}{1-q} \tag{7.12}$$

となる。もし $\mathbf{M}(q)$ が非負の要素を持ち既約 (primitive) （第 5 章を参照）であるなら、$\mathbf{M}(q)$ の他の固有値 μ に対して $\mu_{\max} > |\mu|$ となる厳密に正の固有値 $\mu_{\max}$ があることがフロベニウス=ペロン (Frobenius-Peron) の定理 (Seneta, 1981) よりわかる。$\mathbf{M}(q)$ は $q \to 0$ で第 4 章で議論した位相的遷移行列になる。$q \to 1$ に対しては全確率の収束により $\ln \mu_{\max}(q)$ は消え、K_1 は $q = 1$ での $\ln \mu_{\max}(q)$ の q に関する微分として計算される。少なくとも一つの分岐ノードがありその確率が 0 でない限り、一般化エントロピー K_q は正である。エントロピーの計算にはいくつかの多項式の零点を見つける必要があるが、その値は実際に計算可能である。

熱力学的な性質に関して言うならば、"自由エネルギー" K_q がある $q = q_c$ で非解析的振舞いをするときは必ず相転移が観測される。これは最大の二つの固有値の交叉 (crossing) がある時に限って起きるが、ここではそれが禁じられており、マルコフ過程の場合はそのような現象は起きえない。このことから、短

---

[5] あるノードの対を結ぶ辺が二つ以上ある時は行列要素は $\sum_i p_i^q$ である。ここで、p_i は i 番目の辺の確率である。

距離相互作用の1次元系では相転移がないというよく知られた結果を得る。

既約でない遷移行列 $\mathbf{M}(q)$ を持つ RL の例として、図 7.2(b) で表されるソフィックな系を考えよう。2番目に出る記号はいつも1で系は二つのノード間を連続的に行き来する。この"周期性"によって任意の時間 n に全ての状態に達することが許されなくなる。2×2 の行列 $\mathbf{M}(q)$ の固有値は

$$\mu_\pm = \pm\sqrt{p^q + (1-p)^q}$$

で、p はノード q_1 を出る時に記号0を出力する確率である。固有値の絶対値は縮退していることに注意すべきである。しかしながら相転移は起こらない。

この節では、確率はグラフの辺に直接割り当てられたので、記憶はそれぞれのノードの過去の歴史で与えられている。それに対し、条件付き確率が多くの過去の記号に依存する時には、新しいノードを付け加えるか計算クラスを変更することになる。

有限オートマトンはもっとも低い計算クラスであるにもかかわらず、エントロピー最大の信号を生成することができるのである。このこともまた、複雑さと乱雑さがまったく異なる概念であることを示している。

7.2.2 文脈自由言語

教科書で議論される CFG の多くは、例えば $\mathcal{L} = \{0^n 1^n\}$ のような"非物理的"な言語を生成する。我々は主として階乗形式で拡張可能な言語に興味があるので、ここではそういった言語は考えない。さらに、異なる記号列に重みを導入するために、生成規則に複数の選択が可能な時は常にそれぞれの規則に確率を割り当てる（このようにして、いわゆる**確率的** (stochastic) CFG を得る）。

簡単な場合は例 7.2 で見た吸収壁のあるランダム・ウォークを記述する CFG である。もし V の生成確率が $1/2$ とすると、1よりも非常に大きい（しかし今考えている語の長さよりは小さい）n に対して、ランダム・ウォークする点は障壁からの平均距離が $\sqrt{n}$ で大きくなるような拡散的な動きを示す。よって、障壁に対応する文法的な制約の影響は点が達する位置の極大値から離れるにつれ小さくなる。極値のところでは適切な CFL の構造が、中間的な領域では簡単なベルヌイ・シフトに簡約化される。このような性質の異なる領域が入れ替わる

7.2 形式言語の物理的性質

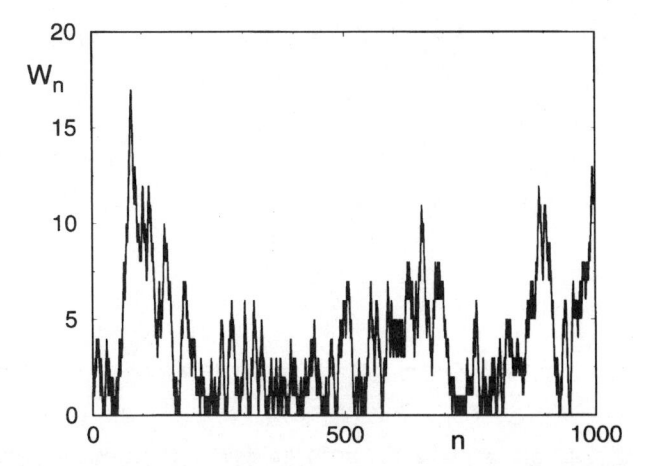

図 7.5 $x=0$ に反射障壁のあるランダム・ウォークの点の位置の時間発展。時間 n での位置 w_n は $w_n = w_{n-1} + r_n$ を満たす。ここで移動 r_n は、$w_n = 0$ ならば 1 に等しく、$w_n > 0$ ならば p_+ と p_- の確率で ± 1 である。ここでは、$p_- = 1 - p_+ = 0.52$ である。

ところでは、例えば反射によって点が経路の最後で "再出発" を許されている場合でも (この変更は計算クラスは変えない)、記号列の非定常性が見られる。もし後者の場合で負の方向への移動 ($\ominus$) の確率 p_- が $1/2$ よりも大きいときは、障壁からの平均距離は有界で、定常性を持つ。

図 7.5 は、反射する障壁のあるランダム・ウォークで $p_- = 0.52$ の場合について点の位置を時間の関数として示したものである。増分過程 (記号 $\oplus$ と $\ominus$ はそれぞれ $+1$ と -1 に写像される) のパワースペクトル $S(\omega)$ [6] は、障壁での連続的な跳ね返りが続くことに相当する周波数 $\omega = \pi$ のところに δ ピークを持つ。$S(\omega)$ の全体的な形は近似的に $\omega^2/(\gamma^2 + \omega^2)$ である。障壁から遠く離れたところでの点の動きは純粋に拡散的になる (よって増分過程に対して定数のスペクトルを与える)。一方、(p_- で支配される) 確率的な障壁への引き戻しはスペクトルにローレンツ型の成分を与える。その幅 γ は p_- とともに増加する。

---

[6] もし点が経路の両端で正確に障壁のところにいる必要がない場合は、漸近的な統計的性質は影響を受けないことに注意しよう。

CFG のトポロジカル・エントロピー K_0 は次の手続きで評価できる。生成規則が（グライバッハ標準形で）

$$V \to t_{i1}U_{i1},\ t_{i2}U_{i2},\ ...,\ t_{ik_i}U_{ik_i} \qquad (7.13)$$

である各変数 V_i に対して、形式代数式

$$V_i = \sum_{j=1}^{k_i} t_{ij}U_{ij} \qquad (7.14)$$

を与える。U_{ij} に含まれる全ての変数を同様な式で置き換え、積に関する和の分配的性質にしたがうと、U_{ij} のところが多項式になる。この過程を繰り返せば最終的には変数 V_i から導出される全ての語の集合を表すいわゆる**形式的べき級数**（formal power series）を得る。もし文法がここで仮定したように**曖昧でない**（nonambiguous）ならば、これらの語はそれぞれ一度だけ現れる（Hopcroft & Ullman, 1979）。さらに、全ての終端記号 t_{ij} を付加的な変数 z で置き換えることにより、母関数

$$V_i = V_i(z) = \sum_{n=1}^{\infty} N_i(n) z^n$$

を得る。ここで、$N_i(n)$ は長さ n の語の数である。全ての i に対する最大の $N(i)$ を $N(n) \sim e^{nK_0}$ で表すことで、$z < R = e^{-K_0}$ ならば級数が収束することがわかる。すなわち、トポロジカル・エントロピーは収束半径 R により

$$K_0 = -\ln R$$

で与えられる。関数 $V_i(z)$ は式 (7.14) の全ての終端記号を z で置き換え、系を V_i について解くことで計算される（Kuich, 1970）。RL の特別な場合これらの式は線形で、V_i は $z = \mu^{-1}$ として遷移行列 $\mathbf{M}$ の特性多項式 $\det \| \mathbf{M} - \mu\mathbf{I} \| = 0$ から得られる有理関数である。分母の最小のゼロの z_1 が収束半径 R である。変数 V が V 自身を二つ含む文形式 U を決して生成しない**擬線形**（pseudolinear）言語に対して、同種の解が得られる。いくつかの式は非線形であるが反復的に解くことができる（Kuich, 1970）。

一般的な場合は任意の次数の多項式が予想されるので解析的な解は得られな

いが、次のようにして R を数値的に見積もることができる。V_i を試験的な値 z についてまず計算する。それから、行列式 $J = \det \| \mathbf{V} - \mathbf{I} \|$ を計算する。ここで、$\mathbf{V}$ はある与えられた z と $V_i(z)$ での偏微分 $\partial V_i/\partial V_j$ の行列である。$J = 0$ での z の絶対値が求めようとしている半径 R である。

同じ方法が一般化エントロピー K_q 全てを得るのに使われる。式（7.14）の和の中の各項は式（7.13）の生成規則に対応する確率を q 乗した p_{ij}^q で重み付けられる。終端記号を z で置き換えて、反復した結果

$$V_i^{(q)}(z) = \sum_{n=1}^{\infty} z^n \sum_{w_i : |w_i| = n} P^q(w_i) \qquad (7.15)$$

を得る。ここで、二つ目の和は変数 V_i で生成される長さ n の全ての語 w_i の言語に対するカノニカル（正準）分配関数（式（6.11）参照）である。上に述べた方法で得られる収束半径 $R(q)$ から K_q が

$$K_q = \frac{1}{q-1} \ln R(q)$$

のように求められる。関数 $V_i(z)$ は式（7.14）と同様であるが、一般的な項 U_{ij} に重み p_{ij}^q がかかっている結合方程式系の解である。(7.15) の型の式は**ゼータ関数**（zeta-function）と呼ばれ、熱力学のグランドカノニカル（大正準）の形式に現れる (Ruelle, 1978)。

この計算クラスは、相転移が起こるのに十分強力なようである。再び図 7.5 のランダム・ウォークで $p_- > 1/2$ の場合を考えよう。定義より、移動 $(\ominus, \oplus)$ からなる長さ n の記号列で吸収壁よりも下で終わるものは全て禁じられている。これは、(吸収壁のところで終わる経路に対応する) 臨界エントロピー $\kappa_c = \ln \sqrt{p_- p_+}$ より小さい全ての局所的なエントロピー $\kappa(S)$ がエントロピーのスペクトル $g(\kappa)$ に寄与しないことを意味する。一方、時間 n で点が吸収壁よりも上にあるような全ての経路の数は、制約のない場合よりも少なくないといけない。なぜなら、一時的に禁じられた領域に入る経路が適当でない係数によって除外されるためである。指数的なスケーリング率は変化しない。よって、$\kappa > \kappa_c$ での $g(\kappa)$ の曲線の高さはベルヌイ・シフトの場合と同じである。この発見法的な議論により、$\kappa = \kappa_c$ のところで $g(\kappa)$ に鋭い不連続性があることが示される。

この例は例 6.8 のフィルター付きのパイこね写像と類似性を持つことに注意

しよう。その場合は、経路からの寄与は時間 n での位置 $x_n = \sum_{i=1}^{n} s_i$ のみに依存する。もし x_n が吸収壁 $n\mathsf{v}_c$ （式 (6.65) 参照) よりも下にある時は、その位置にある点からの寄与がなくなるのではなく、吸収壁の場所にあるのと同じように寄与する。

7.2.3　D0L 言語

D0L 置換の極限語は、純点スペクトル（pp）、絶対連続スペクトル（ac）、特異連続スペクトル（sc）といったパワースペクトルの全てのタイプを示す。異なるタイプのものが同時に存在する場合もある。この振る舞いを理解するために、長さ n の離散時間の信号 $S = \{s_1, s_2, ...\}$ について式 (6.47) で定義したようにスペクトル $S_n(\omega)$ を考えよう。この置換は完全に自己相似な構造をしているので、フーリエ成分の振幅および他の興味ある量に対して再帰的な関係を書くことができる。二進列の場合の $0 \to \psi(0)$、$1 \to \psi(1)$ の置換手続きを示す。語 $w_{k+1}^{(0)} = \psi^{k+1}(0)$ と $w_{k+1}^{(1)} = \psi^{k+1}(1)$ は方程式

$$w_{k+1}^{(0)} = \Psi^{(0)}(w_k^{(0)}, w_k^{(1)})$$
$$w_{k+1}^{(1)} = \Psi^{(1)}(w_k^{(0)}, w_k^{(1)}) \tag{7.16}$$

を満たす。ここで、"形式的関数" $\Psi^{(s)}$ は $s = 0$、$s = 1$ のそれぞれに対して、$\psi(s)$ に現れる 0 あるいは 1 と同じ記号列の語 $w_k^{(0)}$ と $w_k^{(1)}$ の連接を生み出す関数である。例えばフィボナッチ置換（例 4.6）の場合は、

$$w_{k+1}^{(0)} = w_k^{(1)}$$
$$w_{k+1}^{(1)} = w_k^{(1)} w_k^{(0)}$$

なので、$\Psi^{(0)}(v, w) = w$、$\Psi^{(1)}(v, w) = wv$ である。よって語 $w_k^{(s)}$ の長さ $N_k^{(s)}$ は

$$N_{k+1}^{(0)} = N_k^{(1)}$$
$$N_{k+1}^{(1)} = N_k^{(1)} + N_k^{(0)}$$

を満たす。数 $N_k^{(s)}$ は成長行列（growth matrix）$\mathbf{M}_g$ の固有値のべきで増加

する。この行列の要素 $M_{ss'}$ は $\psi(s)$ の中の記号 s' の数を表す。語 $w_k^{(0)}$ のフーリエ振幅

$$X_k^{(0)}(\omega) = \sum_{n=1}^{N_k^{(0)}} s_n e^{-i\omega n}$$

(ここで s_n は $w_k^{(0)}$ の n 番目の記号である)、および $s=1$ に対するものは、再帰式

$$\begin{aligned}X_{k+1}^{(0)} &= X_k^{(1)} \\ X_{k+1}^{(1)} &= X_k^{(1)} + X_k^{(0)} e^{-i\omega N_k^{(1)}}\end{aligned} \quad (7.17)$$

にしたがう。ここで、位相因子は 2 番目の語 $w_k^{(0)}$ の $w_{k+1}^{(1)}$ 中での開始位置を表す。一般に、もし形式関数 $\Psi^{(s)}$ が二つの語 w_a と w_b の連接 $w_a w_b w_b w_a w_b \ldots$ ならば、対応するフーリエ振幅 $X_k^{(s)}$ に対する式の右辺は $\Psi^{(s)}$ の語と同数の項を含み、それぞれ適当な位相因子を持つ。これらの再帰的な式は有効な数値的アルゴリズムを与えるものであり、非常に重要である。パワースペクトルの k 次の近似 $S^{(k)}(\omega)$ は、$2\pi/N_k$ と π の間の等間隔の値 $\omega = \omega_k$ で評価され、式 (7.17) を $N_{k'} \gg N_k$ となるある次数 k' まで繰り返し、$n \in [0, N_k/2 - 1]$ について周波数区間 $(n/N_k, (n+1)/N_k)$ における全ての寄与を足し合わせることにより求まる。初期条件は $s=0$ と 1 に対して $X_0^{(s)}(\omega) = A_s \exp(-i\omega)$ である。ここで A_s は s に関連した数値である。

特異スペクトル $f(\alpha)$ は周波数 0 の成分を除いた後 $S(\omega)$ を単位区間に規格化し

$$P_i(\epsilon) = \int_{\omega_i}^{\omega_i + \epsilon} S(\omega) d\omega$$

と置くことにより評価される。そして "自由エネルギー" $\tau(q)$ (式 (6.26,6.28)) は与えられた q の値と、式 (6.31) のようにルジャンドル変換されたものに対して評価される。

置換の特異解析の別の方法が再帰関係 (7.17) から導かれる。この式は、行列 $\mathbf{M}_i$ の積 $\Pi_{i=1}^k \mathbf{M}_i$ を適切な初期ベクトルに適用することにより[7]、時間 k で

---

[7] $\omega = 0$ の時は、$\mathbf{M}_i$ は成長行列 $\mathbf{M}_g$ である。

の b 次元ベクトルの成分 $X_k^{(s)}$ を生ずる。フーリエ成分 $X_k^{(s)}(\omega)$ の k の増加に対する指数増加率 $\Lambda(\omega)$ は

$$\gamma(\omega) = \frac{\Lambda(\omega)}{\Lambda(0)}$$

によりスペクトル指数 $\gamma(\omega)$ (式 (6.48)) に関連付けられる。ここで $\Lambda(0)$ は N_k の k に対する増加率である。したがって、式 (6.50) により行列積のリヤプノフ指数 $\Lambda(\omega)$ から局所次元 α を評価することができる。i 番目の行列の階層レベル i への依存性が位相指数 $\omega N_k^{(s)}$ (modulo 2π) だけに含まれるということ、および、$x_k^{(s)} \equiv \omega N_k^{(s)}/2\pi$ が単位 b 次元立方体の**位相写像** (phase map) $\mathbf{F}$ のもとで k につれて変化する点 $\mathbf{x}_k$ の s 番目の座標として解釈できることから、力学系理論との関係が強くなる。明らかに、実数変数 $x_k^{(s)}$ と整数 $N_k^{(s)}$ は同種の方程式を満たす。

区分線形写像 $\mathbf{F}$ はカオス的である。実際、語長の指数増加率 $\Lambda(0) > 0$ は $\mathbf{F}$ の最大リアプノフ指数 λ_i と一致する。フィボナッチ置換の場合はダイナミクスは保存的である。なぜなら、第 2 リヤプノフ指数 λ_2 は $-\lambda_1$ と等しい。一般に、位相写像 $\mathbf{F}$ のアトラクタの次元は b 以下である (5.5 節参照)。

許容される α の値は $\mathbf{F}$ の周期軌道のリヤプノフ指数から計算される。すなわち、全ての s についての初期条件 $x_0^{(s)} = \omega/2\pi$ が、最終的に $\Lambda(\omega) = (1-\alpha(\omega)/2)\Lambda(0)$ である周期軌道に写像されるときに、ある $\alpha(\omega)$ が実際に観測される。特に、最小と最大の α は通常短い周期の軌道に対応する。$x_k^{(s)}$ と $X_k^{(s)}$ はそれぞれ別々に線形方程式を満たすにも関わらず、相互結合の非線形性により興味あるリヤプノフ・スペクトルが生じることに注意しよう。

例:

[7.5] フィボナッチ数列 $\psi_F^\infty(0)$ のパワースペクトルの近似 $S^{(16)}(\omega)$ が図 7.6(a) に $f = \omega/2\pi$ の関数として示されている。これは、写像 (7.17) を 31 回反復させたものからの寄与を足し合わすことにより求まる。そのスペクトルは周波数 $\omega(p,q) = 2\pi(p + q\omega'_{gm})$ の位置に振幅

$$S(\omega(p,q)) \propto \frac{\sin^2(q\pi\omega'_{gm})}{(q\pi)^2}$$

をもつ δ ピークからなる (Godréche and Luck, 1990)。ここで、$\omega'_{gm} = 1/\omega_{gm} =$

7.2 形式言語の物理的性質

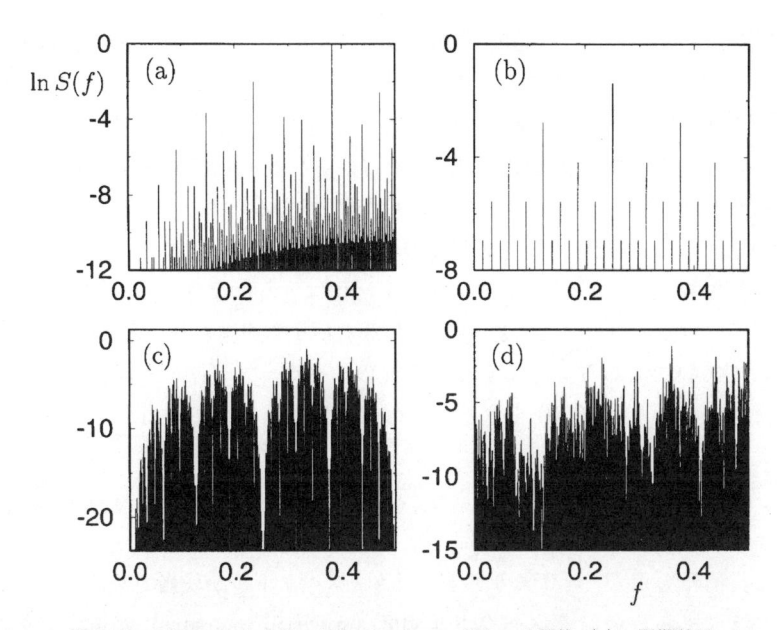

図 7.6 例 [7.5-7.8] で述べられているフィボナッチ置換 (a)、周期倍分岐置換 (b)、Morse-Thue 置換 (c)、三進置換 (d) の極限語のパワースペクトル $S(f)$。スペクトルを再スケールしたあと $S(f)$ の自然対数をとっているので $\max_f S(f) = 1$ である。

$(1+\sqrt{5})/2$ で $p, q \in Z$ である。

スペクトル測度は点の可算集合の上だけにあるにも関わらず、0 とは異なるスケール指数 α を示す。周波数 $\omega(p_k, q_k) = 2\pi |p_k - q_k \omega'_{gm}| \bmod \pi$ に中心を持つピークを考えよう。ここで、p_k/q_k は ω'_{gm} に対する k 番目のディオファントス近似なので、$\omega(p_k, q_k) \to 0$ である。$q_k \gg 1$ に対して、$\omega(p_k, q_k)$ のまわりに大きさ $\varepsilon_k \simeq \omega(p_k, q_k)/2$ の区間を選べば、その中の質量 $m(\varepsilon_k)$ は dq の中の $S(\omega(p_k, q_k))$ の $q_k - n_1$ から $q_k + n_2$ での積分値に比例する。ここで $n_i \ll q_k$ は有限の整数である。結果は q_k^{-2} でスケールされ、

$$| p_k - q_k \omega'_{gm} | \sim q_k^{-1} \tag{7.18}$$

なので (Baker, 1990 を参照)、大きな q_k (すなわち $\omega = 0$ の近く) に対しては $m(\varepsilon_k) \sim \varepsilon_k^2$ となり、$\alpha = 2$ である。同じ指数がルベグ測度 1 の集合上でも見られる。ω'_{gm} はディオファントス近似で最も遅い収束をする無理数である。一

方、ほとんど全ての数は**超越的**（transcendental）である（すなわち代数的ではない）。その中の任意のものを r とすると、これは $j \to \infty$ に対して $n_j \to \infty$ である $|r - p_j/q_j| < q_j^{-n_j}$ を満たす有理近似を許す。すなわち非常に速く収束する。この性質により、超越数が（ω'_{gm} で占められる）$S(\omega)$ のピークに近付くのはそれが有理数であるのと同じくらい"困難"である。よって、ピークの周波数が $\omega(p_i, q_j)$ である任意の記号列はこれらのどの数のまわりでも、$\omega = 0$ に近い時と同じ振舞いを示す。反対に、指数 $\alpha = 0$ は（どんな有限の解像度でも）スペクトルの質量のほとんどを持つピークのまわりで観測され、それゆえに $S(\omega)$ に関して典型的である。対応する特異性のスペクトル $f(\alpha)$ は $\alpha = 2$ で高さ 1 のピークからなり点 $(0,0)$ を含む。この二つはある線分で結ばれるので、一般化次元 D_p は

$$D_q = \begin{cases} \frac{1-2q}{1-q} & \text{for } q \leq 1/2 \\ 0 & \text{for } q > 1/2 \end{cases} \tag{7.19}$$

である。情報次元 $D_1 = 0$ よりアトミック・スペクトルが妥当であることがわかる。つまり、ある点 ω を**スペクトル測度**（spectral measure）からランダムに選んだとき、その指数 α はほとんど確実に 0 である。一方、その選択が**ルベグ測度**（Lebesgue measure）にしたがって行なわれると、$\alpha = 2$ である。$k = 17$ の $f(\alpha)$ を直接計算すると、図 7.7(a) に描かれているように明らかに収束しなくなるまで、特に $\alpha = 2$ のまわりで理論的な予想と一致する。収束しなくなるのは、相転移のためである。

位相写像 **F** の固定点 $\mathbf{x}_0 = (0,0)$ を除いた全ての周期軌道は行列積に対して $\Lambda = 0$ となるので、既に議論したように $\alpha = 2$ である。一方、指数 $\alpha = 0$（純点成分）は $\mathbf{x}_0 = (0,0)$ に近付く **F** の軌道に対応する全ての周波数 ω で見つかる。フィボナッチ置換の場合、この解析によりスペクトルの適当な特徴が全て示される。 □

[7.6]　周期倍分岐置換 ψ_{pd}（例 4.7）のフーリエ振幅についての再帰方程式は

$$X_{k+1}^{(0)} = (1 + e^{-i\omega N_k^{(1)}})X_k^{(1)}$$
$$X_{k+1}^{(1)} = X_k^{(0)}e^{-i\omega N_k^{(1)}} + X_k^{(1)} \tag{7.20}$$

となる。既に例 5.14 で述べ、また、図 7.6(b) に示されているように、パワース

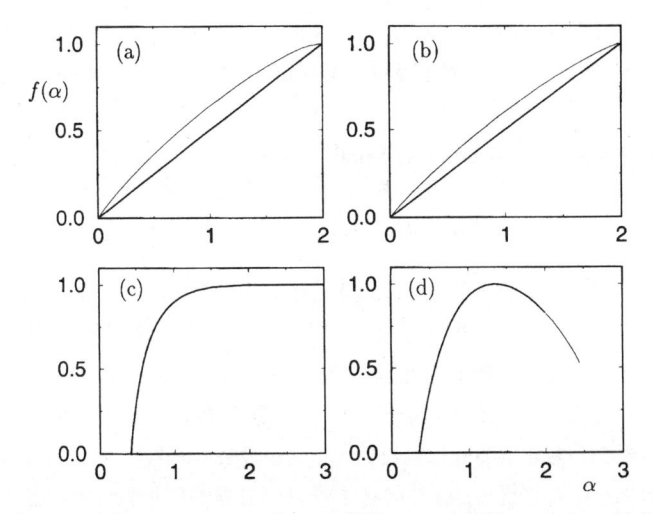

7.2 形式言語の物理的性質　　237

図 7.7　次数 $k = 17$ のフィボナッチ数列ついての特異スペクトル $f(\alpha)$ (a)、および、図 7.6 に示されている（周期倍分岐置換 (b)、Morse-Thue 置換 (c)、三進置換 (d)）についての特異スペクトル $f(\alpha)$。実線：理論値、細線：数値計算。

ペクトルの性質により、$f(\alpha)$ の曲線（図 7.7(b)）は $\alpha = 0$ に微小成分を、$\alpha = 2$ に異常成分を持ち、"見かけの" α の値の範囲があることが前の例で用いたのと同様な議論からわかる。ロジスティック写像の不変測度がもつスケーリングの性質（例 6.3）とのアナロジーからすれば、振動数 ω のうち、そのまわりで指数 $0 < \alpha < 2$ が、無限精度の極限においても実際に観測可能なものはない。□

[7.7] 図 7.6(c) に示されている Morse-Thue 置換 ψ_{MT}（例 4.7）のパワースペクトルは、前の二つの例とは違って特異連続である。さらに、アトミックな成分はなく、$f(\alpha)$ の台は無限に広がっている。位相写像 $\mathbf{F}$ のヤコビアンは 0 で、吸引集合は直線 $x^{(0)} = x^{(1)}$ である。それにそったダイナミクスはベルヌイ写像で与えられる。α の最小値 $\alpha_{\min} = \ln(4/3)/\ln 2$ は周期 2 の軌道 $1/3 \to 2/3 \to 1/3$ に対応している。パワースペクトルにおいて $\alpha_{\min}$ と 2 の間の全ての α が観測可能で、$\mathbf{F}$ の周期軌道に対応している。$f(\alpha)$ の台の非有界性は漸近的に固定点 $(0,0)$ に収束する軌道と関連している。これらは、フィボナッチ置換の場合と同じように、振幅 $X_k^{(s)}$ に対してもっとも速い成長率 $\Lambda(\omega) = \Lambda(0)$ を示すことが予想される。しかし、ここで $X_k^{(s)} \sim ae^{k\Lambda} + 2^{-k^2}$ で係数 a は 0 に等しい

(Aubry et al., 1988) ので、パワースペクトルは対応する周波数と $\alpha = \infty$ において k の指数よりも速く減衰する (Godrèche & Luck, 1990)。 □

[7.8] 三進置換 (Godrèche & Luck, 1990)

$$\Psi_{GL}(\{0,1,2\}) = \{2,0,101\}$$

も図 7.6(d) に描かれているように、特異連続のパワースペクトルを示す。最小の局所次元 $\alpha_{\min}$ は 0.3 に近い。$f(\alpha)$ 曲線の右の部分の収束は非常にゆっくりしたものであり、違う次数での近似と比較した結果よりスペクトルは $\alpha_{\max} = 2$ を越えて広がらないことが示唆される。位相写像 $\mathbf{F}$ には正のリアプノフ指数が三つある。すなわち安定多様体はない (写像が厳密である)。したがって、ある周期軌道 p のスケール指数 α_p は有限ステップ内で厳密にその軌道に達した時のみ観測される。原像の数が次数とともに指数的に増大する場合でもこの事象の確率は 0 で、大きいが有限の大きさの点の集合と初期条件の直線 $x^{(0)} = x^{(1)} = x^{(2)}$ との交点と等価である。二つの固定点 $(0,0,0)$ と $(1/2,1/2,1/2)$ は到達可能な周期軌道として共役である。前者はパワースペクトルの孤立した自明な 0 振動数成分に対応するので適切でない。後者は観測された $\alpha_{\min}$ に近い $\alpha \approx 0.3481$ を与える。$\alpha > 2$ に関連した周期軌道はなく、よって数値的な評価が信頼の置けるものであることを示している。 □

アトミックなスペクトル成分が存在することの十分条件は Bombieri and Taylor (1986, 1987) による準結晶の研究の中で見つけられた (7.3 節参照)。成長行列 $\mathbf{M}_g$ の最大固有値 μ_1 が **Pisot-Vijayaraghavan** (PV) 数であること、すなわち、1 より大きい絶対値をもつ固有値であることが必要である。この条件は、位相写像 $\mathbf{F}$ の安定多様体 W^s が余次元 1 を持つと解釈できる。それゆえ、初期条件の直線との交差は典型的である。特に、このことは原点の固定点についてあてはまり、厳密に $\alpha = 0$ である唯一の点である。

はじめの三つの例はこのクラスに属する。はじめの二つは実際に純点スペクトル成分 ($\alpha_{\min} = 0$) を持ち、3 番目は厳密特異連続スペクトルを示す。例のところで既に述べたように、アトミックな成分がないことは係数が偶然打消されることにより決まる。4 番目の系はそれらとは違って PV の性質を持たずア

トミックな成分を欠いている。

置換は厳密に決定論的であるにも関わらず、絶対連続スペクトルを生み出す。その例は、**Rudin** と **Shapiro** (RS) の名を採って命名された変換

$$\Psi_{RS}(\{A,B,C,D\}) = \{AC, DC, AB, DB\}$$

である。パワースペクトルは定数でいたるところ $\alpha = 1$ である[8]。二つの記号 r と s の Rudin-Shapiro 記号列は、$\psi_{RS}^{(\infty)}$ において $(A, C \to r; B, D \to s)$ と対応させることにより得られ、同様の性質を持つ (Queffélec, 1987)。パワースペクトル分析では決定論的 RS 記号列と純粋にランダムな記号列とを区別できない。トポロジカル・エントロピーは 0 であることに注意しよう。さらに、長さ n の全ての置換が同じ頻度で現れるので、全ての q に対して $K_q = 0$ である。置換によって生じる多様な絶対連続パワースペクトルの分類に関して、一般的に使える結果は存在しない。

4.3 節に挙げた条件（言語の初期記号からの独立性）にしたがうあらゆる置換に対して、長さ n の語の数 $N(n)$ は上に線形有界である。その定理を簡単に示す (Queffélec, 1987)。あらゆる $n \geq 1$ について、

$$\inf_{s \in A} |\psi^{k-1}(s)| \leq n \leq \inf_{s \in A} |\psi^k(s)| \tag{7.21}$$

なる整数 k が存在する。長さ n の全ての語はたかだか二つの記号からなる語 w_0 の k 番目の像に含まれる。w_0 が記号を三つ含む場合は、式 (7.21) より真中の記号が k 回の反復で n 個よりも多い記号をもつ列を生じる。全ての s に対して、$|\psi^k(s)| \leq C\theta^k$ であるため、あらゆる記号の組は最大長が $2\sup_{s \in A} |\psi^k(s)| \leq 2Cn$ である語 w をつくる。ここで C は定数で、θ は成長行列 $\mathbf{M}_g$ の最大固有値である。よって、w は長さ n の語をたかだか $(2C-1)n$ 個含み、w 自身はたかだか b^2 個の初期の組から作り出される。結果として、異なる n ブロックの数 $N(n)$ は n より速く増加できないということが言える。

D0L 言語の生成のための有向グラフは発散することに注意しよう。実際、エントロピーが 0 であるあらゆるグラフには分岐ノードがないので、周期的な信

---

[8] 記号に割り当てられた数値に依存して、自明なアトミックな成分が $\omega = \pi$ に現れることもある。A と D は奇数サイトにだけ現れ、B と C は偶数サイトを占め、それらは全て同じ確率である。

号を生じる。これは D0L の系では成り立たない。一方、周期的でない正規言語は正のエントロピーを持つので、これを模倣できる D0L はない。よって、D0L と RL の二つのクラスのどちらが複雑かは、エントロピーを基にした基準からは言うことはできない。この二つは自明な場合を除いて互いに独立である。

置換から作られる力学系は強い混合性を持たない。しかし、Dekking-Keane 変換 ψ_{DK} (例 5.21) から作られるもののように、いくつかは弱い混合性を持つ。この性質が成り立つための必要条件は置換語が異なる長さを持つというものである (Martin, 1973)。

7.2.4 文脈依存言語と帰納的可算言語

文法に重みを導入することによって得られる熱力学的な定式化から、CFG から作られるシフトは相転移を示しえることを既に見た。しかし、その言語クラスでは注目すべき位相的な性質を示さないようである。この節では、自己回避ランダム・ウォーク (self-avoiding random walks, SAW) について議論することで、CSL が位相のレベルにおいても新しく興味深い現象を示すことを見よう。SAW は d 次元格子上を離散ステップでふらつくような確率過程であるが、"粒子" は既に訪れたところに戻ることが禁じられている (Madras and Slade, 1993)。SAW が起きるような場として、ここではポリマーの物理 (de Gennes, 1979) について述べる。

2 次元正方格子上での四つの移動方向を u (上)、d (下)、l (右)、r (左) に符号化する。興味のある言語はこれらの四つの記号の全ての記号列からなり、それゆえにこのランダム・ウォークの "導出言語 (derivative)" と言われる。自己交差を禁じることで、語の無限リスト ($lr, ud, uldr$, etc.) が言語から除かれる。文法を詳述するのはきわめて退屈なので、主要なアイデアだけを概説しておく。可能な記号が生成されているあいだ、"粒子" の現在の座標をテープ上に記録する。新しい記号が出てきたらヘッドがテープ上を戻り、以前の位置が直前に訪れたサイトと一致するかどうかをチェックする。一致するものがある場合は、その語は拒否される。上の論理的な操作には変数あるいは記号の数を減らす操作がないので (ただし、"作業中" の変数を消去するような、有限個の最

終的な生成過程を除く）、対応する文法は確かに文脈依存型である[9]。

長さ n の異なる経路の数 $N(n)$ は $N(n) \sim An^{\gamma-1}\mu^n$ のようにスケールされると予想される。ここで定数 μ は問題の次元と格子の幾何的な構造に依存する。"粒子" は、n 回の移動で到達できる位置の原点からの平均距離 $D(n) = \sqrt{\langle \delta^2(n) \rangle}$ が $n^{2\nu}$ で大きくなるような拡散的な動きをする。指数 $\gamma \geq 1$ は 2 次元では、格子のタイプと可能な経路への制限にかかわらず、43/32 と予想される (Madras and Slade, 1993)。同様の "ユニバーサルな" 性質は指数 ν でも成り立ち、これは 3/4 と推定される (Nienhuis, 1982)。$d \geq 5$ のとき、正確な値は $\gamma = 1$, $\nu = 1/2$ である。

トポロジカル・エントロピーは $K_0 \approx \ln\mu$ で与えられる。2 次元格子に対する現在のもっともよい推定から、$\mu \approx 2.638$ と見積もられている (Masand et al., 1991)。$N(n)$ のパワー則による補正より、K_0 に対する有限の n での評価値の収束が遅いことが示される。同様のスケーリング則が、エレメンタリー・セル・オートマトンのルール 22 で数値的に観測されることを思い出そう。言語中の禁止語を枚挙することについてこの現象が示唆することは第 9 章で議論される。

CSL のトポロジカル・エントロピーを計算するための一般的なアルゴリズムは存在しないことが証明されている (Kaminger, 1970)。さらに、CSG の言語が有限かどうかを判定する手続きもない (Landweber, 1964)。

無制約文法の生成規則にはさらに自由度があり、あらゆる種類の振舞いが許容されると予想されている。それゆえ、物理的な特徴付けの視点から新しい性質が CSG に関して導入されるかどうかは明らかでない。さらに、"意味のある" 言語を生成する（終端記号、変数、生成規則、記号の数に制限をおいた）全ての無制約文法の一部分は明らかに計算不可能である。

---

[9] このやり方は SAW が CSG であることを述べるのに適当であるが、実際のシミュレーションで同じようにすることは奨められない。適当にメモリを利用すること、すなわち、無制約言語で SAW をシミュレートすることで、もっとよいパフォーマンスが得られる!

7.3 物理系と数学モデルの計算論的性質

明らかに単純な物理系でも計算論的な性質としては高いクラスに対応する場合がある。この節ではその代表的な場合について述べる。

7.3.1 カオスとの境界におけるダイナミクス

既にいくつかの例で見てきたように、力学系がカオスのオンセットあるいはそのすぐ下にある場合、さまざまな D0L 言語を生成することがある。すなわちその様な系は極限語の逐次的な生成機構をも与えているのである。

置換力学系のもっとも単純なクラスは、周期連分数展開 (式 (3.16)) 可能なパラメータ α を持つもっとも単純な円写像 (3.13) でモデル化される、準周期運動からなる。それは 2 次の**無理数** (quadratic irrationals)、すなわち整数係数の 2 次代数方程式の解を特徴づけるものである。例えば、$\alpha = [0, \overline{1,2}] = \sqrt{3}-1$ から作られる記号力学系は、置換 $\psi_{12} : \{0,1\} \to \{011, 0111\}$ を繰り返すことで得られる。構成法からわかるようにダイナミクスは準周期なので、このような場合は、成長行列の行列式は ±1 で最大固有値は PV 数である。パラメータ α に対応する置換は標準的な手続きにより見つけられる (Luck et al., 1993)。準周期系を少し一般化したものは例 5.19 で紹介したスツルム系であり、これも置換と関連している。

非カオス的ストレンジ・アトラクタは D0L 言語で記述できる系の別のクラスを表す。特に、記号 $s_t = (1 + x_t/|x_t|)/2$ で示されるモデル (6.52) のダイナミクスは、ω が逆黄金比の場合は三つの置換により記述される (Feudel et al., 1996)。一般の非カオス的ストレンジ・アトラクタのうちどの程度が置換に変形されるかはまだわかっていない。

二つの増加部分 ($[a, x_-)$ と $(x_+, b]$) と一つの減少部分 ((x_-, x_+)) をもつなめらかな単位区間の双峰写像は、臨界点 x_- と x_+ のまわりで二つの別々の周期倍分岐カスケードと、x_- と x_+ に近い点を通る 2 周期軌道の分岐に対応する周期倍分岐カスケードを示す。前の二つは (極値の多項式オーダーに依存す

る計量的な性質を持つ）通常のパターンにしたがい，位相的には置換 ψ_{pd}（例 4.7）で記述される．後者のカスケードは，$x \in [a, x_-)$ に 0，$x \in (x_-, x_+)$ に 1，$x \in (x_+, b]$ に 2 を対応させた三つの記号で記述をしなければならない（臨界点は特別な記号 c_- と c_+ を割り当てる）．得られた記号のダイナミクスは，Mackay and Tresser（1988）によって詳細に調べられたが，文脈依存言語の計算量を持つことが最近示された（Lakdawala, 1995）．

最後に，Lyubimov and Zaks（1983）により，高周波重力の横振動にさらされた流体層での熱対流をモデル化するために導入された，変形ローレンツ系

$$\dot{x} = \sigma(y-x) + \sigma dy(z-r)$$
$$\dot{y} = -y + rx - xz$$
$$\dot{z} = -bz + xy$$

について述べる．これは $(\sigma = 10, b = 8/3$ のとき$) r \approx 15.8237$ と $d \approx 0.052634$ で Morse-Thue 記号列を生じる．

以上の力学系は全て，（特定の周波数かカオスのオンセットに対応する）特別なパラメータ値で繰り込み可能な振舞いを示すことに注意すべきである．

7.3.2 準結晶

5回対称性を持つ結晶構造（合金 Al_4Mn）の観察（Shechtman et al., 1984）によって，それまで数学モデルの一分野として発展していた準結晶の話題（Steinhardt & Ostlund, 1987）が新たに関心を持たれるようになった．さらに実験が進んだ結果，多くの合金が，周期パターンでは禁じられる対称性の一種である 20 面体の相を示すことがわかった．結晶は通常，長距離の並進秩序と配向秩序を持つ．後者は五つの 2 次元ブラビス格子と 14 個の 3 次元ブラビス格子によって特徴付けられる部分回転群に限定される（Ashcroft & Mermin, 1976）．準結晶は禁じられた結晶学的な対称性と関連する 2 種類の秩序を持つ[10]．このことは，今度は，不整合な長さのスケールをもたらす．例えば五角形セルの方向ベクト

---

[10] ガラスは準結晶の発見以前に知られていたただ一つの純粋な固体のタイプであるが，（配向と並進を含む）どんな長距離相関も示さない．

ルの線形結合は、黄金比 ω_{gm} を含む長さの比を持つ共線形ベクトルを生じる。しかし、準周期性だけでは準結晶を特徴付けるのに十分ではない。実際、不整合結晶と呼ばれる、結晶学的に**許された**方向対称性を持つ準周期構造も存在する。これは、不整合な格子間隔か、単位格子の対称性に関して不整合な回転角を持つ周期格子の重ね合わせによって作られる。このような結晶の長さ比（あるいは角度比）は（交差の点が互いに任意に近づくとともに）連続的に変わり得るが、準結晶では、配向対称性による幾何学的な制限があるためそうならない。準結晶は根本的に新しいクラスの秩序を持つ原子構造なのである。

準結晶の幾何学のための特別なモデルは**準格子**（quasilattice）である。これは、（少なくとも二つの）形の有限集合から選ばれた多角形（あるいは多面体）を並べたもので、完全に一致した縁（面）を持ち、**必然的に**非周期的な方法で空間を埋め尽くす。

2次元での最も有名な例は、図 7.8 に示されているペンローズのタイル張り（1974）である。これは幅の広い菱形と狭い菱形の単位セルからなる。そのパターンは、図の下の部分に描かれているしだいに大きくしていく自己相似変形によって作られる。基本的なセルから因子 ω_{gm} でスケールされたそれぞれのタイプの二つの小さなセルが得られる。その手続きが新しい小片の中で繰り返される（Levine & Steinhardt, 1986）。タイルの縁は五角形の対称軸に対して垂直なので、パターンは 5 回点対称性を持つ。その準周期性は Amman によって示された（Grünbaum & Shephard, 1987）。準格子が自己相似な方法で構成されるということは、D0L 置換と計算論的に同種であることを示唆する。これは実際に正しいのだが、後で見るように、全ての準結晶が準格子上に原子パターンを置くことによって作られるわけではないことを強調しておかなければならない。それゆえ、D0L 言語は準結晶全体の部分集合のみを記述する。

準格子上に重ね合わされた平行線の集合を作るように線分を接合することで、線分からペンローズ・タイルを作ることができる。それぞれの集合は五角形のある対称軸に平行である。この集合の一つにおける n 番目の線の位置 x_n は $x_{n+1} = x_n + \omega'_{gm} + s_n$ という関係を満たす。ここで $s_n \in \{0,1\}$ はフィボナッチ数列 $\psi_F^\infty(0)$ の n 番目の記号である。これはより一般的な式

$$x_{n+1} = x_n + l_0 + (l_1 - l_0)s_n \qquad (7.22)$$

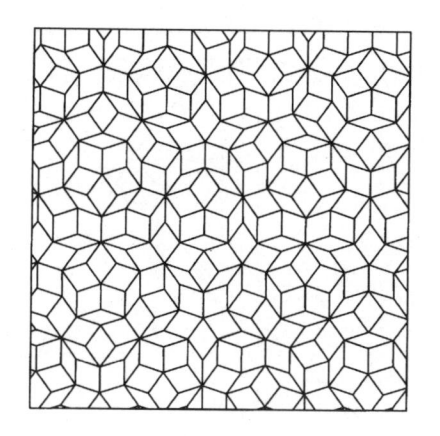

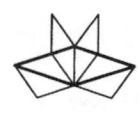

7.3 物理系と数学モデルの計算論的性質　　　　　　　　　　245

図 7.8　下図に太い縁で示されている二つのタイプの菱形セル（幅の広いものと狭いもの）を用いて作られるペンローズのタイル張りの例（上図）。自己相似変形を 1 ステップ行なうことで得られる 8 個のセルも下に示されている（細い線、下図）。

の特別な場合である。ここで、l_0 と l_1 は互いに素な実数で、s_n はパラメータ α と β を持つスツルム型数列（例 5.19 を参照）の n 番目の記号である。式 (7.22) は、格子点間の距離が l_0 か l_1 かが外部情報源によって与えられる情報に依存する 1 次元格子を定義する。$x_0 = 0$ ととると、$x_n = nl_0 + (l_1 - l_0)\sum_{i=1}^n s_i$ となり、$\langle s \rangle = 1 - \beta$ なので、平均格子点間距離は $d = \lim_{n\to\infty} x_n/n = l_0 + (l_1 - l_0)(1 - \beta)$ となる。よって、位置 x_n の n 番目の平均格子点 nd に関するゆらぎは $\delta_n = \sum_{i=1}^n s_i - n\langle s \rangle$ に比例する。$n \to \infty$ の極限では、ある整数 j について $1 - \beta = j\alpha \bmod 1$ となるときにのみこの量は有界である (Kesten, 1966)。そのような場合、対応する構造は普通の不整合な格子で、それ以外の場合は準格子となる。よって、いくつかの 1 次元準結晶の構造は D0L 置換で作ることができる。なぜなら、D0L 置換はパラメータ α と β を適当に選べばスツルム型写像の記号力学を記述することが知られているからである。成長行列の最初の二つの固有値が $\lambda_1 > \lambda_2 > 1$ を満たすとき（すなわち非 PV の場合）、δ_n の発散は $\delta_n \sim (\ln n)^\mu n^\nu g(n)$ のタ

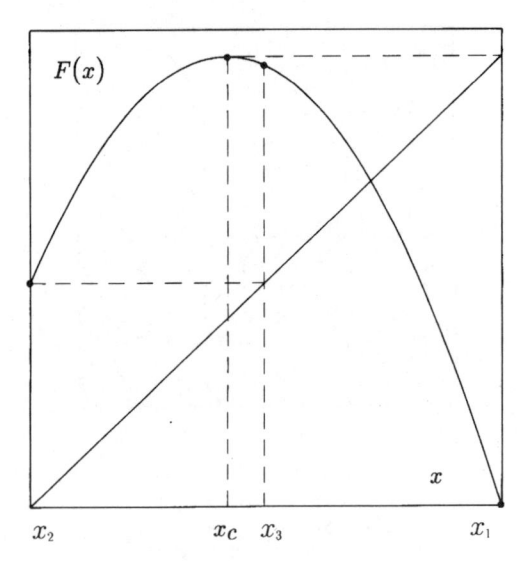

図 7.9 典型的な単峰写像。臨界点 x_c の最初の三つの像を示す。

イプである。ここで、$\mu \in \mathbf{R}$、$\nu = \lambda_2/\lambda_1$ であり、連続でいたるところ微分不可能な関数 $g(n)$ は $g(\lambda_1 x) = g(x)$ を満たす (Dumont, 1990)。

7.3.3 カオス写像

一般のカオス系はマルコフ鎖に縮約できない。これは特にロジスティック写像（式 (3.11)）型の単峰写像 F の場合に明らかである。このような写像は、ある有限の k に対して臨界点 x_c の k 番目の像 $x_k = F^k(x_c)$ が周期軌道に属する時にのみ、有限のマルコフ分割が可能である。このことは、次の議論からわかる。変換 F のドメインの境界は x_c の最初の2回の反復 x_1 と x_2 により決まり、これらの点と x_c は必ず分割の境界点になっている（図 7.9 参照）。区間 $I_0 = [x_2, x_c]$ と $I_1 = [x_c, x_1]$ は生成分割を定義する。x_3 は x_c（あるいは x_2）と一致するまで境界点ではない。よって、後で参照するためにそれをリストに入れておく。この手続きはある $k \geq j$ で $x_k = x_j$ になるまで繰り返される。$x_k = x_j$ になった時に、リストの中の点はマルコフ分割の境界を構成する。しかし一般的には、x_c の軌道は非周期的であり、この条件は満たされない。

7.3 物理系と数学モデルの計算論的性質

マルコフ分割が存在しない時に、無限個の禁止語がどのようにして出てくるかを見るために、まず区間 I_1 を考えよう。この区間の像は全相空間 $I_0 \cup I_1$ なので、最初の反復では何も禁じられない。禁止語は I_0 の中の点からだけ生じる。もし x_c が I_0 の像 $I = (x_3, x_1)$ に含まれるなら、$I = (x_3, x_c) \cup I_1$ であり、まだ何も禁じられない。もしそうならずに、$I \subset I_1$ ならば、記号列 00（すなわち遷移 $I_0 \to I_0$）が禁じられる。両方の場合において、その後の禁止語はある区間（この段階では $x_c \in I$ であるかどうかによって (x_3, x_c) か I 自身のどちらかである）の像 J を追うことにより見つけられる。この手続きの各ステップで、現在の区間 J が I_0 と I_1 の両方と交わっているかどうかをチェックする。交わってる場合は、x_c とそれの現在わかっているもっとも高い次数の像で決められる部分区間（すでに占められている他の部分区間の"未来"）を保持し、交わっていない場合は J 自身を保持する。次の J は最終的にこのようにして選ばれた区間の像である。禁止語は交わりがない各ステップで見つかり、J の過去の記号の系列に生成分割の失われた要素の記号を連接したものからなる。もしある x_i が前の x_j と一致するならマルコフ分割が存在することに注意しよう。しかしこの手続きは新しい禁止記号列を同定し続けるだろう。これは厳密にソフィックな系の場合で、その有限グラフは無限の禁止記号列を生み出す。同様の議論が有限個の単調部分を持つ区間の写像に対して成り立つ。上の構成方法を拡張することにより、高次元写像ではマルコフ分割の存在はもっとまれであることがわかる（D'Alessandro & Politi, 1990）。よって、カオス系で生成される言語は一般的に正規ではない。最後に、Friedman (1991) は、言語が正規か非 REL（すなわち計算不可能）となるパラメータ値の集合 $\triangle_r$ と $\triangle_u$ が、1 次元の単峰写像と円写像のある族に対して正の測度を持つということを証明した[11]。計算可能な非正規のダイナミクスが見つかるような残りの集合の測度は 0 である。

7.3.4 セル・オートマトン

セル・オートマトンの全体的な研究（3.4 節）では、全ての二重無限記号列の時間発展をたどった。極限集合 $\Omega^{(\infty)}$（式 (3.22)）の位相的な性質は、ルール

---

[11] 前者の結果はよく知られており（Collet & Eckmann, 1980）、主に周期的な振舞いに関連する。後者は無理数が遍在する（測度が 1）ことの言い換えである。

を繰り返し適用して得られる禁止語の完全なリストによって明らかになる。

前の節で、単峰写像における全ての禁止記号列を、少なくとも原理的には同定することができる有限の手続きを述べた。同様の方法がCAに対しても考えられるが、根本的に限界があるためあまり有効ではない。基本的な考えは以下のようなものである。CAルールを与え、テストのための長さnの記号列Sの全ての可能な原像をk次まで計算する（レンジがrであるエレメンタリー・オートマトンの場合は原像の長さは$n+2kr$になる）。そして、もし空集合が有限のkで見つかったならSは禁止される。しかし、この手続きは止まることが保証されていない。Sが禁止されないことを調べるために考えなければならない逆向きの反復の数kには原理的に上限がない。しかしそれでも、前に同定された禁止語の知識を計算の速度を上げるために使ってもよいので、禁止語を見つけることは難しすぎるものではない。普通は、最初の禁止語を同定するには2～3回の反復で十分である。

より根本的に難しいのは"漸近的に"禁じられる記号列があることである。$P(S,n;k)$が一様ランダムな初期配置のk番目の像での長さnの記号列Sの出現確率を表すとしよう。これは

$$P(S,n;k) = N_p(S,n;k) b^{-(n+2rk)} \qquad (7.23)$$

となる。ここで、$N_p(S,n;k)$はSのk次の原像の数で、因子$b^{-(n+2rk)}$は原像（長さ$n+2rk$の記号列）のルベグ測度を表す。もし$k \to \infty$で$P(s,n;k) \to 0$となるならば、長さnの記号列Sは漸近的に禁じられると考えねばならない。

そのような記号列の存在は、エレメンタリーCAのルール22について簡単に確かめられる。例えば、記号列$S' = 10101$にはk次の前像はただ一つだけあり、交互に並ぶ$5+2k$個の0と1からなる。したがって、ルールをk回繰り返した後に10101を観測する確率は$P(10101,5;k) = 2^{-5-2k}$である。これは大きなkに対して指数的に減少する。別の漸近的に禁じられる語は010110001と100110011である。図7.10にその確率$P(S,n;k)$がkに対してプロットされている。

テスト語Sの全ての前像を作ることが文脈依存文法で記述されることに気づけば、禁止語を同定する難しさはよくわかるだろう。次の一連の置換はルール

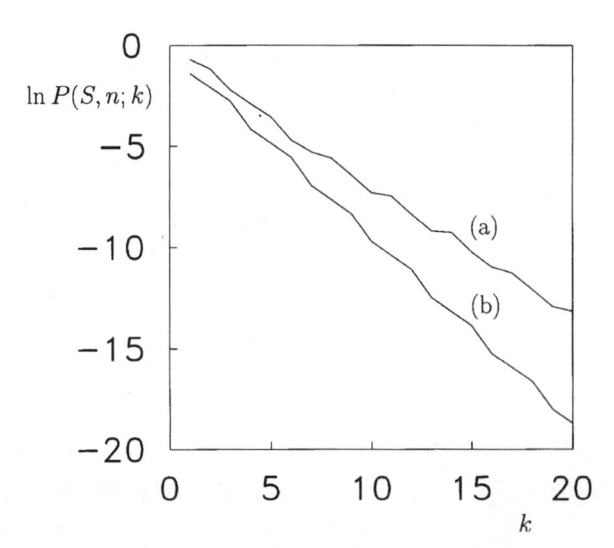

図 7.10 一様ランダムな初期条件にエレメンタリー CA ルール 22 を繰り返し適用したときの n ブロック 010110001 (a) と 100110011 (b) の確率 $P(S, n; k)$ の時間発展。ここでは $n = 9$ で k は時間の指標である。自然対数が使われている。

22 の手続きを模倣する簡単化した CSG である。

$$B0 \to B00'0', B01'1', B10'1', B11'0', B11'1'$$

$$B1 \to B10'0', B01'0', B00'1'$$

$$0'0'0 \to 00'0'$$

$$0'0'1 \to 00'1'$$

$$0'1'0 \to 01'1'$$

$$0'1'1 \to 01'0'$$

$$1'0'0 \to 10'1'$$

$$1'0'1 \to 10'0'$$

$$1'1'0 \to 11'1'; 11'0'$$

$$0'0'E \to 00E$$

$$0'1'E \to 01E$$

$$1'0'E \to 10E$$
$$1'1'E \to 11E$$

この文法は入力記号列 BSE に作用する。ここで B と E は文形式の境界をつくる変数で，S は変数 0 と 1 の連接からなるテストされる記号列である。B を含む生成規則は S の最初の記号から原像 S' の可能な接頭記号列を "推測" する。S' の残りは B も E も含まない生成規則により構成され，最後の四つの生成規則の中の一つによって完成される。最初に準備された 0 と 1 は最終的には消える作業変数である[12]。どのような CSL に対してもエントロピーを計算する一般的なアルゴリズムはない（Kaminger, 1970）ので，一般の CA の禁止語を決定することができるアルゴリズムはあり得ない。

もし有限型の部分シフト（正規言語）に対応する初期条件に対して有限回の反復が行なわれたならば，エレメンタリー・セル・オートマトンの空間配置は同じクラスのままである（Wolfram, 1984; Levine, 1992）。反復を 1 回だけ行なう特別な場合には，有向グラフが次のように構成される。可能な二進数の三つ組のラベルを付けた 8 個のノードと，左シフトの操作（例えば，$010 \to 100; 101$ のような）を許す遷移を表す辺からなるグラフから始めよう。各辺は CA ルールのもとで到達する三つ組の像の記号でラベル付けされるので，像の配置全体は全ての経路を通りながら作られる。もしある一つのノードから出る二つの辺が同じ記号を生成するならば，禁止と非決定的振る舞いの両方が起きる。最終的な有向グラフは非決定的な部分を除き（7.1 節参照），できたオートマトンを最小化することで得られる。CA22 の 1 ステップの反復に対するグラフは図 7.11 に描かれている。

グラフの大きさは反復の数とともに急速に大きくなる。漸近的な極限言語の性質が定性的に異なると予想される。記号数 $b = 6$ でレンジ $r = 2$ と 4 の 1 次元オートマトンから，最も簡単な文脈自由言語と文脈依存言語を作ることができる（Hurd, 1990a）。その極限集合と対応した言語の補集合は帰納的可算である（Hurd, 1990a）。CA のトポロジカル・エントロピー K_0 は常に有限であるが計算不可能である。任意の CA に対してそれを計算するアルゴリズムはない

---

[12] この文法の形式的な定義は，0 と 1 を消して本当の終端記号になるような生成規則を含むべきである。

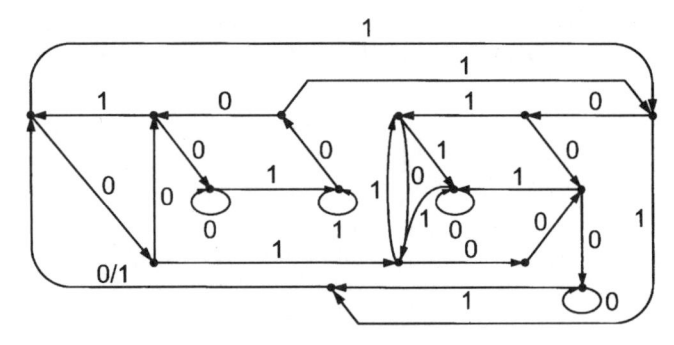

図 7.11 エレメンタリー CA ルール 22 の 1 ステップで作られる言語の有向グラフ。下の左側の辺に付けられた記号 0/1 は "0 か 1 のどちらか" を表す。

(Hurd *et al.*, 1992)。

　万能チューリング・マシンと同じ計算能力を持つ CA が見つけられている。1 次元では、必要な記号数が 7 でレンジが $r = 1$、あるいは、記号数が 4 でレンジを $r = 2$ に減らすことが可能である（Lindgren & Nordahl, 1990）。2 次元正方格子では 2 記号で十分である。これは再近接多数決ルールを用いる名高いライフ・ゲーム（Game of Life）の場合である（Berlekamp *et al.*, 1982）。ある与えられた CA と UTM の等価性は、一般的なプログラムの初期データをその CA で許される定常的、あるいは周期的構造を用いて符号化し、機械の操作をこれらの物体が異なる速度で空間を伝播する他の構造とぶつかった時のパターンに対して起こる変化によって同定することで示される。少数の記号と狭いレンジのルールにおいて、空間を伝播するパターンが多数存在できるが、全てを発見するのは難しい。さらに、それらの相互作用を UTM の普通の計算操作と関連付けるのはより難しいだろう。b 記号 n 状態のチューリング・マシンは、レンジ 1 でセルごとに $b + n + 2$ 状態を持つ 1 次元オートマトンで模倣できる（Lindgren & Nordahl, 1990）。

7.3.5　チューリング・マシンと力学系の関係

　最近、**一般化シフト**（generalized sifts, GS）と呼ばれる新しい力学系のクラスが、低次元力学系の動きをチューリング・マシンに関係づけるために Moore

表 7.1 Moore の一般化シフトの書き換えルール。A から H の文字は対応する 2 次元写像の相空間の分割の八つの要素を示している。

A	$0\hat{0}0 \to \hat{0}11$
B	$0\hat{0}1 \to 10\hat{1}$
C	$0\hat{1}0 \to 11\hat{1}$
D	$0\hat{1}1 \to \hat{0}00$
E	$1\hat{0}0 \to 00\hat{1}$
F	$1\hat{0}1 \to \hat{0}10$
G	$1\hat{1}0 \to 01\hat{1}$
H	$1\hat{1}1 \to \hat{0}01$

(1990,1991) により導入された。特別のポインタ（ハット（ˆ）で記される）のある無限記号列 $\mathcal{S} = ...s_{i-1}\hat{s}_i s_{i+1}...$ を与える。参照する記号を中心にした長さ $2r+1$ の語 w が更新ルールに応じて書き換えられ、ポインタが一つずらされる。書き換えられた語とポインタのシフトの方向の両方が w によって完全に決められる。書き換えに含まれる $2r+1$ サイトは**依存ドメイン**（domein of dependence, DOD）と呼ばれる。このメカニズムは Moore (1990) によって導入されたもので、表 7.1 に書かれたモデルを見るとわかりやすいだろう。これはレンジ $r=1$ のルールである。このメカニズムはセル・オートマトンとよく似ている。違いは GS においては、書き換えられる部分が一つの移動する有限ドメインに制限されている点である。ポインタの動きが CA のグライダーの動きに似ており、この点でもセル・オートマトンとのアナロジーがみとめられる。

　GS は区分線形写像としても表現される。この表現では、ポインタの両側の二つの半無限記号列は、単位区間内の実数の対 (x,y) の二進展開として解釈される。x はポインタの右側の記号列で、y は慣例によりポインタのところの記号を含む左側の記号列で決まる。よって、ポインタの右シフトは x 方向に沿った縮小と y 方向に沿った拡大を生じる。両方向への縮小率、あるいは拡大率は 2 である。逆のことが反対方向へのシフトで起きる。また、DOD での書き換えは単位正方形における矩形の並進に対応する。上の GS に対応する写像の動きが図 7.12 に描かれている。そのダイナミクスは明らかに面積保存である。相空間全体で拡大と縮小の方向に明確な区別がないため、ダイナミクスは双曲型ではない。

　一般化シフトの振る舞いはポインタの動きを追うことで調べられる。表に示

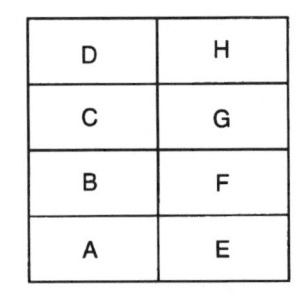

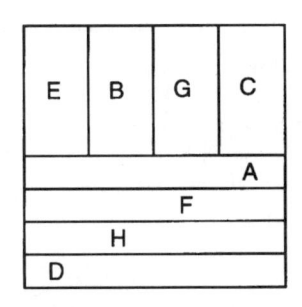

7.3 物理系と数学モデルの計算論的性質　　　　253

図 7.12 単位正方形での GS 写像の動きを描いたもの。8 要素の分割（左図）とその像（右図）が示されている。表に符号化されているように、文字は 8 個の DOD に対応するドメインを示している。

したように、ポインタは左（右）シフトのあと 0（1）の上にある。ポインタの動きによって作られるシフトのダイナミクス（左=0、右=1）は GS の動きを完全に表すことができる。なぜなら、それは $y = 1/2$ で定義される二進分割を持った図 7.12 の GS 写像の記号力学に対応している。$y < 1/2$（$> 1/2$）の場合は、ポインタは左（右）に動いた後、像の三つ組の 0（1）のところにある。さらに、表の左側の各記号の三つ組は一意的に図 7.12 の矩形の一つを決定するので、分割は生成的である。このように表現し、長さ $n = 80$ までの全ての正しい記号列を数えることで、位相的エントロピーは $K_0 \approx 0.14$ と見積もられる[13]。有限サイズの見積もり $K_0(n)$ は図 7.13 に示されている。

近くの点の間の距離 $d(n)$ が $d(n) \sim 2^{|i(n)|}$ のように大きくなることに気づけば、リヤプノフ指数を見積もることができる。ここで、$i(n)$ は時間 n でのポインタの位置を表し $i(0) = 0$ である。ポインタが左か右のどちらへ動くかとは独立に正味の拡大が起きるので、$i(n)$ の絶対値が必要である。よって、リヤプノフ指数は $\lambda = (\ln 2) \lim_{n \to \infty} i(n)/n$ で、ポインタの速度 v に比例する。数値計算 (Moore, 1990) により、ポインタの動きは拡散的（$i(n) \sim n^{1/2}$）で、よって $\lambda = 0$ であることが示されている。それゆえに、このモデルは"カオスの縁"における系のもう一つの例と解釈される。しかし、トポロジカル・エントロピーが正ということは注目すべき性質である。

GS とチューリング・マシンの関連が直観的に想像できる。なぜなら、DOD

---

[13] GS のルールを直接利用することで、そのような異常に大きな記号列の長さが得られる。

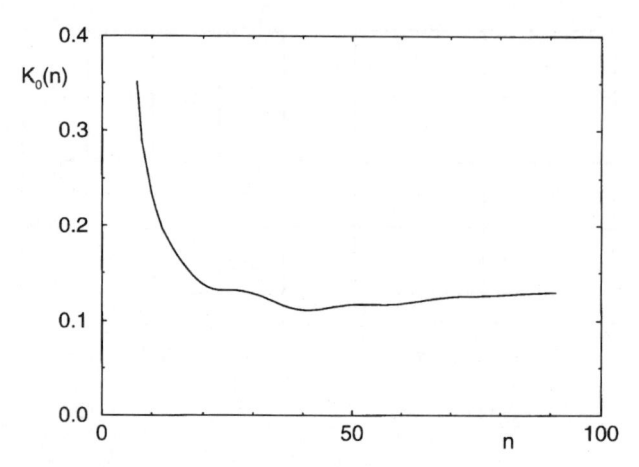

図 7.13　表に書かれている一般化シフトのトポロジカル・エントロピー。記号列の長さ n に対する有限サイズの見積もり $K_0(n)$。

での書き換えはマシンの内部状態の変化と、ポインタのシフトはテープヘッドの移動と同じとみなせる（Moore, 1991）。それゆえ、GS の長時間の振る舞いは予測不可能で、それは初期条件への敏感さによるものではなく、マシンの状態についてのあらゆる一般的な問が決定不可能であることによる。例えば、一般の初期条件に対してポインタがある決まった位置に達するかどうかを確定するアルゴリズムはない。もちろん、この言明はチョムスキー階層の低いクラスに属するマシンの特定の GS を作ることがほんとうに不可能な時にのみ成り立つ。

　GS がチューリング・マシンと対応するからといって、それがシフト力学系よりも"より興味深い"というわけではない。上で見たように、GS は普通のシフト力学系に対応する。その複雑さは言語の特定の構造に依存するものである。

7.3.6　ヌクレオチドの 1 次元配列

　核酸は形式言語理論の適用と発展に関して最も刺激的な対象である。四つの塩基 A、C、G、T の配列はある種内の一つの個体を生成する命令を含んでいる。それゆえ DNA 配列を、解読するべき未知の言語で書かれたコンピュータ・プログラムのコードだと解釈したくなる。これは魅力的ではあるが、おそらく強すぎる主張であろう。なぜなら、DNA は細胞内で発現するある化学反応の過

7.3 物理系と数学モデルの計算論的性質

程を調節するための情報を運ぶ入力データとしても働くと信じられている。おそらく、DNAの両方の機能は同時に働き、非常に精巧に組み上がったもので、これを解読するのは手に負えない仕事である。

一般的なアプローチはまだ開発されていないが、最近では大量の実験データを利用できるようになっているので、少なくともいくつかの特定の問題を研究するにはよい機会である。他の多くの問題と同じように、マルコフ鎖、すなわち、正規言語は単純で一般的な性質を持っているので、DNAの構造をモデル化するのに広く使われている。しかしこの言語はDNA配列にある長距離相関を捉えるには十分ではない（相関関数による分析に関しては例5.16を参照）。長距離結合の原因として考えられるのは、同じ配列に添った他の位置での転写過程の調節に干渉するタンパク質の存在である。これはDNAのある領域を復号することで合成される。他には、いわゆる"2次構造"、すなわち空間での二重らせんの折り畳みの性質からの寄与があり、これは塩基自身の順序に関連する。

ここでtRNAの比較的単純な文脈に注目しよう。これは、これまでに発見されたRNAの三つのタイプのうちの一つで、mRNA（2.6節参照）に含まれる4種の塩基の配列を対応するアミノ酸に翻訳するときに主要な役割を果たす。tRNA配列は2.6節で述べたコドン表を含む辞書の項目と解釈される。tRNAの最も重要な部分は（アンチ）コドンの領域で、翻訳されるmRNAコドンと結び付く断片である。対応するアミノ酸はtRNAのもう一方の端に運ばれる。コドンとアンチコドンが二つのDNAストランド（チミンTはウラシルUに代わる）のように、お互いに相補的である時にのみ、tRNAはmRNAにくっつき、正しいアミノ酸をもたらす。

アミノ酸の存在を除けば、tRNAはほかのRNAの断片と同じ4種の塩基からできているので、記号列の構造を考える際にはその特殊性は忘れたほうがよい。特に、tRNAには一般に比較的長い回文になった配列（2.6節参照）があり局所的な折り畳みが起きやすいので、tRNAの2次構造を決定するのに貢献することが知られている。空間的折り畳みは、なぜtRNAのアンチコドン領域だけがmRNAに結び付くことができるのかを理解するための鍵となる要因である。

回文になった配列があることは、tRNAをモデル化し、実験で観測される大きな可変性を説明するもっとも簡単な手法として文脈自由文法が使えることを

示唆する。実際に、確率的 CFG は tRNA 配列を理解しその 2 次構造を描写するために効果的に使われてきた。Sakakibara et al. (1994) は、$V \to sV\bar{s}$、$V \to VV$、$V \to sV$、$V \to s$ の生成規則を導入した。ここで s は 4 種の塩基のうちの一つで $\bar{s}$ はそれに対応する塩基 ($A \leftrightarrow U, C \leftrightarrow G$) である。変数 V は最初の生成規則により回文の対を生成することができる。これは tRNA 分子の折り畳み領域に対応する。2 番目の生成規則は、変数の数を増やすことで 2 次分岐構造をつくる。一方、最後の二つの規則は対にならない塩基をつくる。この文法により生成される配列とそれに対応する 2 次構造の例は図 7.14 に示されている。上の文法は全ての可能な配列を生成する。この方法は、異なる生成規則に異なる確率が割り当てられている場合に有効である。確率の割り当ては、tRNA の一般的な知識をもとにして先見的に行なわれるか、あるいは、少数の試行配列 (trainig sequece) の確率を最大化することでより効果的に行なわれる (Lari & Young, 1990)。一般の配列は、もしその確率が前もって割り当てられた閾値よりも大きくなれば "tRNA 言語" の要素として理解される[14]。ミトコンドリアとサイトプラズマの tRNA の場合には 100%近く、"異常な" 2 次構造をとる配列のだいたい 80%で、うまく理解できることが報告されている。(100 塩基よりも) "短い" tRNA 配列を分類するのに用いられている形式言語理論が、長い DNA シーケンスを含むように拡張されるかどうかはまだ分かっていない。

7.3.7 議論

第 5、6、7 章で、1 次元の記号パターンを特徴付けるための数学的な道具を検討してきた。物理的な動機に基づいて、研究の目的をシフト力学系と等価な定常過程に限定した。より明示的に複雑さを扱うような量について調べ始める前に、これまでに使われてきた道具でも、有意義な一般的分類の指針が得られるという事を十分理解しなくてはならない。

まず最初に、研究者は系の複雑さのより際だった研究を正当化するために、その系がどのような性質を示さなければならないかを問うだろう。パワースペク

---

[14] 異なる配列の長さの説明のためには適当に正規化する必要がある (Sakakibara et al., 1994)。

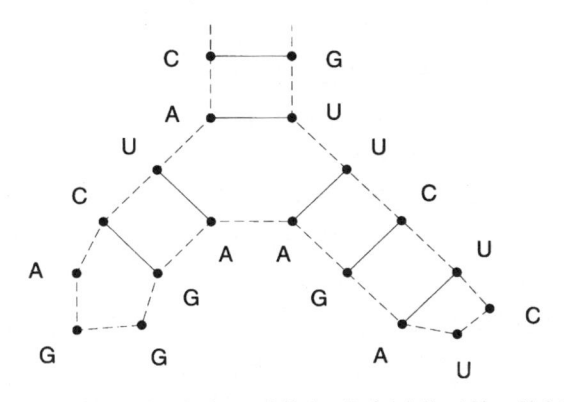

図 7.14 tRNAのある領域の2次構造。配列は点線に添って読まれる。実線は塩基対の要素をつないでいる。

トル分析によると、周期的および準周期的信号、より一般的には、全ての純点スペクトルをもつ信号は単純なものである。もう一歩進んで、(例えば、準結晶構造の様な) 特異連続スペクトルを示す系、または、ある場合には区間全体を満たす特異指数 α をもった系がある。その相関関数は散発的に"増減"しながら有限の値へとゆっくり減少する。反対の極には、ほとんど、あるいはまったく構造がない絶対連続スペクトルがある。これは短い記憶しかないか、あるいはまったく記憶がない過程に典型的で、それゆえ、明らかに単純である。

エルゴード的な分類は一般に上記のことと一致する。一方で、周期的および準周期的信号は低いクラスにあり、他方、短い記憶の信号は強い混合性を持つか、または、厳密である。弱い混合性を持つ系からなる中間的な複雑さのクラスには、置換 (D0L) 系のいくつかの族と、それらから一つの変換によって得られるものが入る。しかし両方の分類において、中間的な領域はひろい未知の部分である。

情報理論の枠内では、エントロピーは無秩序の基本的な目安である。極端な状況は前の図式での結論と一致し、周期から"準結晶"(特異連続スペクトル) におよぶ全ての系が同じように単純である (エントロピーが 0 である) と理解される。エントロピーは完全にランダムな系で最大になり、記憶が大きくなるにつれ減少していく。

信号の記憶と相関の大きさを定量化するより洗練された方法は、熱力学的な定式化により与えられる。パターンの非一様性はハミルトニアンの微視的な相

互作用の距離に翻訳して理解できる。単距離相互作用は、1次元においては構造のない系の典型で、(おそらく温度0を除いて)秩序の創発は見られない。そのかわり、十分ゆっくりと相互作用を減らして行くと異なる相が共存するようになり、特に秩序と無秩序の要素を同時に持つパターンになる。

　チョムスキー階層は上の分類とは質的に異なった順序付けである。例えば、正規言語は最も下のクラスであるが、周期とマルコフ過程の両方を含む。階層を登るともっと異常な振る舞いが現れる。

　観測者が複雑さについて語る資格を与えられるような領域をはっきりと定義するためには、これらの道具ではどれも不十分である。さらに、これらの間には部分的な対応しかない。実際、エントロピーが0で強い混合性を持つ系、白色のパワースペクトルを持つ置換極限語、任意のトポロジカル・エントロピーを持つ最小の系が存在する。このように不完全でかつ調和がないため、我々は、無矛盾な描像に達することを目標として全ての利用可能な道具を用いて分析を行なうべきである。深刻な矛盾が起きるならば、それは実際の複雑さを理解する手がかりなのである。

参考文献

Aho et al. (1974), Culik et al. (1990), Howie (1991), Kolář et al. (1993), Lind (1984), Luck et al. (1990), Rozenberg and Salomaa (1990)

第8章　アルゴリズム的複雑さと文法的複雑さ

　複雑な系を扱う際の問題の核心は、系の構造における秩序の要素を見極めることの難しさである。研究の対象が記号パターンならば、通常、その有限個の例を調べてみる。しかし、どの程度それらが規則的だとみなせるかというのは、観察者の要求の程度と例の大きさの両方に依存する。もし厳密な周期性が必要ならば、これはおそらく非常に小さな部分でしか観察されないだろう。規則性の考え方を弱めることにより、より大きな"基本"領域を見つけることができる。秩序や組織化といった概念と共通するこの本質的な不確定性は、我々が複雑さを定義するときの妨げとなるように思える。系の内的なルールを見つけることが記述を短くする手がかりを与えるということに気がつけば、この困難を乗り越えることができる。直感的には、簡潔な記述ができるシステムは単純だといえる。より正確には、これは系の**圧縮された**（compressed）表現を構成するモデルを推定することである。すでに観測されたパターンをそのモデルを使って再生産し、モデルの妥当性を検証する場合もあり、また、もともとあった部分をこえて対象全体を"拡張"するために、すなわち、時間的あるいは空間的に系がその後どう変わっていくかの**予測**を行なうのにそのモデルを使うこともある。

　後で見るように、ここで非常に重要な区別をしておかなくてはならない。それは、未知の情報源によってつくり出されるある**一つの対象**（single item）を研究することに興味があるのか、あるいは、その情報源の可能な出力全ての**アンサンブル**（ensemble）の性質を通してその情報源自身をモデル化することに興味があるのか、という区別である。しかし、どちらの見方においても、本当にランダムな対象は最も圧縮不可能で予測不可能であるという限りにおいて、データの圧縮可能性や予測可能性の概念を通して複雑さと乱雑さを自然に関連付け

ることができる。

　前者のアプローチは情報理論 (Kolmogorov, 1965) と計算機科学 (Solomonoff, 1964; Chaitin, 1966, 1990ab) の分野で、非常に深くかつ一般性を持って発展してきた。複雑さの問題の統計的な性質のため、二つ目の観点は物理的な文脈でより有効なものである (Grassberger, 1986)。

　したがって、定義の二つのクラスを区別することができる。最初のものをアルゴリズム的複雑さあるいは文法的複雑さとよぶ。これは、**ある与えられた入力を再生産するためにモデル（アルゴリズムあるいは文法）が必要である**という、計算の技術に強調点がおかれていることに注目するためである。二つ目のクラスを階層的にスケールされる複雑さと呼ぶことにする。なぜなら、無限大の、あるいは無限に細かくできる対象が、階層的に並べることができるアンサンブルから選ばれた有限の部分をある特別のやり方で組み合せたものとみなすことができるからである。この二つめに関連した複雑さの指標は第9章の主題である。

　この章では、最も広く知られている複雑さの定義 (Solomonoff, 1964; Kolmogorov, 1965; Chaitin, 1966)、およびそれに代わるいくつかの代表的な定義を扱う。このアプローチの意味を詳細に見るために、最初に符号化理論とモデル推定の基礎を議論する必要がある (8.1節と 8.2節)。これらは、情報圧縮の問題を扱い、アルゴリズム的複雑さの理論 (8.3節) へとつながるものである。もとのアプローチの不十分な面を改良するための変更が提案されているが、最後の節では、このような変更をほどこしたものをいくつか検討する。

8.1　符号化とデータ圧縮

　符号 (code) とは、ある集合の要素への記号列の割り当てである。例えば、モールス符号は自然言語の文字と句読点をドット ("．")、ダッシュ ("-") および空白 (" ") に翻訳する。例えば、文字 A を "．-" に、文字 B を "-..." に対応させるといったものである。よって、あるテキストは三つの基本的な記号 "．"、"-"、" " の系列として伝送され、送られたものは受け手によって復号 (decode) される。

8.1 符号化とデータ圧縮

より形式的には、符号は**情報源記号**（source symbol）の集合 Ξ（印刷用の文字や棚に陳列されている商品など）から濃度（cardinarity）b のアルファベット A 上の全ての有限語の集合 A^* への対応付け ϕ である。ここで、$\phi(s) \in A$ は $s \in \Xi$ に割り当てられた符号語で、$l(s) = |\phi(s)|$ はその長さである。情報源を離散安定確率過程 $\{s_i\}$ としよう。通常、符号を導入する目的はデータをできるだけ経済的に伝送することである。よって、情報源のもっとも頻繁に現れる記号に短い符号語を割り当てることが求められる。どれほど圧縮されたかは次の量で表される。

定義：確率分布 $P(s)$ のランダムな変数 $s \in \Xi$ について、ある符号 ϕ の**期待長**（expected length）$L(\phi)$ は

$$L(\phi) = \sum_{s \in \Xi} l(s) P(s) \tag{8.1}$$

で与えられる。モールス信号の場合は、文字 E（英語で最も良く出てくる文字）は一つのドットに対応する。情報源記号は一般的なもので、1 文字の記号列である必要はないことに注意しよう。

例：

[8.1] 値 s_1, s_2, s_3 をとり、確率はそれぞれ $p_1 = 1/2$、$p_2 = 1/3$、$p_3 = 1/6$ であるランダムな変数を考えよう。$\phi(s_1) = 0$、$\phi(s_2) = 10$、$\phi(s_3) = 11$ と選ぶと、$L(\phi) = 3/2$ となる。もし対象 s_i が $\phi'(s_1) = 00$、$\phi'(s_2) = 01$、$\phi'(s_3) = 11$ のように**固定長**（fixed length）符号でラベル付けされていれば、符号化された二進数のメッセージの長さは符号 ϕ よりも長くなる。実際、$L(\phi') = 2$ である。ϕ は ϕ' よりもより**有効である**と言える。 □

例 8.1 のように可変長語からなる符号の利点は、同じ情報が固定長符号よりも平均でより少ない記号で表されるということである。これは特に情報源記号が強い非一様分布を持っている時に成り立つ。よって、有効な符号を作るためには信号に関する統計的知識が必要である。

よい符号が満たすべき性質は有効性だけではない。受け取ったメッセージは一意的に解釈されることが不可欠である。この性質を持つ符号は**一意に復号可能**

(uniquely decodable) と呼ばれる。もし $\phi(a) = 0, \phi(b) = 11, \phi(c) = 011$ と符号化されていると、メッセージ 0011 は aab あるいは ac の両方を表し得るので曖昧である。この点を明らかにするには、符号 ϕ の n **次拡張** (nth extension) を考えればよい。すなわち、n 個の情報源記号の全ての可能な連接 $s_1 s_2 ... s_n$ にラベル付けし、$\phi(s_1 s_2 ...) = \phi(s_1) \phi(s_2) ...$ を満たす符号を考えるのである。ここで、右辺は個々の符号語の連接を意味する。一意に復号可能なためには、異なる次数 n に対しても符号化された連接のうちどの二つも一致してはならない。

最後の基本的な性質は有効な符号を得るために必要である。すなわち、個々の符号語を受取ると、それを即座に理解できるという性質である。この性質がないと、最初の語を同定する前に受取るメッセージ全体を調べる必要がある。

例：

[8.2]　$\phi(s_1) = 0, \phi(s_2) = 01, \phi(s_3) = 011, \phi(s_4) = 111$ という符号を考える (Hamming, 1986)。これは一意に復号可能であることが確かめられる。しかし、記号列 0111...1111 を受け取った時、最初の語が $s1, s2, s3$ のどれに対応するのかは、メッセージ全体の 1 の数が決まるまで決定することができない。□

この難点は、一つ以上の符号語が他のものの接頭語 (prefixes) になっている時に起きる。ある符号が即座に理解できる、あるいは**瞬時** (instantaneous) であるためには、どの符号語も他のものの接頭部になっていないことが必要かつ十分である (Hamming, 1986)。この理由のため、そのような符号は**接頭語なし** (prefix-free) とも呼ばれ、一意に復号できる符号の部分集合をなす。これは簡単に構成できる。例えば、5 記号の情報源は、最初の記号に 1 を、2 番目の記号に 01、3 番目に 001、最後の二つに 0000 と 0001 を割り当てれば符号化される。また別のやり方として、符号記号の対から始めることもできる。例えば、00、01、10 を最初の三つの情報源記号に、そして、残りの二つに 110 と 111 を割り当てて符号ができる。この手続きは二進木 (binary tree) の枝を次々に刈っていく方法と等価である。あるレベル (上の例ではそれぞれ 1 と 2) から始めて、二つの (一般には b 個の) 最後の葉のあるより低いレベルで終る。このようにすれば、全ての符号語は木構造における他のどのラベルの親にもなっていない。接頭語なしの符号をつくるために符号語の長さをどう選ぶかはクラ

フト不等式で制限される (Hamming, 1986):

定理 8.1 符号語の長さが $\{l_i : i = 1, ..., c\}$ である瞬時符号 $\phi : \Xi \to A^*$ が存在するための必要十分条件は

$$\sum_{i=1}^{c} b^{-l_i} \leq 1 \tag{8.2}$$

である。ここで、c と b はそれぞれ、情報源 Ξ と符号のアルファベット A の濃度である。

この結果は可算無限個の符号語の場合に拡張可能である (Cover & Thomas, 1991)。そのような符号は一つだけではないことに注意しよう。特に、構成の際のどの段階で記号を入れ換えても、意味のある符号が得られる。

式 (8.2) の等号が成り立つ時、リスト $\tilde{b} = (b^{-l_1}, b^{-l_2}, ...)$ を確率ベクトルと解釈することができる。実際、確率 $(p_1, p_2, ...)$ と $\tilde{b}$ の要素を同じ順序（例えば昇順）に並べ変えた場合、符号が有効であれば添字は一対一に対応するはずである。有効でない場合は、いくつかの要素を入れ換えることでその平均の長さ L を小さくすることができる。ある符号に対する最適性の条件を見つけることで、これを定量的に書くことができる。その条件は式 (8.2) を満たし、全ての瞬時符号の中での最小の平均長 $L(\phi)$ を持つ長さの集合 $\{l_i\}$ で定義される。$L(\phi) = \sum p_i l_i$ を制約 (8.2) のもとで最小化すると、最適符号 ϕ^* の長さ

$$l_i^* \geq -\frac{\ln p_i}{\ln b} \tag{8.3}$$

が得られる。明らかに、等式が成り立つのは通常は達成されないような理想的な場合である。なぜなら、長さは整数値でなければならない。この場合符号語の期待長

$$L(\phi^*) = -\sum_i p_i \ln p_i / \ln b \tag{8.4}$$

は符号化された乱数の分布の、$\ln b$ を単位として測られたエントロピー H_b と等しくなる。ほかの全ての瞬時符号の期待長はこの下限値以上である。

$\tilde{l}_i = \lceil l_i^* \rceil$ を全ての i について最適な長さ l_i^* 以上の最小の整数と定義すると、

上限も決定することができる。明白な関係式

$$-\log_b p_i \leq \tilde{l}_i \leq -\log_b p_i + 1 \tag{8.5}$$

に p_i をかけて、i で和をとると、$H_b \leq \tilde{L} \leq H_b + 1$ を得る。ここで、$\tilde{L}$ は集合 $\{\tilde{l}\}$ の平均符号長である。式 (8.5) を指数化し再び i で和をとると，集合 $\{\tilde{l}\}$ がクラフト不等式を満たすことがわかる。最後に、$H_b \leq L(\phi^*) \leq \tilde{L}$ を考えれば、最適期待長は $H_b + 1$ を越えないことが証明される。これは一般に、圧縮は最大ではないが、理想的なところから（b を底として測った）情報の一単位はなれたところにあるということを意味する。この情報のむだは符号化の手続きを個々の情報源記号に限ったことによっている。符号化される対象の集合にもっと可変性を許せば、下限と上限の間の距離は任意に小さくすることができる。

情報源から出る長さ n の全ての語 S を考えよう。情報源記号としてある符号の n 次拡張をとることなく、全ての語の確率 $P(S)$ の知識を用いて n ブロックに対する新しい符号 $\phi^{(n)}$ を直接構成することができる。そして、入力記号ごとの期待される符号語の長さを

$$L_n = \frac{1}{n} \sum_{S:|S|=n} |\phi^{(n)}(S)| P(S) = \frac{1}{n} L(\phi^{(n)}) \tag{8.6}$$

として定義できる。すでにわかっている $L(\phi^{(n)})$ の上下限より、

$$\frac{H_n}{n} \leq L_n \ln b < \frac{H_n}{n} + \frac{\ln b}{n} \tag{8.7}$$

を得る。ここで、H_n は n ブロックのエントロピー（式 (5.36)）である。よって $n \to \infty$ の極限では、最小の記号ごとの符号語の期待長はメトリック・エントロピー K_1（式 (5.44)）と等しくなる。これは、エントロピーが過程を記述するのに必要な（b を底として測った）期待文字数としての意味を持つことを示す。

例：

[8.3] 基本となる文字を符号化するよりも、語を符号化する方がより小さい符号が得られるということを、確率 $P(s_1) = 3/4, P(s_2) = 1/4$ の二進情報源について見てみよう。$\phi(s_1) = 0, \phi(s_2) = 1$ とおくと、$L_1 \equiv L(\phi) = 1$ となる。簡単のため $P(s_i s_j) = P(s_i) P(s_j)$ と仮定すれば、四つの 2 ブロックは

$\phi^{(2)}(s_1s_1) = 1$、$\phi^{(2)}(s_1s_2) = 01$、$\phi^{(2)}(s_2s_1) = 000$、$\phi^{(2)}(s_2s_2) = 001$ と符号化され、$L_2 = 27/32$ となる。よって、二つ目の符号を用いればより圧縮できていることがわかる。確率が積に分解できるという仮定は本質的でない。任意の n について非一様性が強い分布は最も簡単に圧縮できる. □

集合 $\{\tilde{l}_i\}$ で定義された符号（式 (8.5)）は Shannon と Fano の名をとって名付けられている。この符号は一般的に最適というわけではないが、対応する語の確率のみからそれぞれの長さを定義できるという長所がある。Huffman (1952) の名が付けられた最適符号は縮小と分割の過程からなる反復手続きで得られる。情報源は確率の降順に並べられている。（二進の場合）最も低い確率を持った二つを一つのメタ記号にまとめ、それをその全体の確率に応じて再配置する。この手続きをメタ記号が二つだけ残るまで繰り返し、残ったメタ記号を 0 と 1 に割り当てる。そのグループを逆の経路にしたがって分割する。その際、分割が起きるごとに記号 0 と 1 を現在のグループのラベルの右に付け加える (Hamming, 1986; Cover & Thomas, 1991)。こうやると最適なものが得られるのだが、その対価として符号語長は全ての確率に依存し、それは事前に評価されなければならない。

推定された分布 $Q = (q_1, q_2, ...)$ が未知の真の分布と違っていた時に何が起きるかを見るのは示唆的である。再び Shannon-Fano 符号 $\{\tilde{l}_i\}$ を考えると、長さの割り当ては

$$\tilde{l}_i = \lceil -\log_b q_i \rceil \tag{8.8}$$

となる。期待符号長 $L_{p|q}$ は

$$-\sum_i p_i \log_b q_i \leq L_{p|q} = \sum_i p_i \tilde{l}_i < \sum_i p_i(1 - \log_b q_i) \tag{8.9}$$

を満たす。これは

$$H(P) + H(P\|Q) \leq L_{p|q} \ln b < H(P) + H(P\|Q) + \ln b \tag{8.10}$$

と書き換えられる。ここで、$H(P)$ は真の分布 P のエントロピーで、$H(P \| Q)$ は相対エントロピー (5.48) である。式 (8.10) の関係は式 (8.7) で $n = 1$ の場合と比べられるべきである。明らかに、平均符号長は罰金項 $H(P \| Q) \geq 0$

の分だけ増えており、よってこの項は正しくない情報によって記述の複雑さが増加した分と解釈することができる。

信号圧縮の目的のためには、他の符号化の手続きが Huffman のものよりもよい場合がある。そのような符号化手続きのうちのいくつかは Humming (1986) と Cover and Thomas (1991) で論じられている。特に、Huffman の手法は情報源記号の長いブロックを符号化しなければならない場合は実用的ではない。なぜなら、その場合は多数の語の確率を評価しなければならず（n ブロックの符号化の場合は b^n のオーダーである）、またラベル付けのための木構造を構成しなければならないからである。

系の複雑さが正しく定義されているならば、有限の符号化のステップの影響を受けるべきではないということに注意しよう。一方、メトリック・エントロピーは信号の圧縮により増加する（最大の圧縮率をもたらす最適符号の時に最大である）事を示せる。有限の符号化を行なったときのこの非不変性もまた、エントロピーが複雑さのよい尺度になっていないことを示すものである。

8.2 モデル推論

より興味深くかつ難しい問題は、信号 S の位相的および計量的性質を定められた精度で再現することができる大域的なモデルを構成する事である。そのような問題に答えるためのアルゴリズムを扱う分野は**帰納推論** (inductive inference) と呼ばれる。完全で操作的な理論はまだなく、近似的な手法と適用範囲の限られたアプローチだけが発展してきた。記号パターンの形成の根底にあるルールが次々に発見されることは**学習** (learning) 過程とよく似ている。この学習は様々な方法でなされ、Dieterich et al. (1982) によって、丸暗記 (by heart)、教師からの学習 (from a teacher)、例からの学習 (from examples)、類推による学習 (by analogy)、という名前で呼ばれている。最初の二つは本当の理解ではないことを暗示しているが、後の方の二つは"自動学習"の理論の基礎を表しているだろう。類推の概念の抽象性により（これは数学的思考を連想させる）、例からの学習だけが厳密に定義されて実際に使われている。

推論手法は以下のように定式化される。情報単位の列 $\{i_1, i_2, ... i_n\}$ を受け取っ

8.2 モデル推論

たとき、観測者はいくつかのアルゴリズムによりある決まったクラス $\mathcal{C}$ の中で言語 $\mathcal{L}_n$ を推定する。もし、有限のトレーニング時間 $n = n_0$ の後の全ての推定が正しいならば、言語は**極限で同定される** (identified in the limit)。情報は通常"テキスト"（例えば、全ての正しい語のリスト）か"インフォーマント"（どれが正しい語であるかを決めることにより A^* 内の語のリストを与える人）から集められる。どちらの場合においてもリストは任意に順序付けられている。

データを前者の方法で提示するときは、有限の言語だけが認識される。なぜなら、観測者は提示されていない語が本当に禁じられているのか、あるいは、単にまだ出てきていないのかを決定できないからである。二つ目のより強力な方法では、文脈依存言語でさえも認識することができる (Gold, 1967)。同定は文法のサイズで順序付けられたクラス内の全ての言語を単純に数え上げることでなされる。正しい言語はまだ受け取っていない語についての現在の推定とは違っているかも知れないので、観測者は決して成功したと確信はできないことに注意しよう。これは子供が自然言語を学ぶ場合と同じである。知識が増加する間、子供はまだ文法的な間違いをするかも知れないし、あるいは獲得した経験をうまく使うかも知れない。無制約文法はその数え上げ可能性にもかかわらず、検証時間に上限がない（停止問題）ために学習可能ではない。厳密な同定をするための数え上げ手法のもっとも深刻な欠点は、数え上げの数が文法のサイズとともに急激に発散するという事である。このため、自明な場合以外はこの手法は実際に使うことはできない。よって、あるクラスのモデルについての特定の技法を発展させるか、あるいは、認識の近似的な枠組みを利用しなければならない。今後我々は両方の可能性を調べて行くことにする。

学習可能性の強い概念は観測者が認識した事に気づいているという要請で定義される。この場合はほとんどの言語も同定不可能である。よって、より多くの情報を利用できる時だけある有効な手続きを実現することができる。例えば、言語がエレメンタリー・セル・オートマトン（すなわちレンジが1）の極限集合から生じるような場合である。

シフト力学系においては、信号 $\mathcal{S}$ を記録する間に実時間で推測を行なう観測者はテキストの枠組で働く。そのかわりに、もし十分長い範囲が読まれ処理されるならば、定常性により（低確率のしきい値を基礎として）高い精度で禁止語を同定することができる。よって、その操作は近似的にインフォーマントの

枠組みでなされる。

　実際のモデルを構成するためには、厳密な認識可能性の条件が近似の概念に合うように緩められる。これは言語の空間の計量の定義に依存している。目標の言語と予想された言語（$\mathcal{L}$ と $\mathcal{L}'$）は前もって決められた互いの距離 d 内にあることが要求される。一般の推論定理は計量の選びかたに依存する。Wharton (1974) は A^* の辞書式順序を考え、i 番目の語に $\sum_{i=1}^{\infty} p_i = 1$ となるように重み $p_i \geq 0$ を割り当てた[1]。$\mathcal{L}$ と $\mathcal{L}'$ の間で一致しない語の確率の和が適切な距離である。このように準備した上で、Wharton は、テキストによる提示から全ての帰納的文法が任意に小さいエラー d で極限において認識される事を証明した。これに対し、インフォーマントによる提示では帰納的文法は有限時間で同定可能である。これは観測者は解が見付けられたことがわかるということを意味する。

　近似法の有用性を見るために、言語 $\mathcal{L}$ 内に見付けられる長さ n までの全ての禁止語を生成する有向グラフの列を考えよう。対応する言語の列は、例えば $\mathcal{L}$ がソフィックである時のように有限時間で収束する必要はない。それにもかかわらず、言語の差の距離 d をどのようにとっても言語は極限において同定されるということは明らかである。

　問題に特化したたくさんの文法的推論法のなかで、確率的文脈自由文法（7.2 節）についてのあるアルゴリズムについて述べておくのがよいだろう。テストのための言語 $\mathcal{L}'$ を生成する CFG $\mathcal{G}'$ を与える。その生成規則の集合のサイズは、置換の確率と像の語の長さを考慮したエントロピーのような量 h を用いて評価される。目標の言語とテストの言語の間の距離 δ を計算して h に足すことで、コスト関数は $f = h + \delta$ となる。これは、テストの文法 $\mathcal{G}'$ を変えることで最小化されなければならない。距離と文法のサイズの両方が f に現われていることは、よいモデルは正確なだけではなく簡潔でなければならないということを反映している。Cook et al. (1976) は単なる数え上げで最小の f を探すのではなく、文法の空間内で三つの変換を組み合わせる方法を提案した。その手続きはまず生成規則 $W \to w_1; w_2; ...; w_n$ で定義される自明な文法 $\mathcal{G}'$ から始められる。ここで集合 $\{w_i\}$ は $\mathcal{L}$ の可能な有限の表現である。これは正確であるが

---

[1] この重みの正規化は、同じ長さの語の集合が個々に確率 1 となる普通のものとは異なることに注意しよう。高次の階層はここでは全体の正規化を達するように急速に減衰する。

かなり大きな文法である（すなわち $\delta = 0$ だが h は大きい）。その形を次の操作を行なうことで変化させる。

1. 置換
2. 分離
3. 生成規則の削除

1.では、文形式のなかによく現われる各部分語 Z_j を変数 V_j で置き換え、生成規則 $V_j \to Z_j$ をリストに付け加える。2.では、$V \to ZZ'; ZZ''$ のタイプの生成規則を対 $V \to ZU_k, U_k \to Z'; Z''$ に変換する。ときどき V_j と U_k を既に存在する変数と同一とみなすという近似は、距離 δ を増加させるにもかかわらず h を減らすためには有効である。最後に、役に立たず冗長で使われない生成規則を各段階で削除する（3.）。問題に特化した手法には、そのやり方を新しい問題にうまく適用できるかどうかは事前にわからないという短所がある。

　受理可能なモデルのクラスを限定することによって、上記のモデルの限界を越える事ができる。マルコフ鎖は数学と物理において疑いなく最も一般的に適用可能な近似の枠組みである。シフト力学系の場合は、このモデルは n 番目の記号 s_n を k 記号の条件付き確率にしたがってランダムに引き出すことで、元の信号を再構成する（式 (5.11) 参照）。長距離相関がある場合は大きな値の k（と記憶領域）が必要である。これは実際に実現する際の k の値の上限を定める。この実際的な困難とは別に、興味深いのは収束が遅いかまったく起こらない場合である。ある限られた系列だけが非常に長い記憶を示す場合がある。タイプ I の間欠性（intermittency）（例 6.5）では、n 個の連続する 0 の列がそのような状況にあり、その確率は $n^{-\gamma}$ で減少する。そのような場合、記号のブロックを抜きだしそれらを新しい記号 s'_i として**符号化しなおす**（recode）とよい。したがって、信号 $\mathcal{S}$ を**基本語**（basic words）あるいは**原始語**（primitive words）の連接 $w_0 w_1 ...$ とみなすことができ、それらはある符号 ϕ を用いて $s'_i = \phi(w_i)$ と名付けられる。結果として得られる信号 $\mathcal{S}'$ もまたマルコフ分析に基づいて分析でき、おそらく次数 k は小さくなるであろう。$\mathcal{S}$ と $\mathcal{S}'$ の間に有意な対応を保つために、この符号は一意に復号可能であることが要求される。

　記憶のある信号では、一般に確率 $P'(s')$、$s' = \phi(s_1 s_2 ... s_m)$ と $P(s_1 s_2 ... s_m)$

は異なる。例えば、条件付き確率 $P(s_{i+1} \mid s_i)$ のマルコフ過程において符号 $(00, 01, 1) \to (a, b, c)$ を考えよう。確率 $P'(c)$ は

$$P'(c) = P'(a)P(1 \mid 0) + [P'(b) + P'(c)]P(1 \mid 1)$$

と表す事ができる。なぜなら、c は前の a の最後の 0 か、b か c の最後の 1 の後に 1 が一つ続くものだからである。同様の式が $P'(a)$ と $P'(b)$ についても成り立つ。独立過程（式 (5.6)）の時は前の記号は不必要で、これらの式は $P'(a) = P(0)^2 = P(00)$、$P'(b) = P(01)$、$P'(c) = P(1)$ となる。次数 1 のマルコフ過程に対しては、その代わりに

$$P'(c) = \frac{P(1 \mid 0)[1 + P(0 \mid 0) - P(0 \mid 1)]}{1 - P(0 \mid 0)[P(0 \mid 0) - P(0 \mid 1)]}$$

となる。これは、一般に $P(1)$ とは異なる。ここで考察したことは符号とは独立に成り立つ。ロジスティック写像 (3.11) で $a = 1.85$ の場合、$(1, 01, 001) \to (a, b, c)$ とすると、$P(1) \approx 0.5896$、$P(01) \approx 0.3236$、$P(001) \approx 0.0868$ で、一方、$P'(a) \approx 0.451$、$P'(b) \approx 0.401$、$P'(c) \approx 0.148$ である。

新しい確率とともに、モデルは信号 $s'_1 s'_2 ...$ を生成する。これは、ϕ^{-1} により記号 s に符号化しなおされる。それゆえ、この再構成法は**逐次** (sequential)（マルコフ）過程と（決定論的）**並列** (parallel) 操作（置換 $s' \to \phi^{-1}(s')$）の合成とみなせる。この二つのメカニズムはたくさんの物理系で働いており、幾分かはほとんどの数学的モデルに明示的に組み込まれている。しかし、一般にこの二つの過程の間に明確な区別はない。フィボナッチ数列（例 4.6）は D0L 置換（並列）かある写像（逐次）のどちらでも生成される。エレメンタリー CA のルール 90 の極限集合も、明らかにベルヌイ写像から得られる。信号を再構成したいのか、あるいは系の構造を記述する量を計算したいのかに応じて、二つの要素を違ったように混ぜてモデルに含めることができる。周期倍分岐の列を再現する混合オートマトンが Crutchfield and Young (1990) により構成された。これは特別なノードのある有向グラフからなり、その特別なノードでは置換が行なわれる。

原始語 w が異なる長さを持つ場合は、$\mathcal{S}'$ 内の全ての k' ブロックが $\mathcal{S}$ 内のある固定された k をとる k ブロックに対応するわけではない。マルコフ過程 $\mathcal{S}'$

の次数 k' は次数（平均マルコフ時間）

$$k = \sum_{S':|S'|=k'} l(S')P'(S') \tag{8.11}$$

に書き換えられる。ここで、$l(S')$ は $\phi^{-1}(S')$ 内の記号数を表し、和は k' 個の符号語 s' からなる全ての S' に渡ってとられる。

符号をうまく選べば、モデルに要求される記憶領域を小さくすると同時に、再構成された信号の統計的性質の収束を速くすることができる。Wang (1989a) は可算マルコフ分割に対応する符号 $(1, 01, ..., 0^i1, ...)$ を使って、ある間欠性写像の熱力学的性質を評価することができた。

$(a, b) = (1.4, 0.3)$ のエノン写像 (3.12) は再符号化が確かに有効な例である。図 8.1 に、実際の記号的な信号のパワースペクトルと、通常の次数 5 のマルコフ近似および七つの原始語 1、01、0011101、0011111、00111101、00011101、00011111 上の 1 次過程のパワースペクトルを比較している（全確率を規格化している）。前者のモデルは 21 個の 5 ブロックと 33 個の 6 ブロックを含み、その確率は遷移行列を作る。後者は 7 個の基本語と 48 個の正しい遷移（2 ブロック）を持つ。式 (8.11) によると、平均で通常のマルコフ近似モデルの 2 倍以上速くなっている。

可変長の符号化は情報量が多く、よいパフォーマンスを示す。0 次近似でさえスペクトルの主要なピークを再現することができる (Badii et al.,1992)。しかし、これがうまくいくかどうかは明らかに原始語の選択に依存する。よって、それを探す手助けとなるいくつかの基準について議論しておく。信号のエルゴード性を仮定することは全ての n シリンダーが繰返し現われることを意味する（第 5 章）。よって、顕著な再出現性を持った記号列を探すべきである（例えば、連続した繰返しが異常に高い出現確率であったり、高頻度である場合）。よって、符号を構成する際にそういった記号列を使うのが自然である。上でエノン写像のダイナミクスを再構成するために使われた符号語は、同じ性質の接頭語を含まない周期的に拡張可能な最短の記号列である。0000 と 0010 は禁じられているので、語 0^n と $(001)^n$ はすべての n で存在しない。一方 1^n と $(01)^n$ は存在する。よって、1 と 01 は原始的で他の原始語は少なくとも二つの 0 から始まらなければならない（リストは実際には無限であり、ここでは任意の点で切断が

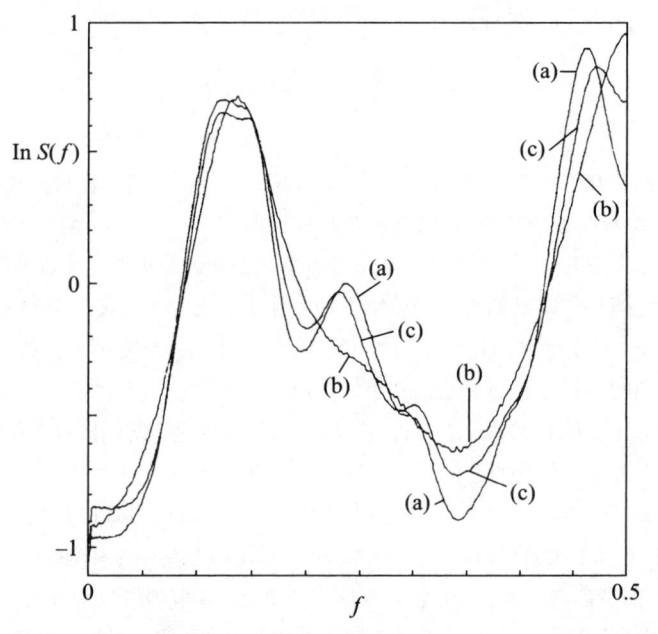

図 8.1 エノン写像の記号化された信号のパワースペクトル $S(f)$ (a) を次数 5 のマルコフ近似 (b)、および、長さ変化符号化の 1 次過程のパワースペクトル (c) と比較したもの。$S(0) = 0$ とし $S(f)$ 対 f の曲線の下の面積を 1 に規格化した後、自然対数をとっている。

行われている)。

　計量的な性質と位相的な性質の両方から非一様性が現われる。弱い不安定性を持つ領域は大きな確率によって特徴づけられる（例えば、例 6.5 の間欠性写像の x が小さい領域を参照）。同様に、"近い" 禁止記号列の存在が強いられた経路に添って軌道を束縛するだろう。例えば、既約禁止語の集合 $\mathcal{F} = \{00, 111, 11011\}$ を考えよう。語 011 の後に続くもので可能なものは全て 0101 で始まらなければならない。その言語は正規表現 $(01 + 10101)^*$ で与えられる。よって二つの基本語 01 と 10101 を符号として使えば、(ゆっくりと減衰する条件付き確率がもたらす相関を忘れる事で) 記憶のないマルコフ過程を得る。この方法により、言語の秩序的な部分が符号の中に組み込まれ、ランダムな特徴は弱められる。一般に、ダイナミクスを完全に分解するような符号は期待できない。特に、言語が非正規である場合はそうである。

信号内の秩序的な部分を探すためのさらなる手がかりが、ある語が任意の回数繰り返されることを述べている正規言語と文脈自由言語についてのポンプの補題（第7章）から得られる。例えば、正規言語 $\mathcal{L}$ の中の十分長い語は全て、任意の i に対して $uv^i w \in \mathcal{L}$ となるような方法で uvw と書かれる。この条件を満たす（最短の）ブロック v は符号の候補である。同じ議論が文脈自由言語についても成り立つ。

規約化された最小の系では、全ての点が再帰するにもかかわらず周期軌道が存在しない。よってどのような語の反復も起こらない。しかしながら、上で示したアイデアは信号を再符号化するためにうまく適用される。フィボナッチ数列の場合は、0の対は現われないが孤立した1と1の対の両方が見つかる。よって、符号を $1 \to a$、$01 \to b$ とするのが自然である。結果の a-b の記号列は、a を0、b を1とみなすと、元のものと一致することがわかる[2]。この場合、符号化によって相関は圧縮されない。しかし、発見された自己相似性は、厳密で完全に並列的で決定論的なモデルを簡単にもたらす。Morse-Thue 数列では少し違った方法が必要である。一つずつの記号0と1は完全に対称的に振舞う。最初の非一様性は2ブロックで見付かる。01と10の両方はそれ自身と一度連接されてもよいが、00と11についてはできない。さらに、01と10だけで信号全体を解析するのに十分である。再符号化 $01 \to a$、$10 \to b$ は $a = 0$、$b = 1$ とおくことで信号をそれ自身に写像する。読者が例 4.8 の Morse-Thue 数列について確かめられるように、一般には上の発見法的な基準によっては最適符号を見つける事は保証されない。

再符号化の過程は幾何学的に解釈しやすい。全ての記号力学系は、区間の数が無限になる可能性はあるが、対応する1次元区分線形写像が存在する。記号でブロックに名前を付けることは写像を変化させることと等価である。よって、置換を適切に選ぶ事は写像の形を"単純化"する。正規表現 $(1 + 01 + 001)^*$ と、図 8.2 に再現されている対応する屋根形写像 F (4.4) の $a = (3 - \sqrt{5})/4$ の場合を考えよう。置換 $001 \to a$、$01 \to b$、$1 \to c$ は、写像 G の記号の出力と見ることができる信号 $\mathcal{S}'$ をつくる。その写像は以下の議論により F から構成される。x_n が 001 でラベル付けされた区間にあるときだけ、時間 n で語 001 が観測される。よって、G が1回の写像で $a = 001$ を出し、かつ現在の軌道の点

---

[2] これは、$\psi_F^\infty(0)$ と等価な極限語 $\psi_{F'}^\infty(0)$ に適用される（例 4.6 参照）。

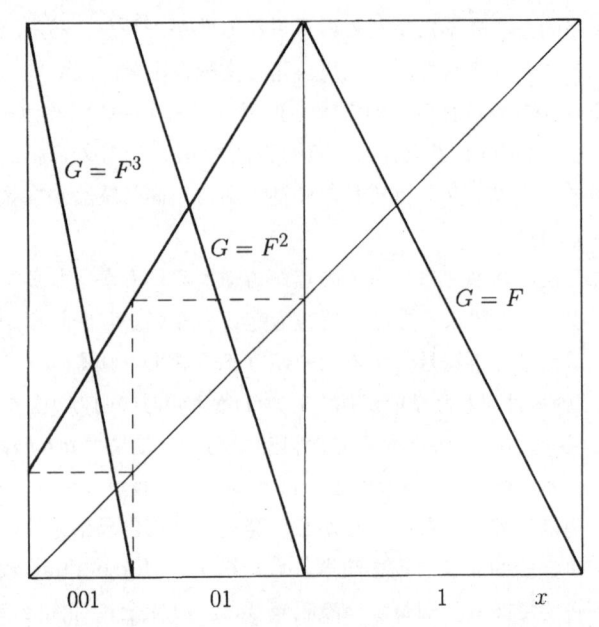

図 8.2 屋根形写像 $x' = F(x)$ 式 (4.4) で $a = (3 - \sqrt{5})/4$ のときの再符号化の手続きを図説した。繰りこんだ写像 G の分岐は、001、01、1 でラベル付けされた区間での F の、それぞれ、3、2、1 回の繰り返しに対応する。

x_{n+3} を憶えておくためには、その区間で F を 3 回の反復 F^3 で置き換えれば十分である。同じ議論が他の二つの区間にも適用でき、G は図 8.2 に表されているようになる。符号化の有効さが図からはっきりとわかる。写像 G は完全で禁止語はない。その各区分は F の異なる反復と一致する。もちろんこのような著しい単純化は非常にまれである。

この操作は、統計力学でのブロック変換 (第 6 章) との類推で**繰りこみ** (renormalization) と呼ばれる。繰り込まれたハミルトニアン $H'(S') = -\ln P'(S')$ は古い配置のスピン・ブロック内の相互作用を記述し、逆符号 $S = \psi^{-1}(s')$ により得られる。フィボナッチ置換や Morse-Thue 置換のような D0L 系と関連した写像のある族に対しては、繰りこみを無限回行なうことができる。区間 I とべき F^i を注意深く選べば、結果としてできる写像 G は、それぞれの I 内で元の写像 F をうまく近似する (Procaccia *et al.*, 1987)。再スケーリングと繰

りこみの手続きを繰り返す事で、極限関数 G_∞ に達する[3]。よって、D0L 置換（"インフレーション"とも呼ばれる）は繰りこみステップの逆として見ることができる。写像 F に応じて得られる G がいわゆる**誘導写像**（induced map）あるいは**塔写像**（tower map）と呼ばれるものである（Kakutani, 1973; Petersen, 1989）。

8.3 アルゴリズム的情報

この節は、現在の用語の使い方（Chaitin, 1990ab）にならって、アルゴリズム的**複雑さ**ではなくアルゴリズム的**情報**という題とした。なぜなら、ここで導入される量であるコルモゴロフの複雑さ（あるいは、コルモゴロフ記述量、Kolmogorov complexity）は、実際には複雑さというよりも乱雑さの測度に近いからである。直観的には、有限の記号列 S（"対象"）を記述する努力は、適当な確率測度にしたがって測られた S が含む情報の量 $I(S) = -\ln P(S)$ と関連している。アルゴリズム的なアプローチにおいては、S を生成する最短のコンピュータ・プログラムの長さが情報理論における $I(S)$ の役割をする。この議論は任意に長い記号列にあてはまるので、本質的にコンピュータに依存しないような定義を与えるために、万能チューリング・マシンが使われる。アルゴリズム的な設定は明らかに抽象的だが、いくつかの顕著な例外を別にすると、その結論は情報理論の結論と驚くほど近いものである。実際に、ランダムな変数の期待される記述長とそのエントロピーの間には近い関係がある。

3本のテープ上で働くチューリング・マシンを考えよう（Chaitin, 1990b）。最初のテープの内容は有限の二進列の形をしたプログラムで、左から右に順に読まれる。2番目は作業テープで、3番目は出力のためにある。ある有限長 $l(\pi)$ の記号列 π は、チューリング・マシンがその $l(\pi)$ 個の入力記号を全て読み終えた後に停止するならば、**プログラム**（program）である。この設定は、基本的なものよりもむしろ実際のコンピュータのはたらきに近い。入力記号は1方向に読まれるので、プログラムは接頭語のない集合をなすことに注意しよう。実

---

[3] 最もよく知られている例は、既に述べた周期倍分岐オペレータの固定点を表す関数 g である。

際、停止するプログラムで他のプログラムの接頭部になるものはない。よって、次のクラフト不等式がどのチューリング・マシン U に対しても成り立つ。

$$\sum_{\pi:U \text{ halts on } \pi} 2^{-l(\pi)} \leq 1 \tag{8.12}$$

ここで、和は U が停止する全てのプログラム π にわたってとられる。また簡単のため底は2としている。U を（上で概説した）万能コンピュータとし、$U(\pi)$ を π を走らせた時の出力としよう。

定義：有限記号列 S の万能コンピュータ U で測った**アルゴリズム的複雑さ** (algorithmic complexity) $K_U(S)$ は

$$K_U(S) = \min_{\pi:U(\pi)=S} l(\pi) \tag{8.13}$$

である。ここで、$l(\pi)$ はプログラム π の長さであり、最小は S を生成し U で処理された時に停止する全てのプログラム π にわたってとられる。

ある記号列 S が、有限の計算時間でそれを再現できるような短い符号 π で記述される時は、符号のサイズが S のコルモゴロフの複雑さの上限を与える。これはコンピュータ U に明らかに依存しているが、ここではその差は重要ではない。というのは、他のどんなコンピュータ U' に対しても、不等式

$$K_U(S) \leq K_{U'}(S) + c_{U'}$$

が全ての記号列 S と、S に依存しない定数 $c_{U'}$ について成り立つことが証明できる。$c_{U'}$ の値は U で U' を模倣するためのプログラムの長さを表し、非常に大きくなりえる。しかし、非常に長い記号列 S については、アルゴリズム的複雑さは特別なコンピュータに依存しなくなる。なぜなら、模倣プログラム $c_{U'}$ の長さは無視できるからである（よって、普通 U の添字はつけない）。この結果は"コルモゴロフの複雑さのユニバーサリティ"として知られている。一般的に言って、$l(\pi) < l(S)$ ならば圧縮が可能である。短い記号列 S の場合はプログラム π の長さは定数 c の影響を大きく受けるので、この理論は非常に長い記号列にだけ有効である。

最小プログラムが必要であることは、アルゴリズム的複雑さを実際に応用する場面を厳しく制限する。もっとも注目すべき結果は形式言語理論で得られたものである (Li & Vitányi, 1988)。それらの結果の中で、正規言語の新しい特徴付け、DCFL と CFL の分離、そして非帰納性の測度についてここで議論する (Li & Vitányi, 1989)。

議論を深めるために、コンピュータ U に与える入力 R に相対的な記号列 S のアルゴリズム的複雑さ $K(S\mid R)$ を考えることは有益である。明らかに $K(S) = K(S\mid \epsilon)$ である。ここで ϵ は空列である。特に便利な入力列は、長さが $|S| = l(S)$ となるものである（全ての可能な入力の型について説明する理論を定式化するのは実際には困難である）。$R = l(S)$ の場合は、次の限界値

$$K(S\mid l(S)) \le l(S) + c$$

を得る。ここで、定数 c は本質的には S を出力する文を定義するのに必要なビット数である。$l(S)$ の知識は明らかにマシンの負担を軽くする。そのようなプログラムは**自己分離** (self-delimiting) と呼ばれる。そうなっていない場合は、記号列 S の終りがコンピュータで認識できるように記しづけられていなければならない。簡単であるが効率の悪い方法は、数 $l(S)$ の二進展開の中の全ての記号を 2 回繰り返し、最後を記号列 01 で終らせるというものである。この記述には S の最小のプログラムのビット数に加えて、$2\lceil \log_2 l(S)\rceil + 2$ ビット必要である。よって b 記号のアルファベットで書かれた記号列に対しては

$$K(S) \le K(S\mid l(S)) + 2\log_b l(S) + c$$

となる。より低い限界値は

$$K(S) \le K(S\mid l(S)) + \log_b^* l(S) + c$$

である (Chaitin, 1990a)。ここで、$\log^* n = \log n + \log\log n + \log\log\log n + ...$ は反復対数の和である（最後の正の項の後で打ち切る）。

n 個の同じ記号からなる記号列 $sss...s$ のコルモゴロフの複雑さは $K(sss...s) = c + \log_b n$ である。同様に、$\pi = 3.14159...$ の最初の n 桁は定数長のプログラムの級数展開を用いて計算される。よって、$K(\lfloor \pi \times 10^n \rfloor \mid n) = c$ である。他の簡単な例は Cover & Thomas (1991) にある。整数 n の複雑さは、$U(\pi) = n$

を要求することで、式 (8.13) のように定義される。式 (8.12) より、次の定理を得る。

定理 8.2 $K(I) > \log_2 n$ となる無限個の整数 $I = \sum_{i=0}^{n-1} s_i 2^i$ が存在する。

実際、$n > n_0$ に対してもし $K(I)$ が $\log_2 n$ よりも小さいならば

$$\sum_{n=n_0}^{\infty} 2^{-K(I)} > \sum_{n=n_0}^{\infty} 2^{-\log_2 n} = \infty$$

となり、矛盾する。

コルモゴロフの複雑さの主要な"概念的"応用の一つは、乱雑さと圧縮可能性の定義である。長さ n の二進列は 2^n 個あるが、それよりも短い記述は $2^n - 1$ 個しかないので、任意の長さ $n = |S|$ のある二進列 S について $K(S) \geq |S|$ が成り立つ。そのような記号列は**圧縮不可能** (incompressible) あるいは**アルゴリズム的にランダム** (algorithmically random) と呼ばれる (Chaitin, 1990b)。$\pi = 3.14159...$ は、確率的なランダムさについての通常の統計的な基準を満たすが、アルゴリズム的にランダムではないことに注意しよう。もしアルゴリズム的にランダムな記号列がそれらの基準の一つを満たさないならば、この情報を使って S の記述長を縮めることができるので、矛盾が生じる。したがって、アルゴリズム的ランダムさは統計的ランダムさよりも強い条件である。特に、大数の強法則 (Feller, 1970) が任意の圧縮不可能な記号列に対して成り立つ。すなわち、無限長の極限で等しくなるような頻度で異なった記号が記号列に現れる。圧縮不可能な記号列の部分列は圧縮可能であり得る (Li & Vitányi, 1989)。例えば、全ての十分に長いランダム列は長い 0 の列を含む。

ルベーグ測度の上で圧倒的に大多数の記号列はどのような（計算可能な）規則性も決して示さない。つまり、アルゴリズム的にランダムである。ルベーグ測度 b^{-n} にしたがって選択した長さ n の記号列を k 記号以上圧縮することができる確率 $P(K(s_1 s_2 ... s_n \mid n) < n - k)$ は、b^{-k} を越えることはない (Cover & Thomas, 1991)。にもかかわらず、いくつかの有限個の例外を除けば、アルゴリズム的にランダムであることを証明できる特別な記号列はない。通常は、コルモゴロフの複雑さの理論で得られる数学的な証明は、ある計算のために必要

なプログラムのサイズの下限を与え、与えられた長さの全ての入力について考慮することが必要である。下限は"典型的な"入力に対して成り立つことが示されるが、そのような記号列を見つけることは困難であるか、あるいは不可能でさえある。典型的な入力はコルモゴロフ・ランダムな記号列からなり、明示することができない。なぜなら、一般にランダムであると証明できる明示的な記号列がないからである（専門的な議論は Li & Vitányi, 1989 を参照）。

コルモゴロフの複雑さは入力記号列 S を再現することができる最短のプログラムの長さなので、S に含まれる情報と密接に関連する。$S_{\langle n \rangle}$ で無限列 S に含まれる n ブロック列を表せば、S の**アルゴリズム的複雑さ密度**（algorithmic complexity density）は

$$\mathsf{K}(\mathcal{S}) = \limsup_{n \to \infty} \frac{K(S_{\langle n \rangle})}{n} \tag{8.14}$$

と定義される。この量はある記号列の記号ごとの複雑さを表し、無限列に対する適切なアルゴリズム的指標である。次の定理が成り立つ（Brudno, 1983）。

定理 8.3 もし m がシフト力学系 $(\Sigma', \hat{\sigma})$ に対するエルゴード的な不変測度であるならば、m に関してほとんど全ての $\mathcal{S} \in \Sigma'$ について、

$$\mathsf{K}(\mathcal{S}) = K_1(\Sigma', \hat{\sigma}) \tag{8.15}$$

となる。

したがって、複雑さ密度はエルゴード的なシフト変換に対するメトリック・エントロピーと確率 1 で一致する。さらに、K は並進対称であるので $\mathsf{K}(\hat{\sigma}^n(\mathcal{S})) = \mathsf{K}(\mathcal{S})$ が成り立つ。しかし、アルゴリズム的な文脈においては、力学系理論とは違って記号列の定常性が必須ではないことに注意しよう。

我々は既に $\pi = 3.14159...$、$e = 2.71828...$、$\sqrt{2}$ といった数の持つ "特別な" 性質、すなわち、その数値が有限のプログラムで計算できるということについて述べた。対応する複雑さ密度は 0 である。記号列 0100011011000... （全ての二進語を辞書順に並べたリスト）もまた、エントロピーは $\ln 2$ であるが、$\mathsf{K} = 0$ である。スツルム型の軌道（例 5.19 参照）は K と K_1 の両方が 0 である。最後に、もっと重要な結果（Brudno, 1983）を指摘しておく。正のトポロジカル・

エントロピーを持つ最小の系の複雑さ密度 K は 0 である。なぜなら、その記号の軌道は明示的な手続きで構成できるからである (Grillenberger, 1973)。

上の議論は、アルゴリズム的複雑さは情報の測度であり、メトリック・エントロピーとほとんど等しいということを示している。実際、その研究は今日いわゆるアルゴリズム的情報理論 (Chaitin, 1990a) に含まれている。チューリング・マシンで実行することができるプログラム(自己分離の性質が要求される)を注意深く定義すると、Solomonoff のアプローチと Kolmogorov, Chaitin and Martin-Löf (1996) によるアプローチの違いがなくなる (Chaitin, 1990b)。さらに、アルゴリズム的情報理論は普通の情報理論と完全に類似の定式化ができる。

複雑な記号列は圧縮不可能でなければならないという考えは、エントロピー、すなわちランダムさへ不可避的に導かれることを見てきた。アルゴリズム的情報を物理的な問題に適用する際のより根本的な制限は、無限列 $\mathcal{S}$ に対する $K(\mathcal{S})$ が 0 でないならば、**実際上計算可能** (effectively computable) ではないということである (Grassberger, 1989)。すなわち、一般に**最小**の記述が実際に見つけられたかどうかを確かめることはできない。さらに、アルゴリズム的複雑さは対象 ($\mathcal{S}$) を手続き(最短のプログラム π)の性質(長さ)で分類する。よって、それは対象の複雑さというよりもむしろマシンの複雑さである。しかし、対象は**小さい**チューリング・マシン上で起きる**長い**プロセスの結果であるかもしれない。$\mathcal{S}$ を出力するために必要な時間という $\mathcal{S}$ の重要な特徴は完全に無視されているのである。こういった反論は 8.4 節と 8.5 節で扱う複雑さの二つの概念の動機となっている。

8.3.1 P-NP 問題

この節を終える前に、アルゴリズム的複雑さと関連したあるトピックについて手短に見ておく。これは、応用計算機科学の中心的な話題であり、統計力学の無秩序系との関連でしばしば言及される。あるアルゴリズムが"原則的に"存在するかどうか(決定問題)や、その大きさはどのくらいか(コルモゴロフの複雑さ)を問うことよりも、実際に実現する時の"実行時間"の制限に興味がある場合もあるだろう。いわゆる**計算量理論** (computational complexity theory)

は、あるクラスの問題を解くための実際のアルゴリズムに必要な時間と記憶領域に関するものである。

通常は、ある記号列 S を再現する厳密で最も有効なアルゴリズムを探す事は、**全探索** (exhaustive) 型、すなわち、全てのプログラム $n = n_0, n_0 + 1, \ldots$ を、そのうちの一つ（あるいはいくつか）が S を出力するまで試すというものである。最も有効なアルゴリズムは通常、最短のものの中では最も速い。この手続きにはしばしば、n かあるいはそれと等価な "問題" のサイズ $|S|$ の指数関数的な長さの時間が必要である（なぜなら、うまく働くプログラムの中で最小のもののサイズは、ほとんど全ての S に対して $n_{\min} = K(S) \geq |S|$ となる）。しかし、全ての決定可能な問題にそのような時間のかかる解法が必要なわけではない。ある解が n についてたかだか多項式で大きくなるような時間で見つかる場合がある。そのような問題は**計算論的に簡単** (computationally simple) あるいは **扱いやすい** (tractable) と呼ばれる。逆に、多項式時間のアルゴリズムが存在しないような問題は**手に負えない** (intractable) と言われる。

より正確には、あるアルゴリズム $\mathcal{A}$ がある問題 Π を解くと言われるのは、それが Π のどんな具体的例題に対しても適用でき、常にその問題の解を与えることが保証されている場合である (Garey & Johnson, 1979)。典型的な問題は、ある記号列 S がある文法 $\mathcal{G}$ で生成される言語の要素であるかどうかを確かめるというものであろう。この場合の具体的問題は文法を有限の記述で指定したもので、そのために必要な記号数 n はその問題のサイズを形式的に表すものである。ある族の全ての文法（例えば文脈自由文法）に対して有限時間 T で答えるアルゴリズムが必要である。計算量の理論 (Hopcroft & Ullman, 1979) はもっぱら**決定可能** (decidable) 問題を扱い、解法アルゴリズム $\mathcal{A}$ に対する**時間計算量関数** (time complexity function) $T(n)$ に基づいて、それらの問題を "簡単" と "困難" に分類する。関数 $T(n)$ は、$\mathcal{A}$ がサイズ n の問題を解くときにかかる**最大**の計算時間を表す。手に負えなさの原因は計算時間 $T(n)$ が指数関数になるということだけではなく、解自身が非常に "巨大" であるために、n の関数として多項式の上限を持つ記号数 $S(n)$ で記述できないという場合もある。決定不可能性は、ある問題に対して任意のコンピュータと入力列とで停止することを保証するアルゴリズムがないという特殊な場合に対応する。

決定問題 (decision problem)（すなわち yes か no で答えることが必要）と**最**

適化問題（optimization problem）（ある特定のクラスにおける最小"コスト"の構造を探す問題）の両方は形式的に言語に符号化することができる。その言語の要素は全ての可能な具体的問題を構成する（Garey & Johnson, 1979）。個々の問題 S への yes か no の答えは、入力 S に対するチューリング・マシンの最終状態（q_Y か q_N）により与えられる。肯定的な答えを出す有限列からなる言語 $\mathcal{L}$ は問題 Π と関連づけられる。$\mathcal{L}$ の各要素 S を $|S|$ の多項式時間で受理するチューリング・マシンが存在するとき、その言語は**クラス P** に属すると言われる。

次に重要な問題（言語）のクラスは、具体的な例について述べることにより良くわかるだろう。それは、"都市の有限集合 $C = \{c_1, c_2, ... c_k\}$ とそれらの間の距離 d_{ij} について、$c_{p(1)}$ から出発して順番に各都市を訪問し $c_{p(1)}$ で終わる経路の全体の長さを最小にする順序 $(c_{p(1)}, c_{p(2)}, ..., c_{p(k)})$ を見付けよ"（**巡回セールスマン問題**（travelling salesman problem））というものである。この典型的な最適化問題は、通常ある下限 $L_{\max}$ よりも短い長さの経路があるかどうかを問うことにより決定問題に変えられる。この問いに答える多項式時間アルゴリズムは知られていない。しかし、もしある解が問題 I（都市の集合、距離、下限）に対して使えるならば、その確からしさを時間計算量関数 $T(|I|)$ が $|I|$ の多項式である一般の"検証アルゴリズム"によってテストすることができる。この手続きは、**非決定的**（nondeterministic）と言われるチューリング・マシンの特別なタイプ（NTM）で定式化される。NTM は最初に"推測する"ステージを持ち、その後の操作は普通の TM と同じである。NTM が少なくとも1回の推測で状態 q_Y で停止するならば、入力列 S は受理される（NTM はそれぞれの S について無限回の推測を行っても良い）。S を受理するために必要な時間は、S の受理にかかる計算の**最小**のステップ数である。多項式時間の NTM プログラムで受理される言語のクラスは "NP" と呼ばれる（Garey & Johnson, 1979）。巡回セールスマン問題は NP に属する。このクラスは、ある言明の簡潔な証明を**見つける**ことと、それを有効に**確かめる**こと（直観的により簡単なタスク）の違いを指摘している。

クラス NP はクラス P とは違って、実際の決定手続きだけで定義されるのではなく、"推測"ステップという非現実的な概念を必要とする。この二つのクラスのもう一つの重要な違いは、"yes" と "no" という答えの相補性に関するもの

である。もし "X は真か？" という問いが P に属するならば、その逆（"X は偽か？"）もそうである。これは NP の場合には成り立たない。簡単な例は、$l_{\max}$ よりも短い長さの経路が無いかどうかを尋ねる巡回セールスマン問題の補集合である。なぜなら、この問題に対する "yes" という答えを検証することは全ての可能な経路を調べることを意味するからである。明らかに P $\subseteq$ NP である。多項式時間決定的アルゴリズムで解かれる全ての問題は多項式時間非決定的アルゴリズムで解かれる。後者が高い能力を持っていることは、P は厳密に NP に含まれることを意味する。これまでは、巡回セールスマン問題を含めていくつかの問題に対して多項式時間の解は見つかっていない。このため、実際は証明がまだ見つかっていないにもかかわらず、P $\neq$ NP であると信じられている。

最後に、NP の重要な部分クラスについて述べる。言語 $\mathcal{L}$ が、$\mathcal{L} \in$ NP で、かつ他の全ての言語 $\mathcal{L}' \in$ NP が $\mathcal{L}$ に**多項式時間変換可能**（polynomially transformable）ならば **NP 完全**（NP-complete）であると定義される。すなわち、決定的チューリング・マシンにより多項式時間で計算可能で、それぞれの $w \in \mathcal{L}'$ をある $f(w) \in \mathcal{L}$ に写像する関数 f が存在し、かつ、全ての $w \in A^*$ について $f(w) \in \mathcal{L}$ のときだけ $w \in \mathcal{L}'$ となる場合である。NP 完全問題は原則として NP の中で最も難しい。なぜなら、そのうちの一つを多項式時間で解くことはその全てを同様に解くことができることを意味するからである。巡回セールスマン問題は NP 完全である。密接に関連した概念である NP 困難（NP-hardness）については、Garey & Johnson（1979）を参照してほしい。

自己生成する複雑さとは直接関連しないが、NP 完全性は数学と物理においてしばしば見られるものである。例えば、2 次元以上のセル・オートマトンの原像を構成するアルゴリズム（Lindgren & Nordahl, 1988）や、最少の突然変異のある系統樹（2.6 節参照）を構成するアルゴリズム（Fitch, 1986）はこのクラスに属する。

まとめると、アルゴリズム的情報量 $K(S)$ は記号列 S の "静的な" 性質を表すが、時間（あるいは領域）計算量関数 $T(n)$ はその "動的" な対応物とみなせるであろう。アルゴリズム的情報理論は計算クラスに関する結果を証明するときにしばしば役立つ。二つのアプローチを組み合わせて用いることで記号列のより細かい分類ができる場合もあるだろう（例えば、異なる時空間計算量を必要とするプログラムで生成される $K = 0$ の信号）。しかし、典型的にアルゴリ

ズム的な問いは、物理的な観点とは通常はそれほど関連を持たないということ
を強調しておかなくてはならない。物理の研究では、(エントロピーや周期倍
分岐率 δ_∞ のような)ある数の n 桁目を正確に求めるということは極めてまれ
で、そのような数の上限や、対応するアルゴリズムの収束の振舞いを調べるの
が普通である。物理学は通常、近似やその収束の速さを扱う。これは問題の解
に対して"いいかげんな"アプローチのように見えるが、答えが簡単であるとは
限らない。平均や長時間の性質をモデル化することは、正確な性質についての
問いに答えることと同じように困難な系が実際に存在する。さらに、(スピンの
配置やパラメータの値といった)ある"最適解"のまわりの統計的なゆらぎは、
しばしばその解を求めることよりも重要で難しい。物理的な問いは一般にアル
ゴリズム的ではない。よってコルモゴロフの複雑さとは直接関係しない。一方、
P-NP の理論はアルゴリズム的なあるいはアルゴリズムの形に変形された問題
と関連し、これらの問題がどのくらい扱いやすいのかを研究するものである。

8.4 Lempel-Ziv の複雑さ

ほとんど全ての記号列は、無限長の極限においてルベグ測度に関してアルゴ
リズム的に複雑である。任意の記号列を出力する最短のプログラムは一つのプ
リント文に縮約される。しかし、$K(S)$ の実際の値を決定することはできない。
なぜなら、一般に最短の記述が本当に見つけられたかどうかは確実なものでは
ないのである。

符号理論はこの問題を解決する方法を与える。既に議論したように、信号はそ
の語の構造の非一様性を利用して圧縮した形で伝送される。さらに、最適な圧縮
が式 (8.3) を満たす符号によりなされる。したがって、ある記号列のアルゴリ
ズム的複雑さの有効な評価は圧縮率 $\rho_c = L(N)/N$ と関連しているだろう。こ
こで、$L(N)$ と N はそれぞれ、符号化された記号列と元の記号列の長さである。

最適な符号をつくるためには全ての部分列の確率分布の事前知識が必要であ
る。これは非常に長い記号列では得ることができないし、非定常信号に対しては
定義することすらできない。このため、いつでも適用可能で、最適なものに非常
に近い符号が得られる符号化の手続きがいくつか提唱されている。最もエレガン

8.4 Lempel-Ziv の複雑さ

トなアルゴリズムは **Lempel** と **Ziv** (Lampel and Ziv, 1976; Ziv and Lampel, 1978) によるものである。情報源の記号列 $S = s_1 s_2 ...$ を順に調べ、これを、$w_1 = s_1$ でかつ w_{k+1} がそれまでに出てきていない最短の語となるように選んだ語 w_k の連接 $w_1 w_2 ...$ として書き換える。例えば、記号列 0011101001011011 は 0.01.1.10.100.101.1011 と解析される。新しい語が出てくるとさらに信号を調べる。そのとき、もし現在観測した記号のブロックがすでにリストにあるならば、記号を一つ付け足す。このようにして、それぞれの語 w_{k+1} はリスト中のある語 w_j の拡張となる。ここで、$0 \leq j \leq k$ で、慣習により w_0 は空語 ϵ とする。$w_{k+1} = w_j s$ で、s は現在の入力記号なので、w_{k+1} は対 (j, s) として符号化される。整数 j を決めるには最大で $\log_b N_w(N)$ 個のアルファベット記号が必要である。ここで $N_w(N) \leq N$ は符号語全体の数であり、N は入力列の長さである。よって、符号化された記号列の全長 $L(N)$ は、N が増すにつれて

$$L(N) \sim N_w(N)(\log_b N_w(N) + 1) \tag{8.16}$$

のように大きくなる。N が小さい間は、$L(N)$ は (上の例のように) N を越えるかも知れない。しかし $N \gg 1$ のとき語 w_k は非常に長くなるので、直接記述するよりもリスト内の "順番" j (接頭語の位置) と接尾語 s を用いるほうが、より有効に語を同定できる (アルゴリズムの詳細は Bell, Cleary and Witten (1990) を参照)。ある記号列 $S = s_1 s_2 ... s_N$ の**個別構文解析** (distinct parsing) (すなわち異なる語で構成される) における語の数 $N_w(N)$ は、$N \to \infty$ で $c \leq 1$ について、

$$N_w(N) \sim c \frac{N}{\ln_b N} \tag{8.17}$$

を満たす (Cover & Thomas, 1991)。**Lempel-Ziv の複雑さ** (Lempel-Ziv complexity) C_{LZ} は

$$C_{\text{LZ}} = \limsup_{n \to \infty} \frac{L(N)}{N} \tag{8.18}$$

と定義される。式 (8.16) と (8.17) を式 (8.18) に代入すれば確かめられるように、これは 1 よりも小さい値をとる。次の厳密な上限が成り立つ (Cover & Thomas, 1991)。メトリック・エントロピー K_1 の定常なシフト力学系と不変測度 m を考えたとき、

$$C_{\text{LZ}} \leq K_1 / \ln b \tag{8.19}$$

が m に関してほとんど全ての記号列 $S = s_1 s_2 ... s_N$ について成り立つ。記号ごとの符号語の長さ L_n は (8.7) の関係を満たすので、C_{LZ} は最適になっていることが簡単にわかる（すなわち (8.19) の上限の等号が成り立つ）。ここでも、アルゴリズム的複雑さの測度が（符号化の方法に制限があるが）乱雑さの測度になることがわかる。この結果は物理的に興味のある全ての場合だけではなく、π のようなコルモゴロフの複雑さでは 0 となるような数列についても等式として成り立つ (Ziv & Lempel, 1978)。なぜなら Lempel-Ziv の符号化は情報源の統計量に敏感だからである。一般に、符号の有効性は入力列の長さとともに増える。実際、最初のステップではほとんどどの語も"新しい"。エントロピーの低い記号列の場合は、多くの繰り返しがあり符号語は長くなる。よって、その符号語のうちのほとんどは出てこないことになる。

シャノンの情報量では計算をする際に最初に信号を調べ確率が推定されるが、これとは違って、Lempel-Ziv の複雑さでは、信号に沿った新しい符号語の出現確率を通して情報源の統計性が考慮されている。よって、その符号は自動的に確率分布自身の情報を組み入れている。Lempel-Ziv の符号は**万能符号**（universal code）、すなわち、情報源の統計性に関する事前知識なしで構成することができる符号の例である。さらに、この符号は情報源のメトリック・エントロピーと等しい圧縮率に達しているので、漸近的に最適である。

Lempel-Ziv の手続きは、平均の語長 $\langle |w| \rangle_N = N/N_w(N)$ を N の関数として計算することにより、メトリック・エントロピー K_1 を推定するために使われた (Grassberger, 1989a)。実際、式 (8.19) を等式と見ると、式 (8.17) の比例定数 c を $K_1/\ln b$ と決めることができる。よって、$\langle |w| \rangle_N \sim \ln N/K_1$ である。全ての新しい語 w は、計量 (4.5) にしたがって、前に現れた符号語から距離 $\varepsilon(w) = b^{-|w|}$ のところにある最近接記号列であることに注意しよう。よって平均 $\langle |w| \rangle_N$ を

$$\langle -\log_b \varepsilon(w) \rangle_N \sim \frac{\ln N}{K_1} \sim \frac{\log_b N}{D_1}$$

と書くことができる。ここで最後の関係は一定質量の方法 (constant-mass method) で計算された一般化次元に対して、式 (6.27) にしたがったものである (Badii & Politi, 1985)。ここで $P = 1/N$、$q \to 1$、$\tau \to 0$ とした。この関係は、メトリック・エントロピーが記号列の空間における情報次元であることを示してお

り、Grassberger (1989a) によりアルゴリズム化された。

Lempel-Ziv の手続き、および、それと同様なものについて、全符号長 $L(N)$ の N に対する依存性が Rissanen (1986, 1989) により調べられた。k 個の条件付き確率で定義された簡単な確率モデル（有限オートマトン）については $L(N) \sim N K_1 / \ln b + k \ln N / 2$ となる。

8.5 論理の深さ

既に見たように、アルゴリズム的複雑さはほとんどの記号列の乱雑さを評価するものである（代数的無理数のような例外は、実軸上の有限区間でルベグ測度 0 の集合を構成する）。その数値は本質的にシャノンの情報量に一致する。しかし複雑なメッセージのエントロピーは、全体として冗長なものと乱雑な記号列の中間の値をとる。Bennett (1988) は"組織化"あるいは記号列の複雑さを、その情報内容ではなくそれが読者に対して持っている"価値"や重要さにより定義することを提唱した。"……メッセージの価値はその発信者が行った数学的な、あるいは、他の種類の仕事の量である。そのメッセージにより、受信者は繰り返しから救われる。"もちろん、どんな系列でも単なるコイン投げ（ベルヌイ過程）で生成できる。しかし受信者は、例えば文学的作品の一部を見たときに、特別な仮定（あるいはランダムな推測）を多く必要とするという理由で、その作品がコイン投げによって生成されたものであるという第 0 次仮説を棄却し、豊かな構造を持つモデルを基にした説明を探すだろう。結果として、Bennett は"あるメッセージを作成するときに含まれるもっともらしい仕事を、不必要な特定の条件を設けることなく、仮定された原因からそのメッセージを導き出すために必要な仕事の量"として定義した。

ここで述べたことは、メッセージ S を生む一番もっともらしい原因を最短のアルゴリズム的記述により同定し、そして、メッセージの複雑さ、あるいは**論理深度** (logical depth) をこの最短記述からメッセージを復元するために必要な時間とすることにより定式化された。もし、ある対象が長い計算の結果として以外はありそうもないならば、それは、複雑、あるいは、**深い** (deep) と考えられる (Bennett, 1988)。この定義は生命から着想を得たものである。生

命は大きな論理深度をもつ"パターン"の最も注目すべき例である。実際、生命は約 10^9 年働き続けているおそらくは短いであろう"プログラム"に源を発している。しかしこの類似性は近似的なものにすぎない。より適切な例として Grassberger (1989b) は、エレメンタリー・セル・オートマトンのルール 86 の時間発展における空間の配位でサイト 0 の記号を時間 t の関数として記録した信号 $S = \{s_0(0), s_0(1), ..., s_0(t)\}$ を提唱した。初期の配位でサイト 0 に "1" が孤立してあるとき ($s_i = \delta_{i0}, i \in Z$)、$S$ は最大のエントロピーをもつことがわかる (Wolfram, 1986)。この記号列を生成するためには、直接シミュレーションする ($O(t^2)$ の操作からなる) より他に有効なアルゴリズムがないので、その深度は大きいと考えられる。

論理深度の概念は、**最短のプログラムのサイズ**について考えるアルゴリズム的情報理論と、**最高速のプログラムの実行時間**を調べる計算量理論の仲立ちをするということに注意しよう。今の場合、最短のプログラムを用いる必要性は、観測された現象の裏にある未知のメカニズム、言い替えれば、コンパクトな"理論"が必要であるということと同等である。うまくいくけれども冗長なモデルは、"本当らしくない"あるいは"不自然なもの"として棄却されるべきである。なぜなら、それがランダムな原因により作られる確率は低すぎるからである。

深度をより形式的に定義するためには、簡潔に符号化されたメッセージは元のメッセージよりも"よりランダム"に見え（すなわちそのエントロピーは大きい）、また、記述するのがより大変であるということに注意すべきである。特に、ある記号列をもっとも小さく符号化したものは元の記号列を復元するために必要な情報を全て含んでいるが、ほとんど構造がないように見える。（プログラムの）サイズが小さくなることは（計算）時間が増えることに対応する。ある対象の簡潔な記述と実際の構造の間に**近道**がないならば、それは深いということである。したがって Bennett は、もしある有限列 S を時間 $t \leq d$ で計算する全てのプログラムが少なくとも k ビット圧縮可能ならば、S は **k ビット有意の d 深度** (d-deep with k bit significance) あるいは (d, k)-**深度** ((d, k)-deep) であると定義した。よって、論理深度とはサイズ $k + K(S)$ のプログラムによりなされる最小の計算時間の評価関数 $d(k)$ である。ここで $K(S)$ は S のアルゴリズム的複雑さ（S の最短プログラムの長さ）である。深度は一つの対 (d, k) では唯一に決定できないということに注意しよう。実際、記号列 S を出力する

最短プログラム π が同じ出力のもっと速いプログラム π' より数ビットだけ短い場合、もし、S を少し変更すると π' に近いあるプログラム π'' が最小になるならば、その変更により実行時間が大幅に変わるかも知れない。この不安定性は k が小さいところで起こりやすいが、d 対 k のグラフを用いて見るべきである。この困難に対処するため、Bennett は S を生成する全てのプログラム π を、

$$p(\pi) = b^{-|\pi|}$$

で与えられる重みで平均することを提案した。したがって、**逆平均深度**(reciprocal mean reciprocal depth) が

$$d_{rmr}(S) = P_a(S) \left[\sum_{\pi:U(\pi)=S} \frac{b^{-|\pi|}}{t_\pi(S)} \right]^{-1} \quad (8.20)$$

として定義された。ここで $t_\pi(S)$ は π が S を計算するために必要な実行時間であり、

$$P_a(S) = \sum_{\pi:U(\pi)=S} b^{-|\pi|} \quad (8.21)$$

は S の万能コンピュータ U に関する**アルゴリズム的確率**(algorithmic probability) である (よって、d_{rmr} は有限列についてはマシン依存である)。逆数を使うのは、S を出力する速くて短いプログラムで支配される平均を収束させるためである。S を導くさまざまなプログラムは、速い計算が遅いものを"ショートさせる"ような並列抵抗の回路のように扱われている (Bennett, 1988)。d_{rmr} は S によって長さ $|S|$ の多項式か指数関数になるだろう。

アルゴリズム的複雑さと同様に、論理深度は実際には計算可能ではない。ある記号列 S と $U(\pi) = S$ となるプログラム π を与えたとき、S を生成するより短いプログラム π' が見つかることを一般には除外することはできない。なぜなら、その停止時間は任意に長いかも知れないからである。深度の計算不可能性は、その上下限を評価することで部分的には回避できるかもしれない。下限は、時間 t で S を生成するプログラム π を見付け、それよりも短い時間で同じことができるより短いプログラムがないことを示すことで得られる。同様に、サイズ $|\pi|$ は S のアルゴリズム的複雑さの上限を与える。論理深度は複雑さの直観的な概念と一致する。周期列とランダム列の両方が単純である。実際、プリン

ト文は与えられたランダム列を高速に生成する。一方、どんな周期列でも非常に短いプログラムですぐに生成される。$\sqrt{2} = 1.41421...$ や $e = 2.71828...$ の数字の列は、きちんとした値を出すことはできないが、その深度は大きいだろう。

8.6 洗練度

プログラムとデータの間に本質的な差がないことはアルゴリズム的情報理論の基礎である。データ用とプログラム用のテープが分かれているチューリング・マシンはテープが1本のマシンとまったく同等である。後者では入力の部分がプログラムを表すが、これはマシンの構成に含まれる解釈機にとってはデータ列としてもみなされる。この同値性の最も簡単な応用は Lempel-Ziv の符号化のアルゴリズムである。

一見複雑な記号列 S は、ある"意図的な"手続きを特別なかたちで実現したものだと見ることもできる。その手続きは統語的に正しい代数式を構成するためのプログラム π のようなもので、異なる記号列 S' は π への異なる入力 w' に由来する。許容される記号列のクラス全体は"文法的な"規則の集合 π のみで記述され、入力語はデータと解釈される。このクラス内の対象に共通の性質がプログラムに符号化されており、よってプログラムはその**機能**を明示するものである。充分長い正しい式 S は全て、生成規則の一部あるいは全体を再現できるだけの情報量をその**構造**の中に持っている。よって、個々の対象とそれを生成するマシンの（普通は未知である）機能の間の違いは、プログラムをデータから区別し、その情報源の機能的な性質を通して記号列の複雑さを特徴付ける可能性を示唆することがわかる。このアプローチは Koppel (1987, 1994) と Atlan & Koppel (1990)[4] により提案されている。例えば、記号列 $S = 01011101011$ と $S' = 11101101011$ を考えよう。これは、正規表現 $R = (01 + 1)^*$ から生成される二つの記号例である。R の主要部（それは入力の中のそれぞれの 0 を 01 で置き換えたものからなる）はプログラムである。よって、記号列 $D = 0011001$ と $D' = 11101001$ は、それぞれ S と S' に対応する入力である。この入力列は

---

[4] この文献の著者は、ここでプログラムの"機能"と呼んでいるものを、記号列 S の"有意味な構造"と呼んでいる。技術的でない議論については Atlan (1987) を参照。

8.6 洗練度

R の有向グラフ上を動く辺の列を与える。

Koppel and Atlan (1991) は 2 本の 1 方向入力テープ (プログラム用とデータ用)、消去不可能な 1 方向出力テープ、および、両方向に動ける作業テープを持つチューリング・マシン U を考えた。プログラム π は自己分離である。すなわち、最初の出力記号はプログラムの最後の記号が読まれてから出力される。さらに彼らは、もし U の出力 $U(\pi, D)$ が全ての無限データ列 D に対して無限であるならば π **完全** (π-total) であると定義した。もし π が完全自己分離プログラム (total self-delimiting program) であり S が出力 $U(\pi, D)$ の接頭語になっているなら、(π, D) は有限あるいは無限の記号列 S の記述となる。S の記述全体にわたってのサイズ $|\pi| + |D|$ の最小値は本質的にアルゴリズム的情報量 $K(S)$ に一致するが、プログラムのサイズ $|\pi|$ の部分は、"有意味な複雑さ" あるいは S の**洗練度** (sophistication) を測るものである (Koppel & Atlan, 1991)。ランダム列の洗練度は 0 となる。これはルールをまったく必要としないからであり、適切である。そのプログラム (単なる PRINT 文) の長さは通常 0 に設定してよい。

同じ性質を持つ記号列のクラス全体に対する最短記述を決めることは、一つの有限列 S を調べることではできないだろう。実際、S の最短記述は特別な性質を持つかもしれず、よって非常に簡潔なものになるかもしれない。クラス全体を特徴付ける長い記述を許すために、Koppel と Atlan は **c-最短記述** (c-minimal description) の概念を導入した。これは、$|\pi|+|D| \leq K(S)+c \leq |\pi'|+|D'|+c$ となる対 (π, D) から成る。ここで $K(S)$ は有限列 S のアルゴリズム的情報量で、c は定義の中の自由なパラメター、そして、(π', D) は S の任意の別の記述である。したがって、もし (π, D) がある D について S の c-最短記述であり、S の任意の c-最短記述 (π', D') について $|\pi| \leq |\pi'|$ である場合、プログラム π は S について c-最短であると言う。S の **c-洗練度** (c-sophistication)、$\mathsf{SOPH}_c(S)$ は S の c-最短記述の長さである。

Koppel & Atlan (1991) に述べられているように、c-最短なプログラムは、与えられた記号列 S をそれ以上圧縮不可能なデータ列に圧縮できるようにそのパターンを利用すべきである。パラメター c の役割は次の例からわかる (Atlan, 1990)。最初の N 個の素数は、素数のリストを利用するプリント文、あるいは、データなしで全ての整数が素数かどうかを判定するプログラム PRIME のどち

らででも生成できる。ある N_0 よりも小さい N に対しては、前者の記述は確かにより簡潔である。しかし、N が大きくなるにつれ、プログラム PRIME のほうがより経済的になる。最短の記述をある定数 c だけ上回る記述を許すことで、c の大きな値、すなわち、長い（あるいは任意の長さの）記号列に対して最短の記述を残すような対 (π, D) を確定することが可能である。

　c-洗練度の考えは魅力的であるが、この考えを実現させるためには、ある一つの記号列ではなく、共通の（未知の）性質を共有する全ての記号列のクラスの最短記述を見付けなければならない。それは、記号列の長さと独立で、許容範囲 c の選択、およびプログラムとデータの間の区別の選択に自由度がある。これはまったく面倒な作業である！　よって、このアイデアを実際に実現するのは一般に不可能なように思える。洗練度の定義は記号列 S の有限性によってはいないことに注意しよう。プログラムのサイズは無限列に対しても有限となりうる。そのよう場合定数 c は不適切になる。

　入力をほとんど必要としない典型的なシステムは D0L である。極限記号列はある初期記号に対して決定論的な置換を繰り返すことで得られる。一方、文脈自由文法には複数の導出過程の非決定論的な選択がある。よって、与えられた記号列 S を生成するためには、その導出過程はデータとして符号化されていなければならない。CFG により生成された記号列は、一般に D0L の記号列よりもアルゴリズム的に複雑であるが、洗練度の観点からはそうではない。その記号列の非決定論的な特徴は、実際には記述のプログラムの部分には含まれない。同様のことが正規言語にも言える。なぜなら、その規則は可能な遷移の有限のリストであり、データは必要な記号列を出力するグラフの分岐列を示すからである。よって、正規言語は、チョムスキー階層では文脈自由文法よりも低く位置付けられるにもかかわらず、一般に低い洗練度を持つわけではない。

　セル・オートマトンに対する入力データ（初期配置）は通常無限であるが、その動きは有限のルールで指定される。初期条件とは独立に、有限の遷移の後にあるアトラクタに達する場合は、直接シミュレーションしなくてもいいので洗練度は非常に低くなる。よって、CA の規則による指定が等しい長さのときでも、洗練度で規則間の区別をすることができる。実際、格子の大きさとともに多項式で大きくなる過渡状態を持つオートマトンは、格子サイズに指数的に依存するものとは恐らく異なる最短記述を持つ（その場合は、その CA 自身より

も良いプログラムを見付けることは不可能である)。

アルゴリズム的情報量や論理深度と同様に、洗練度は一般的には計算不可能で、シンボル列の位相的特徴付けを目的としている。確率のような実数は考慮されていないので計量的な特徴を調べることはできない。洗練度の導入はDNAの分析に触発されたものである (Atlan & Koppel, 1990)。"**遺伝的なプログラムとしてのDNA**というよく知られたメタファー"は、Atlan (1990) によって批判されている。彼は、DNAを"プログラムのように働く細胞代謝機械のためのデータ"と考えている。von Neumann (1966) が述べているように、あるシステムが高次の複雑さへ進化するためには、システムはそれ自身の記述を含むことが必要である。それ自身を複製するというDNAの能力は、DNAの複雑さが表れたものとして解釈することができる。しかし、このことからDNAが"生物的チューリング・マシン"を符号化したものに類似していると結論付けるには恐らく不十分であり、物理法則が充分複雑な対象に複雑な作用を及ぼしているにすぎない。

8.7　正規言語による複雑さの測度とグラフ・エントロピー

Lempel-Zivのものを除いたこれまでの全ての定義は、実際に計算可能ではないという好ましくない性質を持っている。これはプログラムに最小性 (最適性) を課しているためで、複雑さの測度にマシン非依存性を課していることと関連している。ある正規言語 $\mathcal{L}$ で記述されるとして受理される記号的な信号について、簡単に計算できる指標が提唱されている (Wolfram, 1984)。$\mathcal{L}$ についての最小の決定論的有限グラフ G に対し、**正規言語による複雑さ** (regular-language complexity, RLC) は

$$C_{\mathrm{RL}} = \log_b N \tag{8.22}$$

と定義される。ここで N は G のノード数である。この定義は、N 個の可能な状態から一つの状態を特定するのに必要な情報量は、その確率に関係なく正確に (底を b として) $\log_b N$ となるということから来ている。より精密にした測度はノード間を結んでいる辺についても考え、恐らく、その数だけではなく配

置も考慮する（ノードごとの入って来る辺あるいは出て行く辺の数が固定しているグラフは、禁止された結合があるグラフよりも簡単である）。正則言語による複雑さは周期的な信号に対してでも有限である。しかし、辺のラベルが1記号ではなく語になっているならば、その限りではない。

CSL や D0L のようなより高次の言語は有限の有向グラフではモデル化できず、$C_{\rm RL}$ は発散する。CFL に対するそのようなグラフは木構造をしており、その場合は、ノードは、あるスタックの内容を持ったプッシュダウン・オートマトンの内部状態を表す (Lindgren & Nordahl, 1988)。一番上のノードは空のスタックに対応する。他の言語はノード間に任意の結合を持つ異なる構造になる。

最も興味のあるところである正規でない言語については RLC は無限になる。よって、その適用範囲は限られており、その限られた適用範囲においても、この定義には改良の余地がある。部分シフトの計量的な性質を含むように拡張するため、部分シフトが不変測度 m を持つ時に、グラフのノード上の確率分布を考えてみてもいいだろう。Grassberger (1986) は、ある入力信号 $\mathcal{S} = s_1 s_2 ...$ に対応する経路を調べる中で i 番目のノード ($i = 1, 2, ..., N$) に来る確率を p_i と書き、グラフ上のノードの集合の情報量として**グラフ・エントロピー**（あるいは、**集合による複雑さ**）(set complexity, SC)

$$C_{\rm SC} = -\sum_{i=1}^{N} p_i \log_b p_i \qquad (8.23)$$

を定義した。この計算を可能にするためには、グラフを決定論的オートマトンに制限することが必要である。さらに、経路の定常性を保証するために、グラフの過渡状態を消さなくてはならない。

明らかに、グラフ・エントロピーは RLC より大きくなることはない。さらに、RLC が有限でないような場合でも SC は有限になりうる。これは、回文、すなわち $\bar{w}$ を w の鏡像としたときの $w\bar{w}$ のようなタイプの語を全て含む（非階乗 (nonfactorial)） CFL の場合のように、ノードの確率 p_i が初期ノードからの距離とともに充分速く減少する場合に起こる (Grassberger, 1989b)。無限グラフ上の"動き"が定常である必要はないが、t ステップ後の原点からの距離が $x(t) \sim \sqrt{t}$ となるような、拡散的な振舞いを示すかもしれないことに注意しよう。

8.7 正規言語による複雑さの測度とグラフ・エントロピー

もし、文法は未知だが、任意の長さの信号 $\mathcal{S} = s_1 s_2...$ を調べることによりその文法を推定できるならば、あるノードや有限の部分列が禁止されるのか、あるいは、非常にまれに現れるのかを言うアルゴリズムは無い。このことにより、定義 (8.22) が適用できないことさえある。これを見るために、屋根型写像 (4.4) で $a = 2/3$ のときに生成されるソフィックな言語 $\mathcal{L}_2$ を考えよう。この時、既約禁止列は集合 $\mathcal{F}_2 = \{01^{2n}0, n \in \mathbf{N}\}$ になる (4.3節)。もし、最初の (00) だけが知られているなら、2 ノードの最小のグラフが得られる。二つめまでを考えるとグラフは 4 個のノードを持つ。三つの禁止語ならばノードは 6 個になり、禁止語をより沢山含めていくことでノード数は増えていく。これは図 8.3 に描かれている。ここで、ラベル (0)、(1)、(2)、(∞) は禁止列の数 N_f を示す。言語の正規性にもかかわらず、近似グラフの RLC は $N_f \to \infty$ で発散する！　この言語に対応するグラフ (図で ∞ と書かれているもの) は実際には有限であるが、この極限の手続きによっては得られない。最小の厳密なグラフ (図 7.2 参照) はたった二つのノードだけを持つことに注意しよう。図 8.3 のグラフは、あるノードへ向かう全ての辺は同じ記号でラベル付けされているという、新たな性質を持っている。もし少なくとも検出された禁止語を表す（そしてそれだけを表すのではない）最小グラフを決定すればこの問題は起きない。これはオッカムの剃刀を適用したものと見なすことができる。望んだ長さまでの全ての語を同じ正確さで再現する全てのモデルの中から、最小のものを選ぶのである（より長い語は完全に無視すると仮定している）。

最小グラフをもたらす RLC は、最小の SC に対応する必要はないということを述べておかなければならない。つまり、少ないノードがしばしば訪れられるような大きなグラフがあるかも知れない (Grassberger, 1986)。このため、RLC と SC の両方とも、一般的に特に有用な量というわけではない。グラフ・エントロピーの定義は Crutchfield and Young (1989) により、式 (6.13) のレニィ情報量を n で割り、$n \to \infty$ の極限をとったものとして定義される一般化指標 $C_{SC}(q)$ へ拡張された。ここで、定義に含まれている確率はグラフのノードで SC の場合と同じように計算される。さらに、Crutchfield and Young (1990) は周期倍分岐置換 ϕ_{pd} (例 2.3 と 3.7) の場合のように、木構造で表された言語がある種の自己相似性を示すとき、部分木をある深さ l までの同値なリンク構造 ("モルフ (morph)" と呼ばれる) と同一視し（同様の再グループ化が Huberman

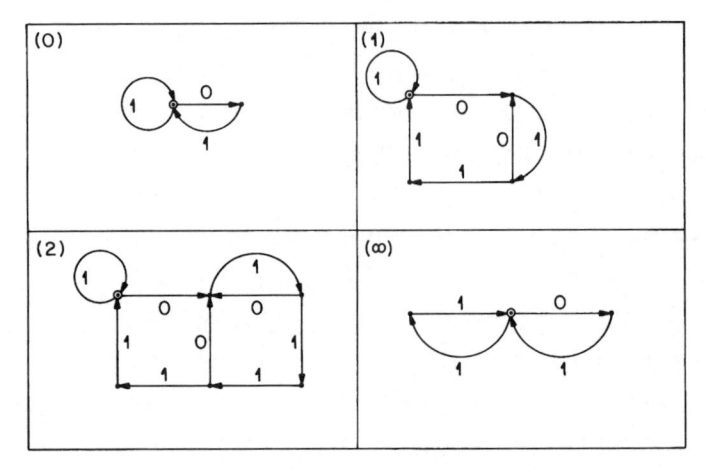

図 8.3 禁止語の集合 $\mathcal{F}_n = \{0(11)^i 0, i = 0, 1, ..., n\}$ をもつ有限タイプの部分シフトで、$n = 0, 1, 2, \infty$ の場合の有向グラフ。

and Hogg（1986）により提唱されている）、等しいモルフのそれぞれのクラスにグラフ内のノードを割り当てた。もし対応する二つのクラスのノードを結ぶ木で分岐があるときは、二つのノード間の遷移が許される。このようにして言語の"繰りこまれた"描像を得る。しかし、置換から生じる言語に対しては、SCはやはり発散する。

高い計算クラスを特徴付けるオートマトンのサイズからいろいろな複雑さの基準を考えられるかもしれない。しかし、高いクラスのオートマトンを最小化する一般的なアルゴリズムがないので、そのような基準を基にした言語間のどのような比較も信頼できないであろう。

RLC と SC の議論は新しい点を導入している。それらの両方は、実際に、ある無限列 $\mathcal{S}$ の全ての部分列の**集合全体**について言及しており、アルゴリズム的情報量のように、特定の有限列 S について述べたものではない。よって、これはオートマトンとアルゴリズム的アプローチに密接に関係するのだが、次の章で議論される測度の主要な性質を先取りしている。

8.8 文法的複雑さ

正規でない言語は無限の有向グラフとなるので、RLC では特徴付けができない。その代わりに、グラフのサイズの成長率を語の最大長 n の関数として考えてもよい。このやり方は直接研究されたことはないが、同じようなアイデアが Auerbach (1989) と Auerbach & Procaccia (1990) によって導入された複雑さの考えに影響を与えている。不変集合として無限列 $\mathcal{S}$ の軌道の閉包 $\Sigma' = \overline{\mathcal{O}(\mathcal{S})}$ を持つ記号力学系 $(\Sigma', \hat{\sigma})$ を考えよう。$(\Sigma', \hat{\sigma})$ が、ある基本語の集合 $\mathcal{V} = \{v_1, v_2, ...\}$ 上で更新系（renewal system、第 4 章参照）となるような（すなわち、$\mathcal{S}$ が $\mathcal{V}$ の語の全ての無限連接からなるような）基本語の集合を見付けることができるだろうか？ v_i の数とサイズの発散が許されていない限り、その答えは明らかに否である。発散が許されているような場合には、発散のタイプが複雑さの指標となるかもしれない。意味のある結果を得るためには、基本語の概念を拡張しなければならないということがすぐにわかるであろう。例えば、正規表現 $R = (1 + 01(01)^*11)^*$（既約禁止語は 00 と 0110）に対して、言語 $\mathcal{L}(R)$ は $\mathcal{L}'(R) = (v_1 + v_2 + ... + v_{n(l)})^*$ で近似されるべきである。ここで、$n(l)$ は $\mathcal{S}$ の全ての正しい部分列を長さ l まで生成するために必要な最小の基本語の数である。したがって、$l = 3$ に対してリスト $\mathcal{V}_3 = \{1, 01\}$ を、$l = 4$ に対して $\mathcal{V}_4 = \{1, 0111, 010111\}$、そして、一般の $l = n+3$ については $\mathcal{V}_{n+3} = \{1, 01(01)^i 11, i = 0, 1, ..., n\}$ を得る。すなわち、基本語の数は正規言語に対してさえ発散するかも知れない！ さらに、これらのリストは長さ l までの全ての禁止語を本当に含むのであるが、v_i の連接によって $(0, 01, 10, 11, 010, ...$ のような）全ての正しい記号列を生成するわけではない。ほとんどの許された記号列はこのようにして作られた語の部分列としてのみ現れる。

これらの問題に対処するため、Auerbach (1989) と Auerbach & Procaccia (1990) は、v_i が正規表現であることを許した。そのため、これは基本語というよりもビルディング・ブロック（building block）と呼んだほうが正しい。より正確には、最大長 l の全ての部分列を生成する有向グラフを与えると、ビルディング・ブロックは、適切な初期ノード n_0 から始めてそこに戻る（それより

前には n_0 には戻らない）独立な経路の族と関連した正規表現として同定される。"族" という言葉は uv^*w のタイプの表現を意味しており、ここで、語 v はグラフの中のループを任意の回数通ることに対応している。そのグラフは過渡状態を持たないだろう。ブロックの数とサイズの両方について最小化することが求められ、また $l \to \infty$ で初期ノードに独立な手続きを得ることが望ましいので、$u(v+v')^*w$ のように "+" 記号を含む表現はそれが許す選択肢の数に応じて重み付けられなければならない（Auerbach & Procaccia, 1990）。図式的には、それは、言語を近似する正規表現についての大域的に完全な木構造の部分木に対応する。等しい部分木は一度だけ数えられる。一般に、l を変えたときブロックは変化するかも知れないことに気をつける（ブロックは無限の記号列や木を生成するが、その "長さ" はそれが含む記号の数と考えられる）。

一旦ブロックがわかると、**動的複雑さ** (dynamical complexity) (Auerbach, 1989) あるいは**文法的複雑さ** (grammatical complexity) (Auerbach & Procaccia, 1990) は

$$C_\mathrm{G} = \limsup_{n \to \infty} \frac{n(l)}{l} \tag{8.24}$$

と定義される。ここで、上極限は通常の極限が存在しないときに取られる。構成の方法より、文法的複雑さは全ての正規言語で 0 である。すなわちこれは、より高次の言語がどのくらい正規性からずれているかを測るものである。

フィボナッチ数列の場合、それぞれの l に対して二つのブロックがある。実際に、$\mathcal{V}_2 = \{1, 01\}$（00 は禁じられている）、$\mathcal{V}_3 = \{01, 101\}$（00 と 111 は禁じられている）である。一般に、$\mathcal{V}_{F_n}$ は二つのフィボナッチ語 S_{n+1} と S_n から成る。よって、$C_\mathrm{G} = 0$ である（望みどおり、言語の単純さを与えている）。しかし、自明な連接 $S_{n+1}S_n = S_{n+2}$ だけが許されており、言語の正しい記号列を S_{n+2} 内で探さなくてはならない。シフト力学の規則は、沢山の（短い）ビルディング・ブロックを連接することでは得ることができず、単に、二つの基本語内に記録されるだけである（すなわち、無限のビルディング・ブロックから、有限個だが無限に長い基本語へと "複雑さ" が移動する）。実際、系の最小性により、周期的な部分列は存在しない。その代わり、通常、正規表現はサイクルを含む。この例では、基本語を高次の構造を形成する低次のデータ単位と見なすことはできない。

8.8 文法的複雑さ

C_G の定義は、部分シフトが $N(n)$ 個の周期的に拡張できる部分列を持つようにつくられている。その部分列は長さ n とともに指数関数的に多くなる。例として、ロジスティック写像 (3.11) で $a = 1.7103989...$ の時を考えよう。ここで、臨界点 $x_c = 0$ の記号軌道 $S = s_1 s_2 ...$ (いわゆる**ニーディング列** (kneading sequence)) は非周期的であり、D0L 置換で生成される (Auerbach & Procaccia, 1990)。$t_k = (\sum_{i=1}^{k} s_i) \bmod 2$ と $\tau = \sum_{k=1}^{\infty} t_k 2^{-k}$ を定義すると、τ の最大値はニーディング列で、最小値は(左シフトの下での)その最初の反復で与えられる。ロジスティック写像で生成される他の全ての記号列 $S' = s_1' s_2'...$ では、τ は中間的な値をとる (Collet & Eckmann, 1980)。その記号列はこの写像の全ての周期軌道と非周期軌道に対応する (周期軌道の一つが安定な場合は、ストレンジ・リペラが同時に存在するかもしれない。その場合、興味ある記号力学は後者から生じる)。したがって、$a = 1.7103989...$ でのニーディング列は最小であるにもかかわらず、写像は無限に多くの不安定周期軌道を持つ不変集合を許す。その文法的複雑さ (Auerbach & Procaccia, 1990) は $C_G = (\sqrt{5} - 1)/2$ である。これは言語の非正規性と一致している。しかし、それを生み出す規則は簡単なので (特に、既約禁止語の集合 $\mathcal{F}$ が第 4 章で見たフィボナッチ数列のものと類似している)、その複雑さを大きく見積もりすぎであると思える。ビルディング・ブロックは、周期的に拡張可能な全ての記号列を連接によって明示的に生成するように構成されていた。よって、非周期的な記号列は部分列としてのみ現れる。それゆえ、文法的複雑さは写像の全ての周期軌道の集合について言及しており、ニーディング列そのものについて述べているのではない。明らかに、この "非線形力学的" アプローチが適用できる範囲は限られている。一般に、それがどのような起源であろうと、ある与えられた記号列を研究したいのであって、ある変換により関連付けられた語の無限集合を研究したいのではない。

正の位相的エントロピーを持つ二進アルファベットで構成される 1 次元写像の特別な場合には、文法的複雑さは 0 と 2 の間に制限されている (Auerbach & Procaccia, 1990)。9.3 節で示すように、長さ n の既約禁止列の数 $N_f(n)$ は 1 次元写像に制約されるが、一般に、n とともに指数的に発散する。結果として、ビルディング・ブロックの数も指数的発散を示す。なぜなら、(上でフィボナッチ置換の場合に見たように、ブロックがパラドックス的な状況にあるように選

ばれていない限り）新しい禁止が見つかった時は、ビルディング・ブロックの数は増加するからである。よって、文法的複雑さはほとんどの場合において発散すると考えられる。

最後に、ビルディング・ブロックに適当な重みを導入しパラメータ q で平均すると、文法的複雑さ C_G を一般化された複雑さの関数 $C_G(q)$ へ拡張することができるということを述べておく（Auerbach & Procaccia, 1990）。$q = 0$ の時に $C_G = C_G(0)$ となる。

RLC および SC と同様に、文法的複雑さはシフト力学と可換な全ての記号列に言及しており、決まった起源の一つの記号列について述べたものではない。さらに、(簡単で完全な木を生成する一方で、言語を表す木からビルディング・ブロックへと"複雑さ"が移動することにより、まったく要素的でないブロックを生じるにもかかわらず) 大規模な構造がより小さいものを結びつけることにより得られるので、階層的な秩序の存在を示唆している。よって、このアプローチは、次の章で議論するような階層的な複雑さの測度を、より明示的に与える。

参考文献

以下のリストは複雑さに関する最近の文献で、そのアイデアをこの章で部分的に考慮したが、独立には論じられなかったものである。

- **"アルゴリズム的" アプローチ**：Agnes and Rasetti (1991) は決定不可能性とアルゴリズム的複雑さを用いて、決定論的カオスと曲がった空間の測地線の符号化のアルゴリズムを結びつけた。Crisanti *et al.* (1994) はアルゴリズム的複雑さを、離散位相空間に作用する写像の研究と全結合のニューラル・ネットワークへ応用した。Uspenskii *et al.* (1990) と Zvonkin and Levin (1970) は離散数学における乱雑さの意味を詳しく調べた。
- **エントロピーと有理分割**：Casartelli (1990) は**有理分割** (rational partitions) の概念を導入した。それは、交差の下での逆が存在するという方法で通常の分割の対から構成される（有理体に整数を埋め込むこととのアナロジーである）。拡張されたエントロピー汎関数は、二つの確率的実験の間の反類似性に敏感で、これが複雑さの測度として提唱されている。
- **情報のゆらぎ** (information fluctuations)：Bates and Shepard (1993) は、非決定

的有限オートマトン (NFA) のノードの確率 p_i を考慮し、$\Gamma_{ij} = \ln(p_i/p_j)$、および、$\Gamma_{0j} = \ln(p_0/p_j)$ いう量を作った。Γ_{ij} において、i と j はグラフの連続したノードであり、Γ_{0j} では、ノード 0 は固定されており、j は現在の状態に対応する。これらの情報量の差のゆらぎ $\langle\Gamma^2\rangle - \langle\Gamma\rangle^2$ はグラフ上を長く動いたときの時間平均として計算されるが、複雑さの測度として提唱され、エレメンタリー・セル・オートマトンの NFA モデルに適用された。その値はグラフのサイズ N とともに増大する。"ランダムな" 規則と周期的な規則はどちらも単純であると分類される。

累積粗視化エントロピー (integral coarse-grained entropy)：
Zhang (1991) と Fogedby (1992) は長さ N の信号を、観測量の値 s_i を τ 個の連続したサイトで平均することにより粗視化 (coarse-graining) し、対応する 1 ブロック・エントロピー $H_1(\tau)$ (式 5.36) を計算した。複雑さ $K(N)$ を $H_1(\tau)$ の全ての $\tau = 1, 2, ..., N$ にわたっての和と定義し、($n \to \infty$ で発散する) この量が $1/f$ 型のパワースペクトルを持つガウス信号で最大であることを示した。

"物理的複雑さ"：Günther et al. (1992) は時間 n で状態 s にあり、時間 $n+1$ で s' にあるような系の確率 $P(s, s'; n)$ を評価し、相互情報量 $H(P \parallel Q)$ (5.6 節) を作ることでこの確率とテストの分布 $Q(s, s'; n) = P(s; n)P(s'; n+1)$ とを比較した。これは "**物理的複雑さ** (phisical complexity)" $C(n)$ の定義とされる。この式は $n \to \infty$ の極限で、種の数が増加する個体群動力学 (population dynamics) の確率的モデルに応用された。

"繰りこみエントロピー"：Saparin et al. (1994) は繰りこみエントロピー (renormalized entropy) (Klimontovich, 1987) の安定性を複雑さの測度として研究した。制御パラメータ a を持つ力学系の変数 x の確率密度を $\rho(x, a)$ と書き、エントロピー $S(a) = -\int \rho(x, a) \ln \rho(x, a) dx$ を評価し、異なるパラメータ値 a' でのエントロピーと比較することを提案した。その比較はパラメータ値 a' に対応する分布 $\rho(x, a')$ が $\rho(x, a)$ と等しい平均 "エネルギー" を持つ関数 $\tilde{\rho}(x, a, a')$ に修正された後に行う。結果として、彼らは有効ハミルトニアン H_e を $H_e(a) = -\ln \rho(x, a)$ とし、$\tilde{\rho}(x, a, a') = c(T_e) \exp[-H_e/T_e]$ を定義した。ここで、T_e は等エネルギーの制約を満たすように調整された有効温度で、$c(T_e)$ は規格化定

数である。差 $\Delta S = \int \rho(x,a') \ln[\rho(x,a')/\tilde{\rho}(x,a,a')]dx$ は $a \to a'$ の遷移による"秩序"の変化を評価する。その値は参照状態 a に依存する。a を最初の分岐の値に固定したロジスティック写像の場合は、ΔS は決して 0 にはならない。

熱力学的深度： Lloyd and Pagels (1988) は、n 離散時間ステップで中間状態の系列 $S(n) = s_{-n}s_{-n+1}...s_{-1}$ を経て時間 0 で状態 s_0 に達する系の複雑さを、$D_T(s_0) = -k \ln P(s_{-n}...s_{-1} \mid s_0)$ と定義された"熱力学的深度 (thermodynamic depth)"$D_T(s_0)$ により評価した。ここで、$P(s_{-n}...s_{-1} \mid s_0) \equiv P(s_{-n}...s_{-1}s_0)/P(s_0)$ は s_0 が特定の経路 $S(n)$ を経て達せられる確率で、k は任意の定数である。n をどのくらいの大きさに取るべきかの手がかりは与えられていない (Bennett (1990) と Grassberger (1989b) のコメントも参照)。

第9章　階層的スケーリング則の複雑さ

　8.3-8.5節で議論した複雑さについての三つの概念は、与えられたシンボル列 S を正確に再現することがどのぐらい難しいかを表している。したがって、アルゴリズム的または Lempel-Ziv の意味で最大の複雑さをもったり、小さな論理深度を持つ不規則な信号は、（例えば PRINT プログラムの例のように）無限の記憶容量を必要とする。しかし、このようなあまり好ましくない性質は、S と"**等価**な (equivalent)"記号列の集合に共通なルールを探し出し記述するという 8.6-8.8 節で提案した方法によって部分的には取り除くことが可能である。これによって複雑さゼロは（確率の定常性と確率分布を特徴づける有限個のパラメターの他には）ルールの全く存在しない不規則さに対応させることができる。しかし、この新しい方法によって問題は更に困難になったようにも思われる：未知の等価クラスの中の一つの要素の観測だけから、どのようにその一般ルールを推測したらよいのであろうか。また、どのようにしたら付加的な性質を持ったクラスではなく"最小 (minimal)"のクラスを発見したと保証できるであろうか。研究の対象が定常な実質的に無限の記号列の場合には、その解決策を見つけることが可能であろう。実際、このような場合には確率のシフト不変性によって、もしシグナル S に含まれる異なる部分記号列が十分に長ければ、それらは同じ性質を共有していることが保証されている。したがって、それらは探し求めている等価クラスの個別のメンバーであると解釈することができる。長さが $n_1 \gg n_0 > 1$ のストリングは、長さが n_0 までの部分ストリングに関する十分な情報を含んでおり、長さが $n_2 \gg n_1$ のストリングは最大の長さ n_1 までのストリングに関する十分な情報を含んでいるのである。このように、$\mathcal{S}$ 上で定義される部分シフトから生じる言語の階層的な秩序は、系の性質を研究す

る際の自然な枠組を与えると考えられる。それぞれのクラスのルールは、最も簡単なものから最も複雑なものへと徐々に解明され、記述の正確さは近似のレベルとともに向上する。このセクションで議論する複雑さの測度は、階層的構造と、それに対応するツリーに付随するある適当な量についての無限大極限について、明確に言及するものである。

対象の"平均的（average）"または"大域的（global）"な性質をクラスの一つの要素として記述することは、単により実際的かつ物理的に意味があるというだけでなく、複雑さの特徴に別の光をなげかける新しい概念をつくり出すことになる。しかし、正確な記述よりもこのような記述の方が容易に発見できるであろうという直観は間違っている。例えば、系の大きさの増大とともに指数関数的に増加するようなルールを持つ決定論的な系や中ぐらいにランダムな系が存在する。そこでは、(KSエントロピーが小さいので) 未来についての正確な予測がかなりの程度で可能であろうが、全ての可能な未来を予測するには、現在の状態に至る過去を無限の時間に渡って遡らなければならない。したがって、最適モデルは無限の大きさを持つ必要があるであろう。それに対して、系の真の理解とは、たとえ系を少数の有限個のルールで特徴付けられるような場合でも、そのメカニズムを単に示すことだけではない。事実、自己生成的な複雑さはこれらのルールを無限に適用することによって出現し、異なる解像度で立ち現れるいくつかの部分同士の相互作用を通して生み出される。したがって、有限解像度の観測によって得られる物理的観測量のスケーリング構造の研究は、複雑さの特徴づけに不可欠であると考えられる。

9.1 ツリーの多様性

階層システムの背後に潜むツリー構造は、トポロジカルまたはメトリックに特徴付けることができる。ここで、トポロジカルとは形のみを考慮する場合であり、メトリックとはツリーの頂点に付随する観測量の値も考慮する場合である。前者のアプローチは、自己相似性が成立しない場合に特に有効である。そして、この自己相似性が成立しない状況は、例えば生物組織、放電現象、拡散律速凝集体（diffusion-limited aggregates）、力学系、乱流などにおいてかなり一

般的に見られる現象である。Huberman & Hogg は、自己相似性の欠如と複雑さを関係付けることを提案しており (1986)、これは階層の**多様性** (diversity) によって評価することができる。

彼らのアイディアは有限の深さ n と最大分岐比 b を持つツリーを考えるとわかりやすい (図 9.1)。

このツリーの葉の部分は、物理系の一部分を表す同一のユニットとして扱われ、言語の場合のようにラベルによって区別することはできない。ツリーはある決められた深さ m のサブツリーに粗視化され、それらのサブツリーは同型クラスに整理される。すなわち、同一の形のツリーは一つのユニットを形成する (Huberman & Hogg, 1986; Ceccatto & Huberman, 1988)。図 9.1 のツリーはサブツリー T_1, T_2, T_3 に分解され、各々のサブツリーはさらに下層のサブツリー T_{ij} に分解される。ここで簡単のために $m=1$ とすると、T_i は二つのクラス、すなわち、二つの分岐を持つ $\{T_1, T_3\}$ と一つの分岐を持つ $\{T_2\}$ に分類される。m を大きくするとツリーはより細かく分類され、その結果要素数の少ないクラスが多く出現するようになる。同型クラスの数 $k_T = k_T(m)$ は m についての非減少関数である。多様性 $D(T)$ は再帰的に次のように定義される[1]。

$$D(T) = F(T) \Pi_{i=1}^{b_T} D(T_i), \tag{9.1}$$

ここで $F(T)$ はツリー T のフォーム・ファクター (form factor)、b_T は T のサブツリー数、$D(T_i)$ は i 番目のサブツリーの多様性である。$F(T)$ の形は Ceccatto & Huberman (1988) によっていろいろ提案されているが、最も簡単なものは

$$\log_2 F(T) = N_T \log_2(2^{k_T} - 1) \tag{9.2}$$

である。ただし N_T は深さ m における T の葉の数である。定義式 (9.1) における再帰性によって、それぞれの i に対する N_{T_i} と k_{T_i} は次のレベルの $F(T_i)$ の中で考慮する必要がある (以下、サブツリー $T_{ij}, T_{ijk}...$ に対しても同様である)。そして**ツリーの複雑さ** (tree complexity) C_T は最終的に次のように定義される (Ceccatto & Huberman, 1988)、

---

[1] 積の範囲を k_T 個のクラスだけでなく、b_T 個の全てのサブツリーを含むように Huberman & Hogg (1986) の表現を変更してある。

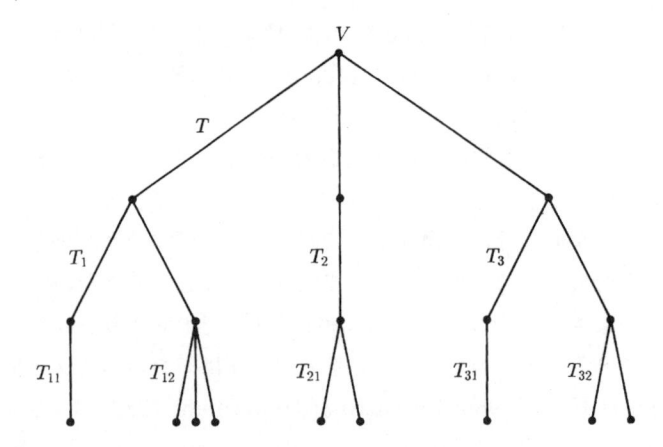

[図: ツリー T の概略図]

図 9.1 ツリーの T 概略図。サブツリー T_i はそれぞれ 2、1、2 の枝を有している。そのサブツリー T_{ij} はさらに左から 1、3、2、1、2 の枝を持っている。

$$C_T(T) = \log_2 D(T). \tag{9.3}$$

例えば図 9.1 のツリーに対しては、($m = 1$ の場合には $N_T = 5$ 枚の葉と $k_T = 2$ 個のクラスが存在するので) $D(T) = F(T)\Pi_{i=1}^3 D(T_i)$, $F(T) = 3^5$ となり、$D(T_1) = F(T_1)D(T_{11})D(T_{12})$, $F(T_1) = 3^4$, $D(T_2) = F(T_2)D(T_{21})$, $F(T_2) = 1$ (一つのクラス), $D(T_3) = F(T_2)D(T_{31})D(T_{32})$, $F(T_3) = 3^3$ である。p 個の非同型ツリーの集合に対する複雑さは

$$C_T(\cup_{i=1}^p T_i) = \sum_{i=1}^p C_T(T_i) + \log_2 F(\cup_{i=1}^p T_i).$$

となる。(9.2) 式のフォーム・ファクター $F(T)$ の形から、終端の葉 (自分自身以外にサブツリーを持たない、すなわち $k_T = 1$) は多様性 $D = 1$ である。複雑さは、レベル n まで計算した後に $n \to \infty$ の極限をとることで評価される (n よりも深いレベル m まで計算してから $n \to \infty, m \to \infty$ の両方の極限をとり、それらが一致するかどうかで評価することもある)。

自己相似的なツリーは同型クラスが一つだけ存在するので単純である。(9.2) 式の $2^{k_T} - 1$ という項は、T の枝を通してお互いに接続されている k_T 個の異なるクラス (これらのクラスは物理システムの要素に対応している) の間で起

こり得る（2体、3体、...、n体の）**相互作用** (interaction) の総数を示している。また、N_T というファクターはより多くの枝を持つツリーの重みを考慮するために特別に導入されたものである。最も複雑な（すなわち最も多様性のある）ツリーは次に示すような構造と同型である。すなわち、i 番目のサブツリー T_i が i 個 ($i = 1, 2, ..., b$) の枝を持ち、T_i の j 番目のサブサブツリー T_{ij} が j 個の枝 ($j = 1, 2, ..., i$) を持つような構造である。平均非同型クラス数が k、平均分岐数が b のランダム・ツリーに対して、Ceccato & Huberman (1988) は

$$C_T = m^\beta N(n) \frac{\log_2(2^k - 1)}{1 - k/b},$$

を示している。ただし、$N(n)$ は深さ n における葉の数、指数 β は "**1 枚の葉あたりの複雑さ** (complexity per leaf)" $C_T/N(n)$ が深さ m に対してもつ依存度を表している。ほぼ規則的なツリーに対しては $\beta \approx 0$、複雑なツリーに対しては $\beta \approx 1$ である。

R をエネルギー障壁のパラメターとして、例えば $F(T) = R^{-m} \log_2(2^k - 1)$ のような $F(T)$ の別の形（Ceccatto & Huberman, 1988）も、階層構造上での拡散と複雑さを結び付ける上で有効かも知れない（Huberman & Kerszberg, 1985; Rammal et al., 1986）。また、Bachas & Huberman (1986) は、大きな多様性を持つツリーの場合に、相関関数が最もゆっくりと減衰することを示している。彼らの視点に立つと、複雑さを特徴づけるには、単に抽象的な一つの特性量を評価することよりも、むしろこのような関係を調べることが大切である。

ツリーの複雑さ C_T はシフト力学系や形式言語に言及することなく、一般的なツリーのトポロジーを取り扱っている。したがって、この方法は非常に適用範囲が広いけれども、残念ながら十分に精密であるとはいえない。例えば、厳密な自己相似性が少しでも破れると C_T は 0 ではなくなってしまう。また、禁止語はそれが既約かそうでないかに関わらず、C_T の値に同じ効果をもたらすか、（またはそれらが言語を形成する際にもつ重要度とは関係なく）単にツリーレベルに依存した重みをつけるだけである。さらに、ツリーが深くなると枝の数が増えるため、高次レベル（すなわちツリーに下の方の部分）からの効果が漸近的に優勢になる。一方、低次レベル（すなわち、短い部分）における禁止はツリーの全体構造に大きく影響するため大きな効果を与える。また、分岐のな

い枝をいくつか持つ最も多様なツリーは、周期アトラクターを持つ力学系、すなわち非可遷移的な力学系に対応する。一般に、シフト力学系から生成されるツリーが大きな多様性をもつとは限らない。したがって、これらの不都合な問題点が将来解決される可能性があるとはいえ、一般的な階層構造のスケーリング的性質を理解するためには、より洗練された複雑さの測度が必要なのである。

9.1.1 Horton-Strahler のインデックス

枝分かれパターンをトポロジカルに分類する非常に簡単な方法に、Horton (1945) と Strahler (1957) が川のネットワークを記述するために考案したインデックス・スキームがある。この方法では根を V とする任意の有限なツリー T に、葉の部分を $k=1$ としてそれぞれの節点にオーダー k を割り当てる。内部の節点に対するオーダーは、そのすぐ直前の下部構造のオーダーの値 $(k_1, k_2, ..., k_b)$ が異なる場合はその最大値に等しく、もし全ての i に対して $k_i = k$ であるならば $k+1$ とする。ツリーの Strahler 数 S_T はその根のオーダーである。オーダー k のパスとは、オーダー $k+1$ の節点に合流する枝のうちオーダー k の頂点の最大列のことである。すなわち、もし枝 B をオーダー 3 の節点からオーダー 2 の節点への枝とし、さらに次の枝 B' がオーダー 2 の節点への枝とすると、B' は B の続きであり同じパスに属していると考える。無限ツリーのスケーリング的性質は**平均的な分岐比** (overall branching ratio)

$$\beta_k = \frac{p_k}{p_{k+1}},$$

及び**長さの比** (length ratio)

$$\lambda_k = \frac{\langle l_{k+1} \rangle}{\langle l_k \rangle},$$

で調べることができる。ただし p_k はオーダー k のパスの数、$\langle l_k \rangle$ はオーダー k のパスの平均長である (l_k は例えば川の実際の長さやフラクタル凝集体の粒子数など、物理的観測量に対応させることもできる)。深さ n の完全な 2 分枝ツリーの場合には、オーダー k のパスの数は 2^{n-k} である。一般に、自己相似性を持つツリーの場合 $\beta_k \sim \beta$ が成り立ち k に依らない。また、N 枚の葉を持

つ2分枝ツリーのアンサンブルを考え、これらが全て統計的に同じ確率をもつとすると、統計平均化された分岐比 $\beta_1, \beta_2, \beta_3$ は、$N \to \infty$ の極限で4である。Strahler 数 S_T は $\log_4 N$ のオーダーであり、トップの比 β_{S_T} の期待値は4よりも小さく、漸近的に平均3.34、振幅0.19の $\log_4 N$ の周期関数となる（Yekutieli & Mandelbrot, 1994）。また、格子上にない2次元 DLA クラスターについての数値計算により、$k > 3$ に対する分岐比 β_k が $N \to \infty$ の下で定数になることが示されている（Yekutieli *et al.*, 1994; Vannimenus, 1988; Vannimenus & Viennot, 1989）。ただし数値計算の収束には N を非常に大きくする必要がある（$N > 10^6$）。したがって、純粋にトポロジカルな視点からみると、非常に大きな DLA クラスターは自己相似的な物体として振る舞うことがわかる。

シフト力学系をともなう無限ツリー[2] に対する分岐比は、そのトポロジカル・エントロピーと同じ値をとり得る。また禁止に対する β_k の鋭敏性（不完全な2分枝ツリーに対して β_k は2よりも大きな値をとることがある）は、自己相似性からのずれの評価に利用できるかも知れない。しかしながら、Horton-Strahler よる順序づけは、ラベルのないツリー（既約でない禁止列に対応する節点は、不完全な分岐をする頂点と同様に扱われる）のみに言及し、メトリックな性質を全て無視しているという点において、非常に粗いと言わざるを得ない。

9.2 有効測度と予測の複雑さ

ブロック・エントロピー（(5.36) 式を参照）の収束性との関係から、Grassberger (1986) は**有効測度による複雑さ** (effective-measure complexity (EMC)) C_{EM} を導入した。この EMC は、n ブロックの確率 $P(s_1 s_2 \cdots s_n)$ が与えられた時の条件付き確率 $P(s_{n+1} | s_1 s_2 \cdots s_n)$ の最適評価に必要な情報量に関連している。

---

[2] このようなツリーには、外に出ていく枝が一つしかない節点が存在する可能性があり（残りの枝は力学系によって禁止されている）、この場合子から親の枝に遡ってもオーダー k が変化しないことになる。そしてこのようなことが一つのカスケード内で2回以上起こると、同じ親から発生していてもそのオーダーが2以上異なる（例えば3と1）枝が生じる。このような場合にはパスのオーダーの定義を、オーダー k のパスとはより高次のパスとともにオーダー k の節点に合流するもの、というように変更しなければならない。

ここで次のような連続した階層間のブロック・エントロピーの差を考えてみよう（例 5.25 を参照）、

$$h_n = H_{n+1} - H_n. \tag{9.4}$$

これは、n 個のシンボルが与えられた時に次のシンボル s_{n+1} を決定するのに必要な平均の情報量を表している。$-\ln P$ の正値性と準加算性の性質（(5.42) 式）によって、H_n は n に関して上に凸な単調非減少関数である。したがって H_n, $h_n \approx dH/dn$、曲率 $H_n'' = d^2H/dn^2$ の値から $P(s_{n+1}|s_1 s_2 \cdots s_n)$ の評価に必要な最小の平均情報量が与えられる。H_n の 2 次の変分の符合を逆にしたものを

$$\delta_n = h_{n-1} - h_n = 2H_n - H_{n+1} - H_{n-1} \geq 0 \tag{9.5}$$

と書くと、Grassberger (1989b) はこの量が、過去のもう一つ先のシンボルを考慮した時に s_{n+1} の不確定性を減ずる平均の情報量を表していることを指摘している。したがって、全ての n ブロック $S = s_1 s_2 ... s_n$ に必要な情報量は上記の n 倍（すなわち $n\delta_n$）となる。こうして有効測度による複雑さは次のように定義される。

$$C_{EM} = \sum_{i=1}^{\infty} i\delta_i. \tag{9.6}$$

もし H_n が、n が大きいときの極限 nK_1 へ十分早く収束すれば、C_{EM} は小さな値となる。そして一般に、

$$H_n \sim nK_1 + C - a[\ln(n+1)]^\alpha n^\beta e^{-\eta n} \tag{9.7}$$

という仮定が成り立つと考えられている (Szépfalusy & Györgyi, 1986; Misiurewicz & Ziemian, 1987)。ここで、C, a, η は非負の定数で、α, β は有限である。もし $\eta = 0$ ならば収束は遅くなり、$\beta < 0$ である（もし $\beta = 0$、$\alpha < 0$ であれば、収束はさらに遅くなる）。また、$H_n' \geq 0, H_n'' \leq 0, H_n'' \to 0$ を満足する別の収束の形式も可能であり、例えば

$$H_n \sim nK_1 + C + an^\beta \tag{9.8}$$

が考えられる。ここで、$a > 0, 0 < \beta < 1$ である。さらに、線形項に対する修正を施した $H_n \sim a_1 n / \ln(a_2 + n) + C$ (Ebeling & Nicolis, 1991) のような

形式も提案されている。エントロピーの差 h_n（(9.4) 式）は H_n/n よりも早く K_1 に収束するが、これは付加的な定数 C が相殺するためである。h_n は

$$h_n = K_1 + f(n) \tag{9.9}$$

のように書くことができ、ここで**収束速度**（convergence speed）を表す $f(n) \geq 0$ は n に関して指数関数的に減少することが多い（Grassberger, 1986）。そしてこのような場合には、

$$\sum_{i=1}^{n} i\delta_i = \sum_{i=1}^{n} h_i - nh_{n+1}$$

となり、右辺の第 2 項が nK_1 と e^{-n} のオーダーだけ異なるから、EMC は収束速度 $f(n)$ の総和として

$$C_{EM} \approx \sum_{i=1}^{\infty} (h_i - K_1) \tag{9.10}$$

のように書くことができる。これは、指数 η（(9.7) 式）に依存している。

Grassberger (1989b) による別の表現

$$C'_{EM} = \lim_{n \to \infty} [H_n - n(H_n - H_{n-1})] = \lim_{n \to \infty} (H_n - nK_1) \tag{9.11}$$

を用いると、有効測度による複雑さに関してより深い洞察を得ることができる。実際、C'_{EM} は (n, H_n) における曲線 H_n の接線と $n = 0$ 軸の切片を $n \to \infty$ で評価したものであり、系のモデルを構成し始めるときに必要な最小情報量を表している。一方、(9.11) 式の右辺は C'_{EM} が (9.7) 式で表される H_n の漸近表現の定数 C に等しいことを示している。もし (9.8) 式が成り立つならば $C'_{EM} = \infty$ である。ただし、$C'_{EM} \neq C_{EM}$ であることに注意する必要がある：$H_n = \sum_{i=1}^{n-1} h_i + H_1$ なので、二つの特性量は $H_1 - K_1 \geq 0$ だけ異なるのである。

EMC は $P(s_{n+1}|s_1...s_{n-1}s_n)$ を"最適に"評価するのに必要な情報量の下限である。Grassberger (1986, 1989b) はこの情報量を**真の測度による複雑さ** (true-measure compelxity) または**予測に対する複雑さ** (forecasting complexity) と呼んだ。しかしながら、後者は多くの単純な場合にも無限大になり得る。例えば、系列が実数のパラメターに依存し、無限の精度を要求する場合がそうであ

る。また、不等式 $C_{EM} \leq C_{SC}$（(8.23) 式を参照）も成立する（Grassberger, 1986）。

周期が1より大きい周期的な系列や有限のマルコフ過程に対して EMC は正で有限である。なぜならば、過程の有限メモリーを越すと $h_n = K_1$ となるからである。ここで、EMC を正しく評価するためには K_1 の値を高い精度で知っている必要があり、もしそうでなければ (9.10) 式の総和で誤差が積み重なってしまうことに注意して欲しい。周期1の系列（定数）とベルヌーイ系列はすべての $n \geq 1$ に対して $h_n = K_1$ で特徴づけられるので、これらに対してのみ EMC は 0 となる。数値計算によると、ほとんどの単峰の1次元マップの h_n は指数関数的に K_1 に収束するので、EMC は有限である（Grassberger, 1986）。しかしながら、周期倍分岐の点が集積する場所では $h_n \sim n^{-1}$ となり、$C_{EM} = \infty$ である。セル・オートマトン 22 に対しては、指数の値は小さいが収束は指数関数的であり、C_{EM} は有限となる（例 6.7 を参照）。

周期的なシグナルに対して EMC が正になってしまう問題は、周期 p よりも大きなカットオフ・インデックス n_0 から (9.10) 式の総和をとり始めることで修正できる（Szepfalusy, 1989）。このようにすると、オーダー $k \leq n_0$ のマルコフ過程の EMC も 0 となる。しかしながら、エントロピーの差 h_n が指数関数的に収束する系は複雑なままで、C_{EM} の値も n_0 に依存してしまい好ましいとはいえない。この問題は、定義の"総和"から発生している。すなわち EMC では全ての部分列の確率が考慮されているとはいえ、長さ n までの総和によって与えられており、大きな n の極限のスケーリング指数では与えられていないのである。したがって、EMC は複雑さの真に階層的な測度とはなっていない。最後に、EMC の定義は、一般化 Renyi エントロピー K_q の収束の様子を参考にすることで拡張可能であることに注意して欲しい（第6章を参照）。

9.3 トポロジカルな指数

長さ n の異なる単語数 $N(n)$ は言語 $\mathcal{L}$ の豊かさを表す指標となる。計算理論においては、$N(n)$ の指数関数的成長率、すなわちトポロジカル・エントロピー K_0 が複雑さの指標となることがある。本当にこのように言ってよいかどうか

については議論のわかれるところであるが、D'Alessandro and Politi (1990) によって導入された階層性の分類の範囲においては、この解釈は十分に意味がある。事実、彼らは複雑さの測度の系列 $C^{(i)}$ を言語 $\mathcal{L}$ に付与することを提案している。すなわち、階層性の底辺には記号の数に対応する最も粗い情報として $K_0 = C^{(1)}$ を考え、$C^{(i)}$ はより精度の高い言語 $\mathcal{L}$ の構造から決まると考えるのである。このように考えると、周期的な系列は単純である。実際、個々の入力記号を一度調べるだけで、予想された周期性を確認することができる。反対に、ランダムな系列の場合には、全ての系列がランダム・プロセスに適合するかどうか調べるために指数関数的に増大する仕事量が要求されるため、高い複雑さを示す。

しかし既に指摘したように、そのエントロピーが低くとも、ある種の文法規則を満足する言語を複雑と呼ぶのが望ましい。この問題の部分的な解決には 2 次の指数 $C^{(2)}$ を導入すればよい。ここで $C^{(2)}$ は第 4 章で導入された既約禁止語 (IFW) の全体の集合 $\mathcal{F}$ のトポロジカル・エントロピーとして定義される (第 7 章も参照)。階乗的に推移する言語 $\mathcal{L}$ に関しては、$\mathcal{L}$ を再構成するためには $\mathcal{F}$ の知識だけで十分である。すなわち、$\mathcal{F}$ は $\mathcal{L}$ の**表現** (presentation) と考えることができる。長さ n の IFW の単語数 $N_f(n)$ は最大でも $bN(n-1)$ であるので $C^{(2)} \leq C^{(1)}$ となり、$\mathcal{L}$ から $\mathcal{F}$ への変換は実質的に情報の圧縮になっている。また、二つの特徴量が等しい場合は、2 次の複雑さ $C^{(2)}$ が最大となっていることを示唆している。一方完全にランダムな系列は、$C^{(2)} = 0$ であるというだけでなく $\mathcal{F}$ が空集合であるために単純である。より一般的には、有限なサブシフトは $\mathcal{F}$ の有限性により単純となる。事実、$C^{(2)}$ は言語 $\mathcal{L}$ の近似の困難さを、記憶量が増大する (IFW の長さが増大する) 有限なサブシフトを通して、測定していると見ることができる。

正規言語のクラスにおいては、図 9.2 のグラフに対応する言語に示されているように、厳密にソフィックなシステムは正の $C^{(2)}$ を持つかも知れない。この例の IFW は正規表現 101(1 + 00)*101 で与えられる。接頭語及び接尾語として働いているサブワード 101 は、ワードが簡略化できないことを保証している。また、$C^{(1)} \approx 0.6374$, $C^{(2)} \approx 0.4812$ となり、予想通り二つの値は異なっている。

$C^{(2)}$ が 0 でない正規言語がある一方で、単純であると分類される非正規言語

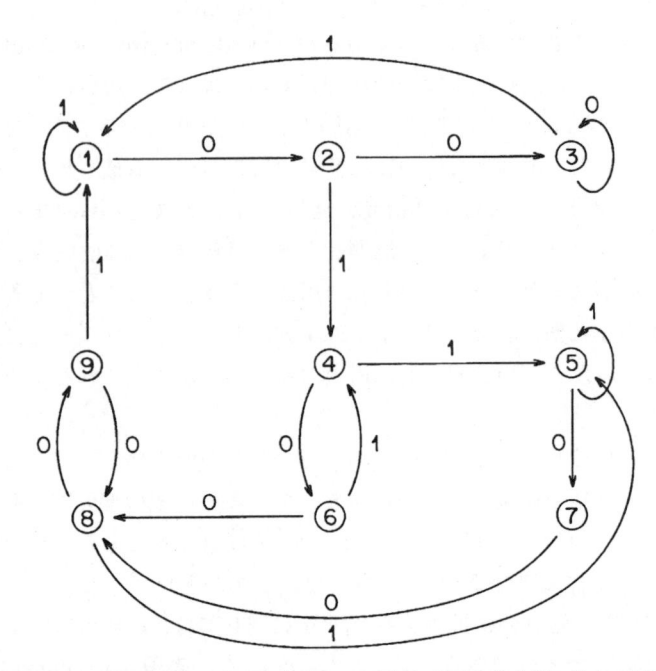

図 9.2 正規表現 $101(1+00)^{*}101$ で表される既約禁止語の集合 $\mathcal{F}$ を持つ正規言語のグラフ。

が存在する。それは、有限の n_e 個の極値をもつ 1 次元マップから生成される言語で、$N_f(n)$ は極値 n_e を越えることができない（7.3 節を参照。$n_e = 1$ の場合が議論されている）。このように、$N_f(n)$ は定数によって上限が定められ、$C^{(2)} = 0$ となる。特にこのことは、無数の言語を生成するような多くのパラメターの領域で成り立つことが示されている (Friedman, 1991)。このような単峰マップによる非正規言語の存在は定性的には次のように理解できる。1 次元マップの言語 $\mathcal{L}$ はパイこね変換 T と密接に関連している。7.3 節で我々は、言語がパイこね変換からどのように生成されるかを見てきた。そこで明らかになったように、$\mathcal{L}$ の複雑さは T の複雑さに完全に帰することができる。全ての記号の系列が変換の系列 (kneading sequence) から生成できるわけではないが、無数の符合化を許す変換の（非可算無限個の）系列が存在する。また、これらの言語が $C^{(2)} = 0$ の単純さを持つにもかかわらずチョムスキーの分類においては高次に分類されているという矛盾は、$C^{(2)}$ が与えられた記号の正確な再構成では

なく、言語の単語を正確に有限個生成するモデルに関係している量であるということに注意すれば、解決される。

このアプローチの有効性は、より複雑な2次元マップの解析によって示されている。第4章で示したように、接線型ホモクリニックは1次元マップにおける極値の役割を担い、生成分割の要素を決める働きをしている。ここで重要な違いは、接線型ホモクリニック点の数が無限にあり、さらにフラクタルを構成するということである。このことによって、D'Alessandro and Politi (1990) は多くのパラメーターに対して $N_f(n)$ が指数関数的に増加することを示している。指数は

$$C^{(2)} = \frac{\lambda_1^2}{\lambda_1 - \lambda_2}$$

で与えられ、ここで λ_1, λ_2 はそれぞれ正のリヤプノフ数と負のリヤプノフ数である。$\lambda_2 \to -\infty$ の極限においては、1次元マップに対する値 $C^{(2)} = 0$ が再現される。面積保存マップに対しては、$\lambda_1 = -\lambda_2, C^{(2)} = \lambda_1/2 \leq K_0/2$ が成り立つ。

これらのアプローチでは、まず第1段階として全ての許される単語（言語 $\mathcal{L}$）を扱い、第2段階として IFW の集合 $\mathcal{F}$ を扱う。この考え方を進めれば、$\mathcal{F}$ に存在する全ての既約な禁止語の集合（$\mathcal{F}(\mathcal{F})$ のように示すことができるであろう）に関する同様な解析が可能であることが示唆される。しかしながら、$\mathcal{L}$ とは異なり $\mathcal{F}$ は非乗算的 (nonfactorial) かつ非可遷的 (nontransitive) である。すなわち、定義より $\mathcal{F}$ のどのような単語の部分系列も IFW と同じではない。例えば、図9.2の言語の場合には、IFW は（$\mathcal{F}$ の乗算的かつ可遷的な要素のように）連続な偶数個の0で指定されるだけでなく、接頭語 (101) と接尾語 (101) でも指定されている。したがって、一般に、言語 $\mathcal{F}$ の全ての禁止について知っているからといって、$\mathcal{F}$ 自身を完全に再構成することはできない。もう一つの例として、全ての n に対して、A^* からある確率でランダムに選ばれた長さ n の IFW から生成される言語 $\mathcal{L}$ を考えてみよう。$\mathcal{F}$ についての知識は $\mathcal{L}$ の理解には全く役立たないことがわかるであろう。

全ての言語をカバーする包括的な理論は存在しそうにないが、$\mathcal{F}$ の多様性の主な原因が有限の乗算的かつ可遷的な要素になる場合には、ここで示した階層性 $\mathcal{L} \to \mathcal{F} \to \mathcal{F}(\mathcal{F}) \to \ldots$ が存在するかもしれない。このような場合には、$\mathcal{F}$

の複雑さはそれ自身の IFW から出現し，$C^{(3)}$ は言語 $\mathcal{F}(\mathcal{F})$ のトポロジカル・エントロピーとして定義することができる。

このことは，特に正規言語に対して可能である。事実，あるグラフ G によって記述されたどのような正規言語に対しても，言語 $\mathcal{F}$ を記述するグラフ G_f を構成する方法が存在し，$\mathcal{F}$ 自身がまた正規的となる（付録 E を参照）。一般に G_f には区別可能なエルゴード的要素に加え，過渡的状態（$\mathcal{F}$ に乗算性（factoriality）及び可遷性のないことを説明するために必要である）も存在する。複雑さの測度 $C^{(2)}$ はこのような要素のエントロピーの最大値であり，トポロジカル・エントロピー $K_0 = C^{(1)}$ よりも常に小さいと予想されている。G_f のエルゴード的な要素は有限のグラフなので，この操作を繰り返すことで，減少するトポロジカル・エントロピー $C^{(i)}$ で特徴づけられる言語を生成できる。そして，それぞれの正規言語には，$C^{(k+1)} = 0$ となる有限の k が存在すると予想され，これは言語 $\mathcal{L}$ において入れ子構造になった階層性のレベルを表している（このことは "位相的な深さ（topological depth）" と解釈できるかも知れない）。

CA の基本ルール 22 が上のアイディアのよい例となっている。例えば，ランダムな初期条件からの時間を 1 ステップ進めることで得られる空間的配列を持つ正規言語 $\mathcal{L}$ を考えてみよう（7.3 節を参照）。$\mathcal{L}, \mathcal{F}, \mathcal{F}(\mathcal{F})\ldots$ に対する IFW 解析によって四つの階層が存在することがわかり，複雑さの指数は各々 $C^{(1)} \approx 0.6508$，$C^{(2)} \approx 0.5297$，$C^{(3)} \approx 0.4991$，$C^{(4)} \approx 0.1604$ である。このルールの極限集合 $\Omega^{(\infty)}$（(3.22) 式）についての厳密な結果はまだ知られていないが，n 番目の写像に対するグラフのサイズが n に関して急速に増加する関数となるので，トポロジカルな深さ $k = k(n)$ と複雑さの指数 $C^{(i)}(n)$ も n に関して増加することが予想される。また，7.3 節で導入した方法によって，長さ 25 までの全ての IFW が決定されている。そして，図 9.3 に示されているようにその結果は $C^{(2)} \approx 0.545$ を示している。この結果はトポロジカル・エントロピーの最良の有限サイズ評価 $K_0 = C^{(1)} \approx 0.5$ に非常に近く，2 次の複雑さの最大値が K_0 と矛盾しないことを示唆している。この発見により，第 6 章で見出された熱力学的関数のゆっくりとした収束が理解でき，さらにエントロピー・スペクトル $g(\kappa)$ における相転移の存在が示唆されている。しかしながら現在のところ，$C^{(1)} = C^{(2)}$ が厳密に成り立つかどうか及び，3 次の指数 $C^{(3)}$ が決定できるかどうかはまだわかっていない。

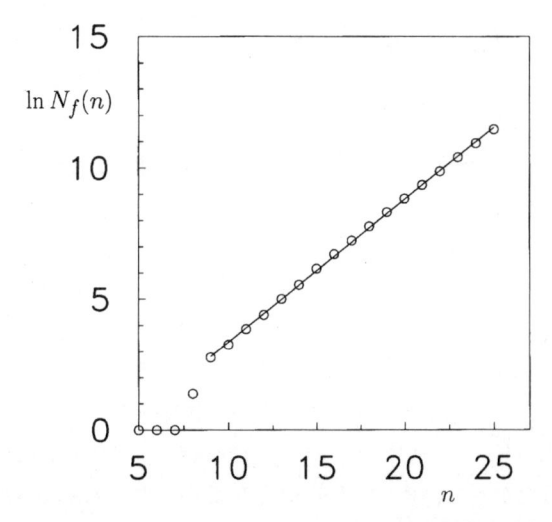

図 9.3 セルオートマトン・ルール 22 の漸近的空間配置に対する、長さ n の既約禁止語の数 $N_f(n)$ の自然対数と、既約禁止語の長さ n のグラフ。プロットは 7.3 節で説明した原像（pre-image）法を用いて得られ、傾きは $C^{(2)} = 0.545$ である。

$C^{(2)} = C^{(1)}$ を証明できる言語は、1 次元の離散ランダムウォークを伴う CFL である。ここでランダムウォークは、障壁以外では自由に上 (u) または下 (d) に移動でき、障壁では上昇するかそこに留まる (s) ようなものであるとする。許される n-ワードの数は、それぞれのパスが過去の履歴とは独立に二つの動きのどちらかを選ぶことができるから、厳密に $N(n) = 2^n$ となる。us と sd に加えて、F は障壁を乗り越えるような全てのパスを含んでいる。ブラウン運動の理論によると（離散的な場合については Feller, 1970 を参照）、これらのパスの数は $N(n)/\sqrt{n}$ に比例する。したがって、$N_f(n)/N(n)$ が代数的に小さくなる一方で $C^{(1)} = C^{(2)} = \ln 2$ が成立する。

トポロジカルな指数は、これまでに議論してきた複雑さの指標の多くの問題点を解決できるだけでなく、新しい自然な要求を満たしている。すなわち、有限個 m の言語 $\mathcal{L}_j$ の和集合 (union) $\mathcal{L}^u(m) = \bigcup_j^m \mathcal{L}_j$ の複雑さは、個々の要素の複雑さの最大値によって上からおさえられるということである。事実、（個々の言語が同じアルファベットを使用していると仮定すると）有限個の和集合では IFW の数が減少する可能性がある一方、$K_0^{(j)}$ を $\mathcal{L}_j$ のトポロジカル・エン

トロピーとすると $K_0(\mathcal{L}^u(m)) \leq \max_j K_0^{(j)}$ が成り立つ。このことは、有限個の要素を多数加え合わせる初等的な操作が複雑さを作り出すことはあり得ないから、望ましい性質である。

同様に、m 個の言語の**積** (product) $\mathcal{L}^p(m)$ の複雑さを研究することも重要である。言語の積は次のように定義できる。二つの記号列 $\mathcal{S} = ...s_1 s_2...$, $\mathcal{S}' = ...s'_1 s'_2...$, $s_i \in \{0,...,b-1\}$, $s'_i \in \{0,...,b'-1\}$ を考えると、これらの直積 $\mathcal{S} \times \mathcal{S}'$ は対応するシンボルの記号列 $...(s_1, s'_1)(s_2, s'_2)...$ となり、これは (s_i, s'_i) から $t_i = b's_i + s'_i \in \{0,...,bb'-1\}$ へのマップを表す記号列 $\mathcal{T}$ になっている (t, s, s' の具体的な数値には、それぞれのシンボルの値を用いる)。m 個の要素への拡張も簡単で、この操作はマップの通常の直積 F×G に対応している。また、$K_0(\text{F} \times \text{G}) = K_0(\text{F}) + K_0(\text{G})$ であるので (Petersen, 1989)、$K_0(\text{F}^n) = nK_0(\text{F})$ が成立する。したがって、マップ F を何度も繰り返すと K_0 は任意に大きくなってしまうから複雑さの適切な指標とはなり得ない。2次の指標 $C^{(2)}$ も同様な性質を持っている。$\mathcal{S}$ に含まれる長さ n の IFW は、$\mathcal{S}'$ に含まれる任意の許される n-ブロックとペアを作ることができ（その逆も可能である）、$\mathcal{T}$ の IFW を生成する。したがって $C^{(2)}(\mathcal{L} \otimes \mathcal{L}') = \max\{K_0 + C'^{(2)}, K'_0 + C^{(2)}\}$ が成り立つ。m 個の要素の場合には、最大値は $m-1$ 個の任意の独立なトポロジカル・エントロピーと、それとは別の指数 $C^{(2)}$ の総和に対して評価される。またこのアプローチは、メトリックな性質への拡張を禁じてはいないものの、トポロジカルな性質のみを扱っていることに注意して欲しい。

9.4 モデルによる予想の収束性

記号パターンを物理学的に特徴づけることの主な目的は、そのパターンの熱力学的な性質を評価することにある。一般化エントロピー K_q（または可能ならば次元 D_q（(6.25) 式））のような特性量は、系の部分が持つ豊かさや観測量 $\mathcal{O}$（P または ϵ）による $O(\mathcal{S})$ の値のひろがりを評価することができる。しかし、これらの指標は相互作用の複雑さに関しては何の情報も含んでいない。ここで相互作用の複雑さとは、第6章で議論したように、$\mathcal{S}$ の変化による $O(\mathcal{S})$ の変化を反映しているものである。相転移の場合で示したように、相関が $|\mathcal{S}|$ とと

もにゆっくりと減衰することは、熱力学関数の非解析的な振舞いとそれに対応する有限近似のゆっくりとした収束によって明らかになっている。したがって、多くの乗法的な観測量 O の期待値は、大きな $n = |S|$ に対して、

$$\langle O(S) \rangle \sim A(1 + \alpha n^\beta e^{-\eta n}) e^{n\alpha} \tag{9.12}$$

のようにスケールできると期待される（(9.7) 式を参照）。もし $\eta > 0$ ならば、系は弱い相関を持っていると呼ばれ、後に示すマルコフ過程がこの例になっている。逆に、η が 0 になることは、自己回避型ランダム・ウォークのように、長距離相関と臨界現象の存在を示唆している (7.2 節を参照)。

次の二つの節では、(9.12) 式のように平均をグローバルに評価したり、全ての階層においてモデルと実際の系の詳細な比較を行なうことによって明らかになる相互作用について議論する。厳密性のために、特に断らない限り $O(S) = P(S)$ とする。

9.4.1 大局的な予想

離散確率過程に対して重要な概念的及び実際的な応用を与える一つのモデルは、マルコフ近似で表現することができる。k–次のマルコフ鎖の定義 ((5.11) 式) を思い出すと、記号列 $S = s_1...s_n$ に対応する予測子 $P_0(S)$ は次のような積で書くことができる。

$$P_0(s_1...s_n) = P(s_1...s_k) P(s_{k+1}|s_1...s_k) \cdot ... \cdot P(s_n|s_{n-k}...s_{n-1}). \tag{9.13}$$

そして、このようなモデルが熱力学的関数をどの程度正確に評価できるかは、既約化されたカノニカル分配関数 ((6.11) 式を参照)

$$Z_{can}(n, q; s_{n-k+1}, .., s_n) = \sum_{\{s_1,...,s_{n-k}\}} P^q(s_1...s_n)$$
$$= \sum_{\{s_1,...,s_{n-k}\}} P_q(s_1...s_{n-1}) P^q(s_n|s_1...s_{n-1})$$

を用いて調べることができる。ここで条件つき確率が最近の k 個のシンボルのみに依存すると仮定すると、$s_1...s_{n-k-1}$ に関する総和は

$$Z_{can}(n, q; s_{n-k+1}, ..., s_n)$$

$$= \sum_{s_{n-k}} Z_{can}(n-k, q; s_{n-k}, ..., s_{n-1}) P^q(s_n | s_{n-k} ... s_{n-1})$$

と書くことができる。この式は既約化された分配関数についての線形な再帰方程式になっており、ベクトル形式で書くと、

$$Z_{can}(n, \cdots) = \mathcal{T} Z_{can}(n-1, \cdots)$$

となる。ここで、$\mathcal{T}$ は**変換演算子**（transfer operator）である。通常の分配関数 $Z_{can}(n, q)$（(6.11) 式）はベクトル $Z_{can}(n, \cdots)$ の（k 個のシンボルの全ての可能な組合せに対応する）b^k 個の要素を加えることで得ることができる。変換演算子の正確なマトリックス形式は

$$T(q)_{s_0 s'_1 ... s'_{k-1}; s_1 s_2 ... s_k} = P^q(s_k | s_0 s'_1 ... s'_{k-1} \delta_{s'_1 s_1} \cdot ... \cdot \delta_{s'_{k-1} s_{k-1}}) \quad (9.14)$$

で与えられ、ここで時間の原点を $n-k$ だけずらしてある。この $b^k \times b^k$ の変換マトリクス（(9.14) 式）は、連続した階層 (n と $n-1$) の分配関数の間のメモリー k のスケーリング関係を記述している。また、$n \to \infty$ に対して

$$Z_{can}(n+1, q) \sim e^{(1-q)K_q} Z_{can}(n, q)$$

であるから、エントロピー K_q は $\mathcal{T}$ の最大リャプノフ指数 $\mu_1(q)$ から求めることができる。事実、$n \to \infty$ と十分大きな m（k 次のマルコフ過程に対して $m > k$）に対して $Z_{can}(n+m, \cdots) \sim \mathcal{T}^n Z_{can}(m, \cdots)$ が成り立つ。これは、7.2 節でノードとノードの遷移を考慮して導いた、確率的正規言語に対する (7.12) 式と同等の関係である。

"スケーリング方向"の相関は、条件つき確率 $P(s_n | s_1 ... s_{n-1})$ の過去の履歴に対する依存性を決める上で重要である。すなわち、観測量 P の b-分岐率は、（ベルヌーイ過程のように）全てのレベルで同じでもなく、また（ランダム・ツリーのように）完全に予測不可能でもない。相関の範囲と振幅は、有限サイズ評価

$$K_q(n) = \frac{1}{1-q} \ln \frac{Z_{can}(n+1, q)}{Z_{can}(n, q)} \quad (9.15)$$

の $n \to \infty$ における極限 K_q への収束性によって大局的に定量化できる。ベルヌーイ過程に対しては $Z_{can}(n, q) = Z_{can}(1, q)^n$ であるから $K_q(n) = K_q, \forall n$

となる。また k 次のマルコフ過程に対しては、収束指数 η ((9.12) 式) は $\mathcal{T}$ の最大固有値と次に大きな固有値の比

$$\eta_M = \ln\frac{\mu_1}{|\mu_2|}$$

で与えられる。もし全ての過去の履歴が必要ならば、演算子 $\mathcal{T}$ は近似的にしか求めることができないが、K_q と既約化された演算子 $\mathcal{T}_k$ の記号列の最大固有値 μ_1 から求めた $\hat{K}_q(n)$ を比較できるかも知れない。ただしここで、既約化された演算子 $\mathcal{T}_k$ は $k = n-1$ 次のマルコフ・モデルに対応している。もし信号がマルコフ的であるならば、n がマルコフ過程の次数を越えると $\hat{K}_q(n)$ が漸近値と良く一致することは明らかである。$q=0$ の一般的な信号に対しては、D'Alessandro らが、減衰率 $\hat{\eta} = C^{(1)} - C^{(2)}$ での指数関数的な収束を予想している (1990)。ただし、$C^{(1)}, C^{(2)}$ は 8.2.3 節で定義された最初の二つのトポロジカル指数である。実際、$(n-1)$ 次のマルコフ・モデルによって有限の測度で存在すると予想される n-ブロックの数を $N_0(n)$ と書くと、ブロックの実際の数 $N(n)$ は

$$N(n) = N_0(n) - N_f(n) \sim e^{n\hat{K}_0(n-1)} - e^{nC^{(2)}} \sim e^{n\hat{K}_0(n)}$$

で与えられる。ただし、$N_f(n)$ は既約禁止語の数である。また $\hat{K}_0(n-1)$ によって $\hat{K}_0(n)$ を表し、$C^{(1)} \equiv K_0$ であることを用いると、指数 $\hat{\eta}$ はスケーリングに対する 1 次の相関から求めることができる。

$\hat{\eta} > \eta_M$ であるならば (すなわち相互作用が十分に短ければ)、有限サイズ評価 ((9.15) 式) の収束率 η は η_M と一致すると期待できる。このことは、例えば $(a, b) = (1.4, 0.3)$ のエノン写像 ((3.12) 式) を用いて生成した記号列について成立し、$q=0$ における評価は $\hat{\eta} = 0.37$、$\eta \approx 0.25$ となる (D'Alessandro et al., 1990)。反対に、もし $\hat{\eta} < \eta_M$ であるならば、$K_q(n)$ の収束率はマルコフ近似で与えられ、$\eta = \hat{\eta}$ となる。これは、例 6.7 でオートマトン・ルール CA 22 の $q=0$ に対して示したことと同様で、そこでは $\hat{K}_0(n)$ よりも $K_0(n)$ の方が正確である。

9.4.2 詳細な予想

これまで議論してきた大局的なアプローチの反対が "微視的な" アプローチ

で、個々の記号列 S の $|S| \to \infty$ の極限において、モデルの予想 $O_0(S)$ と観測量 $\mathcal{O}$ の実際の観測値 $O(S)$ の比較を行なう方法である。この操作は、**スケーリング・ダイナミクスの複雑さ**（scaling dynamics complexity）の概念を形成する基礎となっている（Badii, 1990a, 1990b）。"複雑さ"という言葉の文字通りの意味にしたがうと（「まえがき」を参照）、系は記号列 S によってラベルされる全ての階層における部分要素の配置として捉えられ、それらの間の相互作用は "環境" $s_{-m}...s_{-1}s_0$ に対する $O(s_1...s_n|s_{-m}...s_{-1}s_0)$ の依存性によって説明される。観測者は、有限のデータから漸近的なスケーリング的振舞いを予想することによって、自分がどの程度その系を理解しているのかを評価する。この予想の難しさはもちろん観測量 $\mathcal{O}$ に依存する。

このように考えると、複雑さの数値は観測者の能力に依存する。なぜなら観測者によって考え出されたモデルと対象がどの程度一致するのかを測っているからである。事実、"説明"が発見されるやいなや、現象は複雑には "見えなくなる"。これらの議論に加えて、これから定義する測度は次のような指摘とも合致している（Badii *et al.*, 1991）。

1. 複雑さは "秩序" と "無秩序" の間に存在している。この文章を厳密に受け入れると、周期的な振舞いおよび完全にランダムな振舞いに対して複雑さは存在しない。
2. 複雑さは系とモデルのペアが、本来的に持っている "示強性" の性質である。多数の有限な対象（言語やツリー）$\mathcal{L}_j$ の和集合 $C(\mathcal{L}^u(m))$ の複雑さは個々の複雑さの単純な総和 $\sum_j C(\mathcal{L}_j)$ で与えられるのではなく、むしろ $C(\mathcal{L}^u(m)) \leq \sup_j C(\mathcal{L}_j)$ を満足する。事実、解像度をあげるにつれて $\mathcal{L}_1$ のルールの数が $\mathcal{L}_2$ のルールの数よりも急速に増大するならば、全体の複雑さの記述は漸近的に $\mathcal{L}_1$ の性質のみに支配されることになる[3]。
3. 付加的な構造を導入することなく独立な言語の直積を考える場合には、複雑さは増大するべきではない。したがって、9.3 節のように "積言語" $L^p(m)$ を定義する場合には、$C(L^p(m)) = \sup_j C(L_j)$ が要求される。

---

[3] このことは、有限の言語（または、構造を持たない均一な有限個の要素からなる対象）には複雑さは存在しないことを示唆している。

ここでシフト力学系によって生成される言語 $\mathcal{L} \subseteq A^*$ を表すツリーを考えてみよう。そうすると、スケーリング・ダイナミクスの複雑さは、"$n \to \infty$ の極限において、深さ 1 から深さ n までの構造から深さ $n+1$ のツリーの構造について何がいえるのか"という問題を取り扱うことになる。

この問題は、ツリーの構造に対応するトポロジカルな性質、節点のワードの確率 $P(S)$ に対応するメトリックな性質、節点に付随する系の観測量 $O(S)$(例えば、フラクタル集合を覆う要素のサイズ $\epsilon(S)$ や乱流における渦速度の差など)の値に対応する一般的な性質、などに対して拡張できる。

深さ n の $N(n)$ 個の記号列 $S = s_1...s_n$ に対して、観測者は $S' = Ss$, $s \in A$ のタイプの全ての可能な連接を作ることができるが、すでに知られている禁止を含まないようにしなければならない。すなわち、$s_n s, s_{n-1}s_n s, ... , s_2...s_n s \in \mathcal{L}$ であるかどうかを調べ、この条件を満たさない S' は最初から許されない。ここで、これらの連接 S' の数を $N_0(n) \geq N(n)$ と仮定すると、個々の S' の確率に対して、予想 $P_0(S')$ が計算できる。ただし、これらの計算は深さ n までの情報のみを用いて行なわれ、例えば最も荒い予測は $P_0(Ss) = P(S)P(s)$ である(s と S が独立の場合)。また期待される確率 $P_0(S')$ は、各々の深さで総和が 1 となるよう規格化する必要がある。予想と実際の値の比較は、相対エントロピー

$$C_1 = \lim_{n \to \infty} \sup C_1(n) \equiv \lim_{n \to \infty} \sup \sum_S P(S) \ln \frac{P(S)}{P_0(S)} \qquad (9.16)$$

を用いて評価することができる。ただし、S に関する総和は深さ $n = |S|$ で存在すると予想される全ての S についてとる。この非負の特性量 C_1 は**メトリックな複雑さ** (metric complexity) (Badii, 1990a) と呼ばれ、全ての S に対して予測が実際の確率と一致した時に 0 となる。このことは周期的または概周期的な信号のみならず、無相関なランダムな信号に対しても成立し、実際、$P_0(s_1...s_n) = \Pi_i P(s_i)$ で定義される最も単純な予測子を用いた場合でも、全ての n に対して完全に一致する。

より強力な予測子を用いると、長いメモリー(相互作用の範囲)をもつ信号を認識することができる。k 次のマルコフ・モデル((9.13) 式)を用いると

$$C_1(n) = -H_n + H_k + (n-k)(H_{k+1} - H_k)$$

となり、ここで H_n はブロック・エントロピー((5.36) 式)である。したがって、

もし信号が $r < k$ のマルコフ的な信号であれば（モデルが冗長な場合）$C_1 = 0$ となり、$r > k$ の場合は（モデルが不十分な場合）$C_1 = \infty$ となる。実際 $r < k$ の場合には、$h_k = H_{k+1} - H_k$ ((9.4) 式) も H_n/n もメトリック・エントロピー K_1 と一致する。$r > k$ の場合には、h_k は H_n/n よりも必ず大きな値となる。次に $k = n-2$ とすると、深さ n の分布を予測するために、$(n-1)$ ブロックの全ての情報が必要である。その結果、

$$C_1(n) = -H_n + 2H_{n-1} - H_{n-2} = h_{n-2} - h_{n-1} \tag{9.17}$$

は、ブロック・エントロピー H_n の 2 次の変分の符号を逆にしたものを表していることがわかる。(9.9) 式より、収束速度 $f(n)$ が上から 0 でおさえられ $C_1(n) \approx -f'(n-1)$ であるから、$C_1 = 0$ となることがすぐにわかる。したがって、このような予測子は非常に強力で、どのようなシステムもメトリックな複雑さを持つことがない。しかし、読者はこの結論に驚かないでほしい。なぜなら、解像度 n をあげるに従って、系の表現（ツリー）サイズの増大と同じ速度でモデルのサイズも増大するために $C_1 = 0$ になっているに過ぎないからである。しかしながら、実際にこの条件が満たされることはない。

適切なモデルを選ぶことにより、$C_1(n)$ の有限サイズ評価からスケーリング相関の強さについての情報を得ることができる。メモリーを $k = k(n) \sim \gamma_1 \ln n$ のようにとることにより、$|H_n - nK_1 - C| = r(n)$ の指数関数的な収束性について調べることが可能である。すなわち、もし $r(n) \sim e^{-\eta n}$ であれば、$\gamma_1 < 1/\eta$ のときに $C_1(n)$ は発散し、$\gamma_1 > 1/\eta$ のときに 0 になる。同様に、$0 < \gamma_2 < 1$ における $k(n) \sim n^{\gamma_2}$ の場合には、$r(n) \sim n^{-\beta}$ の形の代数的な法則を調べることができる。結果は、$\gamma_2 < (1-\beta)^{-1}$ の場合に $C_1 = 0$ となり、$\gamma_2 > (1-\beta)^{-1}$ の場合に $C_1 = \infty$ となる。さらに $0 < \gamma_3 < 1$ における $k(n) \sim \gamma_3 n$ の場合には、$r(n) \sim [\ln(n+1)]^{-\alpha}$ に対して同様の結果が得られる。

もし、$O(S)$ の値（$O_0(S)$ の値についても）が規格化できるならば、**擬似確率** (pseudo-probability)

$$\pi(S) = \frac{O(S)}{\sum_S O(S)} \tag{9.18}$$

を導入することにより、(9.16) 式の定義は広範な（非負の）観測量 O に拡張可能である。ただし、S に関する総和は深さ n の全ての S についてとるものと

する。もし、$O(S)$ がフラクタル集合の部分要素のサイズ $\epsilon(S)$ と同じ程度であれば、対応する複雑さ $\tilde{C}_1$ は "一般的（generic）" と呼ばれることがある。また $\pi(S)$ 及び対応する予想値 $\pi_0(S)$ を導入することで、相対エントロピー（(5.49)式）が正であることが保証されている。この重要な性質によって、C_1 を保測変換の空間における距離と解釈することが可能となる。すなわち、実際の (π) と予想された (π_0) の分布は、それぞれ区分線形なマップ F と F_0（または近似を多数回行った場合には F_n）に帰することができる（Badii, 1991）。この二つの（観測量に依存した）マップがどの程度一致しているかは、(9.16) 式で定義された特性量 $C_1^{(\pi)}$ を用いて調べることができるが、この量は π, π_0 両方に関係している。このように考えると、有限の n に対するメトリックな複雑さ $C_1^{(\pi)}(n)$ はエルゴード理論のところで考えた収束速度 $f(N)$ と類似していることがわかる。ただしここで、$N = N(n)$ は n 番目の近似レベルでの分割要素の数を表している（(5.33) 式を参照）。$f(N) \leq 1$ の値は、n 次の近似マップ F_n の 1 回写像点の集合と、与えられたマップ F の 1 回写像点の集合の違いを示す F-測度を表している。ただしここでのアプローチでは、F_n と F にそれぞれ付随する分割 $\mathcal{C}_n, \mathcal{C}$ が同じである必要はなく、前者は F_n による有限の質量からの $N_0(n)$ 個の要素を含んでいる。さらに、同じ S における $\mathcal{C}_n$ の要素の質量と $\mathcal{C}$ の要素の質量を比較するため、F_n と F の（一般には異なる）二つの不変測度も関係している。したがって、(5.33) 式における 1 ステップの違いではなく、マップ間の漸近的な違いを評価することになる。ただし、Alpern (1978) によって議論されたように、より一般的な（特にマルコフ・モデルによる）保測位相同型写像への拡張が可能と思われる Katok and Stepin (1967) の解析とは異なり、ここでは周期的なマップは考慮されていない。このような一般化により、(5.33) 式はモデルと対象の一致の程度を定量化しているので、それ自身が複雑さの測度になっている。周期マップと有限次のマルコフ・マップはそれぞれ、系を "下" 及び "上" から近似したマップであると見ることができ、適当なトポロジーの下では、どちらのマップも自己同形な群 G の上でちゅう密である（Halmos, 1956; Alpern, 1978）。これらのマップの一つでもよい近似を与えるならば、複雑さは存在しない。もしそうでないならば、他のクラスの変換（最小モデルや記憶範囲が増大するマルコフ・モデルなど）も調べる必要がある。このような見方はエルゴード理論のいわゆる実現問題（realization problem）と密接に関係して

おり、その主要な結論の一つは、ルベーグ空間上のどのエルゴード的な MPT も、コンパクトなメトリック空間における極小で唯一のエルゴード的位相同形写像として実現できる（すなわち、メトリック的に同型である）、というものである (Petersen, 1989)。

一般的な疑似確率 π ((9.18) 式) との関係で見ると、$k = n - 2$ のマルコフ予測子の場合でさえ、メトリックな複雑さ $C_1^{(\pi)}$ はゼロにならないことがあり得る。特に (9.17) 式の表現を適用することはできない。このことを見るために、$\pi(Ss) = a_s(S)\pi(S)$ の関係から生成されるランダム・ツリーを考えてみよう。ただし、S は n ブロック、$s \in A$ は記号である。一般に、分岐比 $a_S(S)$ は、元のノード S に依存している。また、真の確率の場合とは異なり、π は条件 (5.4) 式と (5.5) 式を満足する必要はなく、$\sum_S a_S(S)$ も全ての S に対して 1 になる必要はない。唯一の拘束条件は、$n = |S|$ を満たす全てのレベルで $\sum_S \pi(S) = 1$ となることである。

例：

[9.1] 最初のレベルで長さ $\epsilon(0) = 1/2$, $\epsilon(1) = 1/3$ の区間長で覆われ、次のレベルで長さ $\epsilon(00) = 4/9$, $\epsilon(01) = 1/27$, $\epsilon(10) = 1/9$, $\epsilon(11) = 1/27$ の区間長で覆われているカントール集合を考えると、$\pi(0) = 3/5 < \pi(00) = 12/17$ で $a_0(0) = 20/17$ となり $a_0(0)$ は 1 よりも大きくなる。しかし、このようなことは決して例外ではなく、モデルに不整合な点があるからでもない（事実、全ての S に対して、$\sum_S \epsilon(Ss) \leq \epsilon(S)$ となっている）。　　□

[9.2] 通常の確率 $P(S)$ をもつランダム・ツリーを考える。ノード S における b-分岐のエントロピーを $\tilde{h}_S = -\sum_S a_S(S) \ln a_S(S)$ と書くと、

$$H_{n+1} = H_n + \sum_{S: |S|=n} P(S)\tilde{h}_S = \sum_{i=1}^n \langle \tilde{h} \rangle_i \quad (9.19)$$

が成り立つ。ただし、$\langle \tilde{h} \rangle_i = \sum_{S:|S|=n} P(S)\tilde{h}_S$, $\langle \tilde{h} \rangle_0 = H_1$ である。時系列 $\{\langle \tilde{h} \rangle_i\}$ は確率測度 $m(\tilde{h})$ をもつ確率過程で、P のスケーリング的な性質を支配している。この意味では、異なる解像度における観測量の値を関連づける、"**スケーリング・ダイナミクス** (scaling dynamics)" (Feigenbaum, 1988) を考え

ていると思ってよい。また独立な増分 $\langle\tilde{h}\rangle_i$ に対しては、重複対数 (Feller, 1970) の法則によって $H_n \sim nK_1 + O(\sqrt{n \ln \ln n})$ となり、(9.17) 式より $C_1 = 0$ である。 □

疑似確率の場合には、(9.17) 式を導出したときのように、総和 $\sum_{sSs'} \pi(sSs') \ln \pi(S)$ を $\sum_S \pi(S) \ln \pi(S)$ と単純化することはできない。したがって、分岐比 $a_s(S)$ を変えると $C_1^{(\pi)}(n)$ の値は極めて予測の難しい変動をすると考えられる。また異なる部分列 $C_1^{(\pi)}(n_k)$ は、$\lim_{k\to\infty} n_k = \infty$ の極限において異なる極限に収束する可能性があり、この現象は乱れた系に対するカオス的くり込み群変換の場合と同様である (6.3 節を参照)。

ツリーの純粋にトポロジカルな特徴づけは、0 でない全ての確率の値を固定することで得ることができる。すなわち、全ての S に対して $P(S) = 1/N(n)$, $P_0(S) = 1/N_0(n)$ であり、ここで $N(n)$ は有効な n-ブロックの数、$N_0(n)$ は予想された n-ブロックの数である。これらの値を (9.16) 式に代入すると、**トポロジカルな複雑さ** (topological complexity)

$$C_0 = \lim_{n\to\infty} \sup C_0(n) = \lim_{n\to\infty} \sup \ln \frac{N_0(n)}{N(n)} \qquad (9.20)$$

が得られる。この節の最初で示したように、$N_0(n) \geq N(n)$ であるから $C_0 \geq 0$ となる。もし、ある長さ n_0 を越えたところで全ての予想された軌道が存在するならば、有限タイプのサブシフトの場合と同じように、トポロジカルな複雑さは 0 となる。さらに、$N_0(n) \leq bN(n-1)$ であるから、$C_0 \leq \ln b - K_0(n-1)$ が成り立つ。ここで、$K_0(n-1)$ は K_0 の有限サイズ評価 (9.15) である。S の拡張 $S' = Ss$ のうち、自分より短い禁止語を含まずそれ自身が禁止語であるようなものは、定義より全て IFW である。したがって、$N_0(n) = N(n) + N_f(n)$ となり、$N_f(n)$ と $N(n)$ が同じ速さで発散するときに興味深い状況が発生する。このような状況は数値計算では、例えばセル・オートマトン・ルール 22 の極限集合において観察されている (図 9.3)。しかしながら、有限個の単調な部分からなる 1 次元マップの場合には $N_f(n)$ は上から定数でおさえられ、2 次元マップの場合には $e^{nK_0/2}$ でおさえられるため、どちらの場合でも $C_0(n)$ は 0 となる。

前節の例でも示したように、もし $N(n)$ と $N_f(n)$ が指数関数的に同じ速度で発散するなら (すなわち $C^{(1)} = C^{(2)}$ なら)、一般に $C_0(n)$ は代数的に 0 に近

づくと期待される。また有限の最大分岐数 b をもつツリーに対して $C_0 = 0$ となることは驚くに当たらない。なぜなら、上で説明した予測子は、長さ $n-1$ までの全ての IFW を利用しているので、モデルとツリーは同じ漸近挙動を示すことになるからである。また、既に述べたようにこれらの予測子は理論的な道具であり、n がとても大きくなる場合（例えば $n > 20$）には実際的な道具とはなりえない。その一方で、ゆっくりと増加する情報の場合には、C_0 が正の値をとる場合があり、これらの議論はメトリックな場合に対してなされたものと全く同様である。最後に、C_0 の定義は正のトポロジカル・エントロピー K_0 には依存しないことに注意してほしい。事実、モデルの種類によらず C_0 が厳密に正の値をとるのは、$N(n)$ と $N_f(n)$ がゆっくりと同じ速度で発散する特別な場合に対応していると考えられている。

トポロジカルな複雑さ $C_0^{(\pi)}$ とメトリックな複雑さ $C_1^{(\pi)}$ は、複雑さの関数 $C_q^{(\pi)}$ の二つの特別な場合で、それは一般化次元や一般化エントロピーと同様に定義できるかもしれない。相対エントロピー（(9.16) 式）の値を正に保つために、2 次の疑似確率 $\tilde{\pi}^{(\pi)}(S) = \pi^q(S)/\sum_S \pi^q(S)$ と予測子に対する同様の量 $\tilde{\pi}_0^{(q)}$ を導入すると、

$$C_q^{(\pi)} = \lim_{n\to\infty} \sup \sum_S \tilde{\pi}^{(q)}(S) \ln \frac{\tilde{\pi}^{(q)}(S)}{\tilde{\pi}_0^{(q)}(S)} \tag{9.21}$$

と書くことができる。$\pi(S) = P(S)$ ならば、$q \to 0$(または $q \to 1$) の下で C_q は C_0(または C_1) となることは明らかである。

スケーリング・ダイナミクスの複雑さ（(9.21) 式）は、系とモデルの両方に依存する相対的な特徴量である。また、この節の最初に列挙した三つの条件を満足することも簡単に示すことができる。まず、第 1 の点については、予測不可能性は情報源と互換な全ての信号のクラス（そして、付随する観測量のスケーリング特性）と関連しており、与えられた信号の近傍の未知の配列と関連しているのではない[4]。したがって、最も単純な予測子に対してさえ、"規則的"（すなわち、周期的または準周期的）信号は、乱れた（すなわち、ランダムでデルタ相関をもつ）信号と同程度に単純である。全てのシフト力学系の仮想的 1 次

---

[4] この二つの見方はお互いに "直交" していると言うことができるかもしれない。後者は、空間または時間についての局所的な振舞いに関する通常の意味での予測不可能性を表しており、メトリック・エントロピーで説明することができる。

元表現において、"秩序"領域と"無秩序"領域の間の領域が複雑さに関係しているかもしれず、我々の系に対する"理解"が進めば、モデルの改良とともにその領域は減少するかもしれない。

2番目の点は、トポロジカルな複雑さによって簡単に示すことができる。プライムのついている表記とついていない表記では異なる系を表わすとすると、$R(n) = \ln[N_0(n) + N_0'(n)]/[N_0(n) + N_0'(n)]$ は漸近的に C_0 または C_0' と一致するか ($N_0(n) > N_0'(n)$ かつ $N(n) > N'(n)$ が成り立つ場合、またはその逆が成り立つ場合)、混合した表現 $R(n) = \ln[N_0(n)/N'(n)]$ となる。後者の場合には、定義から $R(n) < \ln[N_0(n)/N(n)] = C_0(n)$ が成り立つことが確かめられる。

3番目の条件が成り立つことは明らかである：許されるワード数の積分解も、またワード確率の積分解も、積言語 $L^p(m)$ からその要素の積への表現によって、最低次の予測子で実現することができる。

最後に、情報を圧縮するような符合化 (8.1節と8.2節) によって翻訳されても、スケーリング・ダイナミクスの複雑さは増加しないと考えられることに注意してほしい。つまり、信号の複雑さはコードに引き継がれたと考えるのである。与えられた信号が完全にランダムであるような理想的な場合には、逆向きの符号が完全なモデルと考えられ、その長さが複雑さの指標になる。これが言語 $(1+01)^*$ の場合である。二つの符号 1、01 を 1、0 と呼び直すことにすると、これは禁止が起こることがないフル・シフトとなる。"00 は禁止されている"という規則は符号に取り込まれ、したがってモデルによって自動的に説明されることになる。より一般的な例は、図 4.4 で示された屋根型写像である。ここでは、$(1, 01, 001) \to (a, b, c)$ とコード化することにより、ツリーは ca のみを IFW として持つ。さらに、10, 100, 010 のようなワードは、連接（すなわち、ab, ac, bb, bc など）内部のサブ・ワードとしてのみ現れる。こうして、言語全体が、"より少ない"三つの記号からなる規則的ツリーのモデルから再構成されることになる。パラメター $(a, b) = (1.4, 0.3)$ のときのヘノン写像（(3.12)式）の場合に、再符号化した後に情報が圧縮されマルコフ・モデルの効率が高くなることが、8.2節の図 8.1 に示されている。複雑さの指標が、(情報を圧縮する) 符号化の下でも増加しないという性質は、これまで議論してきた三つの条件に新たに加えるべきかもしれない。

最後に、Feigenbaum (1988) により導入され、ここでのアプローチとの関連から例 9.2 において簡単に説明したスケーリング・ダイナミクスの概念を説明しよう。

$$\pi_0(sSs') = \pi(s'|S)\pi(sS) \tag{9.22}$$

で定義される n 次のマルコフ予測子を考える。ただし、s, s' は記号、S は n-ブロック、比 π/π_0 は $C_1^{(\pi)}$ の定義式 (9.21) に現れたもので、$\pi(s'|sS)/\pi(s'|S)$ という形をとる。したがって、複雑さとは現在から n ステップ以上先のシンボル（ここでは s）に対する条件付き確率の依存性を扱うことになる。熱力学的な視点では、$-\ln\pi(S) = U(S)$ はスピン配列 S のポテンシャル・エネルギーであり、上記の依存性は左側の十分遠くのスピンとの相互作用を考慮したときのエネルギー差 $U(Ss') - U(S)$ であると解釈できる。個々の記号の経路 S に対する漸近的な振る舞い $\pi(S)$ を支配する法則が、スケーリング・ダイナミクスを構成する。次節では、この種の"運動"に対してどのように運動方程式を構成すればよいのかという問題を扱う。

2 進表現のアルファベット（$s \in \{0, 1\}$）に対して、$\rho(m) = \sum_{i=1}^{m} s_i$ を考えよう。ただし、i に関する総和は sSs' に関してとるものとし、$m \leq n+1$ である。$\rho(m)$ と s' の値はそれぞれ、チェーンの最初の m 個のサイトに存在する粒子数、最後のサイトに存在する粒子数を表している。ここで、条件 (6.8) と比較することにより、

$$\ln[\pi(s'|sS)/\pi(s'|S)] = U(sSs') - U(sS) - U(Ss') + U(S) \tag{9.23}$$

から変分 $W'_n = W_{\rho(n+1),s'} - W_{\rho(n),s'}$ を導くことができる。ただし、これは n 区間の格子に配置された粒子間の相互作用を、$n+1$ 区間に変化させたときの変化量である。複雑さ $C_1^{(\pi)}$ は、全ての配列 sSs' に対する W'_n の平均である。$\rho(n)$ も二つのグループ間の距離 r も共に特定の配列 sSs' に依存している（(6.8) 式を参照）。事実、r は 0 から n の間の全ての値をとり（例えば $sSs' = ss_1...11$ や $sSs' = 100...01$）、平均として n に比例する。したがって、もし収束指数 γ が十分小さく、大きな $\rho(n)$ と小さな r をもつグループが大きな重みをもつ場合は、$n \to \infty$ の極限において $\langle W'_n \rangle$ は 0 にならないかもしれない。実際、1 次元格子に対しては、$\gamma \leq 1$ のときに先の条件 (6.8) が破れることが知られている。このような現象は、熱力学的な取り扱いがもはや不可能であることを示唆

し、単なる相転移（相互作用が代数的に $1 < \alpha < 2$ で減衰する場合）の条件ではなくより強い条件、つまり、スケーリング・ダイナミクスの予測不可能性の存在を意味している。換言すれば、対象の統計的な記述が、対象と同程度に"複雑"になってしまうと言えるかもしれない。

9.5 スケーリング関数

（エネルギーの有限体積要素のゆらぎによって）局所的指数の値にある範囲が存在することと、（長距離相関が存在することと関連して）自己相似性が破れることは、シフト力学系の熱力学が直面している大きな問題である。そして、自然界に広く見られるこれらの性質により、有限の情報に基づいたモデル予測はある解像度以上では不正確になってしまう。しかしながら、自己相似的な場合に観測者の解析を容易にしたツリー上の観測量の値の階層的構造は、一般的な系を研究する上でも非常に重要である。(9.18) 式で与えられる疑似確率 π の導入によって、問題はフラクタル測度のスケーリング的性質の問題と等価になる。ここでのフラクタル測度は条件 (5.4) と (5.5) を満たす必要はない。第6章で定義された熱力学関数が、測度のグローバルな巨視的特徴を表しているのに対して、詳細な微視的情報はツリーの節点の間の**局所的なスケーリング比**（local scaling ratio）、

$$\sigma(s_1, ..., s_{n+1}) = \pi(s_1, ..., s_{n+1})/\pi(s_1, ..., s_n) \tag{9.24}$$

によって表すことができる。もし自己相似性が成立するならば、親と子の比((9.24) 式) は現在の記号 s_{n+1} だけによって決まり、例 6.1 のベルヌーイ過程のように、測度はステップ毎に同じレート b で分割される。それにもかかわらず、局所比 b の組合せの結果、$|S| \to \infty$ の極限において $E = -\ln\pi(S)/|S|$ は実数の区間に値を持つ。これに対して、より興味深く物理的に意味のある状況は、$\sigma(S)$ が全履歴に依存する場合である。この場合、$|S| \to \infty$ の極限において、スケーリング比 $\sigma(S)$ 自身が連続な区間内で変動する可能性がある。その結果、もし熱力学的極限の存在が保証されなければ、相転移が起こるだけでなく、熱力学的議論が適切かどうかも怪しくなる。

階層的なツリーの全ての可能な経路間の相互作用を視覚化するために、Feigenbaum (1979b, 1980) は局所比 $\sigma(S)$ を単位区間の関数 $\sigma(t)$ [5] として表すことを提案した。ここで $\sigma(t)$ は**スケーリング関数** (scaling function) と呼ばれ、各々の配列 S を集合 $I_S \in [0,1]$ に写像する。n 番目の解像度のレベルで、$\sigma(t)$ は、区間 I_S で $\sigma(S)$ ((9.24) 式) の値をとる区分一定な関数 $\sigma_n(t)$ によって近似される。ここで

$$t_n(s_1...s_n) = \sum_{i=1}^{n} s_{n-i+1} b^{-i} \tag{9.25}$$

と定義すると、b^n 個の隣あった区間 $I_S = [t_n(S), t_n(S) + b^{-n})$ が得られる。例えば $n = 2, b = 2$ と $n = 3, b = 2$ の組み合わせに対してはそれぞれ、$t_2(00) < t_2(10) < t_2(01) < t_2(11)$ と $t_3(000) < t_3(100) < ... < t_3(111)$ となる。この列はアルファベットの逆になっているので、例えば $\sigma_3(010)$ と $\sigma_3(110)$ は $n = 2$ から $n = 3$ へと解像度を上げる時に、区間 $[t_2(10), t_2(10) + 1/4)$ で $\sigma_2(10)$ をより精密化している。換言すると、1 が出た後に 0 が出る条件つき確率が、過去の履歴をさらに一つ遡って考慮することによってどう変化するのかを調べているのである。このことは、熱力学の文脈では次の nn サイトでのスピン反転によるエネルギーの変化を調べることに対応している。

スケーリング関数を導入する目的は、記号間の距離が離れるほど相互作用が弱くなるようにうまく記号力学系を選ぶことによって、全ての観測量 $\mathcal{O}$ の値を考慮しながら階層的カスケードを秩序づけることである。もしこの相互作用の弱まり方が十分に早ければ、n 次の近似 $\sigma_n(t)$ は極限で関数 $\sigma(t)$ に収束する。形式的には、

$$\sigma(t) = \lim_{n \to \infty} \sigma_n(b^{-n} \lfloor b^n t \rfloor) \tag{9.26}$$

と書くことができる。実際の収束では、記号列の順序と観測量 $\mathcal{O}$ [6] のスケーリング的性質が大きく影響する。

---

[5] 混乱が起こらない限り σ という記号を用いる。

[6] σ (9.24) は、未来のシンボル S_{n+1} ではなく過去に一つ遡ったシンボル S_0 に対する、π の依存性から定義できることに注意してほしい。なぜなら、シンボルを読む方向が不可逆だからである。実際、これら二つに対応するスケーリング関数はともに収束するか、またはどちらも収束しないのである。しかし、一般のシフト力学系に対してこれらの極限は異なることもあり、それらは対称なセルオートマトンの空間配置に類似している。

例：

[9.3] ベルヌーイシフトの場合には、$s_n = 0$、$s_n = 1$ に応じてそれぞれ $\sigma(S) = p_0$、$\sigma(S) = p_1$ となる。したがって、$\sigma(t)$ もこれらの 2 値をとり、$t = 1/2$ で不連続である。また、あらゆる自己相似的カスケードに対して有限個の $\sigma(t)$ を値を見つけることができる。 □

[9.4] 周期倍分岐の集積点 (例 3.3) におけるロジスティック写像 ((3.11) 式) のアトラクターはカントール集合である。このカントール集合は、k 次の解像度のレベルでは極値 x_i と x_{i+2^k} を持つ 2^k 個の部分区間に被覆されている。ただし、$i = 1, 2, 3, ..., 2^k$、$x_n = f^n(0)$ である。ここで、i 番目の部分区間の長さを $\epsilon_i^{(k)}$ と書き、その次のレベルのセグメントの長さを $\epsilon_i^{(k+1)}$、$\epsilon_{i+2^k}^{(k+1)}$ と書くことにしよう。ただし、ロジスティック写像は順番が逆転する分岐点 ($x > 0$ に対して $f'(x) < 0$) を持っているので、記号に落とす際に注意が必要である。ここで、$k = 1$ において、$s = 1$ というラベルを長い部分区間に、$s = 0$ というラベルを短い部分区間に割り当てるとしよう (ラベル 1 が割り当てられるのは長さ $\epsilon_2^{(1)}$ を持つ $\overline{x_2 x_4}$ で、これは一番左に位置している部分である)。また、統一性を保つために、それぞれの分割のレベルで長い方を常に 1 で表し、短い方を 0 で表すことにする。したがって、$\overline{x_2 x_4}$ から生じる新たな分割 $\overline{x_2 x_6}$ と $\overline{x_8 x_4}$ (長さは $\epsilon_2^{(2)} < \epsilon_4^{(2)}$) は、それぞれ 10、11 とラベルされることになる。同様に、$\overline{x_3 x_7}$ ($\overline{x_5 x_1}$ より長くその左側に位置している) のラベルは 01、$\overline{x_5 x_1}$ は 00 となる。隣あった区間のペアのうち左側の方が長いものをダイレクト (D)、逆のものをインバース (I) と呼ぶと、メタシンボル D, I の列は、それぞれの分岐点で左側の枝を常に I でラベルするようなツリーを構成する。

このアトラクターは自己相似的ではないが、自己相似的な二つのスケールを持つカントール集合でうまく近似することができる。事実、$t \in [0, 1/4)$ において $\sigma(t)$ はほとんど定数となり $\sigma(t)$ の値は $\sigma(0^+) = \alpha^{-2}$ に近づく (ただし例 3.3 で見たように $\alpha = -2.502...$ である)。また $t \in [1/4, 1/2)$ においては、$\sigma(t) \approx \sigma(1/2^-) = -\alpha^{-1}$ となり $\sigma(t+1/2) = \sigma(t)$ の関係を満たしている。関数 $\sigma(t)$ は、2 進展開の有理数の点 $t_{ik} = i 2^{-k}$ において不連続である。したがって、次のレベルの近似では四つのスケールのカントール集合が必要で、その比は t 区間 $[0, 1/8)$、$[1/8, 1/4)$、$[1/4, 3/8)$、$[3/8, 1/2)$ の $\sigma(t)$ の平均値で与えられ

る。また、このモデルは形式的に例 6.2 のマルコフ鎖と等価である。周期倍分岐とカオスとの境界では、$\pi(S) \propto \epsilon(S)$ を満たす (9.24) 式の比 $\sigma(s_1, ..., s_{n+1})$ は Hölder 条件を満足し、

$$|\sigma(s_1, ..., s_n, 1) - \sigma(s_1, ..., s_n, 0)| \leq 2^{-n\gamma(s_1, ..., s_n)}$$

が成立する (Aurell, 1987; Przytycki & Tangerman, 1996)。ただし $\gamma_1 \leq \gamma(s_1, ..., s_n) \leq 2\gamma_1$ および $\gamma_1 = \ln|\alpha|/\ln 2$、である。 □

上の例からわかるように、それぞれの比 $\sigma(S)$ は (9.24) 式を通して、不変集合上では離れていても記号表現で密接に関連している観測量の値を含んでいる。Feigenbaum (1988) は、一般の（カオス的な）場合に σ に対する"運動方程式"を求めることは、運動の特徴を計算できるように変数を変更することと同等であり、単に実空間での軌道を示しているのではないと強調している。ベルヌーイ・シフトにおける非常に乱雑な運動は、簡単な σ にマップすることができる。同様に、中程度の乱流やフラクタル凝集体も、適切な記号の順序づけを導入することによって、単純なスケーリング的性質を持っていることを示せるかもしれない。

こうして、スケーリング関数によって複雑さをさらに特徴づけることが可能となる。$\sigma(t)$ の範囲 $R(\sigma)$ は、系の全ての局所的な漸近的スケーリング比を含んでいる。$\sigma(t)$ に基づいた分類の最低次のレベルでは、$R(\sigma)$ は有限の値をとり、これは自己相似的なプロセスに対応している。次のレベルでは加算無限個の比、次にカントール集合のような $R(\sigma)$、最後に連続的な比となる。また、$\sigma(t)$ が (9.14) 式で定義される変換行列 $T(q)$ と密接に関連していることも明らかである。ここで変換行列の要素は、注目している観測量に対する比 ((9.24) 式) の積に関係している。また、これまで議論してきた収束に関する議論は、全て $\sigma(t)$ から導くことができる。

ここで、スケーリング関数によるアプローチは、$g(\kappa)$ や K_q に基づいた巨視的な熱力学的記述よりも見通しがよいということに注意して欲しい。例えば、(6.5) 式の形のハミルトニアン $\mathcal{H}(S) = -\ln \epsilon(S)$ を持ち四つのスケールをもつカントール集合を考えてみよう。ただし、係数 $p_{\alpha|\beta} = \sigma_{\alpha|\beta}$ を任意としておく。この系の自由エネルギー D_q は、二つの比 $(\sigma_{01}, \sigma_{10})$ の積のみに依存している

ことが示されている。そして、このことは同じ $\sigma_{01}\sigma_{10}$ を持つ全ての集合に対して成立する (Feigenbaum, 1987)。したがって、これらの集合は、D_q ではなく $\sigma(t)$ によって区別することができる。

スケーリング関数 $\sigma(t)$ とメトリックな複雑さ C_1 （より一般的には $C_q^{(\pi)}$。(9.16) 式および (9.21) 式を参照せよ）の関係は、(9.25) 式の t_n に対する新しい指標 $t_n^{(\pi)}$ を導入することで明らかになる。ここで $t_n^{(\pi)}$ は、

$$t_n^{(\pi)}(S) = \sum_{S':t_n(S')<t_n(S)} \pi(S') \tag{9.27}$$

で与えられる。ただし、S' に関する総和は、実際の配列 S よりも小さな指標 t_n をもつ全ての S' に関してとる。このようにして、$b=2$ のときにはレベル 1 で区間 $[0,\pi(0))$, $[\pi(0),1]$ を、レベル 2 で区間 $[0,\pi(00))$, $[\pi(00),\pi(00)+\pi(10))$, ..., $[\pi(00)+\pi(10)+\pi(01),1]$ を得る。そして、ここでも新しいスケーリング関数 $\sigma^{(\pi)}(t^{(\pi)})$ は (9.24) 式のように評価することができる。それぞれの区間 $I(S)$ の幅は（疑似）確率 $\pi(S)$ で与えられるので、禁止された配列が $\sigma^{(\pi)}$ に現れることはない。この手続きの例として、三つのアルファベット $A=\{1,2,3\}$ と禁止語 "31" の場合が図 9.4(a) (Badii *et al.*, 1991) に示されている。ただし、簡単のために上つきの (π) を無視し、$\sigma(S)$ のかわりに省略形 σ_S を用いている。したがって、σ_{12} は 1 が与えられたときの 2 の条件つき確率を表し、σ_2 は 2 の確率を表している。この表記法によって、これまでのアプローチで "最も困難" と考えられていた複雑さを簡潔に表現することが可能となる。最初に思いつく選択枝は、単なる条件つき確率に還元できないようなマルコフ・クラスの最良の予測子とともに得られるものである。すなわち、それは (9.22) 式で与えられる。次に (9.24) 式を思い出すと、メトリックな複雑さ $C_1^{(\pi)}$ （同様に、一般化された複雑さ $C_q^{(\pi)}$, (9.21) 式）は

$$C_1^{(\pi)} = \lim_{n\to\infty} \sup \left\langle \ln \frac{\sigma_{n+1}^{(\pi)}}{\sigma_n^{(\pi)}} \right\rangle \tag{9.28}$$

のように書くことができる。ただし平均操作は、図 9.4(a) に示すように、二つの近似レベルのスケーリング関数の対数の間に囲まれた部分の（符号つきの）面積で与えられる。全ての t に対して $n\to\infty$ のときに $\sigma_n \to \sigma$ の収束が十分早いか、異なる t に対して異なる方向から収束するならば、項の間で打ち消し

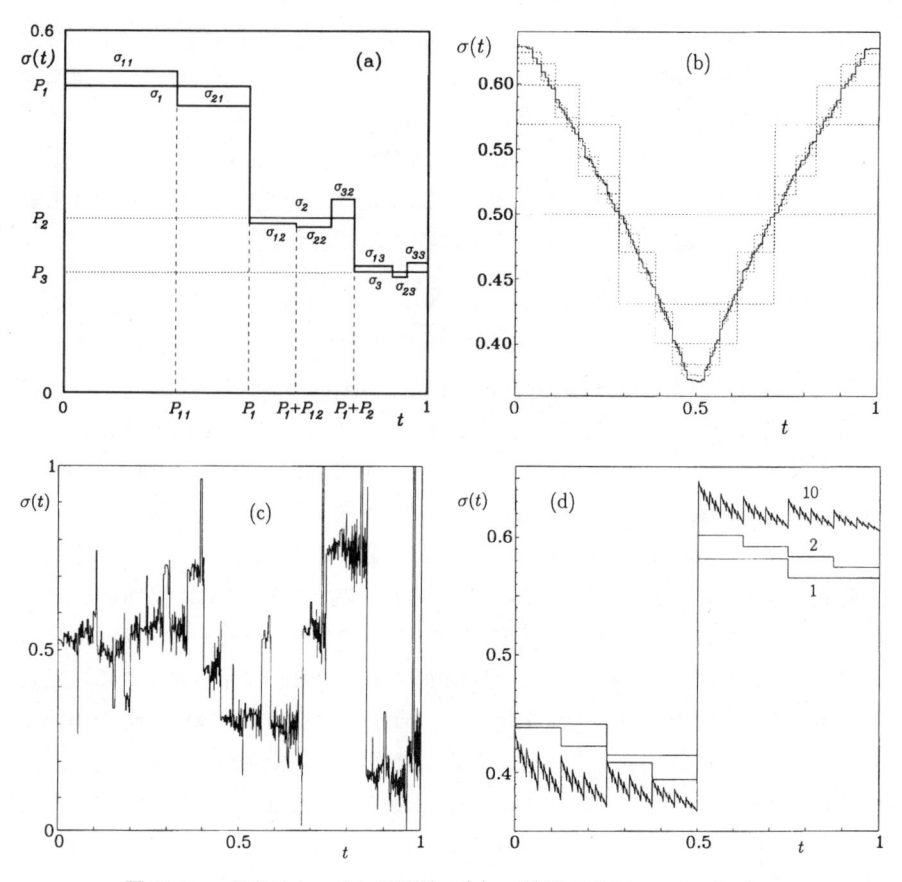

図 9.4 一般化スケーリング関数：(a) 3 種類のアルファベット $A = \{1, 2, 3\}$ と禁止語 "31" で $\sigma(t)$ に符号化する方法。(b) "典型的" なパラメター値に対するローレンツ系（(3.2) 式）の最初の 6 個の $\sigma_n(t)$ による確率スケーリング関数の近似。(c) $a = 1.85$ のロジスティック写像（(3.11) 式）に対する近似 $\sigma_{10}(t)$。(d) 深さ 1、2、10 及び $r_0 = 0.3$、$r_1 = 0.5$、$\gamma = 0.35$ の時の、フィルターをかけたパイこね写像に対する $\sigma_n(t)$。

合いが起こり、$C_1^{(\pi)} = 0$ となる。このように、複雑さとスケーリング関数の収束性を結び付けることができる。言いかえると、複雑さとスケーリング・ダイナミクスの予測不可能性を結び付けることができるのである。

　（疑似確率の場合にのみ起こり得る）$\sigma_n(t)$ が収束しないという現象を数学モデルで捉えることは難しいが、実際には頻繁に起こると考えられている (Feigenbaum,

1993; Tresser, 1993)。9.4 節で既に述べたように、スケーリング・ダイナミクスの予測不可能性の問題は熱力学から導かれる相転移よりも先にある問題である。事実、図 9.4(b) は 2 値の生成分割を用いた "標準的な" パラメター値 ($\sigma = 10$, $r = 28$, $b = 8/3$) におけるローレンツ系の確率スケーリング関数の例であるが、スケーリング・ダイナミクスの予測不可能性はわからないが相転移は存在していることがわかる (Badii et al., 1991, 1994)。ここで、(統計的なゆらぎは残っていても) 滑らかな極限曲線への指数関数的な収束に注目してほしい。$\sigma(t)$ の範囲が連続的であるということは相転移の存在を示唆している。実際、系は二つの不動点 ($x_{\pm} \equiv (\pm\sqrt{b(r-1)}, \pm\sqrt{b(r-1)}, r-1)$) の近くでは間欠性を示す。軌道が不動点の近くで長く滞在しその間のジャンプの時間が短いことは、00...0, 11..1 という配列の確率が高く、01, 10 という配列の確率が低いことに反映されている。$\sigma(t)$ の曲線の形が極値で大きくその間で低くなっているのはこのような理由による。

図 9.4(c) は、$a = 1.85$ の時のロジスティック写像 ((3.11) 式) で、不規則ではあっても収束する確率スケーリング関数の例を示している。ここでいくつかの比で値がほぼ 1 をとっていることに注意して欲しい。これは記号から記号への無条件の遷移が存在することに対応し、対になる禁止部分では $\sigma(t)$ の値が (漸近的に) 0 となっている。また、この解像度における比のほとんどが $\sigma = 0.5$ の周辺にあるということは、時間発展において最大の不確定性をもっているということを示唆している。

最後に、1 次元の "スケーリング・マップ" を用いて陽に計算することができる区間幅についてのスケーリング関数の例を示す。例 6.8 のパイこね写像にフィルターをかけたものを考えよう。ただし、$p_0 = p_1 = 1/2$ とし、σ_{n+1} はオーダー $n = |S|$ と $n+1$ の間の区間幅の比 $\sigma_{n+1}(Ss) = \epsilon(Ss)/\epsilon(S)$ を表すものとする。Paoli et al. (1989a) に従って計算を進めると、

$$\sigma_{n+1} = r(n+1) + \gamma\left[1 - \frac{r(n)}{\sigma_n}\right]\frac{r(n+1) - c(\gamma)}{r(n) - c(\gamma)} \quad (9.29)$$

という再帰関係が得られる。ただし、$r(k) = r_0, r_1$ はそれぞれ $s_k = 0, 1$ に対応し、$c(\gamma) = 2/(3-\gamma)$ である。個々の S に対して、スケーリング関数 $\sigma_n(t)$ の値は、初期条件 $\sigma_1 = \gamma + r(1)d(\gamma)$ および $d(\gamma) = (1-\gamma)(1-\gamma/2)$ と適切な $\{r(k)\}$ の下で、(9.29) 式を n 回更新することで得ることができる。したがっ

て、$\sigma_n(t)$ は確率的非線形写像から得られる。000...0 と 111...1 という配列はそれぞれ、$\sigma(0)$ と $\sigma(1)$ に対して二つの不動点のペア、(r_0, γ)、(r_1, γ) を生じる。最初の不動点の固有値は $\mu_s = \gamma/r_s$ ($s = 0$ または $s = 1$)、2 番目の不動点の固有値は $\mu'_s = 1/\mu_s$ である。したがって、s の値に関わらず、$\gamma < r_s$ のときに $\sigma = r_s$ はアトラクターである。より一般的には、$\gamma < r_0 < r_1$ (弱いフィルター) と任意の t に対して、解 $\sigma_n(t) = r(n)$ はアトラクターとなる。こうして $\sigma(t)$ は高さ r_0 と r_1 の水平な領域をもつことになる。さらに興味深い振舞いは、中間の領域 $r_0 < \gamma < r_1$ で発生する。t の極値において、$\sigma_n(1)$ は r_1 という値をとる一方で、$\sigma_n(0) \to \gamma$ となる。t の他の値に対しては、$\sigma(t)$ は連続的な変化を持つフラクタル・カーブを形成する。$n = 1, 2, 10$ に対する、$r_0 = 0.3$, $r_1 = 0.5$, $\gamma = 0.35$ におけるスケーリング関数の三つの近似のプロット $\sigma_n(t)$ を図 9.4(d) に示してある。ただし、疑似確率 $\pi(S) = \epsilon(S)/\sum_S \epsilon(S)$ と指標 t (9.25) 式を用いている。

$\sigma(t)$ のゆらぎは、ほぼ等しい t 値をもつ二つの配列 S, S' に対する $\sigma_n(t)$ を比較することで評価できる。もし t の値の違いが 2^{-n} のオーダーであるならば、これらの配列の最も右側の n 個の記号は同じである。したがって σ の変化は、"時刻"n における初期条件 σ_n, σ'_n に対して同じ比 r_s を用いて (9.29) 式を更新することによって計算できる。もし写像が (どのような t に対しても) 大局的に安定であれば最終的な違いは n とともに指数関数的に減少するであろう。そして、このようなことを調べるためには写像 (9.29) のリアプノフ指数 λ が便利な道具である。リアプノフ指数の平均値 $\langle \lambda \rangle$ はどのようなパラメターに対しても負であるが、γ の増加とともにその値も大きくなる。また (有限回のステップで計算された) リアプノフ指数は、ある特定の配列 S に対して正となることもあり、事実、対応するスペクトル $h(\lambda)$ ((6.32) 式を参照) にはリアプノフ指数が正の領域が存在している (Paoli et al., 1989a)。これは、第 6 章において議論した $\gamma > r_0$ における長距離相関の存在を反映している。したがって、この系のスケーリング的振舞いは"前カオス的"と呼ばれることもある。このことは相転移の存在を保証しているが、ほとんど全ての t に対して $\sigma_n(t)$ が収束するということ (つまり $\langle \lambda \rangle$ が負になること) は、メトリックな意味での単純さの存在を示唆しているということである。すなわち、(9.28) 式のように、それぞれのレベル n における最大次数のマルコフ・モデル ((9.22) 式) と関連づけ

られるということを意味している。

このように、スケーリング関数と直接的に関係のあるやや弱い複雑さの指標を導入する必要があるだろう。そして、その一つの候補が、ある種の系に対する $\sigma(t)$ と t のカーブのフラクタル性で、Hölder の連続関数に対する次の定理によって基礎づけられている（Falconer, 1990）。

定理 9.1 f を $[0,1] \to \mathbf{R}$ の連続関数とし、$C > 0$ と $1 \leq d \leq 2$ における全ての $0 \leq t, t' \leq 1$ に対して、

$$|f(t) - f(t')| \leq c|t - t'|^{2-d} \tag{9.30}$$

であるとする。インデックス d（(5.52)式）のハウスドルフ測度 $m_d(\epsilon)$ は $\epsilon \to 0$ の極限において有限であり、グラフ $(t, f(t))$ のハウスドルフ次元 d_h は $d_h \leq D_0 \leq d$ を満足する。この結果は、ある $\delta > 0$ に対して $|t - t'| < \delta$ のときに、(9.30)式が成立すればやはり成立する。

次に、以下の性質を満足するある数 $c > 0$, $\delta_0 > 0$, $1 \leq d \leq 2$ が存在するとしよう。すなわち、ある $t \in [0, 1]$, $0 < \delta \leq \delta_0$ に対して、$|t - t'| < \delta$ および

$$|f(t) - f(t')| \geq c\delta^{2-d} \tag{9.31}$$

を満足する t' が存在するとすれば、$d \leq D_0$ が成り立つ。

(9.30)式が関数 f が滑らかであるための基準を表しているのに対して、(9.31)式は f がフラクタル・カーブとなるために十分大きな揺らぎが必要であることを示している。

このように、スケーリング関数 σ のフラクタル性から、複雑さ $C_f = D_0(\sigma) - 1$ を定義することができる。ただし、$D_0(\sigma)$ は $\sigma(t)$ のボックス次元 D_0 である。このように定義すると、σ が滑らかな関数ならば $C_f = 0$ となり、σ が図 9.4(d) のようにフラクタルならば $C_f = (0, 1]$ となることは明らかである。もし σ_n が極限曲線に収束しなければ、C_f の値は定まらない。

第10章　まとめと展望

"複雑 (complex)" という用語は最近の科学において更にひんぱんに使われるようになってきている。しかしそれはしばしば "込み入った (complication)" と似たあいまいな意味で使われることが多く、また標準的な数学的解析方法がすぐには適用できないような問題すべてに対して用いられている。このような傾向に対して、注意深い研究者が "なぜ複雑さを研究するのか？"、"複雑さとは何なのか？" という疑問をいだくのは、自然で正当なことであろう。

本書の最初の部分では、複雑さが発生していると言われる例を様々な分野から紹介した。その際一方で新しい概念や数学的道具を本当には必要としていない現象を除外すること、また一方で、残ったケースに共通の特徴を見つけることによって、問題をより深く一般的に定式化することを試みた。その結果、前者の複雑ではない現象を除外する問題には十分答えることができた。しかし、後者の複雑さを定式化する問題は、観測される複雑なふるまいがきわめて多様であることから解決が非常に困難であり、これが本書の主題である。

興味のある全ての場合に対して意味のある答えを導けるような統一的な形式をみつけることは困難なので、我々は、いくつかの例を助けに、おたがいの相補性を強調しながら様々なアプローチを批判的に比較した。"複雑さ" という用語は広く誤用されており、また科学知識の発展において直面した全ての障壁に関連付けられているため、本書でいつも言及している内容を思い起こすことは有用であろう。第4章からの我々の研究対象は元の過程から引き出された記号列である。ただし、ここで連続系を離散化する際に意味のある情報は失われないと仮定しているが、常にそうなっているとは限らないことに注意してほしい。離散信号の最も適切な例はおそらく、ヌクレオチドからなる DNA であるが、

"生命のプログラム"の全体が本当に記号列だけで符号化されており、ヌクレオチドと環境の間の化学・物理的相互作用によってはなされていないと保証することができるだろうか。

記号列が長くなっていくような生成分割を用いると、連続力学系についてのすべての情報を復元することができるが、そのような分割がいつも見出されるかどうかは知られていない。従って、無限長の記号列や、実数に対する計算論的複雑さの理論を考察することが幾つかの場合に必要となるであろう。例えば、スピングラスの研究で登場した連続な枝を持つ階層的ツリーを考えると、これは、タンパク質やより一般的に生体分子の空間構造の最適化問題でも有用であることがわかるかもしれない。

本書の第II部では、時空パターンの解析のための幾つかの手法を概観し、それらを複雑さの観点から再解釈した。特に情報理論、統計力学そして形式言語理論によって、対象とする系を内的均等性の様々な度合を持つ部分に分けることやそれらの間の相互作用を吟味することが可能となった。系の粗視化とその内部相関の識別をすすめることが、複雑さの特徴づけにおける基本ステップなのである。

われわれがあつかっているすべての問題は、結局のところ与えられたデータ集合から妥当なモデルを推察するという問題に帰着させることができる。しかし、計算理論から学んだように無限に長い記号信号の最適（最小）表現を決めることは一般に不可能である。なぜならそれは大ざっぱにいって信号よりはるかに"少ない"モデルしか存在しないからである。この基本的制限とモデルの構成に対する動機の相違のために、提案された複雑さの定義は時としてまったく個別の主観的な視点をもたらすことがある。そこで本書では、前向きな読者の研究を手助けするために、最もみこみのあると思われるものをいくつか紹介した。

二つの重要なトピックである多次元パターンと量子力学的系は省略されている。前者は、統計力学において短距離力をもつ系の相転移の発生や臨界指数が格子の次元に依存したように、新しい特徴を有していると考えられる。しかし、この本で議論された測度の幾つかは、記号列が任意に繋がった同じ個数の記号を含むブロックに置き代えられるという条件のもとで任意の次元に適用可能である。ここでは特に、エントロピー、ブロックの列挙、そして異なったレベルの分解能での観測量間の比較に基づく定義を指摘しておこう。これらのテクニッ

第10章 まとめと展望

クを一般的な系に適応する際に生じる困難は、熱力学的極限の存在を証明するときに格子の全ての可能なサブドメインを考慮しなければならないという困難と密接に関係している。多次元パターンを1次元列へ（例えば空間を埋めつくす自己回避ランダムウォークによって）写像することで、大幅な簡単化を達成できるかもしれない。しかし、殆どのパラメター化は元の系には存在しなかった非定常性と偽りの長距離相関を産んでしまうことが知られている。前者は統計的解析を無力にし後者は熱力学的極限での漸近的振る舞いを変更する。その為に変換が系の複雑さを増加させることさえありうるのである。

これらの考察は無限長の信号への連続的参照に結び付けられる。相転移の顕著な特徴の理解を可能にした統計力学をうけついでいるこの方法は、シフト力学系にうまく適用することができる。そこではハミルトニアン関数が構成され、局所的エントロピーのスペクトルが大偏差理論から導かれる。（第9章で述べた）幾つかの観測量のスケーリング性の研究は、一般の形式言語に対しても拡張できる可能性があり、（例えば与えられた言語クラスのメンバー評価のときに）無限列を取り扱うさいに現れる未決定問題との対立を避けることができるかもしれない。

量子力学に関しては、その時間発展が連続なシュレディンガー方程式か離散的なタイトバインディング近似かによらず、我々が議論した道具の殆どをそのまま波動関数の研究に持ち込むことができる。それらの効用は、とりわけフラクタル測度の典型的特徴を有する波動関数に対して実証されている。その一方で、量子的観測の問題は、符号化手続きにともなう情報の欠落に関する上述の問題と関連している。しかしながら、複雑さと関係する量子的時間発展の最も重要な側面は量子的計算にかんする新しい研究分野にある。量子コンピュータはまだ実験的実現性からもほど遠い状態であるが、無限に多くの純粋状態が同時に存在しうる量子力学によって、古典的コンピュータの能力を越える道具が発明される証拠はすでに存在している。例えば、量子コンピュータを使えば整数の素因数分解が多項式時間で可能となることが証明されている。しかしながらこの分野の研究はまだ幼時期にあるので、本書の中ではとりあげなかった。

それでは、複雑さの研究から何を学んだといえるだろうか？ 研究の結果が数値や関数として与えられる場合には、起源の異なるパターンを分類し、様々な複雑さが発生、発展するための（必要または十分）条件をみつけることがで

きるであろう。しかし、複雑さの明確な定義を与えることよりももっと重要なことは、一見無関係な分野間の類似性を発見したり、適切なモデルを推測するための一般的な基準を確立することである。実際、複雑さの概念は観測者の解析能力と不可分に繋がっている。現代科学の一部分が物質の基本構成要素間に働く力をあつかっているのに対して、与えられた（生物学的、物理学的、化学的）系の本質的な特徴を、不必要な相互作用をとりのぞくことによってぬき出しモデル化するという、新しい問題が注目を集めている。しかしこの場合にどの程度まで"微視的な"詳細を無視しうるのかは大きな問題である。また異なる系に対するそれぞれの正しい符号化がもし同じクラスに属しているならば、一方の理解が他方の理解にも適用できるということは明白である。

　こうして、これまでになされた複雑さの研究の自然な拡張は必然的にモデル推論の理論になっている。しかし、数学的整合性のある完全な理論を構成するという試みは、過去における類似のプロジェクトの失敗（例えば、ヒルベルトのプログラムとゲーデルの定理によるその終了）が示唆するように、野心的すぎるように思われる。実際、本書では正確さと一般性にすぐれたマルコフモデルだけを用いてモデル推論のいくつかの例を示したにすぎず、さらなる前進は対象を注意深く定義することによって可能になるのかもしれない。結局、すべての状況に適用できる理論は存在せず、類似性をみいだし微妙な相関をあつかうことのできる我々の心の能力は、現実の忠実なモデルにうつしかえられることを待っているのである。

付録A　ローレンツモデル

レイリー・ベナール実験における流体系は式 (2.1) で記述される。ここで α は膨張率、T_0 は底面の温度、g は重力加速度、$\hat{\mathbf{z}}$ は z 方向の単位ベクトルとすると、力は $\mathbf{q} = -(1-\alpha(T-T_0))g\hat{\mathbf{z}}$ で与えられる。温度と圧力の揺らぎを順に $\theta = T - T_0 + \beta z$, $\tilde{p} = p - p_0 + g\rho_0 z(1+\alpha\beta z/2)$ とすると、式 (2.1) は

$$\frac{\partial \mathbf{v}}{\partial t} + \mathbf{v} \cdot \nabla \mathbf{v} = \sigma(-\nabla \tilde{p} + \theta \hat{\mathbf{z}} + \nabla^2 \mathbf{v})$$
$$\nabla \mathbf{v} = 0 \qquad (A1.1)$$
$$\frac{\partial \theta}{\partial t} + \mathbf{v} \cdot \nabla \theta = R_a \hat{\mathbf{z}} + \nabla^2 \theta$$

に変換される。ここで空間と時間は適当にスケールされており、$\sigma = \nu/\kappa$ はプラントル数で、$R_a = g\alpha\beta d^4$ はレイリー数である。R_a が対流発生点での値よりあまり大きくない間は、系の状態はロール軸 (y 軸) に沿って不変である。これらの条件の下、式 (A1.1) は

$$\frac{\partial}{\partial t}\nabla^2\psi + \frac{\partial \psi}{\partial x}\frac{\partial}{\partial z}\nabla^2\psi - \frac{\partial \psi}{\partial z}\frac{\partial}{\partial x}\nabla^2\psi = \sigma\left(\nabla^4\psi + \frac{\partial \theta}{\partial x}\right)$$
$$\frac{\partial \theta}{\partial t} + \frac{\partial \psi}{\partial x}\frac{\partial \theta}{\partial z} - \frac{\partial \psi}{\partial z}\frac{\partial \theta}{\partial x} = R_a \frac{\partial \psi}{\partial x} + \nabla^2 \theta \qquad (A1.2)$$

のように簡単になる。ここで ψ は速度 $\mathbf{v}$ の x, z 成分を

$$v_x = -\frac{\partial \psi}{\partial z} \quad , \quad v_z = \frac{\partial \psi}{\partial x}$$

のように決める流れ関数である。水平な平面 ($z = \pm 1/2$ で定義される) を越えて物質の流れが起きないという要請から $v_z|_{z=\pm 1/2} = 0$ である。更に**自由圧力**

条件 $\partial v_x/\partial z|_{z=\pm 1/2} = 0$ がしばしばつけ加えられる。式 (A1.2) の解は ψ をフーリエ級数で

$$\psi(\mathbf{x}) = i\sum_{\mathbf{k}\neq 0} X_{\mathbf{k}} e^{i\mathbf{k}\cdot\mathbf{x}} \tag{A1.3}$$

のように展開して求められる。ここで、実数解の条件 $X_k = X^*_{-k}$ が満たされなければならない。同様の展開が θ に対してもなされる。運動方程式 (A1.2) に代入するとフーリエ係数に対する開いた階層的微分方程式系が得られ、それはフーリエ成分の和を最低次のモードに制限することで有効に切断される。無視されたモードの振幅が全ての時刻で十分小さいままであれば、その近似は有効である。非線形性の寄与を残したままの最も大胆な縮約は

$$\psi(x,z,t) = X(t)\cos(\pi z)\sin(kx)$$
$$\theta(x,z,t) = Y(t)\cos(\pi z)\cos(kx) + Z(t)\sin(2\pi z) \tag{A1.4}$$

とおくことで得られる。これは明らかに境界条件を満たしている。非線形結合によって生成される高次のフーリエ成分を捨てると、いわゆるローレンツモデル

$$\dot{x} = \sigma(y-x)$$
$$\dot{y} = -y + rx - xz$$
$$\dot{z} = -bz + xy$$

が得られる。ここで x, y, z はそれぞれ X, Y, Z に比例する量で、時間もスケールされている。また、

$$r = \frac{k^2}{(\pi^2+k^2)^3} R_a, \quad b = \frac{4\pi^2}{\pi^2+k^2}$$

である。

付録B 馬蹄型写像

スメールの馬蹄型 (horseshoe) 写像 **G** (Smale, 1963, 1967) の振る舞いは図A2.1にスケッチされている。単位正方形 $R = [0,1] \times [0,1]$ は、y（不安定軸）方向に引き伸ばされ x（安定軸）方向に縮小し、長い縦長の紐になり（中央の図）、ついで右端の図のように折り曲げられる。横長の紐 H_0 と H_1 はそれぞれ R の内側の縦長の紐 V_0 と V_1 に写像される。更にもう一度 **G** の写像を行うと、V_0 と V_1 の領域の内側にさらに2本づつの縦長の紐を得る。n 回写像の後、R の中に 2^n 本の細い長方形を得る。逆に n 回逆写像をとれば 2^n 本の横長の紐を得る。この写像は R の内部で区分的に線形で、折り畳みに対応する滑らかな

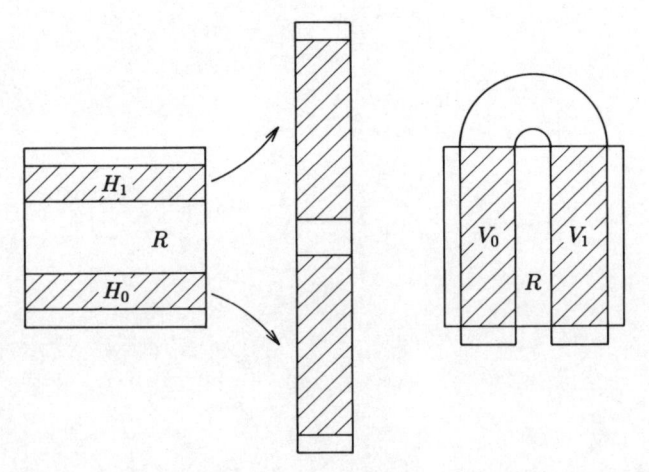

図A2.1 馬蹄型写像の図解。中間の伸縮ステップの後、移された矩形は元の正方形 R の上に折り畳まれる。

非線形はこのモデルでは無視される。実際、正方形の外に写像された点の再投入は、それらは一般的写像 **F** では許されるのだけれど、考えない。**G** の最大の不変集合は二つの互いに垂直な直線群の交差 $\Lambda = \bigcap_{i=-\infty}^{\infty} \mathbf{G}^i(R)$ である。Λ の最大の連結部分集合は点で、Λ の全ての点は極限点である。これは**カントール集合**の定義の一つである。

付録 C　数学的定義

測度と積分

集合 X の部分集合の集まり $\tilde{\mathcal{B}}$ は

1. $X \in \tilde{\mathcal{B}}$
2. $B \in \tilde{\mathcal{B}}$ とし、$X \backslash B \in \tilde{\mathcal{B}}$
3. $k \geq 1$ に対し $B_k \in \tilde{\mathcal{B}}$ のとき、$\bigcup_{k=1}^{\infty} B_k \in \tilde{\mathcal{B}}$

であれば σ 加法族である。組 $(X, \tilde{\mathcal{B}})$ は**可測空間**（measurable space）と呼ばれる。$(X, \tilde{\mathcal{B}})$ 上の**有限測度**（finite measure）m は

1. $m(\emptyset) = 0$
2. 全ての $B_k \in \tilde{\mathcal{B}}$ に対し $m(B_k) < \infty$
3. $\{B_k\}_1^{\infty}$ が、対が互いに素である X の部分集合 $\tilde{\mathcal{B}}$ のメンバーの列である時は常に $m(\bigcup_{k=1}^{\infty} B_k) = \sum_{k=1}^{\infty} m(B_k)$

であるようなひとつの関数 $m : \tilde{\mathcal{B}} \to \mathbb{R}^+$ である。$\tilde{\mathcal{B}}$ の要素は可測集合と呼ばれる。何故なら測度はそれぞれの要素に対し上で掲げた性質によって定義されるからである。三つの組 (triple) $(X, \tilde{\mathcal{B}}, m)$ は有限測度空間である。加えて $m(X) = 1$ ならば $(X, \tilde{\mathcal{B}}, m)$ は確率空間で m は $(X, \tilde{\mathcal{B}})$ 上の確率測度である。$X = \mathbb{R}$ では**ボレル測度**（Borel measure）が $m([a, b]) = |b - a|$ で定義される。

積空間 (product space) $(\mathbb{R}^d, \tilde{\mathcal{B}}^d, m^d)$ で、$\tilde{\mathcal{B}}^d$ は、$B^d = B_1 \times \cdots \times B_d$ ($B_i \in \tilde{\mathcal{B}}$)、$m^d(B^d) = \prod m(B_k) = \prod |b_k - a_k|$ の形の全ての集合を含んでいる最小の σ 加法族である。$\mathbb{R}^d$ 上の**完全** Borel 測度（従って 0 測度の集合の全ての部分集合も測度 0 である）は**ルベーグ測度**（Lebesgue measure）と呼ばれ m_L で表示される。点 $\mathbf{x} \in X$ は、もし $m(\mathbf{x}) > 0$ ならば測度 m のひとつの**原子**である。

関数 $f: X \to \mathbb{R}$ が全ての区間 $I \in \mathbb{R}$ に対し $f^{-1}(I) \in \tilde{\mathcal{B}}$ ならば、それは**可測** (measurable) である。二つの関数 $f, g: X \to \mathbb{R}$ は、$m(\{\mathbf{x}: f(\mathbf{x}) \neq g(\mathbf{x})\}) = 0$ ならば殆ど全ての場所で等しい。$\beta_k \in \mathbb{R}$、X の非連結部分集合 B_k、集合 B の特性関数 χ_B ($\mathbf{x} \in B$ ならば $\chi_B(\mathbf{x}) = 1$ で他の時 $\chi_B(\mathbf{x}) = 0$) としたとき、ある関数 f が $f(\mathbf{x}) = \sum_{k=0}^{b-1} \beta_k \chi_{B_k}(\mathbf{x})$ のように分解されるならば、それは**単** (simple) と呼ばれる。全ての単関数 f は可測で、そのルベーグ積分は $\int_X f(\mathbf{x}) m(d^d x) = \sum_{k=0}^{b-1} \beta_k m(B_k)$ で定義される。但し $m(d^d x) \equiv dm = m(dx_1 \cdots dx_d)$ である。任意の非負有限可測関数 f のルベーグ積分は

$$\int_X f(\mathbf{x}) dm = \lim_{n \to \infty} \int_X g_n(\mathbf{x}) dm$$

で定義される。ここで $\{g_n\}$ は f に一様に収束する単関数の列である。この定義は任意符号を持つ非有限可測関数に容易に拡張できる（Walters, 1985）。積分が有限である関数は**可積分**といわれる。

Baire カテゴリー

もし、その補集合の閉包 $\bar{A}$ が稠密ならば A は**全疎** (nowhere dense) である。等価な言い方では、$\bar{A}$ は空でない開集合を含まない。集合 A が全疎な集合の可算個の集まりの和であるならば、それは**第一類** (first category) 又は**やせた** (meagre) 集合である。第一類でない集合は**第二類** (second category) 又は**やせてない** (nonmeagre) と言われる。最後に第一類集合の補集合は**残余** (residual) と呼ばれる。第一類集合は"狭（やせた）(thin)"集合と考えられる。集合のカテゴリー理論を含む更に他の性質は Royden (1989) を見て戴きたい。

付録 D　リヤプノフ指数、エントロピーおよび次元

カオス力学系の一般化次元とエントロピーはリヤプノフ指数（3.3節参照）で記述される相空間の伸長収縮に深く関連する。この分野の徹底的な議論に関しては専門的文献（Eckmann & Ruelle,1985）に任せることにして、この本で使用された数個の基本的な関係を書き出すことにする。

ある保測変換 $(\mathbf{F}, X, \tilde{\mathcal{B}}, m)$ の軌道 $\omega_{0n} = \{\mathbf{x}_0, \mathbf{x}_1, ..., \mathbf{x}_n\}$ を考えよう。ω_{0n} からの距離 ε の中に軌道を見出す確率 $P(\varepsilon, n, \mathbf{x}_0)$ は $P(\varepsilon; \mathbf{x}_0)P(\omega_{1n}|\mathbf{x}_0)$ のように書き直される。ここで $P(\varepsilon; \mathbf{x}_0)$ は $\mathbf{x}_0$ のまわりの大きさ ε の領域 $B_\varepsilon(\mathbf{x}_0)$ の中に点 $\mathbf{x}$ を観測する確率で、$P(\omega_{1n}|\mathbf{x}_0)$ は $\mathbf{x}_0$ から出発した軌道が n 時間ステップの間 $\omega_{1n} = \{\mathbf{x}_1, ..., \mathbf{x}_n\}$ から距離 ε の中を通っていく条件つき確率である。故に

$$p(\varepsilon, n; \mathbf{x}) \sim \varepsilon^{\alpha(\mathbf{x})} e^{-\kappa(\mathbf{x})n}, \quad \text{for} \quad \varepsilon \to 0 \quad and \quad n \to \infty \tag{A4.1}$$

のように仮定するのは自然である。但し、記号 $\sim$ は主要な漸近的振る舞いを表す。右辺第 1 項は $P(\varepsilon; \mathbf{x})$ に対応するので、指数 $\alpha(\mathbf{x})$ は既に 5.1 節で導入されていて、$\mathbf{x}$ での "局所次元 (local dimension)" と解釈でき、解像度が無限に細かくなった時の不変測度 m のスケーリング特性を表わしている。同様に指数 $\kappa(\mathbf{x})$ は軌道の与えられた部分での "局所" エントロピーを表す。$\alpha(\mathbf{x})$ と $\kappa(\mathbf{x})$ の両者とも $\mathbf{x}$ での "場所毎の" 次元とエントロピーを意味するものではなく、むしろ ε と n の有限の選択から式（A4.1）による粗視化の中でのみ定義される。測度 m の下で、殆ど全ての点 $\mathbf{x}$ に対し解像度が無限の極限において $\alpha(\mathbf{x}) = D_1$ で $\kappa(\mathbf{x}) = K_1$ となる（Shannon-McMillan-Breiman 定理、6.2節）。以下では、我々は $\mathbf{x}$ 依存性を落として、その平均的な値を論じる。それらのまわりでの局

所的な揺らぎの重要性は第6章で広く議論された（Grassberger *et al.*, 1988 も参照）。

局所的に連続集合とカントール集合の直積であるストレンジアトラクターに対し、線形化された写像の各々の固有方向に沿ってそれぞれの確率に対してスケーリングを

$$P(\varepsilon_1,\cdots,\varepsilon_d;\mathbf{x}) \sim \prod_{i=1}^{d} \varepsilon_i^{D_1^{(i)}} \tag{A4.2}$$

のように考えることもある。ここで参照領域 $B(\mathbf{x})$ は軸長 $\{\varepsilon_i\}$ を持つ楕円体で d は X の次元を示している。指数 $D_1^{(i)}$ は部分情報次元 (partial information dimension) (Grassberger *et al.*,1988) と呼ばれ、

$$D_1 = \sum_{i=1}^{d} D_1^{(i)} \tag{A4.3}$$

を満たす。λ_i を i 番目のリヤプノフ指数として i 番の軸 ε_i は n ステップで $\varepsilon_i' = \varepsilon_i e^{n\lambda_i}$ に写像される。写像 $\mathbf{F}$ の双曲性を仮定すると（すなわち、軌道に沿って各々の λ_i の符号が一定）、伸長と縮小方向は別個に取り扱われる。条件つき確率 $P(\omega_{1n}|\mathbf{x}_0)$ は n について減少する。何故なら軌道は ω_{1n} の "ε 近傍" $C(\varepsilon,n)$ から不安定方向に沿って離れるからである。$C(\varepsilon,n)$ に属する全ての軌道は i 番の方向に沿って $\mathbf{x}_0$ からの距離 ε_i'' 内から出発している。但し、$\lambda_i > 0$ ならば $\varepsilon_i'' = \varepsilon^{-n\lambda_i}$ で $\lambda_i \leq 0$ ならば $\varepsilon_i'' = \varepsilon$ である。楕円体内の質量はそれらの軸のスケールによって

$$P(\varepsilon,n;\mathbf{x}_0) \sim \varepsilon^{\Sigma_i D_1^{(i)}} e^{-n\Sigma_i^+ D_1^{(i)}\lambda_i} \tag{A4.4}$$

のように定義される。ここで総和の上つき記号 ＋ は正のリヤプノフ指数についてだけということを表す。(A4.1) に戻ると

$$K_1 \approx \kappa = \sum_i^+ D_1^{(i)} \lambda_i \tag{A4.5}$$

を得、同時に式 (A4.3) が確認できる。極限 $n \to \infty$ で、これは平均リヤプノフ指数であるコルモゴロフ-シナイエントロピーと部分次元の厳密な関係である。双曲的アトラクターにおいて各々の不安定方向に沿って $D_1^{(i)} = 1$ なので式 (A4.5) は

$$K_1 = \sum_i^+ \lambda_i \tag{A4.6}$$

に還元される。この結果は、一様な双曲性と、測度 m が相互に交差する部分空間に沿った独立な測度の積で書くことができるという二つの仮定を必要としている。後者が破れた時には、正のリヤプノフ指数の和は計量エントロピー K_1 (Pesin,1977) の上限を与える (Pesin,1977)。

最後に $\mathbf{x}$ を中心とした半径 ε の閉球 $B_\varepsilon(\mathbf{x})$ と、その n 回の像 B' 及び軸長 $\{\varepsilon'_i = \varepsilon e^{n\lambda_i(\mathbf{x})} : i = 1, ..., d\}$ を持つ楕円体を考えよう。$\mathbf{F}$ の保測性によって $B_\varepsilon(\mathbf{x})$ 内の質量 $m(B) = P(\varepsilon; \mathbf{x})$ は全部 B' に変換される。故に明らかな関係式

$$m(B) \sim \varepsilon^{D_1} \sim \varepsilon^{\Sigma_i D_1^{(i)} \lambda_i} \sim m(B') \qquad (A4.7)$$

は

$$\sum_{i=1}^{d} D_1^{(i)} \lambda_i = 0 \qquad (A4.8)$$

を導く。j は $\sum_{i=1}^{j} \lambda_i \geq 0$ なる最大の整数を意味する。但し $\lambda_1 \geq \lambda_2 \geq ... \geq \lambda_d$ である。$\sum_i^d \lambda_i \leq 0$ なので指標 j （カオス写像において ≥ 1）は常に逆行可能な変換 $\mathbf{F}$ に対し明確に定義できる。$i \leq j$ に対し $D_1^{(i)} = 1$, $i > j+1$ に対し $D_1^{(i)} = 0$ を仮定するとフラクタル性は方向 $j+1$ だけに対する部分次元に帰着する。その値は式 (A4.8) から決定される。その結果は**カプラン・ヨーク関係式** (Kaplan-Yorke relation) (Kaplan & Yorke,1979;Young,1982;Pesin,1984) として知られ

$$D_1 = j + \frac{\sum_{i=1}^{j} \lambda_i}{|\lambda_{j+1}|} \qquad (A4.9)$$

である。

付録E　正規言語における禁止語

グラフ G を持つ正規言語 $\mathcal{L}$ が与えられると、自動的に既約禁止語（IFW）を生成するグラフ G_f を構成することが可能である。簡単のため、我々は2進系 ($b=2$) の場合を扱う。与えられたテスト語 w が禁止されているならば（しかし IFW である必要はない）、その最初の $n-1$ 個の記号は1本の出ていく矢印だけを持つノードで終わる G 上の一つの経路を導く。しかし、この種の経路の各々が禁止語に対応しているわけではない、何故ならそれが G 上の他のある場所であらわれ、可能な延長 0 と 1 の両方に繋がっているかもしれないからである。従って w を禁止と認定するためには w と同じ接頭語を持つ G 上の全ての経路を考慮しないとならない。明らかに追加的チェックが既約性のテストには必要である。

記号 s で終わる全ての IFW を探そう。この目的のためには、我々は G のノードを二つの集合すなわち記号 s に続かないノード $q_i (i=1,...,I)$ を含む Q と残りのノード $p_j (j=1,...,J)$ の P に分ける[1]。その時、G から全ての矢印を逆にした（非決定論的）グラフと、可能なトランジェント部分を含む等価な決定論的グラフ G'（この変換のイラストは第7章を参照）を考え、そしてそのノードを r_k で表そう。一般に Q にも P にも属さない r_k があるから、$Q \cup P \subseteq R = \{r_k\}$ に注意しよう。

G 上の全ての可能な後向き経路は、$Q \cup P$ の中に初期条件がある G' 上の前向き経路に対応する。Q と P に関する情報を保ちながらそれらを同時に追うために、我々は $\mathbf{r} = (R'; R'')$ の形のメタシンボルを導入する。ここで R' と R'' は R

---

[1] ここ及び以下では s に関する再グループ化による依存性はできるだけ簡単な表記を保つものと解釈される。

の適当な部分集合である。そのようなメタシンボルの最初のものは $r_0 = (Q, P)$ で G_f 中の初期条件（従って G の中の全てのノードの集合 G_f）を表現する。G_f 中で記号 t の発する像は $r_1^t = (Q_1^t; P_1^t)$ で表記される。ここで $Q_1^t(P_1^t)$ は $Q(P)$ から t でラベルづけされる矢印を通って到達する全ての r_k の集合である。グラフ G' と G_f 上の列 $T = t_1 t_2 ... t_n$ は G 上のテスト列 $S = s_1 s_2 ... s_n$ の逆列である。G_f のノード $(Q_n; P_n)$ はメタシンボルに対応し、上の手順の有限回の反復で得られる。G' は決定論的なので順に集合 Q_n と P_n の基数 $N_n(Q)$ と $N_n(P)$ は n の非増加関数である。$N_n(P)$ が 0 でない限りは、元のグラフ G の中に T 列の逆列 S に対応し P のノードで終わる経路が少なくとも一つはある。従って S_s は許されることになる。逆に $N_n(Q) > 0$ で $N_n(P) = 0$ である限りは、S に対し G の中の唯一の可能な終了ノードが Q の中に存在し連なり S_s は禁止される。更に接頭語 S だけでなく最長の接尾語 $s_2 s_3 ... s_n$ も許可される。そうでなければ、その手順において前の段階で禁止が認定されている。

以上のように、信号 s で終わる全ての IFW は、グラフ G_f 上のノード r_0 からスタートし $P = \emptyset$ で特徴づけられる"到達"ノードで終了する全ての経路として得られる。グラフ G_f の構成法の存在は正規言語 $\mathcal{L}$ の IFW 言語 $\mathcal{F}$ がそれ自身正規的であるということを証明している。

参考文献

以下の文献は、本書のトピックスに関する全論文を尽すものではないが、本文で言及した研究の全目録である。

著書と総合的論文の第1著者名は検索しやすいように太字にしてある。

1. **Abraham**, N. B., Albano, A. M., Passamante, A., and Rapp, P. E., eds., (1989). *Measures of complexity and chaos*, Plenum, New York.
2. Adler, R. L., (1991). Geodesic flows, interval maps, and symbolic dynamics, in Bedford *et al.* (1991), p. 93.
3. Adler, R. L., and Weiss, B., (1967). Entropy, a complete metric invariant for automorphisms of the torus, *Proc. Natl. Acad. Sci. USA* **57**, 1573.
4. Adler, R. L., Konheim, A. G., and McAndrew, M. H., (1965). Topological entropy, *Trans. Am. Math. Soc.* **114**, 309, Providence, RI.
5. Agnes, C., and Rasetti, M., (1991). Undecidability of the word problem and chaos in symbolic dynamics, *Nuovo Cimento B* **106**, 879.
6. **Aharony**, A., and Feder, J., eds., (1989). *Fractals in physics: essays in honor of Benoit B. Mandelbrot*, North-Holland, Amsterdam.
7. **Aho**, A. V., Hopcroft, J. E., and Ullman, J. D., (1974). *The design and analysis of computer algorithms*, Addison-Wesley, Reading, MA.
8. Akhmanov, S. A., Vorontsov, M. A., and Ivanov, V. Yu., (1988). Large-scale transverse nonlinear interactions in laser beams; new types of nonlinear waves; onset of "optical turbulence", *JETP Lett.* **47**, 707.
9. **Alekseev**, V. M., and Yakobson, M. V., (1981). Symbolic dynamics and hyperbolic dynamic systems, *Phys. Rep.* **75**, 287.
10. Alexander, J. C., Yorke, J. A., You, Z., and Kan, I., (1992). Riddled basins, *Int. J. Bifurc. and Chaos* **2**, 795.
11. Alpern, S., (1978). Approximation to and by measure preserving homeomorphisms, *J. London Math. Soc.* **18**, 305.
12. Anderson, P. W., (1972). More is different, *Science* **177**, 393.
13. Anderson, P. W., and Stein, D. L., (1987). Broken symmetry, emergent properties, dissipative structures, life: are they related?, in Yates (1987), p. 445.
14. Anselmet, F., Gagne, Y., Hopfinger, E. J., and Antonia, R., (1984). High-order velocity

structure functions in turbulent shear flows, *J. Fluid Mech.* **140**, 63.

15. **Arecchi**, F. T., (1994). Optical morphogenesis: pattern formation and competition in nonlinear optics, *Nuovo Cim. A* **107**, 1111.

16. Arecchi, F. T., Meucci, R., Puccioni, G., and Tredicce, J., (1982). Experimental evidence of subharmonic bifurcations, multistability, and turbulence in a Q-switched gas laser, *Phys. Rev. Lett.* **49**, 1217.

17. Argoul, F., Arneodo, A., and Richetti, P., (1991). Symbolic dynamics in the Belousov-Zhabotinskii reaction: from Rössler's intuition to experimental evidence for Šil'nikov's homoclinic chaos, in *Chaotic Hierarchy*, edited by G. Baier and M. Klein, World Scientific, Singapore, p. 79.

18. Arneodo, A., Argoul, F., Bacry, E., Muzy, J. F., and Tabard, M., (1992a). Golden mean arithmetic in the fractal branching of diffusion-limited aggregates, *Phys. Rev. Lett.* **68**, 3456.

19. Arneodo, A., Argoul, F., Muzy, J. F., and Tabard, M., (1992b). Structural five-fold symmetry in the fractal morphology of diffusion-limited aggregates, *Physica A* **188**, 217.

20. Arnold, V. I., (1963). Proof of A. N. Kolmogorov's theorem on the preservation of quasiperiodic motions under small perturbations of the Hamiltonian, *Russ. Math. Surv.* **18**, 9.

21. **Arnold**, V. I., (1983). *Geometrical methods in the theory of ordinary differential equations*, Springer, New York.

22. **Arnold**, V. I., and Avez, A., (1968). *Ergodic problems of classical mechanics*, Benjamin, New York.

23. **Arrowsmith**, D. K., and Place, C. M., (1990). *An introduction to dynamical systems*, Cambridge University Press, Cambridge.

24. **Ash**, R. B., (1965). *Information theory*, Interscience, New York.

25. **Ashcroft**, N. W., and Mermin, N. D., (1976). *Solid state physics*, Holt, Rinehart, and Winston, New York.

26. **Atlan**, H., (1979). *Entre le cristal et la fumée*, Seuil, Paris.

27. Atlan, H., (1987). Self creation of meaning, *Physica Scripta* **36**, 563.

28. Atlan, H., (1990). Ends and meaning in machine-like systems, *Communication and Cognition* **23**, 143.

29. Atlan, H., and Koppel, M., (1990). The cellular computer DNA: program or data, *Bull. of Mathematical Biology* **52**, 335.

30. Aubry, S., Godrèche, C., and Luck, J. M., (1988). Scaling properties of a structure intermediate between quasiperiodic and random, *J. Stat. Phys.* **51**, 1033.

31. Auerbach, D., (1989). Dynamical complexity of strange sets, in Abraham et al. (1989), p. 203.

32. Auerbach, D., and Procaccia, I., (1990). Grammatical complexity of strange sets, *Phys. Rev. A* **41**, 6602.

33. Aurell, E., (1987). Feigenbaum attractor as a spin system, *Phys. Rev. A* **35**, 4016.

34. Avron, J. E., and Simon, B., (1981). Transient and recurrent spectrum, *J. Func. Anal.* **43**, 1.

35. Bachas, C. P., and Huberman, B. A., (1986). Complexity and the relaxation of hierarchical structures, *Phys. Rev. Lett.* **57**, 1965.

36. **Badii**, R., (1989). Conservation laws and thermodynamic formalism for dissipative dynamical systems, *Riv. Nuovo Cim.* **12**, No. 3, 1.

37. Badii, R., (1990a). Complexity as unpredictability of the scaling dynamics, *Europhys. Lett.* **13**, 599.

38. Badii, R., (1990b). Unfolding complexity in nonlinear dynamical systems, in Abraham et al. (1989), p. 313.

39. Badii, R., (1991). Quantitative characterization of complexity and predictability, *Phys. Lett. A* **160**, 372.

40. Badii, R., (1992). Complexity and unpredictable scaling of hierarchical structures, in *Chaotic Dynamics, Theory and Practice*, edited by T. Bountis, Plenum, New York, p. 1.

41. Badii, R., and Broggi, G., (1988). Measurement of the dimension spectrum $f(\alpha)$: fixed-mass approach, *Phys. Lett. A* **131**, 339.

42. Badii, R., and Politi, A., (1984). Hausdorff dimension and uniformity factor of strange attractors, *Phys. Rev. Lett.* **52**, 1661.

43. Badii, R., and Politi, A., (1985). Statistical

description of chaotic attractors: the dimension function, *J. Stat. Phys.* **40**, 725.

44. Badii, R., Broggi, G., Derighetti, B., Ravani, M., Ciliberto, S., Politi, A., and Rubio, M. A., (1988). Dimension increase in filtered chaotic signals, *Phys. Rev. Lett.* **60**, 979.

45. Badii, R., Finardi, M., and Broggi, G., (1991). Unfolding complexity and modelling asymptotic scaling behaviour, in *Chaos, Order, and Patterns*, edited by R. Artuso, P. Cvitanović, and G. Casati, Plenum, New York, p. 259.

46. Badii, R., Finardi, M., Broggi, G., and Sepúlveda, M. A., (1992). Hierarchical resolution of power spectra, *Physica D* **58**, 304.

47. **Badii**, R., Brun, E., Finardi, M., Flepp, L., Holzner, R., Parisi, J., Reyl, C., and Simonet, J., (1994). Progress in the analysis of experimental chaos through periodic orbits, *Rev. Mod. Phys.* **66**, 1389.

48. **Baker**, A., (1990). *A concise introduction to the theory of numbers*, Cambridge University Press, Cambridge.

49. Bartuccelli, M., Gibbon, J. D., Constantin, P., Doering, C. R., and Gisselfält, M., (1990). On the possibility of soft and hard turbulence in the complex Ginzburg Landau equation, *Physica D* **44**, 421.

50. Bates, J. E., and Shepard, H. K., (1993). Measuring complexity using information fluctuation, *Phys. Lett. A* **172**, 416.

51. **Batchelor**, G. K., (1982). *The theory of homogeneous turbulence*, Cambridge University Press, Cambridge.

52. **Batchelor**, G. K., (1991). *An introduction to fluid dynamics*, 2nd printing, Cambridge University Press, Cambridge.

53. **Baxter**, R. J., (1982). *Exactly solved models in statistical mechanics*, Academic Press, London.

54. **Beck**, C., and Schlögl, F., (1993). *Thermodynamics of chaotic systems*, Cambridge University Press, Cambridge.

55. **Bedford**, T., Keane, M., and Series, C., eds., (1991). *Ergodic theory, symbolic dynamics and hyperbolic spaces*, Oxford University Press, Oxford.

56. **Behringer**, R. P., (1985). Rayleigh-Bénard convection and turbulence in liquid helium, *Rev. Mod. Phys.* **57**, 657.

57. Bell, G. I., (1990). The human genome: an introduction, in Bell and Marr (1990), p. 3.

58. **Bell**, G. I., and Marr, T. G., eds., (1990). *Computers and DNA*, SFI Studies in the Sciences of Complexity, vol. VII, Addison-Wesley, Redwood City, CA.

59. Bell, T. C., Cleary, J. G., and Witten, I. H., (1990). *Text compression*, Prentice-Hall, Englewood Cliffs, NJ.

60. Benedicks, M., and Carleson, L., (1991). The dynamics of the Hénon map, *Ann. of Math.* **133**, 73.

61. Bennett, C. H., (1988). Dissipation, information, computational complexity and the definition of organization, in *Emerging Syntheses in Science*, edited by D. Pines, Addison-Wesley, Reading, MA, p. 215.

62. Bennett, C. H., (1990). How to define complexity in physics and why, in Zurek (1990), p. 137.

63. Benzi, R., Paladin, G., Parisi, G., and Vulpiani, A., (1984). On the multifractal nature of fully developed turbulence and chaotic systems, *J. Phys. A* **17**, 3521.

64. **Bergé**, P., Pomeau, Y., and Vidal, C., (1986). *Order within chaos*, Wiley, New York.

65. **Berlekamp**, E. R., Conway, J. H., and Guy, R. K., (1982). *Winning ways for your mathematical plays*, Academic Press, London.

66. Billingsley, P., (1965). *Ergodic theory and information*, Wiley, New York.

67. Blanchard, F., and Hansel, G., (1986). Systems codes, *Theor. Computer Science* **44**, 17.

68. Blum, L., (1990). Lectures on a theory of computation and complexity over the reals (or an arbitrary ring), in Jen (1990), p. 1.

69. Blum, L., and Smale, S., (1993). The Gödel incompleteness theorem and decidability over a ring, in *From Topology to Computation*, edited by M. W. Hirsch, J. E. Marsden, and M. Shub, Springer, New York, p. 321.

70. **Bohr**, T., and Tél, T., (1988). The thermodynamics of fractals, in *Directions in Chaos*, Vol. 2, edited by B.-L. Hao, World Scientific, Singapore, p. 194.

71. **Bombieri**, E., and Taylor, J. E., (1986). Which distributions of matter diffract? An initial investigation, *Journal de Physique*, Colloque C3, Suppl. 7, **47**, 19.

72. Bombieri, E., and Taylor, J. E., (1987). Quasicrystals, tilings, and algebraic number theory: some preliminary connections, *Contemp. Math.* **64**, 241.

73. Borštnik, B., Pumpernik, D., and Lukman, D., (1993). Analysis of apparent $1/f^\alpha$ spectrum in DNA sequences, *Europhys. Lett.* **23**, 389.

74. Bouchaud, J.-P., and Mézard, M., (1994). Self induced quenched disorder: a model for the spin glass transition, *J. Phys. I* (France) **4**, 1109.

75. Bowen, R., (1975). Equilibrium states and the ergodic theory of Anosov diffeomorphisms, *Lect. Notes in Math.* **470**, Springer, New York.

76. Bowen, R., (1978). On axiom A diffeomorphisms, *CBMS Regional Conference Series in Mathematics* **35**, American Mathematical Society, Providence, RI.

77. Brandstater, A., and Swinney, H. L., (1987). Strange attractors in weakly turbulent Couette-Taylor flow, *Phys. Rev. A* **35**, 2207.

78. Bray, A. J., and Moore, M. A., (1987). Chaotic nature of the spin-glass phase, *Phys. Rev. Lett.* **58**, 57.

79. Broggi, G., (1988). *Numerical characterization of experimental chaotic signals*, Doctoral Thesis, University of Zurich, Switzerland.

80. Brudno, A. A., (1983). Entropy and the complexity of the trajectories of a dynamical system, *Trans. Moscow Math. Soc.* **44**, 127.

81. Busse, F. H., (1967). The stability of finite amplitude cellular convection and its relation to an extremum principle, *J. Fluid Mech.* **30**, 625.

82. **Busse**, F. H., (1978). Nonlinear properties of thermal convection, *Rep. Prog. Phys.* **41**, 1929.

83. Caianiello, E. R., (1987). A thermodynamic approach to self-organizing systems, in Yates (1987), p. 475.

84. **Callen**, H. B., (1985). *Thermodynamics and an introduction to thermostatistics*, 2nd edition, Wiley, Singapore.

85. **Carrol**, J., and Long, D., (1989). *Theory of finite automata with an introduction to formal languages*, Prentice-Hall, Englewood Cliffs, NJ.

86. Casartelli, M., (1990). Partitions, rational partitions, and characterization of complexity, *Complex Systems* **4**, 491.

87. Casti, J. L., (1986). On system complexity: identification, measurement, and management, in *Complexity, Language, and Life: Mathematical Approaches*, edited by J. L. Casti and A. Karlqvist, Springer, Berlin, p. 146.

88. Cates, M. E., and Witten, T. A., (1987). Diffusion near absorbing fractals: harmonic measure exponents for polymers, *Phys. Rev. A* **35**, 1809.

89. Ceccatto, H. A., and Huberman, B. A., (1988). The complexity of hierarchical systems, *Physica Scripta* **37**, 145.

90. Chaitin, G. J., (1966). On the length of programs for computing binary sequences, *J. Assoc. Comp. Math.* **13**, 547.

91. **Chaitin**, G. J., (1990a). *Algorithmic information theory*, 3rd edition, Cambridge University Press, Cambridge.

92. **Chaitin**, G. J., (1990b). *Information, randomness and incompleteness*, 3rd edition, World Scientific, Singapore.

93. Chandra, P., Ioffe, L. B., and Sherrington, D., (1995). Possible glassiness in a periodic long-range Josephson array, *Phys. Rev. Lett.* **75**, 713.

94. **Chandrasekar**, S., (1961). *Hydrodynamic and hydromagnetic stability*, Clarendon Press, Oxford.

95. Chhabra, A. B., and Sreenivasan, K. R., (1991). Probabilistic multifractals and negative dimensions, in *New Perspectives in Turbulence*, edited by L. Sirovich, Springer, New York, p. 271.

96. Chomsky, N., (1956). Three models for the description of language, *IRE Trans. on Information Theory* **2**, 113.

97. Chomsky, N., (1959). On certain formal properties of grammars, *Information and Control* **2**, 137.

98. Christiansen, F., and Politi, A., (1995). A generating partition for the standard map, *Phys. Rev. E* **51**, 3811.

99. Ciliberto, S., and Bigazzi, P., (1988). Spatiotemporal intermittency in Rayleigh-Bénard convection, *Phys. Rev. Lett.* **60** 286.

100. Ciliberto, S., Douady, S., and Fauve, S., (1991a). Investigating space-time chaos in Faraday instability by means of the

fluctuations of the driving acceleration, *Europhys. Lett.* **15**, 23.

101. Ciliberto, S., Pampaloni, E., and Perez-Garcia, C., (1991b). The role of defects in the transition between different symmetries in convective patterns, *J. Stat. Phys.* **64**, 1045.

102. **Collet**, P., and Eckmann, J.-P., (1980). *Iterated maps on the interval as dynamical systems*, Birkhäuser, Boston.

103. Constantin, P., and Procaccia, I., (1991). Fractal geometry of isoscalar surfaces in turbulence: theory and experiments, *Phys. Rev. Lett.* **67**, 1739.

104. Cook, C. M., Rosenfeld, A., and Aronson, A. R., (1976). Grammatical inference by hill climbing, *Informational Sciences* **10**, 59.

105. **Cornfeld**, I. P., Fomin, S. V., and Sinai, Ya. G., (1982). *Ergodic theory*, Springer, New York.

106. Courbage, M., and Hamdan, D., (1995). Unpredictability in some nonchaotic dynamical systems, *Phys. Rev. Lett.* **74**, 5166.

107. Coven, E. M., and Hedlund, G. A., (1973). Sequences with minimal block growth, *Math. Systems Theory* **7**, 138.

108. Coven, E. M., and Paul, M. E., (1975). Sofic systems, *Israel J. of Math.* **20**, 165.

109. **Cover**, T. M., and Thomas, J. A., (1991). *Elements of information theory*, Wiley, New York.

110. **Crisanti**, A., Paladin, G., and Vulpiani, A., (1993). *Products of random matrices in statistical physics*, Springer, Berlin.

111. Crisanti, A., Falcioni, M., Mantica, G., and Vulpiani, A., (1994). Applying algorithmic complexity to define chaos in the motion of complex systems, *Phys. Rev. E* **50**, 1959.

112. **Cross**, M. C., and Hohenberg, P. C., (1993). Pattern formation outside of equilibrium, *Rev. Mod. Phys.* **65**, 851.

113. Crutchfield, J. P., and Young, K., (1989). Inferring statistical complexity, *Phys. Rev. Lett.* **63**, 105.

114. Crutchfield, J. P., and Young, K., (1990). Computation at the onset of chaos, in Zurek (1990), p. 223.

115. Culik II, K., Hurd, L. P., and Yu, S., (1990). Computation theoretic aspects of cellular automata, *Physica D* **45**, 357.

116. **Cvitanović**, P., ed., (1984). *Universality in chaos*, Adam Hilger, Bristol.

117. D'Alessandro, G., and Firth, W. J., (1991). Spontaneous hexagon formation in a nonlinear optical medium with feedback mirror, *Phys. Rev. Lett.* **66**, 2597.

118. D'Alessandro, G., and Politi, A., (1990). Hierarchical approach to complexity with applications to dynamical systems, *Phys. Rev. Lett.* **64**, 1609.

119. D'Alessandro, G., Grassberger, P., Isola, S., and Politi, A., (1990). On the topology of the Hénon map, *J. Phys. A* **23**, 5285.

120. Damgaard, P. H., (1992). Stability and instability of renormalization group flows, *Int. J. Mod. Phys. A* **7**, 6933.

121. **Davies**, P., ed., (1993). *The new physics*, 2nd printing, Cambridge University Press, Cambridge.

122. **de Gennes**, P. G., (1979). *Scaling concepts in polymer physics*, Cornell University Press, Ithaca, NY.

123. Dekking, F. M., and Keane, M., (1978). Mixing properties of substitutions, *Z. Wahrsch. verw. Geb.* **42**, 23.

124. De Luca, A., and Varricchio, S., (1988). On the factors of the Thue-Morse word on three symbols, *Information Processing Letters* **27**, 281.

125. **Denker**, M., Grillenberger, C., and Sigmund, K., (1976). *Ergodic theory on compact spaces*, Springer, Berlin.

126. Derrida, B., (1981). Random-energy model: an exactly solvable model of disordered systems, *Phys. Rev. B* **24**, 2613.

127. Derrida, B., and Flyvbjerg, H., (1985). A new real-space renormalization method and its Julia set, *J. Phys. A* **18**, L313.

128. Derrida, B., and Spohn, H., (1988). Polymers on disordered trees, spin glasses and traveling waves, *J. Stat. Phys.* **51**, 817.

129. Derrida, B., Eckmann, J.-P., and Erzan, A., (1983). Renormalization groups with periodic and aperiodic orbits, *J. Phys. A* **16**, 893.

130. **Devaney**, R. L., (1989). *An introduction to chaotic dynamical systems*, 2nd edition, Addison Wesley, Redwood City, CA.

131. **Dietterich**, T. G., London, R., Clarkson, K., and Dromey, R., (1982). Learning and inductive inference, in *The Handbook of*

Artificial Intelligence, edited by P. Cohen and E. Feigenbaum, Kaufman, Los Altos, CA, p. 323.

132. **Domb**, C., and Green, M. S., eds., (1972 ff.). *Phase transitions and critical phenomena*, Vols. 1-7 (Vols. 8 ff. edited by C. Domb and J. L. Lebowitz), Academic Press, London and New York.

133. **Doolittle**, R. F., ed., (1990). *Methods in enzymology*, Vol. 183, Academic Press, San Diego, CA.

134. **Drazin**, P. G., and King, G. P., eds., (1992). *Interpretation of time series from nonlinear systems*, North-Holland, Amsterdam.

135. Dumont, J. M., (1990). Summation formulae for substitutions on a finite alphabet, in Luck *et al.* (1990), p. 185.

136. **Dutta**, P., and Horn, P. M., (1981). Low-frequency fluctuations in solids: $1/f$ noise, *Rev. Mod. Phys.* **53**, 497.

137. Dyachenko, S., Newell, A. C., Pushkarev, A., and Zakharov, V. E., (1992). Optical turbulence: weak turbulence, condensates, and collapsing filaments in the nonlinear Schrödinger equation, *Physica D* **57**, 96.

138. Dyson, F. J., (1969). Existence of a phase transition in a one-dimensional Ising ferromagnet and Non-existence of spontaneous magnetization in a one-dimensional Ising ferromagnet, *Commun. Math. Phys.* **12**, 91 and 212.

139. Ebeling, W., and Nicolis, G., (1991). Entropy of symbolic sequences: the role of correlations, *Europhys. Lett.* **14**, 191.

140. **Eckmann**, J.-P., and Ruelle, D., (1985). Ergodic theory of chaos and strange attractors, *Rev. Mod. Phys.* **57**, 617.

141. Eckmann, J.-P., Meakin, P., Procaccia, I., and Zeitak, R., (1989). Growth and form of noise-reduced diffusion limited aggregation, *Phys. Rev. A* **39**, 3185.

142. **Edgar**, G. A., (1990). *Measure, topology, and fractal geometry*, Springer, New York.

143. Edwards, S. F., and Anderson, P. W., (1975). Theory of spin glasses, *J. Phys. F* **5**, 965.

144. Eggers, J., and Großmann, S., (1991). Does deterministic chaos imply intermittency in fully developed turbulence?, *Phys. Fluids A* **3**, 1958.

145. Ehrenfeucht, A., and Rozenberg, G., (1981). On the subword complexity of D0L languages with a constant distribution, *Information Processing Letters* **27**, 108.

146. Eigen, M., (1986). The physics of molecular evolution, *Chemica Scripta B* **26**, 13.

147. Elliott, R. J., (1961). Phenomenological discussion of magnetic ordering in the heavy rare-earth metals, *Phys. Rev.* **124**, 346.

148. Ernst, M. H., (1986). Kinetics of clustering in irreversible aggregation, in *Fractals in Physics*, edited by L. Pietronero and E. Tosatti, North-Holland, Amsterdam, p. 289.

149. Fahner, G., and Grassberger, P., (1987). Entropy estimates for dynamical systems, *Complex Systems* **1**, 1093.

150. **Falconer**, D. S., (1989). *Introduction to quantitative genetics*, 3rd edition, Longman, Harlow.

151. **Falconer**, K. J., (1990). *Fractal geometry: mathematical foundations and applications*, Wiley, New York.

152. **Family**, F., and Landau, D. P., eds., (1984). *Kinetics of aggregation and gelation*, North-Holland, Amsterdam.

153. Farmer, J. D., Ott, E., and Yorke, J. A., (1983). The dimension of chaotic attractors, *Physica D* **7**, 153.

154. **Farmer**, J. D., Toffoli, T., and Wolfram, S., eds., (1984). *Cellular automata*, North-Holland, Amsterdam.

155. Feigenbaum, M. J., (1978). Quantitative universality for a class of nonlinear transformations, *J. Stat. Phys.* **19**, 25.

156. Feigenbaum, M. J., (1979a). The universal metric properties of nonlinear transformations, *J. Stat. Phys.* **21**, 669.

157. Feigenbaum, M. J., (1979b). The onset spectrum of turbulence, *Phys. Lett. A* **74**, 375.

158. Feigenbaum, M. J., (1980). The transition to aperiodic behaviour in turbulent systems, *Commun. Math. Phys.* **77**, 65.

159. Feigenbaum, M. J., (1987). Some characterizations of strange sets, *J. Stat. Phys.* **46**, 919 and 925.

160. Feigenbaum, M. J., (1988). Presentation functions, fixed points and a theory of scaling function dynamics, *J. Stat. Phys.* **52**, 527.

161. Feigenbaum, M. J., (1993). Private communication.

162. Feigenbaum, M. J., Kadanoff, L. P., and

Shenker, S. J., (1982). Quasiperiodicity in dissipative sytems: a renormalization group analysis, *Physica D* **5**, 370.

163. Felderhof, B. U., and Fisher, M. E., (1970). Phase transitions in one-dimensional cluster-interaction fluids: (II) simple logarithmic model, *Ann. of Phys.* **58**, 268.

164. **Feller**, W., (1970). *An introduction to probability theory and its applications*, Vol. 1, 3rd edition, Wiley, New York.

165. Feudel, U., Pikovsky, A., and Politi, A., (1996). Renormalization of correlations and spectra of a strange nonchaotic attractor, *J. Phys. A*, **29**, 5297.

166. **Field**, R. J., and Burger, M., eds., (1985). *Oscillations and traveling waves in chemical systems*, Wiley, New York.

167. **Fischer**, K. H., and Hertz, J. A., (1991). *Spin glasses*, Cambridge University Press, Cambridge.

168. Fisher, M. E., (1967a). The theory of equilibrium critical phenomena, *Rep. Prog. Phys.* **30**, 615.

169. Fisher, M. E., (1967b). The theory of condensation and the critical point, *Physics* **3**, 255.

170. Fisher, M. E., (1972). On discontinuity of the pressure, *Commun. Math. Phys.* **26**, 6.

171. **Fisher**, M. E., (1983). Scaling, universality, and renormalization group theory, in *Critical Phenomena*, edited by F. J. W. Hahne, Lect. Notes in Phys. **186**, Berlin, Springer, p. 1.

172. Fisher, M. E., and Milton, G. W., (1986). Classifying first-order phase transitions, *Physica A* **138**, 22.

173. Fitch, W. M., (1986). Unresolved problems in DNA sequence analysis, in Miura (1986), p. 1.

174. Flepp, L., Holzner, R., Brun, E., Finardi, M., and Badii, R., (1991). Model identification by periodic-orbit analysis for NMR-laser chaos, *Phys. Rev. Lett.* **67**, 2244.

175. **Fletcher**, C. A. J., (1984). *Computational Galerkin methods*, Springer, New York.

176. Fogedby, H. C., (1992). On the phase space approach to complexity, *J. Stat. Phys.* **69**, 411.

177. **Friedlander**, S. K., (1977). *Smoke, dust, and haze*, Wiley Interscience, New York.

178. Friedman, E. J., (1991). Structure and uncomputability in one-dimensional maps, *Complex Systems* **5**, 335.

179. Frisch, U., and Orszag, S. A., (1990). Turbulence: challenges for theory and experiment, *Physics Today* **43**, 24.

180. Frisch, U., and Parisi, G., (1985). On the singularity structure of fully-developed turbulence, appendix to U. Frisch, Fully-Developed Turbulence and Intermittency, in *Turbulence and Predictability in Geophisical Fluid Dynamics and Climate Dynamics*, edited by M. Ghil, R. Benzi and G. Parisi, North-Holland, New York, p. 84.

181. Frisch, U., Sulem, P. L., and Nelkin, M., (1978). On the singularity structure of fully developed turbulence, *J. Fluid Mech.* **87**, 719.

182. Frisch, U., Hasslacher, B., Pomeau, Y., (1986). Lattice-gas automata for the Navier-Stokes equation, *Phys. Rev. Lett.* **56**, 1505.

183. Fu, Y., and Anderson, P. W., (1986). Application of statistical mechanics to NP-complete problems in combinatorial optimisation, *J. Phys. A* **19**, 1605.

184. Fujisaka, H., (1992). A contribution to statistical nonlinear dynamics, in *From Phase Transitions to Chaos*, edited by G. Györgyi, I. Kondor, L. Sasvári, and T. Tél, World Scientific, Singapore, p. 434.

185. Furstenberg, H., (1967). Disjointness in ergodic theory, minimal sets, and a problem in Diophantine approximation, *Math. Systems Theory* **1**, 1.

186. **Garey**, M. R., and Johnson, D. S., (1979). *Computers and intractability: a guide to the theory of NP-completeness*, Freeman, San Francisco.

187. Gelfand, M. S., (1993). Genetic Language: metaphor or analogy?, *Biosystems* **30**, 277.

188. Gibbs, J. W., (1873). Private communication.

189. **Gibbs**, J. W., (1948). *The collected works of J. Willard Gibbs*, Longmans, New York.

190. Gilman, R. H., (1987). Classes of linear automata, *Ergod. Theory and Dynam. Syst.* **7**, 105.

191. Girsanov, I. V., (1958). Spectra of dynamical systems generated by stationary Gaussian processes, *Dokl. Akad. Nauk SSSR* **119**, 851.

192. Gledzer, E. B., (1973). Systems of hydrodynamic type admitting two integrals

of motion (in Russian), *Dokl. Akad. Nauk SSSR* **209**, 1046.

193. Gödel, K., (1931). Über formal unentscheidbare Sätze der Principia Mathematica und verwandter Systeme I, *Monatshefte für Mathematik und Physik* **38**, 173.

194. Godrèche, C., and Luck, J. M., (1990). Multifractal analysis in reciprocal space and the nature of Fourier transform of self-similar structures, *J. Phys. A* **23**, 3769.

195. Gold, E. M., (1967). Language identification in the limit, *Inform. Contr.* **10**, 447.

196. **Goldbeter**, A., ed., (1989). *Cell to cell signalling: from experiments to theoretical models*, Academic Press, London.

197. Gollub, J. P., (1991). Nonlinear waves: dynamics and transport, *Physica D* **51**, 501.

198. Goodwin, B. C., (1990). Structuralism in biology, *Sci. Progress* (Oxford) **74**, 227.

199. Goren, G., Procaccia, I., Rasenat, S., and Steinberg, V., (1989). Interactions and dynamics of topological defects: theory and experiments near the onset of weak turbulence, *Phys. Rev. Lett.* **63**, 1237.

200. Grassberger, P., (1981). On the Hausdorff dimension of fractal attractors, *J. Stat. Phys.* **26**, 173.

201. Grassberger, P., (1986). Toward a quantitative theory of self-generated complexity, *Int. J. Theor. Phys.* **25**, 907.

202. Grassberger, P., (1989a). Estimating the information content of symbol sequences and efficient codes, *IEEE Trans. Inform. Theory* **35**, 669.

203. Grassberger, P., (1989b). Randomness, information and complexity, in *Proc. 5th Mexican Summer School on Statistical Mechanics*, edited by F. Ramos-Gomez, World Scientific, Singapore, p. 59.

204. Grassberger, P., and Kantz, H., (1985). Generating partitions for the dissipative Hénon map, *Phys. Lett. A* **113**, 235.

205. Grassberger, P., and Procaccia, I., (1983). Characterization of strange attractors, *Phys. Rev. Lett.* **50**, 346.

206. Grassberger, P., Badii, R., and Politi, A., (1988). Scaling laws for hyperbolic and non-hyperbolic attractors, *J. Stat. Phys.* **51**, 135.

207. **Grassberger**, P., Schreiber, T., and Schaffrath, C., (1991). Nonlinear time-sequence analysis, *Int. J. Bifurc. and Chaos* **1**, 521.

208. Grebogi, C., Ott, E., Pelikan, S., and Yorke, J. A., (1984). Strange attractors that are not chaotic, *Physica D* **13**, 261.

209. Greene, J. M., (1979). A method for determining a stochastic transition, *J. Math. Phys.* **20**, 1183.

210. Griffiths, R. B., (1972). Rigorous results and theorems, in Domb and Green (1972), Vol. 1, p. 7.

211. Grillenberger, C., (1973). Constructions of strictly ergodic systems: (I) given entropy, (II) K-systems, *Z. Wahrsch. verw. Geb.* **25**, 323 and 335.

212. Großmann, S., and Horner, R., (1985). Long time tail correlations in discrete chaotic dynamics, *Z. Phys. B* **60**, 79.

213. Großmann, S., and Lohse, D., (1994). Universality in fully developed turbulence, *Phys. Rev. E* **50**, 2784.

214. **Grünbaum**, B., and Shephard, G. C., (1987). *Tilings and patterns*, Freeman, New York.

215. **Guckenheimer**, J., and Holmes, P., (1986). *Nonlinear oscillations, dynamical systems, and bifurcations of vector fields*, 2nd edition, Springer, New York.

216. Günther, R., Schapiro, B., and Wagner, P., (1992). Physical complexity and Zipf's law, *Int. J. Theor. Phys.* **31**, 525.

217. Gurevich, B. M., (1961). The entropy of horocycle flows, *Dokl. Akad. Nauk SSSR* **136**, 768; *Soviet Math. Dokl.* **2**, 124.

218. Gutowitz, H. A., (1990). A hierarchical classification of cellular automata, *Physica D* **45**, 136.

219. Gutowitz, H. A., (1991a). Transients, cycles, and complexity in cellular automata, *Phys. Rev. A* **44**, 7881.

220. **Gutowitz**, H. A., ed., (1991b). *Cellular automata: theory and experiment*, MIT Press, Cambridge, MA.

221. Gutowitz, H. A., Victor, J. D., and Knight, B. W., (1987). Local structure theory for cellular automata, *Physica D* **28**, 18.

222. Haken, H., (1975). Analogy between higher instabilities in fluids and lasers, *Phys. Lett. A* **53**, 77.

223. Halmos, P. R., (1944). Approximation theories for measure preserving

224. **Halmos**, P. R., (1956). *Lectures on ergodic theory*, The mathematical society of Japan, Tokyo.
225. Halsey, T. C., Jensen, M. H., Kadanoff, L. P., Procaccia, I., and Shraiman, B., (1986). Fractal measures and their singularities: the characterization of strange sets, *Phys. Rev. A* **33**, 1141.
226. **Hamming**, R. W., (1986). *Coding and information theory*, 2nd edition, Prentice-Hall, Englewood Cliffs, NJ.
227. **Hao**, B.-L., (1989). *Elementary symbolic dynamics*, World Scientific, Singapore.
228. **Hardy**, G. H., and Wright, H. M., (1938). *Theory of numbers*, Oxford University Press, Oxford.
229. **Harrison**, R. G., and Uppal, J. S., eds., (1993). *Nonlinear dynamics and spatial complexity in optical systems*, SUSSP, Edinburgh, and IOP, Bristol.
230. Hedlund, G. A., (1969). Endomorphisms and automorphisms of the shift dynamical system, *Math. Systems Theory* **3**, 320.
231. Hennequin, D., and Glorieux, P., (1991). Symbolic dynamics in a passive Q-switching laser, *Europhys. Lett.* **14**, 237.
232. Hénon, M., (1976). A two-dimensional mapping with a strange attractor, *Commun. Math. Phys.* **50**, 69.
233. **Herken**, R., ed., (1994). *The universal Turing machine: a half-century survey*, 2nd edition, Springer, Wien.
234. **Hofstadter**, D., (1979). *Gödel, Escher, Bach: an eternal golden braid*, Basic Books, New York.
235. Hohenberg, P. C., and Shraiman, B. I., (1988). Chaotic behaviour of an extended system, *Physica D* **37**, 109.
236. Holschneider, M., (1994). Fractal wavelet dimensions and localization, *Commun. Math. Phys.* **160**, 457.
237. **Hopcroft**, J. E., and Ullman, J. D., (1979). *Introduction to automata theory, languages, and computation*, Addison-Wesley, Reading, MA.
238. Horton, R. E., (1945). Erosional development of streams and their drainage basins; hydrophysical approach to quantitative morphology, *Bull. Geol. Soc. Am.* **56**, 275.
239. **Howie**, J. M., (1991). *Automata and languages*, Oxford University Press, Oxford.
240. **Huang**, K., (1987). *Statistical mechanics*, 2nd edition, Wiley, Singapore.
241. Huberman, B. A., and Hogg, T., (1986). Complexity and adaptation, *Physica D* **22**, 376.
242. Huberman, B. A., and Kerszberg, M., (1985). Ultradiffusion: the relaxation of hierarchical systems, *J. Phys. A* **18**, L331.
243. Huffman, D. A., (1952). A method for the construction of minimum redundancy codes, *Proc. IRE* **40**, 1098.
244. Hurd, L. P., (1990a). Recursive cellular automata invariant sets, *Complex Systems* **4**, 119.
245. Hurd, L. P., (1990b). Nonrecursive cellular automata invariant sets, *Complex Systems* **4**, 131.
246. Hurd, L. P., Kari, J., and Culik, K., (1992). The topological entropy of cellular automata is uncomputable, *Ergod. Theory and Dynam. Sys.* **12**, 255.
247. **Hurewicz**, W., and Wallman, H., (1974). *Dimension theory*, 9th printing, Princeton University Press, Princeton, NJ.
248. Hurley, M., (1990). Attractors in cellular automata, *Ergod. Theory and Dynam. Syst.* **10**, 131.
249. Jahnke, W., Skaggs, W. E., and Winfree, A. T., (1989). Chemical vortex dynamics in the Belousov-Zhabotinsky reaction and in the two-variable Oregonator model, *J. Phys. Chem.* **93**, 740.
250. **Jen**, E., ed., (1990). *Lectures in complex systems*, SFI Studies in the Sciences of Complexity, Vol. II, Addison-Wesley, Redwood City, CA.
251. Jensen, M. H., Paladin, G., and Vulpiani, A., (1991). Intermittency in a cascade model for three-dimensional turbulence, *Phys. Rev. A* **43**, 798.
252. Joets, A., and Ribotta, R., (1991). Localized bifurcations and defect instabilities in the convection of a nematic liquid crystal, *J. Stat. Phys.* **64**, 981.
253. **Jullien**, R., and Botet, R., eds., (1987). *Aggregation and fractal aggregates*, World Scientific, Singapore.

254. Kadanoff, L. P., (1966). Scaling laws for Ising models near T_c, Physics **2**, 263.
255. Kadanoff, L. P., (1976a). Scaling, universality and operator algebras, in Domb and Green (1976), Vol. 5a, p. 1.
256. Kadanoff, L. P., (1976b). Notes on Migdal's recursion formulas, *Ann. Phys.* (NY) **100**, 359.
257. Kadanoff, L. P., (1991). Complex structures from simple systems, *Physics Today* **44**, Vol. 3, p. 9.
258. Kakutani, S., (1973). Examples of ergodic measure preserving transformations which are weakly mixing but not strongly mixing, in *Recent Advances in Topological Dynamics*, Lect. Notes in Math. **318**, Springer, New York, p. 143.
259. **Kakutani**, S., (1986). *Selected papers*, edited by R. R. Kallman, Birkhäuser, Boston.
260. Kakutani, S., (1986a). Ergodic theory of shift transformations, reprinted in Kakutani (1986), p. 268.
261. Kakutani, S., (1986b). Strictly ergodic dynamical systems, reprinted in Kakutani (1986), p. 319.
262. Kaminger, F. P., (1970). The noncomputability of the channel capacity of context-sensitive languages, *Information and Control* **17**, 175.
263. Kaplan, J. L., and Yorke, J. A., (1979). Chaotic behaviour of multidimensional difference equations, in *Functional Differential Equations and Approximations of Fixed Points*, edited by H. O. Peitgen and H. O. Walther, Lect. Notes in Math. **730**, Springer, New York, p. 228.
264. Katok, A. B., and Stepin, A. M., (1966). Approximation of ergodic dynamical systems by periodic transformations, *Soviet Math. Dokl.* **7**, 1638.
265. Katok, A. B., and Stepin, A. M., (1967). Approximations in ergodic theory, *Russ. Math. Surv.* **22**, 77.
266. Keane, M. S., (1991). Ergodic theory and subshifts of finite type, in Bedford *et al.* (1991), p. 35.
267. Kesten, H., (1966). On a conjecture of Erdös and Szüsz related to uniform distribution mod 1, *Acta Aritmetica* **12**, 193.
268. Ketzmerick, R., Petschel, G., and Geisel, T., (1992). Slow decay of temporal correlations in quantum systems with Cantor spectra, *Phys. Rev. Lett.* **69**, 695.
269. **Khinchin**, A. I., (1957). *Information theory (mathematical foundations)*, Dover, New York.
270. **Kimura**, M., (1983). *The neutral theory of molecular evolution*, Cambridge University Press, Cambridge.
271. Klimontovich, Y. L., (1987). Entropy evolution in self-organization processes: H-theorem and S-theorem, *Physica A* **142**, 390.
272. Klir, G. J., (1985). Complexity: some general observations, *Systems Research* **2**, 131.
273. Kirkpatrick, S., Gelatt Jr, C. D., and Vecchi, M. P., (1983). Optimization by simulated annealing, *Science* **220**, 671.
274. Kolář, M., Iochum, B., and Raymond, L., (1993). Structure factor of 1D systems (superlattices) based on two-letter substitution rules: I. δ (Bragg) peaks, *J. Phys. A* **26**, 7343.
275. Kolb, M., Botet, R., and Jullien, R., (1983). Scaling of kinetically growing clusters, *Phys. Rev. Lett.* **51**, 1123.
276. Kolmogorov, A. N., (1941). The local structure of turbulence in an incompressible flow with very large Reynolds numbers, *Dokl. Akad. Nauk SSSR* **30**, 301.
277. Kolmogorov, A. N., (1954). On conservation of conditionally periodic motions under small perturbations of the Hamiltonian, *Dokl. Akad. Nauk SSSR* **98**, 527.
278. Kolmogorov, A. N., (1962). A refinement of previous hypotheses concerning the local structure of turbulence in a viscous incompressible fluid at high Reynolds number, *J. Fluid Mech.* **13**, 82.
279. Kolmogorov, A. N., (1965). Three approaches to the quantitative definition of information, *Problems of Information Transmission* **1**, 4.
280. Koppel, M., (1987). Complexity, Depth, and Sophistication, *Complex Systems* **1**, 1087.
281. Koppel, M., (1994). Structure, in Herken (1994), p. 435.
282. Koppel, M., and Atlan, H., (1991). An almost machine-independent theory of program length complexity, sophistication, and induction, *Information Sciences* **56**, 23.

283. Kraichnan, R. H., and Chen, S., (1989). Is there a statistical mechanics of turbulence?, *Physica D* **37**, 160.
284. Kreisberg, N., McCormick, W. D., and Swinney, H. L., (1991). Experimental demonstration of subtleties in subharmonic intermittency, *Physica D* **50**, 463.
285. Krieger, W., (1972). On unique ergodicity, in *Proc. Sixth Berkeley Symp.*, Vol. 2, University of California Press, Berkeley and Los Angeles, p. 327.
286. Kuich, W., (1970). On the entropy of context-free languages, *Information and Control* **16**, 173.
287. **Kuramoto**, Y., (1984). *Chemical oscillations, waves, and turbulence*, Springer, Berlin.
288. Lakdawala, P., (1996). Computational complexity of symbolic dynamics at the onset of chaos, *Phys. Rev. E*, **53**, 4477.
289. Landauer, R., (1987). Role of relative stability in self-repair and self-maintenance, in Yates (1987), p. 435.
290. Landweber, P., (1964). Decision problems on phrase structure grammars, *IEEE Trans. Electron. Comput.* **13**, 354.
291. Langton, C. G., (1986). Studying artificial life with cellular automata, *Physica D* **22**, 120.
292. Lari, K., and Young, S. J., (1990). The estimation of stochastic context-free grammars using the inside-outside algorithm, *Computer Speech and Language* **4**, 35.
293. **Lasota**, A., and Mackey, M. C., (1985). *Probabilistic properties of deterministic systems*, Cambridge University Press, Cambridge.
294. Lempel, A., and Ziv, J., (1976). On the complexity of finite sequences, *IEEE Trans. Inform. Theory* **22**, 75.
295. Levine, D., and Steinhardt, P. J., (1986). Quasicrystals. I: Definition and structure, *Phys. Rev. B* **34**, 596.
296. Levine, L., (1992). Regular language invariance under one-dimensional cellular automaton rules, *Complex Systems* **6**, 163.
297. **Lewin**, B., (1994). *Genes V*, Oxford University Press, New York.
298. Li, M., and Vitányi, P. M. B., (1988). Two decades of applied Kolmogorov complexity: in memoriam of A. N. Kolmogorov, 1903-1987, in *Proc. 3rd IEEE Conference on Structure in Complexity Theory*, IEEE Computer Society Press, Washington D.C., p. 80.
299. Li, M., and Vitányi, P. M. B., (1989). A new approach to formal language theory by Kolmogorov complexity, Centrum voor Wiskunde en Informatica, Report CS-R8919, Centre for Mathematics and Computer Science, Amsterdam.
300. Li, W., and Kaneko, K., (1992). Long-range correlation and partial $1/f^\alpha$ spectrum in a noncoding DNA sequence, *Europhys. Lett.* **17**, 655.
301. Libchaber, A., Fauve, S., and Laroche, C., (1983). Two-parameter study of routes to chaos, *Physica D* **7**, 73.
302. **Lichtenberg**, A. J., and Lieberman, M. A., (1992). *Regular and chaotic dynamics*, 2nd edition, Springer, New York.
303. Lind, D. A., (1984). Applications of ergodic theory and sofic systems to cellular automata, *Physica D* **10**, 36.
304. Lindenmayer, A., (1968). Mathematical models for cellular interactions and development, *J. Theor. Biol.* **18**, 280.
305. Lindgren, K., and Nordahl, M. G., (1988). Complexity measures and cellular automata, *Complex Systems* **2**, 409.
306. Lindgren, K., and Nordahl, M. G., (1990). Universal computation in simple one-dimensional cellular automata, *Complex Systems* **4**, 299.
307. Lloyd, S., and Pagels, H., (1988). Complexity as thermodynamic depth, *Ann. of Phys.* **188**, 186.
308. Löfgren, L., (1977). Complexity of descriptions of systems: a foundational study, *Int. J. General Systems* **3**, 197.
309. **Lorentzen**, L., and Waadeland, H., (1992). *Continuous fractions with applications*, North-Holland, Amsterdam.
310. Lorenz, E. N., (1963). Deterministic non-periodic flow, *J. Atmos. Sci.* **20**, 130.
311. **Lothaire**, M., (1983). *Combinatorics on words*, Addison-Wesley, Reading, MA.
312. **Luck**, J. M., Moussa, P., and Waldschmidt, M., eds., (1990). *Number theory and physics*, Springer, Berlin.
313. Luck, J. M., Godrèche, C., Janner, A., and Janssen, T., (1993). The nature of the atomic

surfaces of quasiperiodic self-similar structures, *J. Phys. A* **26**, 1951.

314. **Lumley**, J. L., (1970). *Stochastic tools in turbulence*, Academic Press, New York.

315. Lyubimov, D. V., and Zaks, M. A., (1983). Two mechanisms of the transition to chaos in finite-dimensional models of convection, *Physica D* **9**, 52.

316. MacKay, R. S., and Tresser, C., (1988). Boundary of topological chaos for bimodal maps of the interval, *J. London Math. Soc.* **37**, 164.

317. McKay, S. R., Berker, A. N., and Kirkpatrick, S., (1982). Spin-glass behaviour in frustrated Ising models with chaotic renormalization group trajectories, *Phys. Rev. Lett.* **48**, 767.

318. **Madras**, N., and Slade, G., (1993). *The self-avoiding walk*, Birkhäuser, Boston, MA.

319. Mandelbrot, B. B., (1974). Intermittent turbulence in self-similar cascades: divergence of high moments and dimensions of the carrier, *J. Fluid Mech.* **62**, 331.

320. **Mandelbrot**, B. B., (1982). *The fractal geometry of nature*, Freeman, San Francisco.

321. Mandelbrot, B. B., (1989). A class of multinomial multifractal measures with negative (latent) values for the "dimension" $f(\alpha)$, in *Fractals' Physical Origin and Properties*, edited by L. Pietronero, Plenum, New York, p. 3.

322. Manneville, P., (1980). Intermittency, self-similarity and $1/f$ spectrum in dissipative dynamical systems, *J. de Physique* **41**, 1235.

323. **Manneville**, P., (1990). *Dissipative structures and weak turbulence*, Academic Press, Boston.

324. Manneville, P., and Pomeau, Y., (1980). Different ways to turbulence in dissipative dynamical systems, *Physica D* **1**, 219.

325. Marinari, E., Parisi, G., and Ritort, F., (1994a). Replica field theory for deterministic models: binary sequences with low autocorrelation, *J. Phys. A* **27**, 7615.

326. Marinari, E., Parisi, G., and Ritort, F., (1994b). Replica field theory for deterministic models (II): a non random spin glass with glassy behaviour, *J. Phys. A* **27**, 7647.

327. Martiel, J.-L., and Goldbeter, A., (1987). A model based on receptor desensitization for cyclic AMP signaling in Dictyostelium cells, *Biophys. J.* **52**, 807.

328. Martin, J. C., (1973). Minimal flows arising from substitutions of non-constant length, *Math. Systems Theory* **7**, 73.

329. Martin-Löf, P., (1966). The definition of random sequences, *Information and Control* **9**, 602.

330. Masand, B., Wilensky, U., Massar, J.-P., and Redner, S., (1992). An extension of the two-dimensional self-avoiding random walk series on the square lattice, *J. Phys. A* **25**, L365.

331. **Mayer-Kress**, G., ed., (1989). *Dimensions and entropies in chaotic systems*, Springer, Berlin.

332. **McEliece**, R. J., Ash, R. B., and Ash, C., (1989). *Introduction to discrete mathematics*, McGraw-Hill, Singapore.

333. Meakin, P., (1983). Formation of fractal clusters and networks by irreversible diffusion-limited aggregation, *Phys. Rev. Lett.* **51**, 1119.

334. Meakin, P., (1990). Fractal structures, *Prog. Solid State Chem.* **20**, 135.

335. Meakin, P., (1991). Fractal aggregates in geophysics, *Reviews of Geophysics* **29**, 317.

336. Meneveau, C., and Sreenivasan, K. R., (1991). The multifractal nature of turbulent energy dissipation, *J. Fluid Mech.* **224**, 429.

337. Metropolis, N., Rosenbluth, A. W., Rosenbluth, M. N., Teller, A. H., and Teller, E., (1953). Equation of state calculations by fast computing machines, *J. Chem. Phys.* **21**, 1087.

338. Mézard, M., Parisi, G., and Virasoro, M., (1986). *Spin glass theory and beyond*, World Scientific, Singapore.

339. Migdal, A. A., (1976). Phase transitions in gauge and spin-lattice systems, *Sov. Phys. JETP* **42**, 743.

340. Milnor, J., (1985). On the concept of attractor, *Commun. Math. Phys.* **99**, 177.

341. **Minsky**, M. L., ed., (1988). *Semantic Information Processing*, 6th printing, MIT Press, Cambridge, MA, p. 425.

342. Misiurewicz, M., and Ziemian, K., (1987). Rate of convergence for computing entropy of some one-dimensional maps, in *Proceedings of the Conference on Ergodic Theory and Related Topics II*, edited by H. Mickel, Teubner, Stuttgart, p. 147.

343. **Miura**, R. M., ed., (1986). *Some mathematical questions in biology*, Lectures on Mathematics in the Life Sciences, Vol. 17, American Mathematical Society, Providence, RI.

344. **Monin**, A. S., and Yaglom, A. M., (1971, 1975). *Statistical fluid mechanics*, Vols. 1 and 2, MIT Press, Cambridge, MA.

345. Moore, C., (1990). Unpredictability and undecidability in dynamical systems, *Phys. Rev. Lett.* **64**, 2354.

346. Moore, C., (1991). Generalized shifts: unpredictability and undecidability in dynamical systems, Nonlinearity **4**, 199.

347. **Mori**, H., Hata, H., Horita, T., and Kobayashi, T., (1989). Statistical mechanics of dynamical systems, *Prog. Theor. Phys. Suppl.* **99**, 1.

348. Moser, J. K., (1962). On invariant curves of area-preserving mappings of an annulus, *Nachr. Akad. Wiss.*, Göttingen, Math. Phys. Kl. **2**, 1.

349. Mozes, A., (1992). A zero entropy, mixing of all orders tiling system, in *Symbolic dynamics and its applications*, Contemporary Mathematics **135**, edited by P. Walters, American Mathematical Society, Providence, RI, p. 319.

350. **Müller**, B., Reinhardt, J., and Strickland, M. T., (1995). *Neural networks: an introduction*, 2nd edition, Springer, Berlin.

351. Müller, S. C., and Hess, B., (1989). Spiral order in chemical reactions, in Goldbeter (1989), p. 503.

352. **Müller**, S. C., and Plesser, T., eds., (1992). *Spatio-temporal organization in nonequilibrium systems*, Projekt Verlag, Dortmund.

353. Nauenberg, M., and Rudnick, J., (1981). Universality and the power spectrum at the onset of chaos, *Phys. Rev. B* **24**, 493.

354. Nerode, A., (1958). Linear automaton transformations, *Proc. AMS* **9**, 541.

355. **Newell**, A. C., and Moloney, J. V., (1992). *Nonlinear optics*, Addison-Wesley, Redwood City, CA.

356. Newhouse, S. E., (1974). Diffeomorphisms with infinitely many sinks, *Topology* **13**, 9.

357. Newhouse, S. E., (1980). Lectures on dynamical systems, in *Dynamical Systems*, Progress in Mathematics **8**, Birkhäuser, Boston, p. 1.

358. Niemeijer, Th., and van Leeuwen, J. M. J., (1976). Renormalization theory for Ising-like spin systems, in Domb and Green (1976), Vol. **6**, p. 425.

359. Nienhuis, B., (1982). Exact critical point and critical exponents of $O(n)$ models in two dimensions, *Phys. Rev. Lett.* **49**, 1062.

360. Niwa, T., (1978). Time correlation functions of a one-dimensional infinite system, *J. Stat. Phys.* **18**, 309.

361. Novikov, E. A., (1971). Intermittency and scale similarity in the structure of a turbulent flow, *Prikl. Math. Mech.* **35**, 266.

362. Novikov, E. A., and Sedov, Yu. Bu., (1979). Stochastic properties of a four-vortex system, *Sov. Phys. JETP* **48**, 440.

363. Oono, Y., and Osikawa, M., (1980). Chaos in nonlinear difference equations, *Prog. Theor. Phys.* **64**, 54.

364. Oseledec, V. I., (1968). A multiplicative ergodic theorem: Lyapunov characteristic numbers for dynamical systems, *Trans. Moscow Math. Soc.* **19**, 197.

365. Ostlund, S., Rand, D., Sethna, J., and Siggia, E., (1983). Universal properties of the transition from quasiperiodicity to chaos in dissipative systems, *Physica D* **8**, 303.

366. **Ott**, E., (1993). *Chaos in dynamical systems*, Cambridge University Press, Cambridge.

367. Packard, N. H., Crutchfield, J. P., Farmer, J. D., and Shaw, R. S., (1980). Geometry from a time series, *Phys. Rev. Lett.* **45**, 712.

368. **Palmer**, R. G., (1982). Broken ergodicity, *Adv. Phys.* **31**, 669.

369. Pampaloni, E., Ramazza, P. L., Residori, S., and Arecchi, F. T., (1995). Two-dimensional crystals and quasicrystals in nonlinear optics, *Phys. Rev. Lett.* **74**, 258.

370. Paoli, P., Politi, A., and Badii, R., (1989a). Long-range order in the scaling behaviour of hyperbolic dynamical systems, *Physica D* **36**, 263.

371. Paoli, P., Politi, A., Broggi, G., Ravani, M., and Badii, R., (1989b). Phase transitions in filtered chaotic signals, *Phys. Rev. Lett.* **62**, 2429.

372. **Papoulis**, A., (1984). *Probability, random variables and stochastic processes*, 2nd edition, McGraw-Hill, Singapore.

373. Parasjuk, O. S., (1953). Horocycle flows on

surfaces of constant negative curvature, *Uspekhi Mat. Nauk* **8**, 125.

374. **Patashinskii**, A. Z., and Pokrovskii, V. L., (1979). *Fluctuation theory of phase transitions*, Pergamon, Oxford.

375. Peitgen, H.-O., and Richter, P. H., (1986). *The beauty of fractals: images of complex dynamical systems*, Springer, Berlin.

376. Penrose, R., (1974). The rôle of aesthetics in pure and applied mathematical research, *Bull. Inst. Math. Applications* **10**, 266.

377. **Penrose**, R., (1989). *The emperor's new mind*, Oxford University Press, Oxford.

378. Pesin, Ya. B., (1977). Characteristic Lyapunov eponents and smooth ergodic theory, *Russ. Math. Surv.* **32**, 55.

379. Pesin, Ya. B., (1984). On the notion of the dimension with respect to a dynamical system, *Ergod. Theory and Dynam. Syst.* **4**, 405.

380. Petersen, K., (1989). *Ergodic theory*, Cambridge University Press, Cambridge.

381. Pikovsky, A. S., and Feudel, U., (1994). Correlations and spectra of strange non-chaotic attractors, *J. Phys. A* **27**, 5209.

382. Pikovsky, A. S., and Grassberger, P., (1991). Symmetry breaking bifurcation for coupled chaotic attractors, *J. Phys. A* **24**, 4587.

383. Politi, A., (1994). Symbolic encoding in dynamical systems, in *From Statistical Physics to Statistical Inference and Back*, edited by P. Grassberger and J.-P Nadal, Kluwer, Dordrecht, p. 293.

384. Politi, A., Oppo, G. L., and Badii, R., (1986). Coexistence of conservative and dissipative behaviour in reversible systems, *Phys. Rev. A* **33**, 4055.

385. Politi, A., Badii, R., and Grassberger, P., (1988). On the geometric structure of nonhyperbolic attractors, *J. Phys. A* **21**, L736.

386. Procaccia, I., and Zeitak, R., (1988). Shape of fractal growth patterns: exactly solvable models and stability considerations, *Phys. Rev. Lett.* **60**, 2511.

387. Procaccia, I., Thomae, S., and Tresser, C., (1987). First-return maps as a unified renormalization scheme for dynamical systems, *Phys. Rev. A* **35**, 1884.

388. Przytycki, F., and Tangerman, F., (1996). Cantor sets in the line: scaling functions and the smoothness of the shift-map, *Nonlinearity* **9**, 403.

389. Queffélec, M., (1987). *Substitution dynamical systems: spectral analysis*, Lect. Notes in Math. **1294**, Springer, Berlin.

390. Rabaud, M., Michalland, S., and Couder, Y., (1990). Dynamical regimes of directional viscous fingering: spatiotemporal chaos and wave propagation, *Phys. Rev. Lett.* **64**, 184.

391. **Rammal**, R., Toulouse, G., and Virasoro, M. A., (1986). Ultrametricity for physicists, *Rev. Mod. Phys.* **58**, 765.

392. Rehberg, I., Rasenat, S., and Steinberg, V., (1989). Traveling waves and defect-initiated turbulence in electroconvecting nematics, *Phys. Rev. Lett.* **62**, 756.

393. Reichert, P., and Schilling, R., (1985). Glass-like properties of a chain of particles with anharmonic and competing interactions, *Phys. Rev. B* **32**, 5731.

394. **Renyi**, A., (1970). *Probability theory*, North-Holland, Amsterdam.

395. Rissanen, J., (1986). Complexity of strings in the class of Markov sources, *IEEE Trans. Inform. Theory* **32**, 526.

396. **Rissanen**, J., (1989). *Stochastic complexity in statistical inquiry*, World Scientific, Singapore.

397. Roberts, J. A. G., and Quispel, G. R. W., (1992). Chaos and time-reversal symmetry, *Phys. Rep.* **216**, 63.

398. Ross, J., Müller, S. C., and Vidal, C., (1988). Chemical waves, *Science* **240**, 460.

399. **Royden**, H. L., (1989). *Real analysis*, Macmillan, Singapore.

400. **Rozenberg**, G., and Salomaa, A., (1990). *The mathematical theory of L systems*, Academic Press, New York.

401. Rubio, M. A., Gluckman, B. J., Dougherty, A., and Gollub, J. P., (1991). Streams with moving contact lines: complex dynamics due to contact-angle hysteresis, *Phys. Rev. A* **43**, 811.

402. **Ruelle**, D., (1974). *Statistical mechanics: rigorous results*, 2nd printing, Benjamin, New York.

403. **Ruelle**, D., (1978). *Thermodynamic formalism*, vol. 5 of Encyclopedia of Mathematics and its Applications, Addison-Wesley, Reading, MA.

404. Ruelle, D., (1981). Small random

perturbations of dynamical systems and the definition of attractors, *Commun. Math. Phys.* **82**, 137.

405. **Ruelle**, D., (1991). *Chance and chaos*, Princeton University Press, Princeton, NJ.
406. Ruelle, D., and Takens, F., (1971). On the nature of turbulence, *Commun. Math. Phys.* **20**, 167.
407. Sakakibara, Y., Brown, M., Hughey, R., Mian, I. S., Sjölander, K., Underwood, R. C., and Haussler, D., (1994). Stochastic context-free grammars for tRNA modeling, *Nucleic Acids Research* **22**, 5112.
408. Saparin, P., Witt, A., Kurths, J., and Anishchenko, V., (1994). The renormalized entropy—an appropriate complexity measure?, *Chaos, Solitons and Fractals* **4**, 1907.
409. Sauer, T., Yorke, J. A., and Casdagli, M., (1991). Embedology, *J. Stat. Phys.* **65**, 579.
410. **Schuster**, H. G., (1988). *Deterministic chaos*, VCH, Physik-Verlag, Weinheim.
411. Schwartzbauer, T., (1972). Entropy and approximation of measure-preserving transformations, *Pacific J. of Math.* **43**, 753.
412. **Seneta**, E., (1981). *Non-negative matrices and Markov chains*, 2nd edition, Springer, New York.
413. Shannon, C. E., (1951). Prediction and entropy of printed English, *Bell Sys. Tech. J.* **30**, 50.
414. **Shannon**, C. E., and Weaver, W. W., (1949). *The mathematical theory of communication*, University of Illinois Press, Urbana, IL.
415. Shechtman, D. S., Blech, I., Gratias, D., and Cahn, J. W., (1984). Metallic phase with long-range orientational order and no translational symmetry, *Phys. Rev. Lett.* **53**, 1951.
416. Shenker, S. J., (1982). Scaling behaviour in a map of a circle onto itself: empirical results, *Physica D* **5**, 405.
417. Sherrington, D., and Kirkpatrick, S., (1975). Solvable model of a spin glass, *Phys. Rev. Lett.* **35**, 1792.
418. Shirvani, M., and Rogers, T. D., (1988). Ergodic endomorphisms of compact abelian groups, *Commun. Math. Phys.* **118**, 401.
419. Shirvani, M., and Rogers, T. D., (1991). On ergodic one-dimensional cellular automata, *Commun. Math. Phys.* **136**, 599.
420. **Simon**, B., (1993). *The statistical mechanics of lattice gases*, Princeton University Press, Princeton, NJ.
421. Simon, H. A., (1962). The architecture of complexity, *Proc. Am. Philos. Soc.* **106**, 467.
422. Simonet, J., Brun, E., and Badii, R., (1995). Transition to chaos in a laser system with delayed feedback, *Phys. Rev. E* **52**, 2294.
423. Sinai, Ya. G., (1972). Gibbs measures in ergodic theory, *Russ. Math. Surv.* **27**, 21.
424. **Sinai**, Ya. G., (1994). *Topics in ergodic theory*, Princeton University Press, Princeton, NJ.
425. Sirovich, L., (1989). Chaotic dynamics of coherent structures, *Physica D* **37**, 126.
426. Skinner, G. S., and Swinney, H. L., (1991). Periodic to quasiperiodic transition of chemical spiral rotation, *Physica D* **48**, 1.
427. Smale, S., (1963). Diffeomorphisms with many periodic points, in *Differential and Combinatorial Topology*, edited by S. S. Cairns, Princeton University Press, Princeton, p. 63.
428. Smale, S., (1967). Differentiable dynamical systems, *Bull. Amer. Math. Soc.* **73**, 747.
429. Solomonoff, R. J., (1964). A formal theory of inductive inference, *Inform. Contr.* **7**, 1 and 224.
430. Sommerer, J. C., and Ott, E., (1993a). Particles floating on a moving fluid: a dynamically comprehensible physical fractal, *Science* **259**, 335.
431. Sommerer, J. C., and Ott, E., (1993b). A physical system with qualitatively uncertain dynamics, *Nature* **365**, 138.
432. Sreenivasan, K. R., (1991). On local isotropy of passive scalars in turbulent shear flows, *Proc. R. Soc. London A* **434**, 165.
433. Staden, R., (1990). Finding protein coding regions in genomic sequences, in Doolittle (1990), p. 163.
434. **Stanley**, H. E., and Ostrowsky, N., eds., (1986). *On growth and form: fractal and non-fractal patterns in physics*, Martinus Nijhoff Publishers, Dordrecht.
435. **Stauffer**, D., and Aharony, A., (1992). *Introduction to percolation theory*, Taylor and Francis, London.
436. Stavans, J., Heslot, F., and Libchaber, A., (1985). Fixed winding number and the

quasiperiodic route to chaos in a convective fluid, *Phys. Rev. Lett.* **55**, 596.

437. Stein, D. L., ed., (1989). *Lectures in the sciences of complexity*, Addison-Wesley, Reading, MA.

438. Stein, D. L., and Palmer, R. G., (1988). Nature of the glass transition, *Phys. Rev. B* **38**, 12035.

439. Steinberg, V., Ahlers, G., and Cannell, D. S., (1985). Pattern formation and wave-number selection by Rayleigh-Bénard convection in a cylindrical container, *Physica Scripta* **32**, 534.

440. **Steinhardt**, P. J., and Ostlund, S., eds., (1987). *The physics of quasicrystals*, World Scientific, Singapore.

441. Strahler, A. N., (1957). Quantitative analysis of watershed geomorphology, *Trans. Am. Geophys. Union* **38**, 913.

442. Stryer, L., (1988). *Biochemistry*, 3rd edition, Freeman, New York.

443. Švrakić, N. M., Kertész, J., and Selke, W., (1982). Hierarchical lattice with competing interactions: an example of a nonlinear map, *J. Phys. A* **15**, L427.

444. Szépfalusy, P., (1989). Characterization of chaos and complexity by properties of dynamical entropies, *Physica Scripta T* **25**, 226.

445. Szépfalusy, P., and Györgyi, G., (1986). Entropy decay as a measure of stochasticity in chaotic systems, *Phys. Rev. A* **33**, 2852.

446. Takens, F., (1981). Detecting strange attractors in turbulence, in *Dynamical Systems and Turbulence*, edited by D. A. Rand and L.-S. Young, Lect. Notes in Math. **898**, Springer, New York, p. 366.

447. Tam, W. Y., and Swinney, H. L., (1990). Spatiotemporal patterns in a one-dimensional open reaction-diffusion system, *Physica D* **46**, 10.

448. Tavaré, S., (1986). Some probabilistic and statistical problems in the analysis of DNA sequences, in Miura (1986), p. 57.

449. Tél, T., (1983). Invariant curves, attractors, and phase diagram of a piecewise linear map with chaos, *J. Stat. Phys.* **33**, 195.

450. **Temam**, R., (1988). *Infinite-dimensional dynamical systems in mechanics and physics*, Springer, New York.

451. **Tennekes**, H., and Lumley, J. L., (1990). *A first course in turbulence*, MIT Press, Cambridge, MA.

452. **Toffoli**, T., and Margolus, N., (1987). *Cellular automata machines: a new environment for modelling*, MIT Press, Cambridge, MA.

453. Toulouse, G., (1977). Theory of the frustration effect in spin glasses: I, *Commun. Phys.* **2**, 115.

454. Tresser, C., (1993). Private communication.

455. Tufillaro, N. B., Ramshankar, R., and Gollub, J. P., (1989). Order-disorder transition in capillary ripples, *Phys. Rev. Lett.* **62**, 422.

456. Turing, A. M., (1936). On computable numbers with an application to the Entscheidungsproblem, *Proc. London Math. Soc.* **2**, 230.

457. Turing, A. M., (1952). The chemical basis of morphogenesis, *Philos. Trans. R. Soc. London B* **237**, 37.

458. Ulam, S. M., and von Neumann, J., (1947). On combinations of stochastic and deterministic processes, *Bull. Am. Math. Soc.* **53**, 1120.

459. Uspenskii, V. A., Semenov, A. L., and Shen, A. K., (1990). Can an individual sequence of zeros and ones be random?, *Russ. Math. Surv.* **45**, 121.

460. **Uzunov**, D. I., (1993). *Theory of critical phenomena*, World Scientific, Singapore.

461. **van Kampen**, N. G., (1981). *Stochastic processes in physics and chemistry*, North-Holland, Amsterdam.

462. Vannimenus, J., (1988). On the shape of trees: tools to describe ramified patterns, in *Universalities in Condensed Matter*, edited by R. Jullien, L. Peliti, R. Rammal, and N. Boccara, Springer, Berlin, p. 118.

463. Vannimenus, J., and Viennot, X. G., (1989). Combinatorial tools for the analysis of ramified patterns, *J. Stat. Phys.* **54**, 1529.

464. Vastano, J. A., Russo, T., and Swinney, H. L., (1990). Bifurcation to spatially induced chaos in a reaction-diffusion system, *Physica D* **46**, 23.

465. **von Neumann**, J., (1966). *Theory of self-reproducing automata*, edited by A. W. Burks, Univ. of Illinois Press, Champaign, IL.

466. Voss, R. F., (1992). Evolution of long-range

fractal correlations and $1/f$ noise in DNA base sequences, *Phys. Rev. Lett.* **68**, 3805.
467. **Walters**, P., (1985). *An introduction to ergodic theory*, 2nd edition, Springer, New York.
468. Wang, X.-J., (1989a). Abnormal fluctuations and thermodynamic phase transitions in dynamical systems, *Phys. Rev. A* **39**, 3214.
469. Wang, X.-J., (1989b). Statistical physics of temporal intermittency, *Phys. Rev. A* **40**, 6647.
470. Weaver, W. W., (1968). Science and complexity, *Am. Sci.* **36**, 536.
471. Weiss, B., (1973). Subshifts of finite-type and sofic systems, *Monatshefte für Math.* **77**, 462.
472. Weiss, C. O., and Brock, J., (1986). Evidence for Lorenz-type chaos in a laser, *Phys. Rev. Lett.* **57**, 2804.
473. **Weissman**, M. B., (1988). $1/f$ noise and other slow, nonexponential kinetics in condensed matter, *Rev. Mod. Phys.* **60**, 537.
474. Weitz, D. A., and Oliveira, M., (1984). Fractal structures formed by kinetic aggregation of aqueous gold colloids, *Phys. Rev. Lett.* **52**, 1433.
475. Wharton, R. M., (1974). Approximate language identification, *Inform. Contr.* **26**, 236,
476. White, D. B., (1988). The planforms and onset of convection with a temperature-dependent viscosity, *J. Fluid Mech.* **191**, 247.
477. Widom, B., (1965). Surface tension and molecular correlations near the critical point, *J. Chem. Phys.* **43**, 3892 and 3898.
478. **Wiener**, N., (1948). *Cybernetics, or control and communication in the animal and the machine*, MIT Press, Cambridge, MA.
479. **Wiggins**, S., (1988). *Global bifurcations and chaos*, Applied Mathematical Sciences **73**, Springer, New York.
480. **Wightman**, A. S., (1979). Introduction to *Convexity in the theory of lattice gases*, by R. B. Israel, Princeton University Press, Princeton, NJ, p. ix-lxxxv.
481. Wilson, K. G., (1971). Renormalization group and critical phenomena: (I) renormalization group and the Kadanoff scaling picture, (II) phase-space cell analysis of critical behaviour, *Phys. Rev. B* **4**, 3174 and 3184.
482. **Wilson**, K. G., and Kogut, J., (1974). The renormalization group and the ε-expansion, *Phys. Rep. C* **12**, 75.
483. Winfree, A. T., Winfree, E. M., and Seifert, H., (1985). Organizing centers in a cellular excitable medium, *Physica D* **17**, 109.
484. Witten, T. A., and Sander, L. M., (1981). Diffusion-limited aggregation, a kinetic critical phenomenon, *Phys. Rev. Lett.* **47**, 1400.
485. Wolfram, S., (1984). Computation theory of cellular automata, *Commun. Math. Phys.* **96**, 15.
486. **Wolfram**, S., (1986). *Theory and applications of cellular automata*, World Scientific, Singapore.
487. **Yates**, F. E., ed., (1987). *Self-organizing systems: the emergence of order*, Plenum, New York.
488. Yekutieli, I., and Mandelbrot, B. B., (1994). Horton-Strahler ordering of random binary trees, *J. Phys. A* **27**, 285.
489. Yekutieli, I., Mandelbrot, B. B., and Kaufman, H., (1994). Self-similarity of the branching structure in very large DLA clusters and other branching fractals, *J. Phys. A* **27**, 275.
490. Young, L.-S., (1982). Dimension, entropy and Lyapunov exponents, *Ergod. Theory and Dynam. Syst.* **2**, 109.
491. Yu, L., Ott, E., and Chen, Q., (1990). Transition to chaos for random dynamical systems, *Phys. Rev. Lett.* **65**, 2935.
492. Zambella, D., and Grassberger, P., (1988). Complexity of forecasting in a class of simple models, *Complex Systems* **2**, 269.
493. Zamolodchikov, A. B., (1986). "Irreversibility" of the flux of the renormalization group in a 2D field theory, *JETP Letters* **43**, 730.
494. Zhang, Y. C., (1991). Complexity and $1/f$ noise. A phase space approach, *J. Phys. I (Paris)* **1**, 971.
495. Zhong, F., Ecke, R., and Steinberg, V., (1991). Asymmetric modes in the transition to vortex structure in rotating Rayleigh–Bénard convection, *Phys. Rev. Lett.* **67**, 2473.
496. Ziv, J., and Lempel, A., (1978). Compression of individual sequences by variable rate coding, *IEEE Trans. Inform. Theory* **24**, 530.

497. Zuckerkandl, E., (1992). Revisiting junk DNA, *J. Mol. Evol.* **34**, 259.
498. **Zurek**, W. H., ed., (1990). *Complexity, entropy, and the physics of information*, Addison-Wesley, Redwood City, CA.
499. Zvonkin, A. K., and Levin, L. A., (1970). The complexity of finite objects and the development of the concepts of information and randomness by means of the theory of algorithms, *Russ. Math. Surv.* **25**, 83.

監訳者あとがき

　本書は、Remo Badii and Antonio Politi; *Complexity— Hierarchical structures and scaling in physics*, Cambridge University Press (1997) の全訳である。近年、"複雑性"、"複雑系"という呼び方は理工学分野のみならず人文・社会系科学の分野の多方面で用いられ、それに伴ってそれぞれの分野での複雑事象にまつわる困難な課題が共通の土俵で議論されるようになってきた。このような情況にあって、本書は、"複雑さの構造は厳密な数理として解明されなければならない"、という信念の下で書かれている。数理物理学研究に基礎をおく原著者たちのそのようなメッセージを汲んで、日本語訳のタイトルを『複雑さの数理』とした。
　物理学の発展史の中でも、"複雑さとは何か"、という問い掛けが広い展望をもって明言されたことはこれまでほとんどなかった。それは、物理学の主題が錯綜する複雑な現象から、素過程においても、また統計的過程においても、明確な合理性を抽出し、法則として確立することに向けられてきたことと無縁ではない。しかし、法則の発見が複雑に展開する自然の全体像を理解するのに充分であるとは断言できないのは明らかである。一般的に言っても、法則と事象の間には容易に越すことのできない困難な谷が多く残されている。我々は、複雑さを定量する手法を理論の中にさえまだ発見していないのである。換言すれば、複雑さの問題は現象の問題であると同時に、それを理解してゆく為に我々が築いてゆく論理の問題でもあるわけである。ゲーデルの不完全性やチャーチの計算不可能性の概念は、複雑さの論理が豊かな階層構造を持つことを明らかにするだろう。

本書は、このような複雑さの問題の本質に正面から向き合い、"現象としての複雑さが如何に出現しているのか"、そして"それを記述する上の論理的メスを如何に見出すか"、という基本的な問いに豊富な研究例から答えようとしている。本書で取り扱われている対象は極めて多岐にわたっている。しかもその一つ一つに基礎から懇切丁寧に解説が付けられているわけではない。その意味で、本書は決して初学者にとって読みやすいものではない。しかし、本書で扱われているテーマのどれかひとつにでも関心を寄せる読者は、そこを突破口として、複雑さの核心に通じる道を発見するだろう。説明は独特なニュアンスを持っており、しばしば執拗に分析的で鋭く、示唆に富むものとなっている。高度に抽象的な数理と"複雑さの観念"を明確に言語化しようとする強い意志が感じられる。また豊富な文献が丁寧に掲げられており、この点も本書の優れた一面である。

本訳書は、4名の訳者（龍野正実氏、時田恵一郎氏、橋本敬氏、秦浩起氏）がそれぞれの分野を分担してまず下訳を作り（龍野：まえがき、第1章、第2章、第9章、時田：第3章、第6章、橋本：第7章、第8章、秦：第4章、第5章、第10章、付録）、後に監訳者も含めて全員が訳に統一性を与えるよう査読をして完成させた。それでも一貫性を欠くところや思わぬ誤解が残っているかもしれず、読者諸兄の御高批を仰ぎたい。

はじめて産業図書の江面竹彦氏から翻訳をお受けしてから完成に至るまで2年以上もの間、数々の御心配、御迷惑をおかけしてしまった。この間、常に変らぬ励ましと助言をして戴いた江面竹彦氏、西川宏氏に心から御礼を申し上げます。

2001年5月

相澤洋二

索引

Bénard-Marangoni 対流（Bénard-Marangoni convection） 15
Belousov-Zhabotinsky 反応 70
Bernoulli シフト 148, 156
Bernoulli 写像 54
Birkhoff のエルゴード定理 124

Cantor 集合 50, 56, 188
Couette-Taylor 不安定性（Couette-Taylor instability） 15
C 値の逆説（C-value paradox） 32

D0L 言語 224, 232–240, 242, 244, 274
DLA 28
DNA 31, 122
Duffing 振動子 59

Edwards-Anderson モデル 75
essential frontier 120
essential interior 120
Euler 方程式 43

$f(\alpha)$ 関数 162, 180
Fibonacci 数 58
follower 集合 98
Frobenius-Perron 演算子 115, 125

Gelerkin 法の切り捨て 41, 43
Gibbs の自由エネルギー 159
Ginzburg-Landau 方程式 40

Hölder 連続（Hölder continuity） 334, 339
Hénon 写像 55, 188–190

Hopf 分岐 40
Horton-Strahler のインデックス（Horton-Strahler indices） 308

Ising-Lenz モデル 71, 149

KAM の定理 57
Kaplan-Yorke の関係 190
Kesten の理論 245
Kolmogorov
　—長（length） 19
　—のスケーリング則 44
　—波長 41
Kolmogorov-Sinai
　—エントロピー 153
Koopman 演算子 129
Kraft 不等式 263, 276
Kullback-Leibler 距離 140
K 自己同形写像 127

Legendre 変換 155, 157, 162
Lempel-Ziv の複雑さ 284–287
Lorenz モデル 41
Lozi 写像 89
Lyapunov 指数 51, 54, 56

Maxwell-Bloch 方程式 41
Morse-Thue 数列 273
Morse-Thue 置換 237
Myhill-Nerode の定理 206

Navier-Stokes 方程式 14, 43
　非粘性— 43

NP 完全な言語　283
n シリンダー　94, 107, 109

P-NP 問題　280–284
Pisot-Vijayaraghavan（PV）数　238, 242
Poincaré
　—写像　48
　—断面　47, 52

Radon-Nikodym 定理　108
Rayleigh-Bénard 対流　14, 41, 42
renewal system　99
Rényi 情報量　153
RLA　28
RNA　31

Shannon-McMillan-Breiman の定理　158
Sherrington-Kirkpatrick モデル　78, 182
Smoluchowski 方程式（Smoluchowski equation）　29
Strahler 数（Strahler number）　308

tRNA の二次構造　255

Wiener-Khinchin の定理　119
ω-極限集合　51

Young-Fenchel 条件　155

あ

圧縮不可能な記号列　278
アトラクター　51
　カオス・—　51
　ストレンジ・—　51–52
　双曲的—　52
　非双曲的—　53
アーノルドタング　56
アミノ酸（amino acids）　32
アルゴリズム的
　—確率　289
　—情報　275–280
　—複雑さ　276, 300
　—密度　279
アルゴリズム的にランダム　278
アルファベット　86
アンサンブル平均　124
安定多様体　46, 50

い

位相的エントロピー　100–101, 103, 131, 139
位相的に可遷的　93, 95
位相的不変性　96
1 次元写像　116
一定サイズの被覆　161
一定質量の被覆　161
一般化エントロピー　152
一般化次元　158–163
一般化シフト　251–254
遺伝コード（genetic code）　32
遺伝子（genes）　32
インデックス言語　224
イントロン（introns）　35, 124

う

渦（vortices）　24
渦巻（scrolls）　22
埋め込み　145

え

エクソン（exons）　35, 124
エネルギー・カスケード（energy cascade）　19
エネルギー・ランドスケープ　75
エノン写像（Hénon map）　321
エルゴード
　—系　125, 126
　—成分　125
　—理論　124
エルゴード性
　—の破れ　71, 73
エルゴード的
　—な分類　257
　—な要素　74
円写像　56

索引

—純粋な　102, 108, 121
　正弦—　56
エントロピー　73, 135–146
　位相的—　139
　一般化—　152
　局所—　153
　グラフ—　293–296
　計量—　138, 139
　コルモゴロフ-シナイ—　139
　弱加法性—　138
　—の性質　136
エントロピー・スペクトル（entropy spectrum）　155, 316

お

黄金比　57
オートマトン　202–224

か

階層　88, 203, 260
階層性（hierarchy）　7, 20, 36, 74, 304, 331
階層的な格子　169
階層的にスケールされる　260
回転数　56, 57
回文　103
回文の DNA 配列　255
回文列　212
開放系（open systems）　13
カオス（chaos）　15, 125
　決定論的—　47
　セル・オートマトンにおける—　63
　双曲的な—　50
　時間的（temporal）—　14
カオス写像　246
カオス的写像　247
化学反応（chemical reactions）　22
拡散律速凝集（diffusion-limited aggregation）　28
学習　266
確率　107
確率過程　110–115
確率測度　106

確率変数　110
カスケード・モデル　44
過渡時間　66
過渡的な状態　225
間欠性　110, 117, 269
　タイプ I の—　117, 122, 187
　弱い　118
慣性多様体　42
完全空間　94
カントール集合（Cantor set）　94, 144, 333, 334
　fat Cantor 集合　121

き

木　88
記憶　114
記号力学系　88
記号列　86
疑似確率（pseudo-probability）　324, 328
擬線形言語　230
期待値　106
帰納推論　266
帰納的可算言語　219
帰納的関数
　全—　223
　部分—　223
帰納的言語　221
基本語　269, 272
吸引域　51, 59
強位相　133
凝集体（aggregate）　27
共役　99
　位相—　96
極限集合　61
局所構造理論　114
局所次元　159
局所的なスケーリング比（local scaling rations）　331
極大集合　49
近似　133
禁止語（forbidden word）　98, 103
　規約　98

既約（irreducible）— 314, 317

く

偶系　98
グライダー　69
グライバッハ標準形　209
グラス相　182
クラスター（cluster）　28
繰り込み群　167–175
　　カオス的な—　173, 182

け

系
　　可積分—　39
　　散逸—　39, 45
　　保存—　39, 45
計算可能性　218
計算量　281
形式言語　96, 202–224
形式的べき級数　230
計量（メトリック）エントロピー　138, 139
欠陥
　　渦状の—　70
決定可能　281
決定的プッシュダウン・オートマトン　211
決定不可能性　202, 222, 254
決定問題　281
決定論的カオス　47
言語　96–103
　　power-free　102
　　拡張可能　98
　　可遷的　97
　　乗算的　97
原始語　269, 271
厳密な系　238
厳密にエルゴード　130
厳密にソフィック　99, 100
厳密にソフィックな系　206, 225, 247, 313

こ

語　96
光学的不安定性（optical instabilities）　24

光学乱流　45
格子気体　148
格子気体オートマトン　70
構造安定性　50, 52
広帯域スペクトル　120
興奮性システム（excitable systems）　23
興奮性媒体　70
コスト関数　79
コドン（codon）　32
コドン文法（codon usage）　34
孤立系　72
コルモゴロフ
　　—の複雑さ　275
コルモゴロフ-シナイ
　　—エントロピー　139
　　—定理　139
混合　126, 129, 132, 141
　　強—　126
　　弱—　126
混合性
　　弱い—　240

さ

最小グラフ　206
最小の系　95, 101, 273, 280
最小プログラム　276
最適化　78–81
最適化問題　282
最適符号　263
細分化　87
サイン・モデル　77
サドル　46
サブハーモニック　55
サポート　120
散逸
　　—系　39, 45
　　—写像　55
残余集合　133

し

時間平均　124
σ 加法族　106

索引

次元 135–146
　一般化— 158–164
　情報— 143
　ハウスドルフ— 144
　部分— 145
　フラクタル— 142
　ボックス— 142
次元スペクトル 162
自己相似 144
自己相似性（self-similarity） 20, 27, 331, 333
自己同相写像 142
自己分離プログラム 277
自己平均的な関数 78, 175
辞書式順序 60, 97
シフト写像 94
シフト力学系 93–96, 130–132
磁壁 73
シミュレーテッド・アニーリング 80
弱位相 132
写像 47–59, 88, 106
　1 次元— 88
　散逸— 55
写像の繰りこみ 274
自由エネルギー 73, 153
　Gibbs の— 159
周期
　—軌道 50, 94
　—信号 120
　—点 58, 90
周期倍
　—カスケード 55
周期倍分岐（period-doubling） 15, 102, 121, 144, 242, 333
収束速度（convergence speed） 311, 321, 324, 325
従属変数 42
縮約法 40–45
ジュリア集合 58
準安定状態 76
巡回セールスマン問題 282
準結晶（quasicrystals） 25, 101, 243–246
準格子 244

準周期性 56
準周期的信号 120
条件つきエントロピー 137
条件つき確率 111
詳細釣合 72
冗長度 138
常微分方程式 45–47
情報 135–146
情報次元 143
乗法的ランダム・プロセス（random multipricative process） 20
情報のゆらぎ 300
情報理論 260
自律的な力学系 46
神経回路網 78–81
人工知能（artificial intelligence） 9

す

スカラー時系列 145
スケーリング 159, 161, 168, 170, 172, 182, 184, 191, 196, 319
スケーリング仮説 168
スケーリング関数（scaling function） 331
スケーリング・ダイナミクス（scaling dynamics） 322, 326, 330, 336
スツルム系 130, 242, 279
ストレンジ・アトラクター 51–52
ストレンジ・リペラー 58
スピングラス 74–78, 177
スペクトル理論（エルゴード） 128

せ

正規言語 99, 203–207, 225–228
正規表現 203, 298
生成分割 88, 90
成長行列 232, 238
成長現象（growth phenomena） 27
生物学的進化（biological evolution） 31
生物学的反応（biological reactions） 22
ゼータ関数 231
セル・オートマトン 59–70, 114, 142, 190, 247–251, 283

カオス的なルール　63
規則的なルール　63
基本—　60
トータリスティック—　60
"複雑な" ルール　65
ルール　30, 60, 67, 68, 132, 190, 247
遷移行列　92, 99, 100, 112
　原始的—　113
漸近的独立性　151
線形有界オートマトン　215
洗練度　290–293

そ

相関関数　118–124, 183–187, 226
　平均二乗—　184
相関次元　185
双曲的アトラクター　52
相空間　45
相互作用（interactions）　7, 71, 147–152, 196, 318, 330
　競合的—　75, 76
　マルチ・スピン—　149
　無関係な—　172
相互作用空間　151
相互情報量　140, 301
相互相関　129
相対エントロピー　140
相対的に稠密な集合　95
相転移（phase transition）　71, 74, 164–183, 187, 231, 316, 331, 337, 338
　一次—　165, 190, 196
　　異常な—　166, 196
　連続—　165
層流（laminar flow）　17
測地流　101
測度
　SRB—　109
　自然—　109
　純点—　108
　絶対連続—　108, 120
　特異-連続—　108
　分解—　108

リウヴィル—　118
ルベーグ—　108, 118
測度空間　106
ソフィック系　98, 100
ソフィック分割　99
ソレノイド写像　52

た

第1回帰時間　66
第1カテゴリー集合　132
互いに特異的　108, 109
互いに独立　112
多重安定性（multistability）　16
多様性（diversity）　304
多様体
　安定—　46, 50
　不安定—　46, 50
タンパク質（proteins）　32

ち

置換　101–103, 270
　Dekking-Keane—　240
　Morse-Thue—　102, 237, 243
　Rudin-Shapiro—　239
　周期倍分岐—　236
　フィボナッチ—　102, 234
秩序（order）　23
秩序–無秩序転移（order-disorder transition）　17
チャーチ=チューリングの仮説　218
稠密軌道　95
稠密な軌道　50
チューリング・パターン（Turing patterns）　23
チューリング・マシン　217, 251, 291
　万能—　221, 251, 275
超越数　130
直積位相　93
直積写像　131
チョムスキー階層　201, 258

索引

て

ディオファントス近似値　57
停止問題　219
定常過程（stationary process）　110, 303
定常密度　125
適応度（fitness）　33
データ圧縮　260–266
典型的　107

と

統計アンサンブル　152–164
統計的に独立　111
統計力学　70–81
塔写像　275
同相写像　94
特異指数　184
特異性指数　108
特異値分解　42
突然変異（mutations）　33
トポロジカル・エントロピー　153, 230, 241, 253, 312
トポロジカルな複雑さ（topological complexity）　327, 329
トポロジカルな複雑さの指数（topological complexity exponents）　312, 321
ドメイン壁（domain wall）　17

な

流れ　46
並び　96

に

ニーディング列　299

ぬ

ヌクレオチド（nucleotides）　31

ね

ねじれ積　54
熱力学関数　153, 319
熱力学的極限　149, 165, 175
熱力学的深度　302
熱力学的な定式化　257, 334

の

ノイズ,$1/f$　122

は

パイこね写像　54, 88, 144, 194
ハウスドルフ次元　144
ハウスドルフ測度　144
パターン（patterns）
　空間的（spatial）—　16
馬蹄型写像　50, 96
ハミルトニアン　148
　ランダム—　175
ハミルトニアン流　118
パリンドローム DNA 配列（palindrome DNA sequence）　36
パワースペクトル　119, 183–187, 229, 232
　過渡的—　120
　再帰的—　120
　純点—　184
　絶対連続—　120, 184
　特異連続—　120 ,184 ,237
反応拡散（reaction - diffusion）　23
万能符号　286
反応律速凝集　28

ひ

非カオス的ストレンジ・アトラクター　185, 242
非決定性　68
非決定的チューリング・マシン　282
非周期的　113
微視的状態　147
非双曲的
　—アトラクター　53
　—写像　55
非定常　110
非定常パターン（nonstationary pattern）　36
比熱　158
微分方程式

常— 45–47
偏— 40–45
非平衡（nonequilibrium） 13, 72
非遊走集合 49
標準写像 57

ふ

不安定性（instabilities）
　光学的（optical）— 24
　流体の（fluid）— 14
不安定多様体 46, 50, 109
フィボナッチ数列 270, 298
フィボナッチ置換 234
フィルターをかけたカオス系（filtered chaotic systems） 194, 337
不可分集合 49
複雑さ 127, 135, 258, 339
　階層的にスケールされる— 260
　Lempel-Ziv の— 284–287
　アルゴリズム的— 260
　コルモゴロフの— 275
　正規言語による— 293–296
　—と符号化 266
　文法的— 260, 297–300
複雑さ（complexity）
　自己生成的な（self-generated）— 10
　—トポロジカルな指数（topological exponents） 312
　—有効測度（effective-measure） 309
　予測の（forecasting）— 309
複雑性
　自己組織化された— 76
複数の腕を持つ渦（vorteces） 22
符号 260, 329
　Huffman— 265
　Shanon-Fano— 265
　一意に復号可能— 262
　可変長— 261, 271
　固定長— 261
　最適— 263
　瞬時— 262
　接頭語なし— 262

符号の拡張 262
符号の期待長 261
符号理論 260–266, 284
不整合欠陥（defects） 17
プッシュダウン・オートマトン 209
部分次元 145
部分シフト 95
不変集合 46, 50, 61
普遍性 55, 57
不変測度 106, 127
ブラウン運動（Brownian motion） 29, 110
フラクタル（fractal） 21, 27, 58, 127
フラクタル次元 142
フラストレーション 75
フルシフト 94
ブロック・エントロピー（block entropy） 137, 139, 140, 310, 323
プロモーター（promoter） 35
分割 86, 106
　細分化 87
分岐比（branching ratio） 308
文形式 207
分散 119
分配関数
　カノニカル— 152
　等温等圧— 159
　ミクロ・カノニカル— 155
　有効— 176
分布
　非平衡— 113
　平衡— 113
文法 202–224
　終端記号— 207
　生成規則— 207
　変数— 207
文脈依存言語 213–216, 240–241, 243, 250
文脈依存文法 213
文脈自由言語 207–213, 228–232, 250

へ

平均 119
平均場 78

セル・オートマトン— 114
平衡 (equilibrium) 13
ヘテロクリニック軌道 49
ベルーゾフ・ジャボチンスキー反応
　　　(Belousov-Zhabotinsky reaction) 22
ベルヌーイシフト (bernoulli shift) 94, 100, 110, 333
ベルヌーイ写像 88, 108, 109
変換行列 (transfer matrix) 320, 334
偏微分方程式 40-45

ほ

ポアンカレ
　—再帰定理 125
　—断面 86
方向をもったパーコレーション 70
保測変換 106-109
保存
　—系 39, 45
ボックス次元 142
ホップ分岐 (Hopf bifurcation) 24
殆どどこでも 107
ホモクリニック
　—軌道 49
　接線型— 50, 53
　接線型ホモクリニック点 89, 117
　—点 49, 50
ポンプの補題 206, 208, 273

ま

巻き数 56
マルコフ
　—演算子 116
　—過程 115, 148, 271
　　高次の— 113
　—近似 114
　—鎖 112, 113
　　既約 113
　—シフト 98, 117
　—分割 90, 91, 99, 116, 246
　—平均時間 271
マンデルブロー集合 58

み

密度 107

む

無制約言語 216-223
無相関過程 119
無秩序 (disorder) 23, 25
無秩序系 175-183
無秩序性 75
　アニールされた— 75
　クエンチされた— 75, 76

め

メッセンジャー RNA (messenger RNA) 33
メトリック (計量)・エントロピー 264
メトリックな複雑さ (metric complexity) 323, 335
メトリックに可遷的 125

も

モデル推論 266-275
モデルの収束性 (model convergence) 318
モード・ロッキング 56
門 (phylum) 32
モンテカルロ法 72

や

ヤコビアン行列式 50
屋根形写像 90, 99, 116, 273

ゆ

有限オートマトン 203
有限タイプの部分シフト 98, 206, 250
有向グラフ 92, 113
有効な符号 261
誘導写像 275
有理分割 300
ユニバーサリティ 167-175
ユニバーサル計算 68

よ

予想 (predictions) 318
予測不可能性 (unpredictability) 336

ら

ライフ・ゲーム 68, 251
らせん波 (spirals) 22
ラプラス方程式 (Laplace equation) 30
乱雑さ 275, 300
ランダム・ウオーク 28, 110, 175, 229, 231
　自己回避 240
ランダム・エネルギー・モデル 177
ランダム・フラクタル 175
ランダムネス 121
乱流 (turbulence) 19, 43
　光学— 45

り

リウヴィル方程式 118
理解 (understanding) 322
力学系 46
離散スペクトル 128

リドルベーシン 59
リヤプノフ指数 125
流体の不安定性 (fluid instability) 14
臨界指数 167-175
臨界点 164

る

累積粗視化エントロピー 301
ルール 22 (rule 22) 316, 327

れ

レイノルズ数 (Reynolds number) 19
レーザー (laser) 24
　単一モードの— 41
レプリカ法 177
連続スペクトル 128

ろ

ロジスティック写像 54, 117, 163, 166, 337
　複素— 58
ローレンツ・モデル (Lorenz model) 336
論理の深さ 287-290

＜監訳者略歴＞
相澤　洋二（あいざわ　ようじ）
　1972年　早稲田大学大学院理工学研究科博士課程修了
　　　　　理学博士
　現　在　早稲田大学理工学部教授
　　　　　（専門：統計物理学）

＜訳者略歴＞
龍野　正実（たつの　まさみ）
　1996年　早稲田大学大学院理工学研究科博士課程修了
　　　　　博士（理学）
　現　在　理化学研究所　基礎科学特別研究員
　　　　　（専門：計算論的神経科学）

時田　恵一郎（ときた　けいいちろう）
　1994年　東京大学大学院理学系研究科博士課程修了
　　　　　博士（理学）
　現　在　大阪大学サイバーメディアセンター助教授
　　　　　（専門：理論生物学、計算物理学）

橋本　敬（はしもと　たかし）
　1996年　東京大学大学院総合文化研究科博士課程修了
　　　　　博士（学術）
　現　在　北陸先端科学技術大学院大学知識科学研究科助教授
　　　　　（専門：人工生命、進化言語学）

秦　浩起（はた　ひろき）
　1990年　九州大学大学院理学研究科博士課程修了
　　　　　理学博士
　現　在　鹿児島大学理学部助教授
　　　　　（専門：統計物理学、非線形動力学）

複雑さの数理

2001年6月29日　初版
著　者　レモ・バディイ
　　　　アントニオ・ポリティ
監訳者　相　澤　洋　二
発行者　江　面　竹　彦
発行所　産業図書株式会社
　　　　東京都千代田区飯田橋 2-11-3
　　　　郵便番号　102-0072
　　　　電　話　東京 (3261)7821（代）
　　　　振替口座　00120-7-27724 番

Ⓒ 2001
ISBN4-7828-1011-3 C3042

東京書籍印刷・小高製本

カオス時系列解析の基礎と応用	合原一幸編	3700 円
カオスの中の秩序 乱流の理解へ向けて	P. ベルジェ，Y. ポモウ，Ch. ビダル 相澤洋二訳	3800 円
カオスとの遭遇 力学系への数学的アプローチ	D. グーリック 前田恵一，原山卓久訳	3200 円
物理学教科書シリーズ 非平衡系の統計力学	藤坂博一	2800 円
PC クラスタ構築法 Linux によるベオウルフ・システム	T.L. スターリング他 北野宏明監訳	4000 円
遺伝的アルゴリズム①-④	北野宏明編 ①② 4100 円 ③ 4300 円 ④ 4800 円	
神経回路網の数理 脳の情報処理様式	甘利俊一	4000 円
脳の計算理論	川人光男	5500 円
神は老獪にして… アインシュタインの人と学問	A. パイス 西島和彦監訳	6700 円
ビジョン 視覚の計算理論と脳内表現	D. マー 乾敏郎，安藤広志訳	4200 円
心の社会	M. ミンスキー 安西祐一郎訳	4300 円
シリーズ／情報科学の数学 グラフ理論	恵羅博，土屋守正	2400 円
シリーズ／情報科学の数学 組合せ論	恵羅博，土屋守正	2400 円
シリーズ／情報科学の数学 現代暗号	岡本龍明，山本博資	3800 円
デカルトなんかいらない？ カオスから人工知能まで，現代科学をめぐる 20 の対話	G. ベシス-バステルナーク 松浦俊輔訳	3200 円
われ思う、故に、われ間違う 錯誤と創造性	J.-P. ランタン 丸岡高弘訳	2600 円
アインシュタインここに生きる	A. パイス 村上陽一郎、板垣良一訳	3800 円
科学が作られているとき 人類学的考察	B. ラトゥール 川﨑勝、高田紀代志訳	4300 円
科学が問われている ソーシャル・エピステモロジー	S. フラー 小林傳司、調麻佐志、川﨑勝、平河秀幸訳	2800 円
哲学教科書シリーズ 論理トレーニング	野矢茂樹	2400 円
論理トレーニング 101 題	野矢茂樹	2000 円

価格は税別